上海出版资金项目
Shanghai Publishing Funds

哲人石丛书

当代科技名家传记系列

On a Farther Shore

The Life and Legacy of Rachel Carson

更遥远的海岸

卡森传

威廉·苏德 著
张大川 译

上海科技教育出版社

哲人石丛书

Philosopher's Stone Series

哲人石丛书

立足当代科学前沿

彰显当代科技名家

绍介当代科学思潮

激扬科技创新精神

策　划

哲人石科学人文出版中心

对本书的评价

◇

不同凡响，不可多得，是一部传记力作，既对传主作了精彩的刻画，又叙述了环境保护的历史。蕾切尔·卡森诚恳、执着、勇敢的鲜活形象跃然纸上。

——道格拉斯·布林克利(Douglas Brinkley)，

莱斯大学历史学教授、《克朗凯特传》(*Cronkite*)的作者

◇

蕾切尔·卡森幸有苏德这样一位卡森式的立传者——道德意识敏锐，诗意满怀，却不失理性。《更遥远的海岸》生动细致地刻画了美国文坛的一位巨人，同时又记叙了环境保护运动的历史，引人入胜。

——劳伦·雷德尼斯(Lauren Redniss)，

《居里夫人和居里》(*Radioactive: Marie & Pierre Curie*)的作者

◇

蕾切尔·卡森改变了我们今天的生活方式，作家威廉·苏德为她立传，让我们对她和她的不凡业绩有了更丰满的认识。对过去半个世纪的智力生活、政治生活和文化生活感兴趣的人士，都应该读一读这部佳作。

——乔恩·米查姆(Jon Meacham)，

《美洲雄狮杰克逊》(*American Lion: Andrew Jackson in the White House*)的作者

◇

在这部精雕细琢的传记里，苏德就像蕾切尔·卡森喜爱的某种海洋生物标本一样，散发出一道辉光，照亮了20世纪最重要的人物之一。

——伊丽莎白·J·罗森塔尔(Elizabeth J. Rosenthal)，

《观鸟人彼得森》(*Birdwatcher: The Life of Roger Tory Peterson*)的作者

◇

蕾切尔·卡森不是圣徒，而是先知，就这样一个鲜有的灵魂，引导我们的目光望向真理之路。翻阅一页页启迪思想、开拓眼界的文字，你能感受到她对这个鲜活世界的热爱，她在开启现代环境保护运动过程中所承受的那份沉重。现代环境保护运动是她送给所有人的一份厚礼，而她却未曾亲眼看到。

——卡尔·萨菲纳(Karl Safina)，
《蓝海之歌》(*Song for the Blue Ocean*)和
《懒惰观点》(*The View from Lazy Point*)的作者

◇

威廉·苏德以优雅的文字、深情的笔调讲述了蕾切尔·卡森的生平。为什么在《寂静的春天》(*Silent Spring*)出版50年后，卡森仍具有重要的影响？苏德的著作《更遥远的海岸》作了解答。

—— 伊丽莎白·科尔伯特(Elizabeth Kolbert)，
《灾难笔记》(*Field Notes from a Catastrophe*)的作者

◇

蕾切尔·卡森是一个了不起的绿色巾帼斗士，她第一个把对自然的热爱与对工业现代性的逼视揉合在一起。在这部引人入胜的传记里，威廉·苏德展现了卡森的伟大。

——比尔·麦吉本(Bill McKibben)，
《自然的终结》(*The End of Nature*)和《绝地》(*Eaarth*)的作者

◇

威廉·苏德以清新隽永的散文笔法生动地展现了卡森由一个散文作者转变为一位思辨作家，由一个温和的自然追随者转变为一名彪悍的自然卫士的非凡历程。感谢苏德让我们鲜明地记起卡森的教导：人类既有严重伤害自然的能力，更有保护它的庄严责任。

——路易丝·W·奈特(Louise W. Knight)，
《精神在行动——简·亚当斯传》(*Jane Addams: Spirit in Action*)的作者

内容提要

蕾切尔·卡森是美国海洋生物学家、著名科普作家、现代环境保护运动的先驱，被《时代》周刊评选为20世纪最具影响力的100个人物之一。威廉·苏德在这部描述卡森生平的全新传记中，以详实的研究和优雅的文字展示了为何这位伟大的女性应该被人们永远铭记。

卡森钟情于大海，曾经写了3本书讲述海洋的奥秘，每一本都畅销世界。《寂静的春天》是她的第四本书，而正是用这本书，这位低调恬淡的生物学者唤醒了无数人的环保意识，开启了人类的环保时代，彻底改变了人与自然的关系。

卡森在20世纪50年代后期开始写《寂静的春天》，那时，合成农药已广为使用，品种多得令人眼花。在这场农药大杀伐中排名首位的是DDT，它的发明人还获得了诺贝尔奖。对付作物害虫有效，对付传播斑疹伤寒、疟疾等人类疾病的昆虫有效，DDT最初给人的印象是安全无害的。但是，随着使用范围的扩大，有关它对鱼类、鸟类和其他野生动物造成附带损害的报道纷至沓来，触目惊心。DDT的影响不仅持久广泛，而且致命。《寂静的春天》就是对DDT及其影响的控诉，字字句句令人胆寒。

1962年《寂静的春天》出版，震惊了民众，迫使美国政府采取措施——尽管化工行业对卡森口诛笔伐，一时甚嚣尘上。这本书唤醒了世人，让他们认识到环境在不经意间被污染了。在它的影响和推动下，美国设立了环境保护局，禁用了DDT等多种杀虫剂。卡森把危险的化学制剂和核试验之后无处不在的放射性沉降物相提并论，她在温和的环保理想和激进的环保主义新理念之间划出了一条深深的分界线。

《更遥远的海岸》考据精细，行文优雅，凸现出一位性格腼腆又激情满怀的女性形象：在大自然中徜徉的卡森比在文学天地里更加洒脱自在。威廉·苏德还以细腻的笔触叙述了卡森与多萝西·弗里曼的浪漫友情，以及1964年卡森因癌症去世的情景。这本书真正写出了20世纪一位杰出改革者的风采，是了解卡森的思想和现代环境保护运动历史的权威之作。

作者简介

威廉·苏德(William Souder),美国作家,作品曾入围普利策奖传记奖终轮评选。其最新著作《更遥远的海岸——卡森传》入选《纽约时报》(*New York Times*)2012年度瞩目好书,《科克斯书评》(*Kirkus Reviews*)2012年度25本非小说类图书,《书单》(*Booklist*)杂志2012年度10本科学健康类图书、2013年度10本传记类图书,《科学》(*Science*)、《出版人周刊》(*Publishers Weekly*)、《华盛顿邮报》(*Washington Post*)、《华尔街日报》(*Wall Street Journal*)等十余家知名媒体好评推荐。另著有《蛙害》(*A Plague of Frogs*)和《在野性的天空下》(*Under a Wild Sky*)两部著作。现居美国明尼苏达州格兰特市。

献给苏珊(Susan)

空旷、澄明中，风不息，沙不绝，大洋波涛不停，眼见的世界便是没有人类纷扰的世界，它凝集着造物的瞬间和永恒，记录了燃烧岁月的崇高仪式。

——亨利·贝斯顿（Henry Beston）

这里，时间已经隐退，在这边海岸和更遥远的海岸之间，请用同等的心怀思考过去和未来。

——T·S·艾略特（T. S. Eliot）

目录

CONTENTS

目录

中文版序:于鸦雀无声处听惊雷

1992年,时年19岁的我,在马来西亚参加地球高峰会的亚洲青年论坛后,第一次读到卡森的《寂静的春天》时,深感震撼,像夜海里的迷船找到灯塔一样,心情久久不能平复。月前拿到美国作家威廉·苏德的新作《更遥远的海岸——卡森传》后,一口气读完,心弦拨动,仿佛穿越时光,回到了那个寻找光明的晚上。

蕾切尔·卡森是一位美国海洋生物学家、著名科普作家,她更是家喻户晓的环境保护运动的先驱,名作《寂静的春天》唤醒了无数人的环保意识,开启了美国乃至全世界的现代环保运动。正如美国前副总统阿尔·戈尔先生在《寂静的春天》中文版序中所写的:"蕾切尔·卡森的这部著作是个里程碑,无可辩驳地证明了思想的力量远比政治家的力量更强大。1962年,当《寂静的春天》首次出版时,在公共政策讨论中,还没有'环境'这一分类。它犹如旷野中的一声呐喊,划破长空,以它深切的关爱、全面的研究和雄辩的论点改变了历史的进程。如果没有这本书,环境运动也许会被延误很长时间,也许现在还没开始。"

《寂静的春天》有过多个中译本,"自然之友"的创始人梁从诫先生在其中一个中文版序中,特别提到这本书对当今中国环境保护的意义,他说道:"只有当多数中国人懂得了环境保护对自己和子孙后代的重要意义时,中国才有可能期盼一个绿色的明天。在这方面,蕾切尔·卡森女士的《寂静的春天》将是我们向公众普及环境意识的一个最有力的、经典的读本。"

到底写作这本传世经典的卡森女士是何许人?《更遥远的海岸》的

作者苏德以优雅的文字，展示了卡森如何从一位自然学者演化为生态人文作家的历程，她的"海洋三部曲"(《海风下》、《我们周围的海洋》和《海边》)改变了人们对海洋的看法，进而改变了人们对整个地球的态度。在她的第四本书《寂静的春天》中，这位低调恬淡的海洋生物学家带我们走上一段旅程，介绍了大自然的美妙和无尽的轮回，她完全超越了狭隘的人类中心主义，充满了对生命的赞美和对自然的敬畏，在伦理关怀的高度，海纳百川，包容所有的生命形式，建立了一种前所未有的生态整体主义。同时，她揭示了在短短的不到一代人的时间内，人类彻底改变了自然，她以堂吉诃德式、知其不可为而为之的勇毅，希望我们改变看待人与自然关系的态度，重建和谐共生的信念。

白驹过隙，卡森离世已逾半个世纪，《寂静的春天》开启的环保运动，薪火相传，遍地开花。可是，现实更加残酷，卡森预警的自然死寂正逐渐笼罩地球：农业盲目工业化，化工集团追求利润最大化，大肆推广化肥农药，杀虫绝命，毒害土壤，污染水源，高毒农药残余通过食物链，虫禽兽人，拾级而上，层层累积，最终浓缩在顶层的人类体内，危害人类健康，破坏生态系统，威胁生物多样性。

《寂静的春天》中描述的获诺贝尔化学奖的DDT对生物的影响，遗祸至今，善后无期，在北极熊体内也能找到；可是，在卡森发出预警半个世纪后，人类每年排放数以万吨计的化学品到大自然，人工合成的化学品每年新增多达两千多种，其中大部分对生态和健康的长远影响根本未经科学研究，后患无穷。塑料带来生活便利，也污染了各地河海，窒息着地球生物；全球气候变化导致冰川融化，海平面上升，珊瑚白化死亡，极端天灾频发，给人类和生态带来前所未有的威胁。

世界自然基金会(WWF)去年发布《地球生命力报告2018》，这份地球的体检报告指出：全球生物多样性在1970年基础上继续呈现下降趋势，全球鱼类、鸟类、哺乳动物、两栖动物和爬行动物的数量，在卡森离世后的50年间下降了60%。人类对自然资源的需求自1966年以来翻了一番，我们正在使用相当于1.6个地球的资源来维持我们的生活；高收入国家的生态足迹是低收入国家的5倍；按目前的模式进行预测，到2030年，我们将需要两个地球来满足我们每年的需求，显然我们只有一个地球，也就是说，我们正在透支子孙后代的未来。

"在《寂静的春天》中，卡森尖锐地指出，环境问题的深层根源在于人类对于自然的傲慢和无知，因此，她呼吁人们要重新端正对自然的态度，重新思考人类社会的发展道路问题。"习近平主席说的"绿水青山就是金山银山"，中国政府提出的生态文明，正在尝试回答这个人类不可回避的终极命题。2020年的全球生物多样性缔约国大会COP15也正好在中国举行，这可能是我们挽救地球生物多样性的最后机会。

没有人愿意活在鸦默雀静、万马齐喑、生机灭绝的寂静春天。如何建立一个人与自然和谐共处的未来，是人类作为一个物种亟须集体回答的命题。戈尔曾说过："蕾切尔·卡森的声音永远不会寂静。她惊醒的不但是我们的国家，甚至是整个世界。"卡森的心事，浩茫连广宇，借这本传记中文版出版之机，我深切地希望卡森的经历和思想能继续唤醒更多的国人，于鸦雀无声处听惊雷，真心实意，身体力行，共建人类与地球的命运共同体。

卢思骋

世界自然基金会（瑞士）北京代表处首席代表

自然之友理事

第一篇

水世界

第一章

卡森小姐的书

1962年夏末,美国东部和西部都遭遇了极端天气。西部酷热难当,旧金山的街道上到处可见穿泳装的女性,城区的雾霾浓度也达到了历史新高;而在东海岸,"阿尔玛"飓风向北偏转,直逼长岛一角,把本来应该舒爽愉悦的时令搅黄了。8月28日,这团风暴的前锋还搅黄了扬基体育场的一局棒球赛,当时米基·曼特尔(Micky Mantle)刚刚击出了那个后来被证明是赢得比赛的本垒打,棒球穿过大风雨落到了中外场。第二天早上,美国首都华盛顿天气晴朗,阳光和煦,《华盛顿邮报》(*Washington Post*)的天气预报说,每立方米空气所含的辐射量仅有3微微居里,和前一天相比,没有变化;鉴于当时美国和苏联正在你争我抢地搞大气层核试验,这样一点辐射量还是不错的。

当日下午4点,约翰·F·肯尼迪(John F. Kennedy)总统去国务院出席了他执政一年半以来的第四十二场新闻发布会。总统先是宣布费利克斯·法兰克福特(Felix Frankfurter)从美国最高法院退休,接着即席回答了几个提问,有关于农场政策的,关于柏林紧张局势的,还有他是否会在苏联领导人尼基塔·赫鲁晓夫(Nikita Khrushchev)到访联合国期间同其会晤。有记者问及苏联明显增加了对古巴的船运,似有危相,对此肯尼迪总统也作了回答。发布会快结束时,有人问了肯尼迪一个非同寻常的问题:"总统先生,广泛使用DDT(滴滴涕)等杀虫剂,有可能造成长期危害，现在，科学家对这个情况好像越来越关注，您是否考虑过让农业部或公共卫生署认真研究一下这个问题呢？”

肯尼迪可能感觉意外，但没乱方寸，他马上回答：“考虑过。据我所知，这两个部门已经在这样做了。尤其是在卡森(Carson)小姐的书发表之后，我想他们就肯定开始研究这个问题了，现在他们在对此议题进行调查。”

这简短的问答为世界带来了一缕新意，这是一次决裂——所谓“保守”的温和而乐观的主张开始转变为一种理念，令天下大哗、万民纷争，后来，人们称这一理念是“环境主义”。肯尼迪承诺，由政府出面，对大面积使用一种具有十分重要经济意义的产品造成环境污染开展调查。这是从来没有过的事。再说，政府也到处使用杀虫剂，如此调查势必要麻婆照镜，自寻难看。那天，肯尼迪总统谈论的其他问题要么是政策演变，要么是哪些局势要变化、淡弱，相比而言，环境健康问题当然是关系人类生存的大问题。这个世界越来越为人类所支配，而人类在此世界自然秩序中的位置却遭到了质疑。除了人类自己，还有什么能想出如此完善的办法与自己对抗，跟自己过不去呢？

肯尼迪总统提及的“卡森小姐的书”，想必自那之后几十年间长大的美国人都比较陌生——50岁以下的人基本不知道蕾切尔·卡森(Rachel Carson)是何许人。但在1962年，根本无须赘述。卡森写了3本讲海洋的书，部部畅销，她绝对是当时美国最受尊敬和爱戴的作家之一。应该说，之前就已经是这样了。肯尼迪提到的新书名为《寂静的春天》(*Silent Spring*)，是一部控诉滥用杀虫剂危害的力作，笔锋甚是犀利，不像卡森之前写的东西。虽然那时还未真正成书——书要再等一个月才印发，不过，6月份的《纽约客》(*New Yorker*)杂志连载了该书的三个长篇节选。肯尼迪的记者招待会召开之际，《纽约客》的连载已经提高了国内外民众的警惕性，逼使化工行业愤然携手，异口同声斥责《寂静的春天》所言不实，把作者搞臭。

处在风暴中心的女作家，怎么看好像都不大可能是一个搅动天地的人物。她时年55岁，之前，她的成年时光基本是和母亲相伴度过的：写作、观鸟、徜徉于海边。她身材娇小，说话柔声细气，对政治几乎一窍不通。她在马里兰州银泉市郊一个绿荫如盖的地方静静地生活，身边有一只猫，还有她的甥外孙罗杰·克里斯蒂（Roger Christie）。罗杰10岁而孤，由她扶养。她在约翰斯·霍普金斯大学获得过动物学硕士学位，但从未搞过科研。在天昏地暗的大萧条时期，她去联邦政府的渔业局当了一名资讯专员。后来，渔业局和生物调查局合并成一个新单位：美国鱼类及野生动植物管理局。

1951年卡森出版《我们周围的海洋》（*The Sea Around Us*）一书，成就了她的文学英名——该书连续39周位居《纽约时报》（*New York Times*）畅销书排行榜榜首，还获得了国家图书奖。其后，她从官办机构撤身。每年春天，她都要与罗杰驾车北行至缅因州海岸的绍斯波特岛。她在那儿的一处岩崖上有一幢小屋，可以俯瞰希普斯科特湾。她常凝视大海的潮起潮落，顺着海岸在潮水退去留下的一个个水坑里收集海洋标本，或者同她的邻居多萝西（Dorothy）和斯坦利·弗里曼（Stanley Freeman）夫妇一道访秘探幽，常常走到夜深雾罩。她在岛上静思，度过了一个个夏天。秋天来时，她再回家。

卡森写海的文字无处不饱含“诗意”。“诗意”是书评人的说法，意即行文雅致，又鉴于她所写的题材，这份雅致令人有耳目一新之感。辽阔的海洋生生不息、变化无穷，而潮间地带犹如迈向海洋的门槛，多数读者对这些并不熟悉，就像他们不懂卡森在一段段叙述里掺入的大量地质、物理和生物学知识一样。卡森化繁就简、深入浅出的讲解技巧迷倒了书评人和读者，甚至迷住了那些从来没有想过去关注科学、关注奇异水世界的人们。那个水世界令卡森心醉。

一个女子对自然环境竟然有如此深刻的了解！书评人一再说，此事本身就包含着某种令人为之焕然激昂的东西。此外，他们认为，卡森一定是个浩然无畏的记者，定期坐着科学考察船在海上巡游，劈风斩浪，或者经常在热带的珊瑚礁上逡巡的鱼群中间游泳——这种猜测其实大谬，但卡森却从未刻意去纠正。一个朋友曾经画过一幅卡森公共形象的漫画像，画中的她俨然是一个亚马孙族悍妇，巍然立于风雨如磐的海边，一手执鱼叉，一手攥着一只翻卷扭动的章鱼。卡森觉得这漫画画得喜闹交加，其实，若是画她俯身在一架显微镜上，或者坐在图书馆的书堆里，倒更准确些。

卡森行笔缓慢，不停修改，一本《寂静的春天》耗时近四载——而她的担心忧虑却比四载笔耕长得多，因为第二次世界大战开始及随后的几年间，新的杀虫剂又相继问世了。最有名也是使用范围最广的杀虫剂是一种叫作二氯二苯三氯乙烷的化合物，即DDT。DDT于1874年首次合成，但直到1939年，DDT的实际用处才为人们所知：一位在瑞士巴塞尔的盖吉公司（J. R. Geigy Company）工作的40岁的化学师保罗·米勒（Paul Müller）发现它能杀死昆虫。于是，瑞士马上施用DDT，对付马铃薯甲虫爆发，效果十分惊人。任何东西只要沾上DDT，其致命毒性就会长期存留。杀死昆虫的剂量看似对温血动物（包括人类）无害，所以，DDT旋即成为对付虱子、蜱、蚊子等传播人类疾病的害虫的利器。第二次世界大战期间，DDT的生产迅速扩大，为的是将之及时送上前线用作除蚤药，特别是用在从纳粹占领区逃出来的难民身上。美军为100多万平民喷洒了DDT，成功阻止了1943年斑疹伤寒在那不勒斯流行。有人坚信，这种新型杀虫剂必将成为防治昆虫传播疾病的灵丹妙药，这一信念得到了广泛接受。1948年，保罗·米勒获得诺贝尔生理学医学奖。在颁奖典礼上，DDT被宣布为一项诠释了“科学奇迹”的重大发现。

但,并非所有人都认同这一点。

1945年6月5日,一架鱼类及野生动植物管理局的飞机,紧贴着一片森林林梢来来回回地飞。这片森林有117英亩*,位于马里兰州乔治王子县广阔的帕塔克森生物研究保护区,离华盛顿特区不远。飞机向树木喷洒了溶解于二甲苯和燃料油的DDT。这股混合物穿过森林的冠盖,不甚均匀地飘下,时而乘着气流上扬,时而随侧风乱走,浓淡不一地落在地面,因为飞行员是凭目视导航,总是某些地区多喷了一次两次,某些地方被隔过去。一部分毒雾落在帕塔克森河一片约1英里**长的水域,那是一条混浊的小河,生活着20多种鱼类。

喷药之后的数天数周,研究人员对接触农药的哺乳动物、鸟类、青蛙和鱼类的状况进行了监测。他们在随后的报告里指出:人们最初对DDT的广泛热情应该降温,有些情况需要"严重关注"。调查者警告说:绝大部分农药会以各不相同的方式影响生物——这种选择性当然是对农药的一项基本要求,但是,无论哪种农药都是一把"双刃剑";像DDT这样高毒性的药剂,很可能会对野生动物造成连带伤害。有几个联邦机构于1943年、1944年分别开展了探索性检测,均说明DDT有问题,其后的"帕塔克森实验"(Patuxent experiment)证实情况确实如此。飞机喷洒DDT似乎没有对哺乳动物、鸟类和两栖动物造成明显伤害,但是,喷洒后不到10小时,横张在帕塔克森河里的渔网就网到了死鱼。随后,人们又在精心维护的人工池塘里进行检验,结果表明:池塘里的DDT浓度虽然比森林喷洒浓度低得多,但鱼类的死亡率却很高。

同一番调查后来又做了几次实验室研究,依据结果推测,飞机洒药时没有中毒的动物有可能纯属侥幸,或者接触的剂量不大。给哺乳动

* 1英亩约为0.004平方千米。——译者

** 1英里约为1.6千米。——译者

物和鸟类饲喂DDT,或在养有蝌蚪的水族箱内放入DDT,所有被试动物都出现了病征,很多动物最后都死了。最终报告描述了鸟类的死亡经过,但指出,DDT对所有被试动物造成的病状是相同的:"烦躁、食欲不振、震颤、肌肉痉挛、腿肌僵硬,最后相继死亡。"1945年8月22日,鱼类及野生动植物管理局发布一篇新闻,介绍了DDT的测试结果,还提醒说使用杀虫剂应当极其慎重。另外管理局提议,不论谁,只要发现接触过DDT的野生动物出现"异常反应",就马上向他们报告。

上述研究发现令人不安,于是,帕塔克森保护区在随后几年对DDT开展了一连串调查。1947年,保护区选派一名生物学者,专门负责调查"DDT问题"。同年,保护区来了一批春季访学者,其中有一位女性,来自鱼类与野生动植物信息部(Fish and Wildlife Division of Information),她在访学登记簿上签了名字:蕾切尔·卡森。她是这门新兴学科的排头兵。

卡森平时的工作就是翻阅帕塔克森保护区的科研报告,后来她参与编辑了科研报告中许多涉及DDT的文章。其实,早在第一批检测结果公布之前,她就对DDT这种广受欢迎的杀虫剂新品抱有怀疑。1945年7月,调查人员那边还在忙于调查,这边卡森已经把一篇文章投给了《读者文摘》(*Reader's Digest*)杂志。文章开头柔风细雨,结束时却振聋发聩:

"在马里兰,就在我住的房子的后门口,正在做一项实验,这个实验决非一般的有趣,也决非一般的重要。"她写道,"DDT除了扫除虫害还会给我们带来什么,想必大家都听过许多介绍。在帕塔克森做的实验主要是为了看一看,如果DDT大面积施用,会造成什么其他影响;它对益虫,或者说对必须有的昆虫会产生什么影响;对水禽、对以捕食昆虫为主的鸟类又会造成何种影响;如果施用不当,它是否会破坏自然的微妙平衡呢?"

《读者文摘》哪有卡森的这般见识，于是弃稿不用。

但是，卡森并未停止思考DDT问题，虽然帕塔克森实验对DDT的安全性提出的若干质疑基本为世人所忽略。DDT是一种农用商品，因为成本低，且无论在哪儿使用、如何使用，它的毒杀药力持久不衰，再加上所向披靡的广告宣传——害虫啃噬庄稼、毁坏林木，使牲畜染上疫病，每年使数百万人遭受病患和痛苦，人与虫害久斗不决，幸好有了DDT这剂神药，一施就灵，胜败立定——所以，DDT很快赢得了广泛接受。

DDT好像怎么用都行。它可以掺在粉末或灰粉里用，可以制成液体喷雾剂和乳液用；早在1945年，就有家庭主妇在百货商店里购买喷雾式“炸弹”。这种小炸弹使用氟利昂(后来发现氟利昂破坏臭氧层)作为推进剂，据说能够在6秒之内把普通大小的房间喷洒一遍。经营肥皂、家具抛光、抽屉衬里纸、油漆、织物打理品的五金店、杂货店都可以销售DDT。在割草机的消声器上加装一个雾化装置，就可以用DDT护理草坪，机器一边割草，一边喷吐有毒的热气。飞机为数百万英亩的森林喷洒DDT，杀死云杉卷叶蛾、舞毒蛾等林地害虫。医院厨房喷洒DDT，荷兰榆树病爆发的居民小区喷洒DDT。美国南方脑炎流行的时候，常有卡车走街串巷喷洒DDT，小孩子们就在卡车布下的水雾里玩耍。1945年秋天，一位勇敢的飞行员朝耶鲁碗体育场喷了一通DDT，为办好音乐会灭蚊。DDT为欧洲和北美彻底消灭疟疾出了一把力，1955年，世界卫生组织发起一场全球运动来根除此疾，DDT是主战武器。到1959年，仅美国一国每年就要使用约800万磅* DDT。

1958年初，卡森获悉《读者文摘》杂志策划发表一篇关于使用DDT喷杀舞毒蛾的正面文章——于是，她写信提醒杂志社编辑注意，事情还

---

* 1磅约为0.45千克。——译者

有另一面。差不多就在此时，她又得到消息，长岛的一群业主起诉纽约州，要求立刻停止控制舞毒蛾的作业，因为他们家的房子和地都被飞机喷洒上了DDT。卡森不愿招惹报刊记者，她想说服《纽约客》杂志的E·B·怀特[E. B. White，儿童经典系列读物《小斯图尔特》(*Stuart Little*)和《夏洛的网》(*Charlotte's Web*)的作者]报道案件的审理情况，而怀特则建议她写点东西。春天，卡森和出版商霍顿·米夫林出版社签订了一份出版合同：卡森要写一本讲述杀虫剂的书，书名暂定为《控制自然》(*The Control of Nature*)；该书还将在《纽约客》杂志分期连载。

1945年，也就是在美国鱼类及野生动植物管理局逐渐意识到DDT对野生动物的危害时，美国爆炸了3个核装置——一个在新墨西哥州的阿拉莫戈多，试验一枚名叫"三位一体"的炸弹；另外两个在日本，广岛和长崎两座城市被夷为平地，15万至25万人死亡。20世纪50年代和60年代初期"冷战"正酣，个别国家，主要是美国和苏联，继续进行大气层核试验。1958年双方同意暂停；1961年夏，苏联又宣布它要恢复大气层核试验。

接下来的3个月，俄国人引爆了31枚核弹，其中一枚的威力比投在广岛的"小男孩"大3300倍。肯尼迪总统害怕苏联占得优势，适逢国会和美国民众也向他施压，于是，这位在竞选时承诺要永久禁止核试验的总统迫不得已，重启了美国的大气层核试验。1962年4月至11月，美国在南太平洋马绍尔群岛进行了35次大气层核爆，差不多每5天一次。1963年8月，有核国家签署全面禁止大气层核试验条约，终结了大气层核试验的时代，而那一时刻之前，地面之上已经爆响了500多枚核弹，其中大约有200枚是美国的。

大气层核试验的副产品就是碎屑——放射性沉降物，它们乘着高空劲风飘行，最后落回到地球，这其中最重要的放射性物质是同位素锶-90和碘-131。美国中部放射性沉降物比较多,沉降物降落的地域放牧了奶牛,那儿的居民,尤其儿童,喝了牛奶就接触了放射物。一般认为,遭受放射有可能损害健康,但是多年来,关于放射性损害的轻重问题,科学上并没有统一的认识。1957年,一群知名科学家认为,放射性沉降物对人的伤害甚微,但是,他们还是敦促联合国积极努力,在世界范围内禁止大气层核试验。美国原子能委员会不同意。美国政府的立场是:大气层核试验可以继续开展,因为已经搞了几十年了,用《纽约时报》的话说,没有"给人类造成任何危险"。随后就是1962年大气层核试验的井喷期,结果,第二年春天检验牛奶,有些地区牛奶的锶-90含量增加了一倍。

放射性沉降物看不见却无处不在,没有专用仪器也检测不到,它是一种奇异又可怕的物质,一种毒物,一经接触,它可能为害几年乃至几十年而不为人所知。DDT也是如此,牛奶里也发现了它。卡森感到,杀虫剂和放射性沉降物都能造成深远的影响,故二者"铢两悉称"。她写道,地球上的物种经过亿万年的演化,已经很好地适应了自然界,但是,处在非自然改变的世界里,从生物学角度而言,它们是没有一点防御能力的。杀虫剂和放射性沉降物不单有急性毒效,还能诱变基因,将引导活细胞机制并为后代细胞生成提供蓝图的遗传物质破坏掉。卡森认为,DDT、放射性沉降物等物质分散范围广,持久性强,造成环境污染决不是局限于一地,而是整个地球的生态系统;这类东西是现时代的必然产物,很可能也是毁灭性产物;她在《寂静的春天》里直言不讳地写道,每样东西都是"人类鲁莽放肆的后果,而非大自然蓄意所为"。

《寂静的春天》旋即火爆起来。《纽约客》最先刊载了几则文摘,随后几周,全国各地的报纸纷纷刊发情绪激烈的报道,表达震惊和愤怒。有人把这本书和《汤姆叔叔的小屋》(*Uncle Tom's Cabin*)相提并论,还预言说农药的使用方式会有一次天翻地覆的变化。大部分文章战战兢兢地对卡森有关化学环境污染的厉声警告表示欢迎，但同时很多文章也提到商业集团和化工行业正迅速组织反击，贬斥卡森的书，说它违背科学，立场片面，说卡森根本无视使用杀虫剂后在经济和人民健康方面的收益。

一些诋毁卡森的评论者臆想她和一帮精神有毛病的人相勾结，这帮人里有迷信食疗的，有反对饮水加氟的，有从事有机生产的农民，还有一些懵懵懂懂爱好自然的人士。一家大型农药生产企业威胁霍顿·米夫林出版社：倘若卡森的《寂静的春天》未作修改就出版，那就让出版社吃官司；还说，他们认为，而且也会想办法证明，卡森就是苏联及其东欧卫星国"险恶势力"的急先锋，目标是颠覆美国。而美国农业部则告诉《纽约时报》，读者来信如潮，纷纷表示，本部竟然允许如此滥施致命毒剂，令他们"震惊、恐惧"。月读书友会（The Book-of-the-Month Club）宣布：《寂静的春天》是该会1962年10月份的主打读物，这说明卡森虽然触及了痛处，但仍有望受到读者欢迎。伦敦一家报纸说："当年厄普顿·辛克莱（Upton Sinclair）的一部《丛林》（*The Jungle*）逼得芝加哥自行清理屠场，自那以后，美国还没有哪一本书能比得了这位55岁老小姐的手笔，如此让人锥心自省。"

《寂静的春天》笔锋犀利、色调宿命，读之者无不对此品评议论——令卡森觉得可乐的是，连没读过的人也对此说三道四。该书甫一开篇，便是在一个被化学毒素扼杀的世界里悲旅苦行。卡森丝毫不避违自己对未来的展望。滥用化学杀虫剂恰恰危及人类自身的生存：

> 人类有被核战争毁灭的可能，与这种可能共存的还有我们这个时代的一个核心难题，就是人类所在的整个环境被这类为害能力惊人的物质所污染，它们在动植物的组织里蓄积，甚至钻入生殖细胞，破坏、改变决定未来形态的遗传物质。

其实，那时候人们已有些不安，担心科学和医学可能以出乎意料的方式损害到百姓的福祉，《寂静的春天》恰在此时出版。1959年，离感恩节还剩几天，政府突然叫停蔓越莓销售，原因是发现这类果子被除草剂残留污染了，而这种除草剂据说可以致癌。“蔓越莓恐慌”让蔓越莓种植户遇到了经济困难，消费者对国内食品安全的信心出现了前所未有的滑坡。而后在1961年，英国传来骇人听闻的消息：大约7000个婴儿生下来就是畸形。新生儿缺陷是镇静剂萨立多胺引起的，这种药本来是按处方开给孕妇，缓解晨起恶心的。萨立多胺被认为安全，妊娠妇女使用也没问题；它确实安全，但是有条件——在造成了损害之后人们才得知，怀孕期间有16天是不能用的。许多妇女在这个命运攸关的窗口期仅仅用了一剂萨立多胺，便生出了身体异常的婴儿，包括短肢畸形，即手臂的长骨，有时是手臂和腿的长骨奇短，手脚粗短，形似直接由躯干长出，极像海豹的鳍状肢。美国制造萨立多胺的公司曾申请许可在国内销售，只是因为美国食品及药物管理局的一位科学家独持异议，他想方设法把事情一直拖到这药的副作用被发现，这家公司到底没能如愿。记者向卡森询问萨立多胺的情况，她马上把萨立多胺和杀虫剂问题联系在一起。她说：“本质上是一样的。萨立多胺和杀虫剂都体现了人类的意志，想要往前奔，想使用新东西，却不知道后果是什么样。”

《寂静的春天》付梓时，公众的注意力已转回到那个时代最恐怖的两件事：一是可能爆发核战争，二是从天而降的放射性沉降物带来的未知危险：美国和苏联相互角力倾轧，不断完善大规模毁灭能力，好勇斗狠。肯尼迪总统在新闻发布会上就农药使用可能存在“长期”风险一事回答提问，令许多听众有如芒在背之感，因为long range（长期、远程）一词常用来描述美苏针锋相对部署的洲际弹道导弹——轻触按钮便是末日决战。

1962年10月,《寂静的春天》刚在各家书店上架不久,美国情报部门发现苏联最近有大批船只驶往古巴,运送导弹和发射设备及人员,准备建造一个基地,能够从90英里的超近距离对美国发动核打击。《寂静的春天》在10月28日荣居《纽约时报》畅销书榜榜首之际,古巴被美国海军封锁,美苏两国走到了战争的边缘。最终,苏联迫于美国的意志作出让步,从古巴撤走了导弹。但是,普通百姓对热核时代依旧深怀忧心和焦虑,现在,又有化学品污染环境,这岂不是旧忧添新愁吗!

肯尼迪总统宣布政府要调查农药危害问题,给民众吃定心丸——但是,对待《寂静的春天》,华盛顿幕后的反应,还有连接政府与农业、工业各方利益的那张网络的反应却要纷繁复杂得多,肯尼迪总统并未提及这个情况。新闻发布会后第二天,肯尼迪就任命了一个特别委员会,由他的科学顾问杰尔姆·威斯纳(Jerome Wiesner)牵头,对农药使用情况展开全面调查。其实,早在20世纪40年代中期,帕塔克森就开始研究DDT了,这项研究一直在做,研究费用也涨到了一年300万美元,只是公众基本没有关注过,杀虫剂的使用方式也没什么变化。参加威斯纳小组评估农药安全的人是几个联邦机构的代表,而那几个机构自己就在大用特用DDT等杀虫剂,《寂静的春天》对其无视使用后果的状况作了毫不留情的描述。与此同时,联邦调查局干了该局在这种情况下经常干的事:他们开始不声不响地调查卡森,恰巧此时有人举报卡森是一名共产党外围成员。

政府的其他单位和机构对蕾切尔·卡森和她的《寂静的春天》怨忿炽盛,与政府表态对比鲜明。《寂静的春天》在《纽约客》杂志连载后,农业部部长奥维尔·弗里曼(Orville Freeman)即刻责令自己圈内的一干人着手制订方案,批判那些选文,显然是出于一种站哪山头替哪说话的自为观念:反对任何不利于农民和农用化工企业利益的事是其职责所在。不过,弗里曼毕竟有些犹豫,因为在他的家乡明尼苏达州,放射性元素锶-90的污染已经逼近安全线了,那里的牛奶供应怎么办?同时他又提出,要跟卡森斗,农业部可以好好想一想怎么向公众解释使用农药的好处,政府又采取了哪些措施防止卡森预言的长期污染环境这类问题。弗里曼显然没有细想过,果如卡森所说,又将如之奈何。

于是,让一场持久的派别之争来临的条件具备了。时至今日这些条件仍然成立。一方是以科学和保护自然之名发声,另一方则是政府与工业界结成的牢不可破的联盟——是权势集团形成的合力。

卡森自知身在急流漩涡之中,却依旧不慌不乱。倒是有一事让她惊讶:没想到《寂静的春天》销售这么好,上市头两个星期就卖了65 000册。月读书友会的定制版首印了15万册,发售时,该版还附有美国最高法院大法官威廉·O·道格拉斯(William O. Douglas)赶写的赞语,大法官认为这本著作极其重要。和以前出书一样,卡森又一次被书迷的信件淹没了,这让她大喜过望。给读者的复信大部分用的是事先做好的格式信件,不过,卡森也经常花一些时间,亲笔给那些求她指导作业或辩论的学生们写回信。

卡森把报纸登载《寂静的春天》的评论文章做成剪报,还抱怨说文章多得"能淹死人"。请她去讲话、作报告的邀请也是应接不暇——大部分都被她谢绝了——平常遇到记者提出要采访她,她也这么做;不过,有时她也会答应个别记者的请求。最初某次,她拒绝了大牌杂志《生活》(*Life*);《生活》提出请她做一篇人物专访,文字配上图片。卡森不愿意。她说,《生活》杂志的人物专版她十分了解,她不喜欢专版的"格调",那差不多和侵犯隐私无异。但这之后,她还是松了口,因为有人告诉她,遇到这样高规格的宣传机会,化工企业是决不会拒绝的。只是她提了个条件:《生活》杂志要保证人物专访重点写和《寂静的春天》创作过程有关的事,不可以拿"个人的琐事糗事"做文章。

卡森从未具体讲明什么样的素材纯属私事，不适宜公之于众，成为天下谈资。她选写的题材是很有难度的，而她却写得驾轻就熟，如鱼得水；不少人对此口服心不服，而她却处之晏然。报刊上白纸黑字称她是"老姑娘"，她也习以为常，虽然见之稍有不快。出名没有让她觉得麻烦，她喜欢出名。自打记事起，在她心目中，没有哪个名号头衔能比得上"作家"这个称谓有分量。

有一件事她跟谁都没讲过，只有几个最亲近的朋友知道。1960年初，还在写《寂静的春天》的她连得了几场大病。一开始是十二指肠溃疡；未及彻底恢复，又感染了肺炎，她只得暂时搁笔。这年春天，评述杀虫剂与癌症关系的那两章眼看要写完时，她的左侧乳房又发现了两个肿块。医生建议切除。她以为肿块就像10年前做小手术摘除的那个囊肿一样，其实全然不同，乳房必须切除。事后，医生劝慰她说，切除乳房主要是为了预防，因为病理分析报告无法判定是良是恶。当时医院并没有建议做进一步治疗。

后来卡森才知道，这全是扯谎。乳房里长的是恶性肿瘤，而且已经转移到淋巴结了。随后两年，她一边挣扎着写完《寂静的春天》，一边忍受着癌症扩散和放疗的折磨。放疗好像只能延缓病情，不能使恶疾止步。1962年10月初，《生活》杂志刊发了那篇名人专访；原本看上去就无健硕可言的卡森，此时显得憔悴又苍老。《生活》杂志掩饰了这一点，只说她面容"柔和"。

这年年初，哥伦比亚广播公司的《CBS报道》(*CBS Reports*)找她商议做节目的事。《CBS报道》是一档电视新闻杂志，长约一小时，主要是对大事要事作深度报道，该节目深受欢迎，收视率很高。两年前，《CBS报道》邀请爱德华·R·默罗(Edward R. Murrow)做了一档题为"收获耻辱"的多集节目，披露了季节农民工恶劣不堪的生活状况，引起很大反响。CBS希望让《寂静的春天》一书及其作者卡森，还有她的一部分赞同者和批评者,成为一期报道的焦点。节目现场记者打算让潇洒倜傥的前战地记者埃里克·塞瓦赖德(Eric Sevareid)担任,卡森和霍顿·米夫林出版社觉得这个提议很好,但是,整个夏天不是今天有事推后天,就是此时不行彼时行,弄得他们不禁担心起来:节目采取正反双方同场理论的形式,被找来为化工行业击鼓代言的人,一定是在狠下功夫打磨批判《寂静的春天》的词句吧。9月,一名制片兼摄影终于来到绍斯波特岛上的卡森小屋,拍摄了几个她在缅因州生活的背景镜头,卡森和霍顿·米夫林出版社对此很重视。卡森一脸病色,似乎对电视访谈有些迫不及待了。

1962年11月下旬,卡森已返回银泉多日,塞瓦赖德带着一个电视摄制组来到卡森家开始拍摄采访,一连拍了两天。卡森形容憔悴,她坐在摄像机前的一张扶手椅里,身着一件旧式的深色正装,身后的架子上摆着一台打字机和一只海星,给本来暮气森然幽闭的居所添了一点优雅的色调。她戴着一顶厚重的黑色假发,遮盖因放疗造成的脱发,乍一看有点像约翰逊总统夫人(Bird Johnson)。看得出她不舒服——在灯下长时间坐着说话一定很痛苦——她时不时把头从一边转到另一边,有时候举手支着头支一会儿,好像疲惫得难以言表。

但是,她一开口讲话,那疲惫和痛苦倏然间全无踪影。她的声音坚定而清晰,平直的中大西洋口音和她讲的冷峻内容相得益彰,闻者感叹那是一种百折不挠的理性,与骂她为"怪客"的毁谤贬低之辞完全相抵牾。卡森在镜头前的表现是大师级的,以不演胜表演,更让人折服。之后,塞瓦赖德跟制片人说:希望节目播出的时候,他们的女主角还活在人世。

几天后,卡森写信给朋友多萝西·弗里曼(Dorothy Freeman)。以前她跟多萝西说过,她必须把《寂静的春天》写出来,别无选择,写这本书就像是亚伯拉罕·林肯(Abraham Lincoln)所说的责任,林肯不是说过吗,“本应抗争之时却选择缄默,这即是罪孽,懦夫由此而生。”她告诉多萝西,现在书写出来了,她感到自豪,又觉得疲惫得无以名状,仿佛走完了一段漫长而艰难的路。

“我才发觉自己太缺觉了,”卡森写道,“从意而睡,睡也甘美啊。”

第二章

煌若中天之日

1932年冬去春来，美国本已严峻的经济形势继续恶化。1929年股市崩盘之后，有1300万人失去了工作，看那势头，年底的失业率要维持在24%左右。银行倒闭了一万多家，大约每10家就有4家关张。耕地的地价不到之前的一半。破产者中有数以万计参加过第一次世界大战的老兵。1924年，国会曾承诺给退伍军人一笔延期支付的补助金，到1945年连本带利一并偿付。现在，这批退伍军人要求马上兑现。俄勒冈州波特兰市的一小群退伍军人跑到华盛顿特区推动此事，全国其他州市的45 000名老兵也纷纷汇聚到首都，自发加入讨钱的行列。有些是搭便车来的，其余是搭火车来的，他们自称"补助军"(Bonus Army)。

退伍兵最后在几个地方安营扎寨，其中一个营地落在阿纳卡斯蒂亚居民村的一大片棚户区。阿纳卡斯蒂亚居民村是一片灰头土脸的低洼地，隔着阿纳卡斯蒂亚河与市区正对着。营地很大，街道、卫生、执法诸样俱全。有些老兵还有家属陪住。众人异口同声地表示，拿不到补助决不离开。1932年7月28日，赫伯特·胡佛(Herbert Hoover)总统下令军队开进，把退伍老兵尽数驱逐出城。之前，有老兵与警察发生了磨擦，两名老兵被杀。这天下午，步兵和骑兵几团人马在道格拉斯·麦克阿瑟(Douglas MacArthur)将军和乔治·巴顿(George Patton)少校带领下，用坦克、催泪瓦斯和枪刺把老兵们赶出了市中心，道边的职员和商店店主就在一旁睁眼看着,无不惊惧。麦克阿瑟把老兵撵过河,一直撵到阿纳卡斯蒂亚居民村的营地。到了营地,麦克阿瑟不顾胡佛的收手令,一把火将营地夷平。举国为之震惊,4个月后,胡佛大选败给了富兰克林·德拉诺·罗斯福(Franklin Delano Roosevelt)。罗斯福雄心勃勃上台,他要扶大厦之将倾,重振千疮百孔的经济,让治国理政成为国人当下关注的首要。对一国而言,罗斯福的"新政"(New Deal)有固本还阳之效,能使经济复归稳定,实现增长;对于投身"新政"的个人而言,罗斯福的计划就是一根救命索。

新总统的内阁尽是倡导改革的人士,其中一位叫哈罗德·伊克斯(Harold Ickes),芝加哥人,是一名律师,担任内政部部长。伊克斯一上台就连做了几件大事,其中一件就是在时势艰难之际,为内政部规划并监督建造了新总部大楼。伊克斯和罗斯福认为,这幢大楼应当立得稳、叫得响。于是一座大国丰碑、广袤大陆的地标拔地而起,建设成本1270万美元,1937年竣工。整个大厦用花岗岩和石灰石筑成,楼体金光闪闪,全高7层,共有2200个房间,占据白宫南面和西面的两个街区。大厦内,走廊深长,装饰华丽,墙上挂有巨幅壁画,河川峻岭,沃野平畴,风物纷繁,民族众多,尽在画中,内政部主管的就是土地和人民。联邦政府建筑的首批电梯、首批空调就安装在这幢大厦里。横观竖看,它都是华盛顿最壮丽、最震撼人心的建筑之一,过去是,现在还是。

1942年5月,一位名叫蕾切尔·卡森的水生生物学助理研究员来到这幢大厦上班,不久前她被分派到内政部鱼类及野生动植物管理局的渔业生物学处。她在三楼有一间办公室,房间号是3127。办公室有一扇窗户朝南,凭窗可望见树木和飞鸟,还有华盛顿的天空。此时,经济萧条尚未完全解除,而国家却又一次陷入大战。

时年35岁的卡森已经为政府工作了7年。来这里之前,她在马里兰州巴尔的摩和科利奇帕克两地的野外站点工作。她年轻漂亮,五官精致，一双蓝色眼睛，一头浅褐色头发（她常梳着短发，发鬈鬈得很密实），身高5英尺4英寸*，体重120磅。同事大多是男性，只要她踩着高跟鞋在走廊里一走，大家凭着熟悉的“咔咔”声就知道她来了。卡森好像和办公室之外的人没有什么交往，即便有也无人注意。她每天在员工自助餐厅吃午饭，晚上搭有轨电车回家。她和母亲玛丽亚·卡森（Maria Carson）一起住在银泉市花街上的一幢房子里。

卡森的职称有些蒙人，其实，她既没有做水生生物学研究，也没搞过其他类型的调研。她的工作就是写写小册子和新闻稿，编辑鱼类及野生动植物管理局其他同仁写的科研论文，多数同事都觉得她干什么都干得极出色。和所有联邦政府雇员一样，卡森须遵守1939年的《哈奇法案》，书面声明自己不属于任何企图以武力或暴力推翻美国政府的党派、团体。另外，她还必须定期表态，承认自己没有权利罢工，没有权利组织同事、工友抱团结盟。漫说是她的头脑里出现这些想法了，大萧条时期能找到一份好工作，定时领到薪水，她高兴还来不及呢。1942年，她调入内政部总部机关工作时，年收入2600美元。

卡森的就业档案里的确有一份非同寻常的记录。1941年，西蒙-舒斯特出版社出版了她的著作《海风下》（*Under the Sea-Wind*）。这本书几乎无人知晓。

卡森一直想当作家。1918年，11岁的她就在《圣尼古拉》（*St. Nicholas*）杂志上发表了第一篇文章。《圣尼古拉》是一本少年儿童杂志，有个特色专栏专门刊发青少年写的作品。卡森的文章题为《云间的战斗》（A Battle in the Clouds），虽然仅有一段，却写得颇具悬念，讲的是一名加拿大飞行员凭借勇敢和智慧，在法国的天空上与敌人进行了一番殊死

---

* 约为163厘米。1英尺约为30.48厘米，1英寸约为2.54厘米。——译者

缠斗，得以幸存，却不幸死于一场训练事故。卡森小朋友说，这些遥远的战争故事的"主要事实"来自哥哥罗伯特(Robert)写给她的信，哥哥最近刚刚参加陆军航空兵。因这则故事写得精彩有趣，杂志社授予了她一枚银质奖章。

得奖的消息传到了宾夕法尼亚州斯普林代尔市那幢白色墙板的小屋舍。斯普林代尔是阿勒格尼河边一座贫苦的小城，坐落在匹兹堡东北14英里处。白色屋舍是上下两层直方设计，一楼一间客厅、一间餐厅，二楼两间小卧室，像一只盒子般平淡无奇，建在一处陡峭的山坡上，四周有65英亩林地和开阔地。那山略向南倾斜，1英里外就是阿勒格尼河。房屋背后连搭着一间低矮的耳房，用作厨房，另有两间小屋也在主屋的后面，建在山上，离主屋只有几步远。由外屋再往前是一个苹果园，伏卧在山顶下方。主屋正面建有门廊，横贯左右，门廊之下即是阿勒格尼河河谷。院子里有一间泉屋，旁边是个马棚。屋里没有电，也不通室内管道，每个房间都用小篦子煤炉取暖。

1907年5月27日凌晨1点30分，在楼上的一间卧室里，蕾切尔·路易丝·卡森(Rachel Louise Carson)来到了这个世界。3周大时，小蕾切尔经常在前门廊的吊床上打瞌睡；5个月大时，她染上了烈性水痘；8个月大时，据她母亲玛丽亚讲，蕾切尔就开始学说话了；有谁告诉她不能把某某东西放进嘴里，她会报以一个"诡异的表情"。稍长大一些，她喜欢上了读书，喜欢待在户外，常和妈妈一起在院子里这转转那看看，观察动物和小鸟。这里环境宜人，虽说河的下游有几家钢铁厂喷吐出的灰烟笼罩着天空下的一切。

卡森家的房子有些嫌小。除了哥哥罗伯特，蕾切尔还有一个姐姐玛丽安(Marian)。罗伯特有时候住在后院的帐篷里。哥哥和姐姐都没念完中学。罗伯特跟着所属的空军部队去法国打过仗，1919年他回到家。姐姐玛丽安18岁时就结婚嫁人，小两口有一段时间和卡森一家住在一起。但是,玛丽安的丈夫结婚没几个月便离她而去,之后玛丽安离了婚,但很快又结了婚。

卡森家经济上一直比较拮据。蕾切尔的父亲也叫罗伯特,是个内心有爱但外表不太容易亲近的人。1900年,他用11 000美元在斯普林代尔置下这幢房子和院落。他什么都干,当过电工,做过保险推销员,干过夜班值班员,但是挣的薪水总是不够养家。他的一大愿望就是在他家的地面上建几套住宅。1910年,他为"那大片上好地段"做了广告,每块地300美元广告费,有时付现金,有时分期付款。地皮销售惨淡,从未卖出卡森家希望卖出的价。玛丽亚不得不给人教钢琴来贴补家里的收入。

蕾切尔继续写故事向《圣尼古拉》杂志投稿,有若干篇发表。斯普林代尔的学校最高只能读到十年级,所以,蕾切尔最后两年学是在附近的帕纳瑟斯中学上的,1925年毕业。在同学中间,她是个响当当的人物,嗜书如命,下笔如神,学霸一个。何以为证?在校的最后一年,有同学在毕业班年鉴上为她题词:

> 蕾切尔君,正午之阳,
> 光辉曜曜,须臾不让,
> 勤学精进,止于至善。

说起蕾切尔,有人还讲到这样的细节:她母亲每天唤醒她去听小鸟在早晨的阳光里唱歌,蕾切尔一边走在上学的路上,一边跟小鸟们说话。

她的中学毕业论文题为《智力的耗散》(Intellectual Dissipation),对人类潜能提出了冷静的批判性思考,认为人类最为宝贵的财产就是"能思维、善理智的头脑"。她把培养积极而有教养的智力同保护自然资源联系在一起。这一点有些语焉不详——她认为年轻人过于关注"矿物和木材",过于关注"有强健完美体魄"的欲念,结果损害了智力的发展,但并没有阐明此等关注如何互不相容。不过，这篇论文中间有一段文字赞颂了书籍的重要性——不是泛泛论书，而是讨论佳作、珍品，讨论那种能永远与人为伴的书。和所有爱书的人一样，卡森一度感到惊愕和悲伤：书真多啊，无法尽读，选读一本就等于放弃了选读另一本的机会。她写道："读这便不能读那。今天在最新的畅销书上花费一小时，这一小时的时间便永远不会再来。"要是用这一小时去读"纯正的文学作品，读那些能每日提升一点自身境界的东西，读那些能让自己有意愿和能力去参与这个世界运作的东西"，那该多好啊！

宾夕法尼亚女子学院（Pennsylvania College for Women；PCW），俗称"宾夕女院"，像个小岛，悄然坐落在林场路的富人区。这片富人区位于匹兹堡东区边的陡峭山坡上，在灰蒙一片中犹如世外桃源。宾夕女院创建于1869年，20世纪20年代，占据一片马蹄形山梁的一半，山脊下面是第五大道，电车经这条大道往返于市里郊外，票价5美分。宾夕女院所在山脊的根脚处形成了一个天然的露天剧场，四周林木繁茂。放眼北望，可见第三长老会教堂的哥特式尖顶直刺苍穹，尖顶后面更远的地方是阿勒格尼河谷的悬崖绝壁。校园青翠欲滴，草坪整洁，步道平坦。

学院自有几幢建筑，以贝里斋最为雄伟，蕾切尔·卡森作为新生入校时就住在这里。贝里斋以前是私人宅邸，宫殿式结构，里面天花板挑得很高，外面则尖顶屋山墙参差，大小雉堞相望。斋内有60个房间，很多房间仍旧铺着地毯，摆放着精美家具，十分富丽。据说这幢建筑曾经是该县最大的住宅，其后又进行了扩建，还修了一条风雨走廊与迪尔沃思斋相连。迪尔沃思斋是一座爬满葡萄藤的砖砌楼房，门窗为厚重的拱形结构，它是1889年学院开办时的头一座配楼。卡森家连自来水都没有，对她而言，学校的新居想必豪华得难以置信。1925年9月15日，她在父母的陪同下，坐着一辆借来的福特T型汽车来到学校。

卡森曾在一次州级竞赛中获得100美元奖学金，她的父母打算继续出售斯普林代尔的地皮或者用地皮抵押借钱来支付她的学费。她是新生，一年学费是200美元，食宿费另交575美元。后来，学费上涨到了一年300美元。卡森家想方设法供了她一两年，但最终还是有心无力。大学的后两年，蕾切尔边积累知识，边累积欠债。有个同班女生去过她家，发现她家用的盘子碟子都是买燕麦片随送的赠品，像样的碗碟都被变卖换钱交女院的学费了。

新生班有88个女生。一半住校，另一半"走读"住在家里。学校规定，学生不允许在校外公寓单独住宿，在校学习期间禁止结婚——不过，这后一条规矩时常会被破掉，学生中间的风流韵事一个接一个，大家把这种勾搭联络视为刺激、浪漫，故而千方百计对老师和校方保密。茶点和午餐都是按时按点吃。每年的第二学期初，学院会在富丽堂皇的申利酒店举办一次正式舞会，参加者须穿长礼服、戴白色长手套。学生还要去自己选定的教堂参加周日上午的礼拜，学校周日晚上的晚祷则必须参加。

宾夕女院的课程和普通的文科学院基本一样，不过，在女院就读的年轻女性主要目标就是结婚成家，当个家庭主妇，相夫教子——也许是在当老师工作过一两年之后。接受高等教育是为了个人成长，丰富见识，将来更好地做个贤妻良母，这一点大家都明白。女院学生要学语文、历史、科学、数学、外语和音乐。所有学生必须上体育课，多数女孩都参加校内的体育活动。卡森在一支曲棍球队当守门员，她身着蓝色灯笼裤，脚上一双黑丝袜、一对白网球鞋，所在球队连续三次夺得班级冠军。有一场比赛，加油助威的学生竟然和溜达进场内的两只山羊、几只狗挤在观赛席上。事后有人爆料说，至少有一只山羊是从卡森斯普林代尔的家弄来的。有一张球队的合照，卡森看上去苗条结实，神色刚毅。

卡森害痤疮，一度长得满脸满肩都是。她的衣裙只有几件，都是母亲亲手缝制，朴素得不能再朴素。她和大多数女孩一样梳着短发，用热烙铁烫成层层密实的马塞尔式发鬈；发鬈贴裹头颅，看上去像戴了一顶头盔。课堂上，卡森从不羞怯扭捏，也从不打无准备之仗，对所有问题她都成竹在胸，积极应答。几个对她稍有了解的女孩发现，她心思缜密，尤忌虚夸浅薄，她会暗下细细观察周围的同学。不过，这是她个性的一面，很少展露。绝大多数时间，她不为人注意，是一个安安静静、有些迂笨的女孩，经常不参加社交活动，有人说她是个隐士，也有人说她是个学究。个别同学嫉妒她学业成绩优异，嫉妒她给教师留下诚恳的印象。

母亲玛丽亚·卡森每逢周末都要来女院看看。她待在蕾切尔的宿舍，一待几个小时，聊天、读书，用打字机帮才华出众的女儿打论文。同学们感觉卡森夫人对女儿十分娇宠，一心盼着女儿学有所成。玛丽亚上过学，她受的教育绝对超过了卡森家微薄的经济条件所能供得起的水平，这在当时的普通妇女中是很少见的。1887年，玛丽亚怀揣着各种荣誉毕业于华盛顿女子学院(Washington Female Seminary)拉丁语专业，而后才遇见蕾切尔的父亲。现在，她年近六旬，比大多数学生的母亲都大。她举止友好，但似乎心思全在蕾切尔身上，对他人了无兴趣。蕾切尔的一位朋友后来回忆说，卡森夫人一点不造作，就算英国女王去敲她家的门，卡森夫人也会穿着“老旧的麻布便衣”应门。卡森夫人和蕾切尔一待就是很长时间，同宿舍的女孩感觉来访得这么频繁有些过头，她们开玩笑说，蕾切尔的母亲也应该交一笔学费。这些闲言碎语蕾切尔耳朵听到过，心里却不当回事，她好像不介意母亲常来。

一年级英语课有一项作业是写自己。卡森写了一篇颇为晦涩的作文，大意是说她有远大抱负，但没有讲明那抱负究竟是什么。开篇非常随情随性，称自己乃“年方二九少女”，喜户外乡野，面映篝火，头顶星光，惬意之至。接着，她解说自己同这个世界的特殊关系，虽然文笔不算雅致："我爱自然间的一切美丽之物，野生动物是我的朋友。一只毛茸茸的小东西，睁着好奇而无畏的眼睛，朝你一点点地爬近，试想还有什么比这更让人激动万分的呢？"

她写道，自己是个书迷，还罗列了一些她深爱的作家的名字，莎士比亚（Shakespeare）、弥尔顿（Milton）、狄更斯（Dickens）、马克·吐温（Mark Twain）等，选马克·吐温是因为他"憎恶伪善"。她对当代作家不怎么关注，因为"现代文学的现实主义我不喜欢"。收尾时，行文的语气倏然变得虔敬起来。她说她是个"理想主义者"，言下之意是志向十分崇高，最终会引领她走到上帝的跟前："有时候，我看不见目标了，而后目标又闪入视野，令我痛下决心，一定要让那'景象'在我眼前'辉煌绚烂'。也许，我永无可能完全实现梦想，但是，'人一定要超越其所有，否则要天堂何为？'"

文章结束是这样写的：她之所以选择上宾夕女院，是因为它属于基督教学院，"以奉献和荣誉之理想为根本"，她在这里可以"充分实现自我"，在"生活的舞台上"演好自己的角色。

以后，卡森对精灵可爱的毛茸茸的动物们怀有的儿童般的迷恋从未减退——那是她一生的牵挂，虽说如此，她用到"景象辉煌绚烂"这几个词还是令人一振。这些词语有可能是她为这篇作文造的，加了引号以示强调，也可能是她从什么地方听来读来的，但不记得出处了。这种可能性不能说没有，但是不大。比较可能的是她看过一本题为《景象绚烂》（*The Vision Splendid*）的纯宗教诗集，出版于1917年，作者叫约翰·奥克斯纳姆（John Oxenham），系英国作家威廉·阿瑟·邓克利（William Arthur Dunkerley）的笔名。标题诗实为一段沉思冥想，奥克斯纳姆感到，第一次世界大战惨痛取胜（当时尚未胜券在握）和基督被钉死在十字架上这两件事有可比可评之处。诗的开头这样写道：

由此——或来世——你们会看到其完结，
你们灵魂所系的伟业；
若自彼岸而望，景象辉煌绚烂，
你们必回以微笑，永不知悔憾

卡森成长于战争年代，听过她哥哥讲故事，对美国毅然参战怀有忠志之心、爱国之情也是自然。但是，一位亡故的战士自天堂垂目凝视，如何能影响到她要当作家的志向，这的确令人费解。如果绚烂的景象是来世看到的世界，那它于此时此地又有何益呢？也许卡森只是喜欢这个词语而已，并不知道其中的深意。她的下一篇作文写的是曲棍球。两篇作文均得了B⁺。

卡森入学学的是英文专业。大一那年，她没有选科学课，而当时宾夕女院的大部分同学都把这门课搞定了。大二时，她报名选修生物学——那是教学格局大变样时期的一个入门课程。1925年秋，系里只有3门课可选：普通生物学、植物学和人类生理学。等卡森上最后一年时，可选的课程达10门，如高级植物学、普通动物学、无脊椎动物与脊椎动物学、组织学、微生物学、遗传学、胚胎学等。推动这场教学巨变的是校内名人、生物系主任玛丽·斯科特·斯金克(Mary Scott Skinker)教授，整个生物系实际就是她一人。

斯金克小姐深得学生们喜爱，她们觉得她容貌极美，风度飘逸不俗。她的神态有一种傲然空灵的邈远感，也许是她近视还拒不戴眼镜所致。斯金克身材苗条，举手投足尽显优雅，一双黑色的眼睛，满头蓬松的鬈发。在宾夕女院，晚餐是要求着装打扮的，大家先要在贝里斋装有水晶吊灯的餐厅里集合，而后各寻其桌，各就其位，餐桌上亚麻餐布、银餐具一应俱全。教职们分头指导学生交谈，间或讲解礼仪。斯金克一身时尚装束，左肩处常别着一朵玫瑰。用餐时，大家总是盯着她看。

一度风传有一位男士在苦追她，斯金克小姐隔几天就收到几盒鲜花，不过最后，花和传闻都没有了。斯金克后来告诉一个以前的学生，她打消了在校结婚成家的念头。

斯金克作为老师富有激情，但执教严格，该给学生打低分的时候，她就会打低分，没有半点犹豫和避讳。像蕾切尔·卡森这样既聪明又勤奋的女生，落到她的班上能不能得一个A？大家禁不住好奇。谁也想不到，恰恰是生物学课和斯金克小姐彻底改变了卡森。卡森不仅赚了好多A，还想改换专业，弃修英文，改修生物。这个选择她细细掂量过，一度考虑把生物学加上作为辅修。迪尔沃思楼顶层的那间狭小的实验室是她的快乐之所，她在那里一待就是好长时间，实验室总是弥散着福尔马林的味道。有时，卡森和实验伙伴会在晚餐后回来，在钨丝灯泡发出的苍白光线下解剖标本。钨丝灯悬挂在天花板垂下的电线上，冬风起时常摇来荡去。

那时的生物学和后来的生物学相比判若云泥，前者尚在粗陋的原始阶段，卡森生平见证了这一前后巨变。对DNA的充分描述是30年以后的事，分子乃生命之基础还鲜为人知。谈到活细胞，只说它是一种含有"原生质"的膜，一种流质性的、不稳定的、含有各种物质和结构的杂合物，有些生物学家还认为其中含有细丝或纤维，有些生物学家觉得它更像是一团气泡。已知一切生物都是由细胞组成的，细胞内部的活动是为了调节新陈代谢和遗传。染色体令生物学家兴趣盎然，它是细胞内部的特异结构，在光学显微镜下可以瞥见它们在细胞分裂时的精确分离。有学者已经提出论点，认为被称为"基因"的染色体某区段参与了遗传。但是，究竟如何参与，依然是个谜。

20世纪20年代的生物学还包括一些稍微沾边的科目，如卫生、食品安全、农艺、公共保健、营养和卫生等，均是科学与家庭经济学的交叉点，这也是女子教育的一大特色。标准生物学文本还探讨优生学理论。优生学主张择优繁衍，改良人种，它是不加掩饰的种族主义、仇外主义的研究领域。优生的理念是：鼓励体健貌端、智力优异、道德高尚的人结为伴侣，孕育后代，同时限制低劣的人生养繁衍，由此实现"种族之改善"。有一本流传颇广的教科书提出：优生学应该成为国策，凡是想领证结婚的人必须先做体检。该书还主张，对移民应当作严格筛选，筛除有不良特征者，将"呆傻愚钝"者关进政府开办的劳动营乃是明智之举。

20世纪初，优生学风靡一时，其存在多半是一种理念，并非一项政策，直到纳粹德国把这种理念发展成为大屠杀时合乎逻辑的结论。

20世纪20年代，进化论还是生物学教学的重点内容，不过，有些高中课程在1925年后淡化甚至删除了达尔文的理论，原因是那年田纳西州有位名叫约翰·斯科普斯(John Scopes)的老师因所谓"猴子审判"(Monkey Trial)，被判有罪，在田纳西州讲授进化论属于违法行为。在斯金克和她的学生看来，进化铁定是科学。那时人们估测地球的年龄约30亿年——和现在的45亿年比较接近，一切生命形式均是早期生物的后代，虽然没人能回答生命最早是如何出现的。这些内容卡森学得很扎实，进化论后来就成了她写海洋作品的核心思想。

斯金克说：一切生命都是有内在联系的，从进化的角度看，世界的每一天都能说明世界以往历经的全部岁月——卡森后来领悟了这个道理。斯金克很自然地把灭绝视为进化过程的一个无法避开的特点，她敏锐地注意到这样一个事实：人类对自然环境的恣意妄为，有时候让某些本来并不濒危的物种加速灭失。有人把这种生命世界(以及人类在生命世界的位置)的整体观叫作"生态学"，不过，这个名称在当时尚未通用，斯金克授课也没有把它当作一门独立的学科。

那时候，立志当作家的人前程不定——搁到今天，前程也照样不明。而对于一个女性来说，把科学当事业则更是令人生畏的艰巨之选。女性很难在理科专业拿到高学位，即便有女性获得了高学位，最后也常落脚在女校教书，比如宾夕法尼亚女子学院——而女校开设的课程是有限的，所以，女性在科学界英才辈出几无可能。1925年，美国最顶尖的科学组织——美国科学院选出了该院历史上首位女性院士、约翰斯·霍普金斯大学生理学家弗洛伦斯·雷娜·萨宾（Florence Rena Sabin），接纳她加入这个由229名男性组成的团体。斯金克小姐虽然天资不凡，也只是在哥伦比亚大学获得了一个硕士学位。现如今，她揣着有朝一日拿个博士学位的梦想，却把大部分时间都花在讨论为宾夕女院制订更严格的学业标准上。

卡森好像从未考虑过某某职业有何优缺利弊，依旧奋笔不辍。她为一份名叫《箭》（*Arrow*）的校园双月刊当记者写稿子。大二那年春天，她的一篇题为《碎灯》（Broken Lamps）的短篇小说获奖。小说色调灰暗，情节也比较程式化，讲述了一位年轻的土木工程师的故事：工程师对自己的生活和妻子颇感无望，就在此时，妻子突患绝症，令工程师恍悟到自己是真的爱她，于是心灵获救。1928年，她在《箭》上发表了一首诗，词句绝美，疑似神笔：

三月

我知道一座沼泽环抱的丘山，
那里，褐路纵横，直触云天。
荆棘树高大粗糙，迎着劲风，
暗影团团，在树间扎下帐篷。
灰青阴郁之中，苔藓缠结着晨光危崖上缓缓的身影，
但见，天茫茫白浪点点，
雁阵奋翅，风袭摇曳如帆。

不过那时候，卡森深受斯金克小姐的影响，无以自拔。一天晚上，她在实验室跟一个朋友说出了心里话：她在考虑如何把两方面的兴趣结合起来。她说："我一直都想写东西，但是想象力不怎么好。生物学给了我可写的素材。"1928年2月下旬，卡森对斯金克说，打算正式把生物学作为她的新专业。斯金克十分惊讶，执意要好好讨论一下这个决定，不过最后，她还是"行了好"——卡森跟一个朋友这样说。

周末前降了一场大雪，那天晚上，黑色的天幕上猎户座群星闪耀，宾夕女院的姑娘们从餐厅里拿出铝制托盘，办了一场雪橇派对。卡森和一个女孩一起，来了个非常冒险的大头冲下溜坡滑，不料撞上一处隆突，把她俩跌了个人仰马翻，一溜跟头摔出好远，摔得雪粉四溅。玩到裤子和毛衣全湿透了，两个姑娘才回到屋里，洗了澡，换上睡衣，坐在木兰楼巨大的壁炉前，吃三明治和土豆沙拉。而后熄了灯，就着炉火光唱歌，一首接一首，一直唱到炉架上的座钟午夜鸣响。卡森高兴极了。

卡森和一个学生物的女生私下称斯金克"大老板"。她说，她的事情攥在斯金克手里，她感觉"牢靠"，不过，有同学不赞成她换专业，不学英文改学生物，还毫不客气地质问她。她说，她们吵吵来叨叨去，不过是千篇一律，很乏味。解剖一条狗鲨令她快乐，真的是乐趣无穷啊，虽说解剖弄得她身上和她摸过的物品都有一股子难闻的气味。在校最后一学年才学胚胎学，她有点等不及了。

1928年3月，几个朋友为卡森安排了一次约会，让她去参加每年一度的宾夕女院舞会。约会的男生叫鲍勃·弗赖伊(Bob Frye)，在附近的威斯敏斯特学院读大三。卡森买了一双银色的轻便舞鞋，但尺码太小——女生都这样——于是，花了好几天时间反复试脚，想赶在舞会之前把鞋撑到合适。舞会之后，卡森致信一个朋友说：她玩得"好畅快"，喜欢申利酒店的暗淡灯光和镜子墙。不过，最令她难忘的还是一位陪姑娘们参加舞会的伴媪——光彩照人的玛丽·斯金克。"舞会上，斯金克小姐风姿独绝,所向披靡,”她写道,“她穿着一件桃色雪纺丝绒衣,裙子前襟皱折翻花,腰间一枚水钻别针,贴颈戴一条水钻项链,上边镶着两颗米粒珍珠。”

好像没有描述鲍勃的当晚情况,不过提及第二天她和他一起去看篮球赛,还说“周末过得极爽”。

那年春天,卡森至少还见过鲍勃·弗赖伊一次,而后她就再没有跟男生约会过。

在卡森决定调换专业学生物之后不久,斯金克小姐说有一件重要的事要告诉卡森,又说现在不便谈及此事,但是保证第一个知情者肯定是她。几个星期后卡森才知道,斯金克小姐打算请长假攻读博士学位,卡森毕业那一学年她将不在宾夕女院。当年夏天,斯金克要到马萨诸塞州伍兹霍尔的海洋生物学实验室学习,过后去约翰斯·霍普金斯大学或康奈尔大学读博士。

卡森颇感失落,郁郁寡欢,一时竟想到:干脆转到约翰斯·霍普金斯上学吧。她向约翰斯·霍普金斯大学动物学专业研究生部提出入学申请,旋即被接受。不过最终,她想到了奖学金,想到了欠女院的学杂费,料定自己只能原地待着。毕业学年刚过一半,她已经欠了近1400美元的学杂费,这是一笔还不起的债。她提议拿父亲的两块地抵押贷款,但银行答复说,拿空置土地作抵押贷款是很难办成的,即使能办成,贷款也是寥寥,可能体现不出地产的真实价值。不过,银行给她出了个主意:把那两块地直接抵押给宾夕女院,他们还为她制订了一个她能办到的还款方案,毕业找到工作后分期偿还。校方同意了,卡森舒了一口气。1929年1月28日,她在正式协议上签了字;9个月后,美国经济一片狼藉。

斯金克走了,接任的女子叫安娜·怀廷(Anna Whiting)。怀廷是艾奥瓦州立大学的遗传学博士，专事研究养牛。她很高兴来女院工作，因为她的丈夫在匹兹堡大学当教授。可后来的情况证明，怀廷执教卡森报名学习的高级生物学课程根本不够格，实验课也上得毫无章法。卡森和同学们自感自己的知识比这位教授还多。大四那一年，卡森老在思忖：倘若真有机会上了研究生，自己所学真能在研究生院里待下去吗？为了振作精神，卡森和几个朋友组织了一个科学俱乐部，取名"缪-西格玛-西格玛"（Mu Sigma Sigma），意在怀念玛丽·斯科特·斯金克小姐。

卡森对女院毕业后生活的想法也是深受一次独特体验的影响。一晚，她正翻看英语阅读作业，蓦然间一道彻悟飞入心田。她读的是丁尼生勋爵（Alfred, Lord Tennyson）的一篇晦涩长诗《洛克斯利府》（Locksley Hall）。夜已深，宿舍外雷电交加，风狂雨骤，席卷黑暗的校园。凌雨击窗，惊雷撼山，卡森端坐，正读到诗的末尾几句：叙述者讲述一场风暴掠过泥沼，逼向大海：

苍苍水雾起，漫漫青原低，
怒生狂飙吹，怒至惊雷击。
疾雨拌冰雪，孤楼披火衣，
劲风向海扑，怅然吾独离。

从未见过大海的卡森，心中突然涌起一股强烈的念头：她对科学积起的热爱有朝一日会引领她奔向大海，这是她的宿命。她意识到，海就是她渴望叙写的东西，尽管她与海未曾谋面。

她再次从一个不太可能的地方汲取了灵感，就像她灵光一现使用了"景象绚烂"这个词语一样。若说是丁尼生长诗的末句感召她去闯荡大海，也不无道理——卡森就是这么说的，不过，这几句诗公认的意思是讲述者要赶去参加英国军队。1842年该诗发表之际，英军正在全世界为帝国的霸业征战挞伐呢，这在前边的诗句里已吟咏过，辞色令人欣悦（有人会说那叫令人作呕）。其实，《洛克斯利府》叙述的是一个非我族类、必难相容的故事，让人很不舒服；叙述者急于忘却失恋的痛苦，想象自己去往大英帝国唾手可及的某个蛮荒之地，征服“野蛮”土人。

这首诗的名句是“春日少年梦，飘然化情思”，而即便是名句，也只有脱开丁尼生诗文的晦暗语境之后，才能附生出柔美的意蕴。若是体会不了叙述者经受的折磨，感受不到那种情感的剧烈扭曲——即便她不在意青年小伙的翩翩幻想，卡森又如何能读得懂《洛克斯利府》这首诗。这一点很是不可思议。一首长诗，满纸残虐，一派凶相，要是只被区区几行煽情的佳句感动，想必是具备了一种罕见的能力，那就是能把整个世界的繁杂和迷乱抛开，只专注于她感兴趣的细节。

卡森恰恰就是这么做的。以后证明，这种管状视野是一项决定性的特质。

第三章

生物世界漫游

马萨诸塞州的伍兹霍尔是个安静的滨海村庄，坐落在科德角西侧的地岬上。科德角曾经小有名气，主要是因为此地有鸟粪工场。海洋生物学实验室就建在伍兹霍尔，它是美国顶尖的科研站点。实验室创建于1888年，到20世纪20年代中期，它已经成为科研人员和学生暑期定期聚集、开展研究的地方。他们或是在近岸的海洋环境里，或是在克兰实验室里谋得一个令人艳羡的座位。克兰实验室是一座红砖修砌的大楼，楼内还有一个图书馆，藏书十分丰富，并且一直在扩充增容。

玛丽·斯金克在宾夕女院执教时，常利用暑期跑到海洋生物学实验室开展原生动物学(protozoology，这个词现已过时不用了，从前指研究水生单细胞动物)研究。卡森准备上大四时，斯金克小姐鼓动她考虑一下毕业后参加海洋生物学实验室的暑期研修奖学金项目。这是个令人兴奋的前景。在宾夕女院，生物专业的学生做实验几乎都是用浸制标本——鱼啊，爬行动物啊，猫啊；最恶心的是猫，尸骸僵硬、面目可憎不说，还奇臭难当。在伍兹霍尔，学生们可以收集到活标本，或沿岸边，或去滩涂，或乘船出海到巴泽兹湾的辽阔水域。在这里，斯金克全心沉浸在生物学中。她给另一个女院学生写信说，在伍兹霍尔可以心无旁骛，除了“生物世界”，诸事皆空。她从伍兹霍尔的一份叫作《张网拾贝》(*Collecting Net*)的每周简讯上剪报拾零，把剪下的资料寄给卡森。卡森对一个朋友说，看了剪报“她更急着去那里了”，伍兹霍尔“一定是学生物专业的天堂”。还有，它就临着海洋。

得力于斯金克小姐的推荐，卡森再次向约翰斯·霍普金斯大学提出入学申请，竟获得了全额奖学金。这年6月，她以优异的成绩从宾夕女院毕业。当年夏天，斯金克又帮她拿到了8月份去海洋生物学实验室研修的奖学金。卡森先赴巴尔的摩，正值那里异常炎热。她花了一天在约翰斯·霍普金斯大学校园里转了转，而后搭上一辆公共汽车去弗吉尼亚州的卢雷。卢雷在蓝岭山脉脚下，半天路程。之前，斯金克小姐已邀约卡森跟她一起去斯凯兰度假。斯凯兰是20世纪初发展起来的乡村度假胜地，栖居在一座4000英尺高的峰顶上，由峰顶俯瞰，谢南多厄河谷风光尽收眼底。

道路艰难，汽车无法登顶，于是卡森跃上马背，继续前行。登顶花了约一个小时，一路上，森林和鸟儿令卡森十分愉悦。途遇一只火鸡，她走近它时，火鸡惊跑了。她后来回忆说，最令她高兴的是到了度假村，斯金克小姐走上前来相迎。随后几天，她俩要么骑马，要么打网球。斯金克说自己球打得不好，其实不是，卡森觉得斯金克是让着自己。晚上，她俩坐在小屋里的一堆火旁边聊天。

华盛顿的酷热没有消退，卡森下一站去了那里，搭上联合车站发出的火车去了纽约市。她花了一天时间观光，坐旅游巴士转了转曼哈顿，在一家德国风味餐馆吃了午饭，又乘地铁去哥伦比亚攀爬图书馆的台阶。傍晚时分下起了雨，她在马萨诸塞州的新贝德福德登上一条船。船驶过风雨中依稀可见的自由女神像，调头向东，顺着长岛的海岸线航行。卡森头一次看见海，呼吸着带咸味的空气。她回忆说，晚上待在甲板上十分惬意，船过蒙托克之后更觉得神清气爽，此时，陆地已不见了踪影。第二天天还没亮，卡森在新贝德福德换乘另一条船。她说，太阳升起后，船在巴泽兹湾的那16英里航程真是“好极了”，虽说那时候海水横流，天气不好。

伍兹霍尔和海洋生物学实验室给卡森的感觉非常好，各方面都好过预期。她和一位同来自宾夕女院的研修员住一套公寓，有冷热水。隔街就是克兰实验室，实验室里有她一张桌子。大图书馆让她着迷，那里似乎“无所不有”。另外，她还注意到，在这儿，人无论走到哪儿，都离水不远。这一点她很喜欢。海就在身边。

卡森在致朋友的信里这样写道：伍兹霍尔是“接受生物学浸润的乐土”，她盼着每年夏天都来这里。到此研修的学生个个刻苦勤奋，间或也抽出时间去享受海洋和海滩。卡森说她学了爬泳。她也曾有过一次冒险经历：她参加了在湾里的一个小岛上开的海滩派对，结果返回时，她坐的那条船在雾中迷失了方向，差点被卷进远海。卡森尤其喜欢在潮低水浅时去海岸边的石隙岩崖上探寻，细看潮水留下的水洼里的海洋生物。海葵和海胆让她着迷，洋流的力量令她深有感触，洋流有时候会带来意想不到的奇珍异宝，比如遥远的温暖海域的马尾藻和水母。卡森皮肤白皙，她说她在海滩上顶着太阳一晒就晒很长时间，晒过多日后，她认定自己是万难晒黑了，不过，面容已有“雨打风吹”的沧桑感，还新增了一批雀斑。美国渔业局在伍兹霍尔派驻了不少研究人员，卡森逐渐和他们熟络起来。有一次，他们把她带上科考船做了一整天的采样工作。

卡森也很喜欢搭上海洋生物学实验室的“小疏浚船”出海采样。船常在巴泽兹湾里往来游走，有时候也驶入温亚德海峡。船员们用围网顺着海底捕捞采集，考察海底的动植物。有时候，在波浪滚涌的海面上，小船要拖拽着沉重的渔网前进，十分费劲，船身悠悠晃晃，让人感觉提心又刺激。可是谁叫卡森喜欢寻觅出自水下的东西呢，各种生物混着石块、贝壳，有甲壳类动物、海藻、无脊椎动物，还有小鱼，都是她从没见过的,她开始浮想联翩了。

她让思绪“钻入水下”,水底看不见的东西渐渐变得清晰,最终,她“看到了这些生物生活的全部,它们在那个奇异的海洋世界里自由自在”。大海饱含如此丰富多彩的生命,给卡森留下了深刻的印象,每一种生物都属于一个大而多样的生命共同体,这个共同体由生物之间的相互依赖维持着,已经在时间的长河里蹚过许久。所有的课她都学得不错,而这一课则是她体会最深、学得最好的。

不过,卡森在海洋生物学实验室研修的两个月也并非时时惬意,处处开心。平生头一回,她犯起了纠结。在实验室里,卡森不能自作主张搞研究。尽管周围就是大海,她自感此生与研究海洋环境有缘,撰文著书也必以海洋为题,可是,她最初要做的是研究爬行动物的端神经。端神经是中枢神经系统的次类,统称为颅神经,和嗅觉有关。那时,人们对爬行动物的嗅觉活动还未作详尽的描述,卡森自感有可能通过研究蜥蜴和蛇的嗅觉——若可行的话,再研究一下鳄鱼的嗅觉——开辟一片新天地。她对龟也很感兴趣,当年正是对龟的兴趣,吸引她上了宾夕女院。但这让她还得再去侍弄做过防腐处理的陆上动物标本,将标本切片、染色,放在显微镜下观察,实验科目与技术和在女院一模一样。卡森自感斯金克小姐离职后,她在这两方面受到的训练都不够。她一直为女院教学的虎头蛇尾感到心痛失望,用她的话说,“不啻为一场悲剧”。她写信给一个朋友说,女院最后一年的学习没能让她完全具备开展真正生物学研究的能力,她在伍兹霍尔费了很多时间去消除这种无能感。

卡森谈到安娜·怀廷在女院执教时课程班的情况:“我们自以为知道它会对我们造成什么影响,其实我们不知道,不可能知道。不瞒你说,到这儿的第一周我简直是行尸走肉。不知道自己想干什么,也没一点心劲去干! 不过呢,现在正慢慢恢复,精神马上要复活了。”

伍兹霍尔是个令人生畏的地方，国内许多顶尖的科学家常把这里当作静心避世之所。卡森在宾夕女院过了4年隐居式的生活后，懵懵懂懂来到了这里，来到美国生物学的几大平台之一。她的这一举动恰巧顺应了生物学正在向实验性科学发展的大趋势。19世纪末，生物学主要研究自然史，它是一门"生物气息浓厚的"学科，主要涉及比较解剖学、形态学、分类学、行为学，以及近期才形成的进化论等。

生物学对物种作出描述和区分，从许多方面看，它和亚里士多德(Aristotle)时代的生物学大同小异，是一门主要为生命世界穷举罗列、分门别类的学科。20世纪初，一些研究者重新发现了格雷戈尔·孟德尔(Gregor Mendel)研究成果的价值。身为奥地利修道士的孟德尔，对豌豆的显性和隐性遗传特征进行了研究，总结出遗传定律。1866年，孟德尔定律就发表了，但一直被冷落在一旁，无人重视，直到30年后才成为新兴的遗传学研究的四梁八柱。生物学家渐渐不再着力去归纳总结本领域发现的"野生型"生物的特点表征，而是将更多的精力放在探讨功能性生物学上，方法是用繁殖迅速又便于管理的笼养动物——大鼠、蝾螈，以及最重要的是一种叫作黑腹果蝇(*Drosophila melanogaster*)的小而多生的昆虫——做实验。卡森的兴趣在于解剖野生标本，她想看看标本是如何制作的。且不说其兴趣怪异，至少也是带着霉味，绝对是科学的末端，不是前沿。

海洋生物学实验室在接收女学生、女研修人员这方面一向慷慨宽容，不过，女性的人数还是远不及男性。1897年，胚胎学研修班有23名学生，只有6名女性，格特鲁德·斯坦(Gertrude Stein)是其中一位。卡森在宾夕女院念书时，安·黑文·摩根(Ann Haven Morgan)算得上是国内最重要的淡水生态学家，她多次在海洋生物学实验室的暑期研修班执教。1930年，她出版了自己的经典之作《池塘与溪流》(*Field Book of Ponds and Streams*)。这本蓝皮小书涂着红色页边，开本大小、外形与现在印行的《奥杜邦野趣指南》相仿，既表达了对自然的好奇与向往，也展现了作者描绘自然的能力，说明女性能够在生物学领域有所作为，不应该受局限。可是，卡森从来没有和男生共用过实验场地，来实验室的男士们个个训练有素，举止娴熟，令卡森惊奇又佩服。她好不容易从标本切下几片组织，却难以分辨清楚其重要特征。一连折腾了几个月，直到返回巴尔的摩的约翰斯·霍普金斯大学后，她才开始在伍兹霍尔拿回的载玻片上取得些许进展。不过，长时间趴在显微镜上观察损害了她的视力。

卡森的经历在搞生物学研究的人中间也是常事，不足为怪。就算是聪明绝顶的学生，实际上手做研究时也会显得不灵光。有些人是愚笨，有些人则是马虎，在执行严格控制的实验时，对必须达到的精准度不在意或者慢待。还有一种情况就是研修者缺少洞察力，不能提炼、归纳出能够被实验检验的假说、理论。提出假说，经由实验检验，乃是现代科研方法的根本。卡森承认自己乐意待在图书馆读书查资料，承认这一点含有自我认可的意味，它实际隐指了将来哪里是她的避难所，哪里是她一辈子的灵感泉源。

遇到的死结一个又一个，卡森无法断定究竟是自己的问题还是选题的问题。在约翰斯·霍普金斯大学，有段时间她把注意力聚焦在蛇类上，一度对蝰蛇的颊窝感觉系统甚是着迷。有时候，标本送来还是活的。一天，她领一个朋友去实验室看满满一箱响尾蛇。两个女生透过箱子的网眼往里窥视，只见几条粗大的蛇从箱笼底板上盘结成堆的群蛇中间挣开，窸窸吐着信子，慢慢昂起头。

接下来的几年里，卡森的生活基本上顺风顺水，从一个阶段转到下一阶段，中间稍有停顿过渡。在约翰斯·霍普金斯大学，她再度进入她最喜爱的角色——一个勤奋刻苦的学生。每一天都过得既深且长，7点前她在学校食堂吃了早饭,7点后就开始用功,经常到晚上。卡森算过,每星期上课时间和在实验室的时间加到一起差不多有50个小时,只要睁着眼她都在学习。最难的课是有机化学;植物学她虽然不感兴趣,但间或能去野外游走考察,也算是一项不错的消遣。一番苦读后,她的化学最后获得了十分难得的分数B。生理学成绩优异,连她自己都觉得意外。她对一个朋友说,她喜欢在巴尔的摩生活,那里气候宜人,经济条件似乎也比匹兹堡稍好一些。约翰斯·霍普金斯大学是典型的南派氛围,同学们说话的口音她特别爱听。

尽管学习研修引人入胜,欲罢不能,怎奈家国困厄,卡森也难置身于外。在霍普金斯大学待到第二年,她成了一名半工半读生。她在医学院打了一份零工,当实验室助理,具体工作是照看饲养大鼠和果蝇。她盼望赚到足够的钱把她欠宾夕女院的债偿清,另外贴补家人。1930年初,家里的大部分亲人都搬来与她同住。他们在巴尔的摩郊外租了一套三层的大房子,房子在远郊的斯泰莫斯兰,基本是乡下。房内没有中央供暖,不过室内有水管和一个大壁炉。屋外有一片橡树林,绿意盎然,在树林里徒步穿行一两英里,可以走到切萨皮克湾。房子竟然还带一个网球场,格调不大协调,不过比她家在斯普林代尔的老宅上了一个档次。但是,在斯泰莫斯兰的生活并无舒适可言。父亲身体不好,气虚无力,终日沉默寡言。姐姐玛丽安二度离婚,也住这里,还带着两个活蹦乱跳的女儿。母亲卡森夫人一直守着蕾切尔,心甘情愿地支持女儿求学上进,帮她敲打论文。凡是见过这一老一少在一起的人都看得出来,母女俩十分亲近。

蕾切尔是这个家庭唯一挣工资的人,所以,宾夕女院没有向她索要读本科时欠的学杂费,也在情理之中。1932年,在多次滞纳拖欠之后,蕾切尔和校方签订了一份协议:用父亲手里的两块土地作抵偿,早在1929年,她就提出用那两块地作抵押。多年后,一位在斯泰莫斯兰的邻居回忆说：一天擦黑儿，她去卡森家转了转，看到一家人围坐在桌边，桌上只有一碗苹果，那就是全家的晚饭。

在实验室，卡森遇到的难题越来越多。她不研究蛇类了，改为研究松鼠的胚胎发育。可是她又不能让动物繁育。她跟朋友发牢骚："我连思考的时间都没了。"一边打工一边学习，两头兼顾令她毫无长进。她担心时间不够，搞不出大名堂。最终还是她的学业导师建议她研究鲶鱼的前肾，这个项目对卡森颇有吸引力，主要是因为做起来比较快。前肾就是肾脏的雏形，当时的人们并不确定它是否是成年鱼体内保留的泌尿器官。卡森的结论是：不是。1932年6月——比原定时间整整晚了一年——她提交了一份100页的硕士论文，大部分篇幅是描述，文中附有多幅组织切片的手绘和照片。当然不算是科研突破，但毕竟完成了。

卡森随后收到了几封推荐信，都是约翰斯·霍普金斯大学教她课的教授写的。教授们一致表示对她的执教能力有信心，但对她今后开展有意义的科研工作的前景态度暧昧。倘若卡森有条件按时读完学位，教授是否会另作考虑？还是就一致认定她缺少搞科研的才华？卡森无从知晓。数月过去了，几年过去了，在约翰斯·霍普金斯苦读的卡森对生物学的热爱终始不减，不过，她以生物学为事业的执念有所减弱。

她一边在研究生院求学，一边越发努力地赚钱。她在约翰斯·霍普金斯大学的暑期班代课教生物，又在马里兰大学帕克分校做实验室助理兼动物学讲师。从斯泰莫斯兰到帕克分校，乘巴士或坐火车都要走好长一段路，卡森每周往返几趟。1932年秋，她开始在约翰斯·霍普金斯大学攻读博士学位。虽然后来没有拿到博士学位，但她头一次爱上了她研究的一种动物：美国鳗鱼。

卡森的实验室里有一个巨大的水族箱，里面装满了鳗鱼。她注视着黝黑的鳗鱼左摆右摇，如波如浪，从水箱的一端滑游到另一端，不禁沉思起来。鳗鱼属于洄游性动物，生活历史复杂，这让卡森感觉十分有趣。鳗鱼幼苗出生在开阔的远海，它们乘着海流漂游到大陆架，在那里长成指头粗细、形似蛇鳝的幼鳗，通体如玻璃一般透明。鳗鱼幼仔经河口溯流而上，最后进入淡水溪流和池塘，在那里经过若干年长成。成年的鳗鱼不辞长途、历尽千辛返回海洋，洄游到它们繁殖的海域——大西洋中部的马尾藻海及周围。卡森不停地思考鳗鱼的故事。

像鳗鱼这样洄游，乃是自然界生命延续的最佳实例之一。在同一间实验室里，卡森这头研究鳗鱼，那头还养一些变形虫，这些虫子得以让她换一种情境去思考这个问题。学过生物的学生差不多都知道，变形虫以及所有靠自身一分为二的简单分裂繁殖的单细胞动物，某种意义上说都是永生不死的。变形虫可以被杀死，但不会衰亡，只要分裂就能长生。所以，每个变形虫并非是具有单一特征的个体，而是最初一代变形虫的延续，它们的生命源于时间的迷雾中，只要有变形虫，它就始终存在。卡森觉得，描绘变形虫长生不衰的另一个方式，就是想象它们体内一定有"极微小的分子聚合体"已经"存活了"数百万年，还将永永远远地存活下去。卡森把这一切都告诉了一个朋友，承认这是"一串奇异的思维"。

1935年7月的一个早晨，卡森的父亲罗伯特颓然倒在后院里，去世了，享年71岁。卡森的哥哥一个人在巴尔的摩生活，28岁的卡森真真正正成了一家之主。一年半前，她放弃攻读约翰斯·霍普金斯大学的博士学位，继续在校园做学术兼职。读完博士的玛丽·斯金克已经在美国农业部上班，经她一番催促，卡森于1935年初参加并通过了寄生虫学、野生生物学、水生生物学等专业的公务员考试，于当年10月，被美国渔业局驻巴尔的摩办事处聘为外业助理(field aide)，任务是"收集大西洋沿岸鱼类自然历史及鱼类保护等信息，向公众普及相关的知识"。具体工作主要是为一个叫作《水下浪漫》(*Romance Under the Waters*)的广播节目撰写简短的广播稿，这个节目是美国渔业局和CBS无线网联合制作的。卡森后来回忆说，这份工作“时忙时闲”。有活儿干了，她每天能挣6.5美元。有一份人事表格要她列出与她一起生活的受赡养者人数和年龄，卡森坚称“一人完全赡养，三人部分赡养”，便一字不改搁在那儿。

设立渔业局有部分凑巧因素。19世纪中叶，新英格兰的商业渔民发觉沿海水域的鱼类数量减少了，于是，国会在1871年设立了美国鱼类及渔业委员会，但并没把委员会的权力局限在解决新英格兰的渔业问题上。因为不存在报告和处理此事的最后期限，所以该委员会就默然成了一个永久性的联邦机构，也是第一个旨在保护野生动物的联邦机构。

最初，委员会借用海军舰船或财政部的缉私艇开展渔业调查，1883年前后，它已经开上了自己的两艘船，这两艘船是专为海洋研究设计建造的首批船只。一艘叫“鱼鹰”号（*Fish Hawk*），汽帆动力船，长157英尺，沿东海岸从事疏浚拖网作业，兼做移动孵化场；另一艘叫“信天翁”号（*Albatross*），像一头雄伟的白皮巨兽，长234英尺，是一艘配备了两台200马力蒸汽引擎的双桅帆船，能够承载7500多平方英尺的帆。

“信天翁”号巡航速度接近10节，可以去往世界的任何地方，它确实也去过。它也是第一艘从船艏至船艉装配了电灯的联邦船只——托马斯·爱迪生（Thomas Edison）亲自设计了发电机。它还携带了潜水电灯，用于夜间吸引海洋生物。甲板上有两个装备精良的实验室，还有挖掘设备，能在大洋深处收集标本。“信天翁”号主要沿东海岸航行做考察收集，而后转入大西洋，南下穿过加勒比海和墨西哥湾，最后进入太平洋。再往后，这艘船抵达加拉帕戈斯群岛、阿拉斯加、菲律宾，再进入日本海。几十年间，“信天翁”号完成了许多项研究，为现代海洋生物学奠定了基础。《海洋鱼类学》（*Oceanic Ichthyology*）是1895年出版的一本专门探讨深海鱼类的经典专著，作者是乔治·布朗·古德（George Brown

Goode)和塔尔顿·H·比恩(Tarleton H. Bean),该书的素材主要来自"信天翁"号从海里收集的标本。

委员会的摊子越铺越大。除了已承担的工作外,又承担了内陆水域食用鱼类管理的职责,还陆续在全国建起90个孵化养殖场。1887年,鱼类及渔业委员会设立科学调查部。1902年,委员会改组为美国渔业局,并入商务部。1911年,渔业局把最偏远的职责揽到了手,拥有了对普里比洛夫群岛的管辖权。普里比洛夫群岛是白令海中的小火山群岛,在阿拉斯加以西200英里处。在此地生活有数百名俄罗斯后裔,还有约20万只毛皮海狗,当地的经济基本靠猎捕海狗。渔业局既管人又管狗,在精心细致的管理下,到卡森1935年入职渔业局工作之时,海狗数量已经稳步增加到150多万只。

卡森的上司叫埃尔默·希金斯(Elmer Higgins),是当时的"食用鱼科学调查部"的主任。每年,希金斯都要编写一份长篇报告,介绍渔业局所属人员的研究活动,包括局内发表的研究调查成果,以及为学术期刊和普通报刊撰写的论文、文章。20世纪30年代中间那几年,希金斯每每写报告,总要喟叹资源有限,弄得所有研究活动都缩手缩脚,有些干脆关张了事。大萧条期间,渔业局越来越倚重同政府其他单位及学术机构搞合作研究。1936年,希金斯领导的部门的总预算资金为109 000美元,约一半资金直接用于实地调查和实验室研究。

他的年度总结突出了新兴知识,强调了为促进可持续的商业捕捞和体育垂钓开展鱼类保护的重要意义。在评述特定海洋环境的研究情况时,希金斯甚至还偶而使用了尚不常见的词"生态学"——只可惜渔业局对待构成此类生态社区的所有生命形式并没有一视同仁,有些生物因专门捕食商业价值较高的物种,被当作"害虫"。例如,1935年至1937年间,渔业局收到一笔125 000美元的专项拨款(比该局全年的预算经费还多),令其研制出一种化学毒剂,"彻底消灭"祸害牡蛎养殖的灾星——海星。

希金斯不是说了吗，控制、消灭掠夺性物种和渔业局的使命是一致的，这个使命同认识自然继而征服、凌驾自然的诉求一脉相承。文明乍现之际，这一诉求就已存在了。在1936年的总结报告里，希金斯作了这样的阐释："掌握利用自然之力量"源于知识，知识得自研究，而研究不必始于这种功利性目的。他写道，有了知识，大自然便可被"利用、控制，使之服务于经济利益"。他还说，海洋研究的实用价值不会即刻显现出来，但是这类知识一定会为"社会进步作出持久的贡献"，具体是哪些贡献，还需花时间去举证。

巨大的科研财富忽落眼前，唾手可得，而卡森看待这笔财富的眼光却完全不同于常人。一个原因是，她的任务是搞科普写作——重拾旧爱，不亦乐乎？就像做家庭作业还给报酬，而且，是她最擅长的事！还有什么比这更好？提笔开写简短易懂的广播稿时，藏在她心里的那个故事能手便复活了。1936年初，就在她到渔业局工作数月之后，卡森让母亲帮她用打字机整整齐齐打印完文稿，而后她向《巴尔的摩太阳报》(*Baltimore Sun*)投寄了一篇长而松散的稿子，写的是切萨皮克湾捕捞鲱鱼的情况。《巴尔的摩太阳报》旋即买下了这篇稿子。这是卡森在报纸上投发的第一篇文字，标题是"又到鲱鱼季"(It'll Be Shad Time Soon)，刊登在1936年3月1日的《巴尔的摩太阳报·星期日杂志》(*Baltimore Sun Sunday Magazine*)上。卡森收到了一张20美元的支票。

随后四年，她经常向《太阳报》投稿，写了许多野生动物，每篇稿子的稿费10到20美元不等。这些文字和常规的新闻作品基本不搭界——她的秉性不适合当采访人或调查员，那些文字更多地是写她从未去过的地方、从未见过的东西。她写新斯科舍省沿海捕猎金枪鱼，写切萨皮克湾的牡蛎养殖，写湿地排水多年之后鸭子数量如何增长，过度捕猎如何使水禽数量减少，还有椋鸟在巴尔的摩地区越冬难题，等等。

她重拾自己最喜欢的题材，写了一篇谈鳗鱼的短文《切湾鳗鱼追寻马尾藻海》（Chesapeake Eels Seek the Sargasso Sea），鳗鱼新一代们从马尾藻海游回到鳗爸鳗妈当年生活过的地方，还是那片海湾，还是那条溪流，它们辨认海湾溪流，靠的仅仅是本能，太不可思议了。这篇短文发表在1938年10月9日星期天的《太阳报》上。

她还向《里士满时报·星期日杂志》（*Richmond Times-Dispatch Sunday Magazine*）投发了几个短篇。《为野生动物而战》（Fight for Wildlife Pushes Ahead）一文讲述了欧洲人来殖民落户之前北美野生动物之丰富，而后动物的种群数量逐渐减少的历史，眼光高远，气势非凡。她对野生动物减少以及当时采取的扭转这一颓势的种种措施的思考，绽露出她对自然世界的深情厚爱：

> 且看今天的野生动物是什么状况？有知情明察之责的政府业务部门，描绘了一幅凋零衰败的景象。1933年，最后一只琴鸡死在了马撒葡萄园岛上，旅鸽已成传说。新英格兰的河川溪流里，鲑鱼几乎绝迹，大西洋沿岸的鲱鱼捕捞业仅半个世纪就折损了五分之四。1933、1934两年，水鸟起飞的数量降到了历史最低点。虽然政府颁布法规条例，又建立了保护区，使境况有所改善，但是，有些水鸟，特别是帆布背潜鸭和红头潜鸭面临的困境依然严重。1904年前后，麋鹿群已经少得可怜，不加驯养就会灭绝。叉角羚躲进避难地、保护区内，数量有所增加，现如今有6万头，可是当年它们却有三四千万头之多。山羊、驼鹿和灰熊也越来越少了。

1936年7月，卡森被委派到局里的一个全职岗位——初级水生生物学分析员，8月宣誓入职，主要任务是就渔业保护问题撰写报告，也做一点实验工作，比如确定鱼的年龄。卡森的年薪是2000美元。

第四章

英伦渊源

1914年圣诞节前夕，弗兰德斯清朗而寒冷。西线两军对峙，中间的无人地带一片清霜，泛着白光。泥泞滋积，铁丝网密布，从英吉利海峡南面的敦刻尔克附近一直绵延到巴黎东北方向50英里处的一个据点，而后向东至德国边境。战争陷入僵局，一方是英军，背后有比利时和法国士兵支援，另一方是德国和普鲁士的军队。许多地段因两军相距太近，以致堑壕里的敌我可以互相喊话。

圣诞节期快到了，有传言说双方会暂停对抗，但双方高层担心暂停对抗会折损士气，于是采取行动，阻止战斗人员搞什么堑壕两边是兄弟之类的活动。12月中旬，英军统帅部沿前线地带发动了一连串攻击，以期将有些冷却的战事重新加热，结果伤亡惊人——许多士兵是被友军炮火误杀误伤的，这让堑壕里的战士们更加苦痛，倍添疑虑。圣诞节前夜，战斗停止了。德军一侧的前沿阵地上燃起了蜡烛，掩体胸墙上竖着临时弄来的圣诞树。德国人唱起赞美诗，英国人也跟着唱起来。黎明前，一门门大炮无人值守，一支支步枪被撂在一旁，两边的士兵只带着吃食和烟酒，走出各自的堑壕，汇聚在无人地带，一起唱歌，互换礼物，举着手写的标语“你们不打仗，我们不打仗”。就这样过了圣诞节，前线的有些地方还多联欢了好几天。

而后重新开战。

参与那天之后被称作“圣诞停火”行动的士兵里，有一个身材细高的19岁列兵，名叫亨利·威廉森(Henry Williamson)，来自伦敦郊区。父亲是一名银行职员，刻板严厉；亨利青春年少，性格敏感。他长着一双大眼睛，有时蓄一抹修剪整齐的胡子，不长不短，到嘴角乃止。他来前线刚一个月出头，目睹了“一番惨烈而血腥的挣扎”，他在一封家信里写道，最终积蓄成“这场战争最为绝望的拼杀”。圣诞节前后仇恨稍歇、互殴暂止，令威廉森对这场战争生出了质疑，他感觉，战争一下子变得毫无意义。他与敌人友好地聚在一起——他同德军士兵握了手，一支雪茄轮着抽，好不快意！他发现，双方士兵的境地基本一样：政客和将军们把玩游戏，他们则充当了可以被随手抛弃的小卒、牺牲品。他结识的德国士兵中不少人在做平民百姓时是侍者、服务员。威廉森想，他们与自己很像，一面笃信这是一场事业，一面又看到了这事业的荒唐愚蠢。当然最终，他由衷地相信了：和平而非战争，才是欧洲这片拥有多国家多民族的土地应有的自然态。这个信念引领他顺着两条南辕北辙的路径向前走，一条通向英国乡村，另一条直入漆黑无比的政治王国。

前线的堑壕(有些地方已挖到了海平面以下复垦的沼泽地里)尽是污泥浊水、腐皮烂肉。士兵们有时候不得不站着睡觉。圣诞停火刚过去几个星期，威廉森害了痢疾，不得不被运回英国。3月，他病况渐好，只是仍然体虚气弱，自言神经紧张让他总感觉“激灵灵的”。当年春天，威廉森受训做军官；1917年3月回到前线，在机枪队任中尉。他再次亲历了惨烈的战斗，苦捱两个月，遭受了无数次炮击和毒气，最后受伤生病，他又被撤回英国。康复之后，他于1918年春重返战场。在最后三星期的战斗中他都经历了什么不得而知，不过，再度被送回家休养时，人已经是“颤颤巍巍”。

回家休整的某段时间，威廉森曾尝试把自己的战争经历写成小说。战争结束后，他把时间和精力一分为二，一半写小说，一半骑着一辆诺顿摩托车在乡下东游西转，四处撒欢。对摩托乡游的热忱后来演变成对跑车的钟爱。1919年夏季的一天，威廉森弄到了一本很薄的回忆录《吾心纪事》(*The Story of My Heart*)，作者是英国散文家、自然作家理查德·杰弗里斯(Richard Jefferies)。

杰弗里斯在伦敦和布里斯托尔两地中间的一座农庄长大，小时候就特别喜欢与户外世界打交道，常独来独往，乐此不疲。一开始喜欢狩猎，喜欢在乡野徒步旅行，后来，这种热情演变为对大自然的崇敬。他的声誉主要源于他的自然散文，这其中就包括《吾心纪事》。该书实际是他的自传，文辞鲜明，意蕴深刻，1883年出版，4年后杰弗里斯就去世了。书中记述了作者对大自然的热爱：有时候在一些地方，自然世界无比精致美妙，在另一些时候另一些地方，它似有无尽的奥秘。开头几页讲述杰弗里斯与大自然的神交，展露出一个青年内心深处的感受，他曾每日徒步远行，登上一座山顶，他从那里就可以考察英伦的乡村：

> 躺在草地上，我用灵魂对大地说话，对太阳、空气说话，对无法遥看的大海说话。我想到大地的坚固——自觉是它承载着我：一股力量透过软榻似的草地自下传来，我好像能感觉到大地在跟我说话。我想到漂流的空气——想到它的纯洁，纯即是空气的美；空气触到了我，把它自己分给我一点。我对大海说话：海固然遥远，可我在心中看见了它：近岸，水色碧绿；远海，水色蔚蓝。我盼望有海的力量、海的奥秘、海的荣耀。

如此等等。

杰弗里斯算是个怪人，身高背驼，热情却不幽默。他年轻，蓄着长发，经常荷枪实弹，一脸深思，到处游走，让四邻八舍颇感错愕。他下笔写《吾心纪事》时，心中已置下一套非同寻常的信念。他认为，一切事故、一切疾病都是可以预防的——人类之所以遭受无数悲剧，皆因为粗心随意、愚蠢糊涂。他说,人生不过百是毫无道理的。他不信上帝,不相信诸事是“向善而生”。

恰恰相反,好人时常要忍受噩梦般的生活,而做恶者却因恶行得到报偿,这让杰弗里斯深感锥心。他写道:“人类的苦痛至大、无边、可怖,吾不胜述记之。”他讨厌待在屋里,不喜欢一切凡俗活动,认定那没有意义。他写道,他的自然同伴是“地球、太阳、大海和夜空的星星”。他相信,人是独立于宇宙的,人类之事务若能指挥得宜,必是某位明智而仁慈的独裁者所为。

不过,杰弗里斯在《吾心纪事》的一段兴高采烈的文字里承认:尽管生存伴有无尽的严酷,他对生命的渴望却是永无止境的,而他所向往的一件事最为要紧:“我燃烧生命,如同燃一只火炬。热光由大海反射回来,灼伤我的脸颊——我的生命在我身体里燃烧着。灵魂像海一般律动,为的是获得更辽阔的生命。我所虑所思没有满足过我的灵魂。”

有的读者觉得《吾心纪事》激荡人心,有的则认为它缺乏恭敬,容易犯众怒。在亨利·威廉森看来,《吾心纪事》遍布着战争的恐怖和愚蠢刻下的累累创痕,其内容是深刻的——是一次对生命意义的真正求索,它和圣诞节前他在弗兰德斯遇到的情景一样正确、一样高尚。读这本书即是经历一次转变,经历的效果就是让威廉森确信自己应当全心投入写作。他的确也是这样做的。随后几年,威廉森文思泉涌,作品迭出。到1924年,他已经出版了5本书。这一时期他读了一本自然小说——J·C·特里加森(J. C. Tregarthen)的《水獭正传》(*Life Story of an Otter*),激发起他的兴趣。他自信如果是他写,一定能写得更好。这时候,他已经搬到了德文郡(有些人仍亲切地称它为“德文夏尔”)乡下。德文郡位于英国西南部那块外突的狭长地带,这个突出部间隔了大西洋和英吉利海峡。威廉森花时间跟一个水獭捕猎俱乐部的人混在了一起。1927年,他出版了使他扬名的书《水獭塔卡》(*Tarka the Otter*)。

《水獭塔卡》对大自然作了生动有时也是残酷的描写，是一本很别致的书。该书自成一派——其实是一只野生动物的传记——为读者描画了温和的英国乡村。凭借作者非凡的观察力，凭借一种想象的诀窍——想象一只把其生活分作水陆两半的活泼顽皮的非人类动物怎样看待这个世界、如何感知这个世界——英国乡村的面貌栩栩如生。不过，故事也有冷峻的一面。自然是无情的，美丽的世界也处处有困苦失丧，有害命之敌，最后还有死亡。水獭在生存、养育后代的奋斗中，常要面对这些令其生畏的境况，在描写这些境况时，威廉森没有吝惜笔墨。除了这些艰难之外，塔卡还要应付当地狩猎人和跟随的大小猎犬不停的追索。故事的高潮段令人扼腕：塔卡被猎人追了十来小时，苦不堪言，最后作殊死一搏，被河水冲走。

《塔卡》出版几个月后，威廉森收到了一篇非同寻常的书评，作者是英国一位怪客异士，也是一个名气极大的公众人物——著名战士、阿拉伯英雄、《智慧七柱》(*Seven Pillars of Wisdom*)的作者T·E·劳伦斯(T. E. Lawrence)。劳伦斯的书评是书信体，4000多字，手写蝇头小字，用威廉森的话说“比普通打字机印出的字还小”。劳伦斯误以为《塔卡》是威廉森的处女作，称赞该书是一本令人欣喜的“力作”。不过，他也逐页提出了修改意见，认为威廉森的语言风格过于依赖当地土话，整体上给人以突兀“拗涩”之感。威廉森看罢此评，要说是该生气的，可正相反，他满心感激。这样一位名人对他的书感兴趣，想必让他受宠若惊。《塔卡》再版时，威廉森真就采纳劳伦斯的部分意见作了修改——虽然他后来改了主意，又将更后面的版本改回原来的语言。与此同时，威廉森和劳伦斯成了朋友，虽然其后8年，两人鸿雁传书的次数远比面对面会晤多得多。

1935年5月13日，绵长情深的书信交流结束了，这一天，劳伦斯给威廉森发来一封电报确认来一次午餐小聚，两人定好就在次日。劳伦斯骑摩托车要离开电报所,迎面突然来一骑自行车的,劳伦斯转弯避让,结果连人带车摔倒在地,6天后,伤重身亡。威廉森当时正在写一本新书,越写越难,于是埋头苦作。

这本新书的灵感源自威廉森娶妻养家之所,他选择在这儿安居已好几年了。小楼名为"浅津居",在福蒂斯丘伯爵(Earl of Fortescue)拥有的一处庄园里,庄园坐落在德文郡乔治厄姆镇东边约20英里处。"浅津居"上下两层,楼上有卧室4间,楼下有大房4间。楼体用白石灰粉过的草泥坯(一种用泥、稻草、水混合而成的建筑材料,类似于风干土坯)建成,茅草铺顶,带一个小花园,立于布雷河岸边。布雷河水清且寒,它发源于德文的沼泽,穿过伯爵的鹿园,载着粼粼波光从一座美丽而古老的三拱石桥下流过,这座石桥即是两英里捕鱼权的上限,捕鱼权含在租金里。威廉森头一次来时就站在桥上,看着鳟鱼在流水中悠闲自得。布雷河有土生土长的鳟鱼,鳟鱼和鲑鱼到一定季节就溯河而上产卵繁育,鲑鱼劲头大,可以长到人腿那么粗。

威廉森对"浅津居"一见钟情,不过他也有焦虑。他看不出平凡的生活中还有什么事情可以跟战争的惊悚刺激相比,战争如此可怕又如此激烈,他竟然鬼使神差、失心倒错般地担心自己错过战争。平平安安失于凡俗,岂能替代投身行伍的英雄举、战友情?在他看来,战后的世界"穷乏困顿、意气消沉",年轻时的快乐和激情已然渺远,抑或永不再来。自己还有想象力要回从前的快乐生活吗?威廉森不能肯定。这是他内心深藏的"黑暗秘密"。1929年秋,威廉森一家搬到了"浅津居"。经过一冬,威廉森想清楚了:能让他振作起来的就是开春去钓鱼。

> 于是,我重新发现了水之乐、垂钓之乐。身后屋门咔啦一响,我便快步赶到酸橙树下,蜜蜂嘤嘤嗡嗡在枝叶间采蜜。我的新生活充满了期待,站在隆背桥上,我什么鳟鱼看不到?灰色石栏处凭栏的景致已然太熟悉了,我开始把鹿园当作自己

的园子。5月的一个早晨伫立在桥上，周围那么安静、那么平和。

就这样，威廉森在河里捕鱼，又观察研究河流的情况，日久天长，便有了写书的念头：以一条鲑鱼的生活为线索写一本鲑鱼的故事，和《水獭塔卡》类似。1935年1月，他动笔了，书名暂定为《跳跃王萨拉》（*Salar the Leaper*），后来又将书名改成《鲑鱼萨拉》（*Salar the Salmon*），幸好是改了。大西洋鲑的拉丁语学名叫*Salmo salar*，"salar"一词实际就是"跳跃能手"的意思。

威廉森的调研工作差不多全是做实地观察。不管什么天气，他都要在河上一气待上好几个小时。但是因一些他本人从未细说的原因，写《鲑鱼萨拉》成了苦差。他躲进雅舍小楼二楼的书房，苦思冥想，斟词酌句。潺潺的河水声从洞开的窗户飘进来与他作伴。他恪守所有作家都熟知的原则（尽管很多作家明知故违）：只要每天都写，哪怕一天只写一点儿，成书就不算个事儿。威廉森后来回忆说，《萨拉》"从始至终写得痛苦不堪"，这活儿让他烦恼透了，说是写书写了一个钟头，其实那一个钟头有40分钟是在瞎想自己干点别的该多好。他在致劳伦斯的最后一封信里直言：《萨拉》是一本"要命的书"，"无趣""沉闷"之至，把他自己的生气和活力带走了。劳伦斯春天去世，这让威廉森的心境更加忧郁。1935年8月，书稿终于写完了。威廉森承认结尾部分作了缩减，他觉得那时如果鲑鱼不死，他自己肯定要死。

品读此书，感觉不到彼时执笔的艰难，评价此书只两个字："精彩"。威廉森走进了故事主角——一只不能说话思考，也无法理解自身存在的动物——的水王国，将那个世界描画得栩栩如生。《萨拉》既说鱼儿，又讲水，水流、水色、水压，水的咸淡、深浅、冷暖、明暗等，关乎水者可谓面面俱到。鲑鱼萨拉趁着翻滚涌动、潮去潮来的大海游来，游入静静的却也在变化不停的河渠。他在安静的水洼里休息，而后在洪水来袭时硬顶压力，逆流而上，本能地向上游进发，去产卵繁殖，奔赴死亡。在一段惊险的水道，鲑鱼萨拉被一个渔夫钓了上钩，于是一场生死竞赛开始了：

> 萨拉不知道渔夫是干啥的，也不懂钓杆、鱼线。他顺水向礁石游去，想把那扎进嘴角让他疼痛难忍的东西给蹭掉，可是，他的头被什么东西拽离了礁石。他看见了那根丝线，不由得害怕起来。他身子猛向下一扎，奋力朝礁石底下自己的居所游，想把那根丝线甩开，棕色的小鳟鱼跟在他的尾巴后面游，很想知道发生了什么事。

1935年10月《鲑鱼萨拉》在英国出版，次年夏天又在美国面世。阿妮塔·莫菲特（Anita Moffett）在《纽约时报》上撰写了一个长篇书评，赞赏备至，说它是“一本难得的佳作，既有诗人的眼光，又有博物学家的博学，应当归在经典之列”。

一本《萨拉》把威廉森写得心身疲惫，好在现已完稿，他很高兴，趁着书稿尚在编辑待印的时候外出度假。这趟旅行就像那次“圣诞停火”一样，成为他生命历程中的又一个转折点。1935年9月初，他在南安普顿登上“不来梅”号（*Bremen*）轮船前往不来梅港。到达不来梅后，他又坐上去柏林的火车开始德国之旅。他的行程包括应邀到纽伦堡停留，现场感受一下每年一次的“纳粹党大会”，近距离看看深受欢迎又颇具争议的德国总理——最近又自封为元首的阿道夫·希特勒（Adolf Hitler）。此次参访属于半官方性质，是一位英国朋友安排的，这位英国朋友跟纳粹党的几个主管文化的部长有联系。参访中间有一小段时间，合并参加了一次外国新闻界人士游览活动，那活动组织得井井有条。在开往柏林的火车上，威廉森饶有兴味地看着壮硕的黑白花牛在路边的原野上吃草。

《塔卡》的作者在德国很有名气,所以受到了热情接待。德国的许多一流作家早在希特勒为掌权造势的时候就已逃离家园,那些留在德国的次一流作家也纷纷撇开社会主题,转向自然写作,如诗如画地描绘田园生活。各类审查机关,包括盖世太保和内政部,经常突击检查书店和图书馆,成百上千的禁书遭到清理。

威廉森后来多次讲到过这次旅行,但均未提到持续多长时间,看样子是在德国待了好几个星期,纳粹党纽伦堡大会是1935年9月16日闭会的,他不仅亲历全程,过后还续了好些天。他在德国周游,身边的纳粹保镖换了一拨又一拨。纽伦堡大会没叫人失望——城里百万人民齐聚,天空千万烟花辉映。头天上午希特勒要向群众发表演讲,地点设在一个巨大的竞技场,场内卐字旗如林,根据威廉森的描述,那场面兼具瓦格纳式的宏大和戏剧性效果。

是日天气和煦,阳光明媚——有人说这是希特勒天气。威廉森感觉元首的演讲似乎比上台前少了点急切,多了些克制。希特勒演讲后,赫尔曼·戈林(Hermann Goering)和约瑟夫·戈培尔(Joseph Goebbels)出现在人群前面,威廉森来了兴致。他说,戈林是个"福斯塔夫式的人物",跑这儿跑那儿,满脸堆笑,一会儿冲人群挥手致意,一会儿又站定姿式和热情的围观群众合影。后来,威廉森不无钦佩地说,希特勒身为元首,精力过人,检阅纳粹党团地区组织的游行时,希特勒全程站在敞篷汽车里,右臂一连几个小时抬平伸直,行礼致意。

观摩完了,威廉森又四处闲逛,竟然走进了大会的总部,一下子站到了希特勒身边。想到万一有人把他引见给希特勒,自己该说些什么,威廉森不禁心里焦急。希特勒给他的印象深刻而鲜明:"他头部动作极快,"威廉森写道,"说话也快,我感觉他的节奏天生就比平常人快得多,一双眼睛亮似鹰隼,活力四射,境界高远,气度不凡。他称自己是一个介质,意思是说,小小的内心声音将会被放大,直至抵达人的大脑。”

纽伦堡大会前后,纳粹统治下的德国给威廉森留下了极深的印象。一切显得清新有序,街道纤尘不染,人民看似幸福乐观,意气风发。有传言说德国正在备战,对这样的说法德国人很是不屑。在乡村,身着灰色军装在行军的队伍随处可见,不知何故,看见他们一身戎装,威廉森非但没感到咄咄逼人,反而觉得激动不已。根据刚刚公布的《纽伦堡法案》,犹太人很快就要失去德国国籍。一个月前,纳粹冲锋队队员在慕尼黑和柏林两地举行卡车游行,怒斥犹太人是国贼。德国商铺企业经常张贴告示,禁止犹太客户登门,这一做法让威廉森想到他在美国南部参观时看到的“限有色人种”的标识。他说,到了德国,原以为会看见犹太人躲躲藏藏,蜷缩在紧闭的屋门后面不出来,甚至怀疑德国之外的报纸夸大了犹太人在第三帝国遭受的迫害。但事实似乎完全不是这样。威廉森在街上看见了犹太人,还在一家犹太人开的人气很旺的大餐厅里吃了饭——只是,陪同的德国人婉言拒绝和他一块进餐厅。有人告诉他,希特勒曾私下讲过,要是他说了算,“今天的德国不会有一个犹太人活着”。威廉森表示不信。

旅行还在继续,从一座城市转到另一座城市,从一家酒店转到另一家酒店,节奏全在意料之中:晚餐晚吃,接着是更晚的鸡尾酒会,一喝几个小时,第二天早上晚起,昏头涨脑地开始新一轮,先嘬一顿香肠加葡萄酒。威廉森被酒吧里遇到的女人迷得眼花缭乱,有些女人是觉得无聊,出来寻伴找乐的,而另一些肯定是妓女。他注意到,自己对希特勒的热情惹得几位同行的外国报刊的旅伴很不高兴,而陪同他的德国人因另有原因,对此事则显得比较冷静,好像他们信不过这个英国人,觉得他言语太夸张了。

德国人显然是期望威廉森回国后,会给英国的报纸写一些对德亲善的文章——也算是对这趟宣传性免费旅游的回报。可是这事没弄成，因为威廉森找不到一家对亲纳粹观点感兴趣的出版物。他在德国交的几个新朋友比较失望，但并不觉得意外：国外报刊对新德国的辉煌荣耀不感兴趣，而更喜欢集中营、种族暴力这类消息，对此他们已习以为常。

出访前，威廉森就对希特勒德国颇有好感，自认与希特勒投缘，这主要是因为他在“圣诞停火”后对普通的德国人怀有积极美好的情感。他甚至想到，那天夜里，他可能还见过在德军当小兵的希特勒。他坚信希特勒是崇尚和平的，决心避战，同时把国家治理好——也许这就是理查德·杰弗里斯心目中的那类盛世明君。德国焕然一新，无论城市还是森林，无论农庄还是强健、快乐的人民，都面貌一新，让威廉森联想到他期望生活的那个世界——法西斯主义和他作品的浪漫主义之间是有联系的，这一点不可否认。

威廉森毫无根据地认为，假如劳伦斯还活着，也会对希特勒抱有相同的感觉。这两个人在威廉森的头脑里根深蒂固，他不禁思绪翻飞，想象自己和希特勒、劳伦斯三个人若是一道，会成就怎样的业绩。1936年春，《多塞特郡志》(*Dorset County Chronicle*)收到一份寄自英国一家广播杂志的报告，这份杂志可能是威廉森自己创办的。据说，他说服了劳伦斯，他们要在伦敦的艾伯特厅做一系列节目，倡导世界和平。节目将进行无线广播，并且——文章没有说这部分——还要请希特勒友情参与。

这个蠢痴想法如何获得了足够的提拉牵升，被选入文献，很难说清。更难理解的是，威廉森怎会渐渐就相信这个情节是真的，劳伦斯刚拍过电报表示同意这个计划，便骑摩托车摔死了。这个诡异事件也许给威廉森的声誉增添了暂时的光晕，但不管是啥光晕，时隔一年半，它便消失殆尽，因为威廉森参加了“英国法西斯联盟”。甚至德国已经把战火烧遍了欧洲，他还拒不改口致歉。该联盟于1940年被依法取缔。

大洋彼岸，蕾切尔·卡森在忙碌着。1936年春，埃尔默·希金斯要卡森写一篇关于海洋的"普通类"文章。卡森后来回忆说，得了任务，她高兴坏了，因为"手头的材料刚好派上用场"。于是，一篇题为《水世界》(The World of Waters)的典雅精致的散文写成了，令希金斯十分惊愕，当即就退掉了稿子。他对卡森说，这稿子太好了，发到机关内部的文献上是大材小用，建议把稿子投给《大西洋月刊》(*Atlantic Monthly*)。卡森没有立刻照办，她的心思主要放在为当地几家报纸写稿子上，还有她在局里的全职新工作上。那年春天，卡森把《水世界》当参赛作品投给了《读者文摘》主办的写作大赛，但文章没有得奖。

1937年初，卡森的姐姐玛丽安患肺炎去世，撇下蕾切尔和母亲卡森夫人照顾玛丽安的两个不满10岁的女儿弗吉尼亚(Virginia)和玛乔丽(Marjorie)。其实，这两个女孩一直跟着她们生活。6月，卡森将《水世界》一文寄给了《大西洋月刊》，很快被录用。杂志编辑部认为，该文一定会"点燃非专业读者的想象力"，编辑要求卡森做稍许修改，并征得她同意将标题改为"海底"(Undersea)。8月，她收到了一张100美元的支票。

《海底》刊登在《大西洋月刊》1937年9月号上。卡森要求杂志在署名栏里用"R. L. Carson"署名，她解释说，她在渔业局写东西时就专门用这个名字，好让读者把她当男的，以此来提升说服力、可信度。此文句句生动、段段精华，虽仅占杂志4页，却融汇了卡森掌握的海洋生物第一手资料以及从科学文献中学得的海洋生物的全部知识，从高潮标记处的海水边，到辽阔大洋底下黑暗的深渊，无所不谈。卡森不只是描写了海星、海鳗、海蟹、海鱼的生活，她还探讨了海洋自然历史的深层意义。潮汐涤荡，波浪拍击，大自然将影响全局的、把古往今来的一切生命链接起来的生物力量展现于海洋——无数个翻搅不停、彼此关联的生命存在是进化历史的最前沿：

海洋是个充满矛盾的地方。海洋里生活着大白鲨,也生活着百尺蓝鲸;前者是体重两千磅的海中杀手,后者是迄今存在的最大的动物。海洋还生活着细小的生命,你双手一掬,便能掬起无数,多如银河里的星星。这些名叫硅藻的细小植物繁育生长,多如天文数字,故而海洋表面的水域成了无垠的牧场。说到底,各种海洋动物,无论最小的,还是鲨鱼、鲸等大块头,都是以海洋里这些细微的植物为食。在它们脆弱的胞壁内,海洋施展生命炼丹术,借助阳光这柄焊枪,把溶解于海水却无丝毫生机的化学元素接合成生命物质。

这段文字是不够精准的,这也反映出当时的科学知识有局限。硅藻的细胞壁极难穿透,海水不可能在其细胞壁内施展能耐,而"炼丹术"又带了一股子超自然的意味。还有,一双手再大,最多也只能捧起可容纳1亿个硅藻的海水——这个数量仅相当于银河系2000亿到4000亿颗恒星数量的几千分之一。不过,卡森的基本观点已经讲得清楚明白:生命是一个连续体,每一种生物都在这个连续体里担任角色,发挥作用。卡森为读者想象了海底的样子,似乎那里是一片陆地景观,人可以旅行观览:

水下旅行者如果继续下行探秘海底,就要穿越数英里如草原般平展开阔的地段,再顺着山丘的斜坡上行,绕开会突然冲着他的双脚咧开大嘴的巉巉幽深的裂缝,最终,他穿过愈加浓重的黑暗,来到大陆架的边缘。此时,海面高悬,犹如天花板,他在海面以下100英寻的地方,双脚站在一段斜坡的边缘上。那斜坡向下陡降了一英里,而后缓缓落入漆黑的深渊。

卡森描写海洋完全是现代笔法,这主要得力于她悉心钻研方兴未艾的海洋知识。人类历史虽然漫长,但是除了对近岸浅海水下情况有所了解之外,人类对海洋深处的情况知之甚少。16世纪和17世纪,欧洲人的勘探足迹遍及世界各大洋的近岸海区,但即便如此,还是有两个基本问题又等了200年才渐渐有了答案。一个问题是:海洋有多深?另一个问题是:深海里是否生活着什么?

自从人类开始漂洋过海以来,水手们都是用探测线测量水深。探测线就是长绳或长带,上面标画尺度,再坠上重物沉入海底,确定水深。19世纪前,常用的测深单位是英寻,1英寻等于6英尺。这个度量系统很适合测量中浅海深度,测量深海就不好使了。大洋的"渊极"在哪里人们并不知道,也许靠绳测水深是不可能找到的,因为测绳越长,自重越大,会把更多的绳子拽向海底。即便这个难题可以解决,也没人知道需要多长的测绳。早在1521年,环球航行中的费迪南德·麦哲伦(Ferdinand Magellan)在南太平洋探路,他放下了一条近200英寻(1200英尺)的测深绳,绳子竟没有触底。

早在1840年,英国人在南极考察时,首次进行了深海精确测深。他们使用一根特制的测绳,绑上76磅的重坠,观察测绳的下降速度,可以确定自由下落的重坠何时达到海底,即便测绳触地后继续下落,多出些余量,但因其下降速度会减慢,所以不影响判断测深的准确性。南大西洋上开展了一系列海洋深度测量活动,第一次测量显示深度为2425英寻,即14 550英尺,比后来测得的大西洋平均深度12 500英尺深了1/3英里还多。

随着测深技术的提高,人们又多次尝试提取海底样本,还使用网具和挖泥船在不同深度收集海洋生物。19世纪中叶流行一种认识,认为海中压力巨大,又没有光,所以深度超过300英寻的海水里不可能存在生命。但是,这个认识很快就被驳倒了——1860年,一根敷设在地中海海底的电报电缆在1200英寻,也就是7200英尺的深处断了。当电缆被拉出海面维修时,人们发现有活珊瑚就长在电缆的断处,还有其他许多种类的海洋生物附着在位于海底稍浅处的电缆上。

海洋幽深，蕴藏着丰富的生命！19世纪70年代，这幅海洋图画变得愈加清晰起来，因为在此期间人类开展了多次有史以来规模最大的科学探险，其中就包括英国的“挑战者”号(*Challenger*)为期4年的环球探险之旅。此次探险由英国皇家学会和英国海军部主办，是首次真正意义上的“海洋学”研究之旅，“海洋学”一词就是为这次活动新造的。“挑战者”号是一艘海军护卫舰，舰长200英尺，风帆和蒸汽双重驱动，舰炮大部分被拆除，原炮位上建造了实验室和存储区，1872年12月，“挑战者”号从朴次茅斯启航，船上载有264名船员和6名科学家。1876年春天返回英国时，这艘船已经在世界的大洋大海上航行了近7万英里，测量水深数百次，采集海流、温度和海水化学等数据无数，还从海沟的淤泥黏土里收集了大量的海底样本。

这一路，“挑战者”号上的生物学家新发现海洋生物近5万种，乘船探险的全部记录最后结集出版，多达50卷，后来，这套巨著成了海洋学的权威参考书。1875年3月23日，“挑战者”号趁太平洋涨潮，航行到马里亚纳群岛的关岛附近，记录了航行过程中的最大测深——差不多4500英寻，约27 000英尺。这个测深地点被命名为“挑战者深度”，后来人们知道，那段海底深藏于极幽暗的马里亚纳海沟里，距离海沟35 000英尺的最深点不远：那里也是世界海洋的最深处。

在蕾切尔·卡森苦思冥想，为《大西洋月刊》的读者描写大海深处时，人们已经开始使用一种叫作声呐的新技术绘制海底地形图。声呐是一种回声探测设备，研制声呐的初衷是帮助舰船探测冰山，因为1912年“泰坦尼克”号(*Titanic*)触冰沉没，损失惨重。有了声呐，海底的广阔平原、参差高山、深渊险壑，都一一现出原形。大部分深海海底为厚厚的生物淤泥所覆盖，这些淤泥由万万亿浮游生物的尸骸堆积而成。

卡森写道：这里时刻在变，生死死生循环往复，无休无止，而同时，在某种意义上，这里又是一成不变的："深海寂静，冰冷无限，那是亘古不变的冰冷，无夏无冬，融年年为世纪，融世纪为地质时代。在此，亘古不变的还有黑暗——是远古的夜色，海洋就在这黑暗里形成，黎明暗弱的光永世经年无法穿破这无涯黑漆。"

卡森在文章收尾时，用到了自己在约翰斯·霍普金斯大学实验室里萌生的关于生命物质永恒性的思考：无数个原子聚集结合成无数个大分子，而后在合成、分解、再合成构成的壮丽交响曲中，大分子被交换、被再利用，由一代传给另一代：

> 单个元素不见了，它们化为各种身形才一再现身，体现了一种物质的不朽。在某个遥远得无法想见的时期，有些元素产生了最最原始的那一丁点儿原生质，这点原生质就在古老的大海上翻来荡去；作用于这些元素的相同力量，如今依旧继续着它们浩大的、不可思议的工作。在这个极其广阔的背景下，某种植物或动物的生命周期呈现出来，但它并非自成一统，独立成剧，它只是一出变化无穷的全景剧里一段小小的插曲而已。

对于一位写作者而言，能发表一篇别出新意的佳作比什么都强！《海底》和卡森以前写的东西不一样，和《大西洋月刊》的读者以前读到的内容也不一样。该文引起了另一位作者的注意，此人名叫亨德里克·房龙（Hendrik van Loon），他的著作《人类的故事》（*The Story of Mankind*）于1922年获得了首届纽伯瑞儿童文学奖金奖。房龙出生于荷兰，主要为少年儿童撰写文学历史方面的作品。第一次世界大战期间他移居美国，跟好几家出版商合作过，最终和西蒙-舒斯特出版社建立了长期合作关系。房龙向西蒙-舒斯特出版社编辑昆西·豪（Quincy Howe）表达了他对《海底》一文的赞赏。豪写信问卡森是否愿意写本书。卡森自然是心花怒放，但是对自己的能力不太有把握，于是回信说目前暂且没有具体打算，不过，她好像就书的内容提了一些笼统想法。豪转头对房龙说，她的想法"有点云遮雾罩"。卡森还表示说，只要是豪和房龙为她提的建议，她都十分愿意认真考虑。豪回信说他再跟房龙好好议议此事。

房龙给卡森写信的时候，《大西洋月刊》的9月号还在报摊上摆着。这封信是从纽约的中央车站寄出的，房龙在信封上画了一条鲸鱼喷着水花在海上游弋，平静的海里有了鲨鱼点缀仿佛生动了许多。房龙常为自己写的书画插图，他是个精灵俏皮的笔友。他常用罗马数字写日期，用小速写、小插画装饰自己的信；用打字机写信时，还使用十分滑稽的私密句法表情达意；用笔书写时，字迹几成天书，难以辨识。在致卡森的第一封信里，时年才55岁左右的房龙竟说，"60年前"读过儒勒·凡尔纳(Jules Verne)的小说之后，就一直对海洋充满了好奇与向往，他认为卡森就是"那个能为他答疑解惑的女子"。

房龙坦言，是他把卡森引介给西蒙-舒斯特出版社的，希望她为他们写一本好书，"他们做别人的书做得越好，就越能负担起不做我书带来的损失"。他提议卡森坐火车来康涅狄格一趟，到他在老格林威治的家坐一坐，他要把她介绍给昆西·豪。他还说渔业局一定会准她的假，让她来见面，想想这本书若是做成了，岂不是给渔业局"争了光"。一番慷慨之后，房龙在信尾写道：甘愿为卡森效劳，《海底》是一篇"华章"。

整个秋天，房龙一再催卡森去康涅狄格州。卡森自感准备不足，于是连推带拖，称自己还在"泛泛浏览相关文献"，争取想出点创意。1937年12月，房龙对她说，康州的潮汐很特别，她每天能去海滩拾蛤3次——除非她不想让他享用。卡森殚精竭虑，想把一本书的模糊轮廓凝练得清晰明确，所以，一直等到圣诞节期过后，才于1月中旬北上康涅狄格，被慧眼相识的全部意义才在她身上充分展现。她方才晓得房龙是个大腕，他已经打开了一扇门，直通精雅美妙的出版大世界，卡森早就渴望加入这个特殊圈子了。作者(她现在不由得想到了自己)傲然无畏地走了进去。从那一刻起,她便归属于"动人心弦、美妙绝伦的"一类。

1938年2月,卡森和豪基本商定,以海洋动物的视角写一本描述海洋生命的书。卡森向房龙细讲了自己的计划,她说,整篇叙事不想掺入人类的声音和眼界,即便故事里出现了人类,也是作为鱼的认知对象——捕食者和威胁——登场的。这样的情节,她也不想编造。故事从海中主角的日常生活和自然历史开始,作者笔下,它们一个个"始终充满奇异感,有时甚至不可思议"。她会挑选一些,将它们划类分组,这样便于把握生机勃勃的海洋里不同生境的特点,从海岸到海渊。卡森说,她现在感觉此书这样规划是对路的,其实,她心里已经有了具体的叙事模型。她还说,一番苦思冥想之后,她认为此书应当照着"亨利·威廉森的鲑鱼书"的写法去写。

房龙很高兴,回信说,若是他想,怕也想不出来更好的主意。他感觉卡森已经踏上了一段特殊旅程,但需要鼓劲打气,于是就对她说,要满怀信心地去把握命运,因为未来有大事等她去成就。

"你有这个能力,"房龙写道,"况且你已经起步了,你就往你想去的地方走吧。"

卡森想改换一下收入来源,至少想暂时放弃为报纸写文章挣钱这条路,改为从正在撰写的书稿里选摘章节卖给《大西洋月刊》赚取报酬。起初,月刊编辑部倾向于连载,但当她寄了一篇样稿给《月刊》后,编辑部却改了主意,告诉卡森,他们打算发表自然作家唐纳德·卡尔罗斯·皮蒂(Donald Culross Peattie)的系列文章,他的文章和卡森的作品极其相似,《大西洋月刊》不可能兼顾两人。卡森和编辑部商议今后是否有可能采用她的书摘稿,却一直没谈妥。

在此期间，她为《大西洋月刊》写了几篇书评，其中一篇评的是《太平洋边的海鱼》(*Maritime Fishes of the Pacific Coast*)这本书，她挣了15美元。1938年4月，卡森恳请《大西洋月刊》由她为亨利·威廉森的新书《别了，西部》(*Goodbye, West Country*)写书评，被编辑部婉拒。一个原因是，威廉森著作的美国出版商就是大西洋出版社，《大西洋月刊》不想给读者留下自作自夸、有意吹捧抬高旗下作者的印象；另一个原因是，这本书已上市几个月，销量却令人失望。可是过了一个月，编辑部又眉开眼笑地找到卡森，请她写两篇短评，一篇评《别了，西部》，另一篇评卢埃林·波伊斯(Llewelyn Powys)的《大地的回忆》(*Earth Memories*)，该书写的是作者在多塞特患结核病之后的生活。卡森给杂志社写了一封信谈威廉森的书。此信和最终在12月号上刊登的那篇书评差不多长，表露出她对这位英国作家十分钦佩：

> 我读过一些描述自然的作品，记忆中，威廉森先生的《塔卡》和《萨拉》给我的印象最深。他的文笔之绚美，令我不由得心生羡慕。《萨拉》开头那几页，让我感到了海洋世界的奇异，那感受要比读完《大洋深处》(*The Depths of the Ocean*)这部800页的海洋学圣经还要强烈——这样说简直是我自己的异端！想不起还有哪位作者具备这等本领：将水世界的氛围描摹得栩栩如生，而且这种氛围贯穿了自己的每一部著作。他的观察力，他对笔下那些个生命的怜爱却从无感伤的理解，还有他对自己眼见的事物所作详实而合理的解说，也令我钦佩。《再见，西部》的每一页都令人迷醉，它对水獭和鲑鱼的生活环境作了深入描述，依我看，它为《水獭塔卡》、《鲑鱼萨拉》这两本书赋予了新的意义。

威廉森觉得德文郡的生活不怎么提气，于是1936年，他在英格兰的东边靠近北海诺福克海岸的地方买下一个农场。他花了一年时间修葺房舍，打算当个农民。《别了，西部》用日记体记述了他在德文郡最后几个月的生活。卡森在提出写书评的那封信里说，威廉森每日的作息出入读来都十分有趣。比如，有一天，威廉森不想干活了，就拿上假蝇钓鱼竿跑到布雷河边钓鱼。他手脚并用爬到河边，钓到了一条9磅重的大鲑鱼。那鱼奋力挣扎，拽着他一会儿沿河而上，一会儿顺河而下，于是《再见，西部》才有了那几页扣人心弦的精彩描述：

> 大部分渔线拉出来的时候，我知道得下水了，不然的话，岸边上有树丛灌木阻挡，鱼我之间必是一场拉锯战：鱼的分量本来就重，再加上水流，那渔线说抻断就抻断。于是我蹚入河水，心想脚上穿着钉鞋应该不会滑倒吧，边想边顺着水流蹚向下游，一会儿河水便漫到了腋窝。河底并不平坦，时而踩上砾石，时而陷进泥坑，陷进坑时，我就手刨脚蹬往前游两下，自感这才是生活。

书里有一张威廉森最终取胜的照片，背景是浅津农舍的墙壁，威廉森一脸沉静，站得笔直，上穿一件外套，下扎一条羊毛短裤，右手拿着假蝇钓鱼竿，左手握成拳头，提在腰间，那条大鱼头朝下就吊挂在左手上，鱼鼻子几乎能碰到威廉森的鞋。

卡森为《再见，西部》写的书评只有3段，仅提到威廉森对大自然观察得认真细致，她在那些文字里体会到一种与其相近的精神气质。卡森说过，威廉森的《塔卡》和《萨拉》走在了"自然文学的前列"。在《再见，西部》这部书里，威廉森同样表达了对生、死、重生这个无尽轮回的激赏，正是有了这种循环往复，才使得自然世界一派生机。卡森感觉，威廉森只需注意一种生灵片刻，便能洞悉它"生命的全部"。她写道，威廉森是个"敏感的人"，一切生命难逃一死，令他悲伤，同时他又深知这才是自然之道。

这些主题在卡森内心产生共鸣，也许只有她发觉这些主题才是威廉森的这部乡村生活日志的一个本质特点。《再见，西部》是否算一部自然文学作品，是有争议的。公平而言，刊登她评论的地方太小，她不得已撇去不谈的内容却很多。《大西洋月刊》杂志社不想王婆卖瓜，从自己旗下的作者中拉出一位吹捧，但也不可能刊登一篇满纸批判的评论，所以，书评既要简短，还要有赞许之意，卡森想把她最喜欢该书的某些内容凸显出来，也是合情合理。不过，读过《再见，西部》的读者想必都会注意到，这本书里有一段很长也很详细的重要内容，卡森的书评竟提都没提——威廉森热情洋溢地回忆了自己在1935年秋天去纳粹德国参观访问的情况。这部分洋洋洒洒写了30多页，作者对希特勒的崇拜溢于言表。这是一段很能说明问题的叙述。

《再见，西部》也在其他章节间接表达了对希特勒和德国的好感，其中一段，威廉森忿忿然回忆起一个美国文学杂志的编辑给他的回信——威廉森曾给他写过一封信说，担心害怕德国的人其实大错特错了："那位编辑在回信里写道：'谈到鲑鱼和水獭时，我坚决跟你站一起，但是，强烈反对您对伟人希特勒先生所持的看法。依我看，希特勒是一种时代病。'"

卡森的书评为何没有循着这些脉络说话，令人费解。也许她读《再见，西部》，就像是当年在宾夕女院读丁尼生的《洛克斯利府》一样，对诗中包藏的阴暗茫然无感。也许她对威廉森的欧洲观感根本不感兴趣，与德国是战是和，皆无所谓。尽管她待在罗斯福新政政府的管理部门做事，感觉很舒心，晚年也含含糊糊地说自己是个民主党，但在内心深处，她对政治从无兴趣。

不过，希特勒并非善类的证据已积攒了多年，虽然美国人对纳粹德国发生的事情总是慢半拍才弄清楚，但卡森在1938年为《再见，西部》

写书评时,不可能不知道威廉森政治立场极端。早在1933年,《纽约时报》就为霍顿·米夫林出版社印行的美国版《我的奋斗》(*Mein Kampf*)写过一篇评论。当时,《我的奋斗》是一本人人好奇的书。《纽约时报》的评论指出:这位德意志的"雅利安"领袖是欧洲诸国的威胁,法西斯主义是"犹太种族的劫数"。20世纪30年代,德国传来的消息越来越让人忧心。1935年夏,威廉森待在浅津的小屋里写《鲑鱼萨拉》最后几页时,纳粹冲锋队正在柏林迫害折磨犹太人。当年秋天,在威廉森列席旁听的纳粹党纽伦堡大会上,希特勒宣布实行新法律,取消犹太人的德国国籍,限制犹太人的生活区域、工作场所,禁止犹太人和非犹太人通婚。

1938年,希特勒吞并奥地利;几个月后,他又入侵波兰和捷克斯洛伐克,英法两国对德宣战。1938年12月,也就是卡森的书评刊登在《大西洋月刊》上的那个月,美国和德国爆发了一场激烈的外交争端——德国正式向美国提出抗议:内政部部长哈罗德·伊克斯竟然在克利夫兰演讲时公开批评希特勒政权。德国的大小报纸对伊克斯万炮齐发——骂他是黑帮、匪徒——看那架势,德美两国关系即将破裂。两年后,蕾切尔·卡森为伊克斯工作。

有一个细节,卡森可能知道也可能不知道:威廉森在1937年秋天参加了英国法西斯联盟——不过,为威廉森出书的美国出版商大西洋出版社应该是知道的。另外,威廉森的自然写作,还有他对农事及乡村生活的兴趣,是如何与德国纳粹喜闻乐见的神话叙事融为一体,卡森对此是否了解,不得而知。在纳粹德国,有所谓的"血与土文学",鼓吹种族纯洁,主张亲近土地,劳作生息。德国作家必须是帝国文学院会员,帝国文学院下属多个分支分部,握有审查大权。开列"现代派"作家、犹太作家的黑名单,举行公开焚书,便是希特勒1933年上台执政后纳粹党开展的首批官方行动。国家社会主义规定,德意志文学应该彰显宣传部部长戈培尔所说的"刚冷的浪漫主义";于是,产生了一批又一批描写农村生活丰硕收获的、毫无想象力的小说，却被希特勒政权当成复兴德国的梁柱，它们符合元首的伟大信念：一切艺术追求都应该面向普通大众。1937年，希特勒下令，德国画家只能画德国普通百姓看得懂的作品。

威廉森是个刚冷得不能再刚冷的浪漫派，他在《再见，西部》一书中写道：住在城里的现代派们“是在街牙道边长大的”，他们为太多的“精神生活”所累，对“自然世界”、对“人在其间启智耕心，与其身相和谐的那个世界”极少体验。他说，城市生活“神经紧张”的副作用，“不扎根泥土”、不接地气的坏处便是“精神混乱”。卡森对人类进步的意义自有她的看法，在这些问题上，她很可能与威廉森所见略同——只是没有和法西斯主义的思想意识联系起来。毫无疑问，在《别了，西部》这本书里，恶占有浓重的一笔。现在回过头看，这一点是很容易看清的，但事后看清并不能改变书中原本藏恶这个事实。

情况可能是这样的：卡森急就了一篇关于《再见，西部》的短评，同时，她在深入思考威廉森的另一本书《鲑鱼萨拉》。威廉森《再见，西部》大倒苦水，说他写作鲑鱼这本书遇到了怎样的困难，而卡森并未因此改变比照《鲑鱼萨拉》写自己的第一本书的计划。她致信告诉房龙，她和豪已经商量好了，这本书要写12章，每一章自成一体，讲述一类海洋生物的故事；各章好似马赛克色块，最终拼接成一幅完整的海洋生境图画。在这一点上，该书有别于《鲑鱼萨拉》，后者只是以一条鱼为主角。卡森十分期望这本书能造成同样的沉浸感——带读者下水，潜入水中——威廉森就做到了这一点。

卡森怀揣这个想法，请房龙帮忙。从此，请房龙帮忙成了她搞研究、写东西的一大痼习：她让房龙为她引荐专家。写这本书的时候，引荐的专家是房龙的一个朋友，名叫威廉·毕比（William Beebe）。毕比时年60出头，是纽约动物学会热带研究部的主任，美国博物学家的领军人物之一。凑巧的是,这位毕比身材瘦高,相貌酷似威廉森。

毕比只在哥伦比亚大学上过几个学期的课,基本属于自学成才。他以研究鸟类著名,近一时期,做头盔潜水员搞水下探险也颇有些名气。他对头盔潜水"这项运动"无比热爱。他认为,要不了几年,人们去近海海域的水下花园栽花种草、游园赏景将是寻常之事,还可以携宾带友搞潜水派对,大家先乘船航行一段,而后戴上一顶金属头盔,头盔接一根空气软管,软管连着一个泵,翻身入海下潜。有头盔在顶,大家在5英寻(30英尺)的水下便生气勃勃,吐纳顺畅,自由自在。毕比本人潜水经验丰富,有一次,他戴着装有玻璃面罩的铜头盔,在海地近海潜到10英寻的海底,游走时遇见一处陡峭的悬崖。他极目往悬崖深处看去,忽然心生一股冲动,欲纵身一跳,去看个究竟,但他知道越往深潜,压力就越大,若真跳下去,很快会被水压垮。他说,幽深的海底就像是火星的表面不为人所知,去更深的海底探险始终是他的渴望。

1929年,毕比认识了一个名叫奥蒂斯·巴顿(Otis Barton)的人,此人建造了一个深潜装置。该装置的原理让毕比想起一样东西,他说曾有一位年轻的骑兵上校跟他提过,上校名叫西奥多·罗斯福(Theodore Roosevelt)。巴顿潜水器很简单,就是一个直径不足5英尺的钢球,仅能容纳两人并肩而坐。球壁有1¼英寸厚,开了3个厚重的石英窗,圆似舷窗,大小仅够观察海底状况,窗子刚好能框住人脸,一旦有什么东西游过,人可以把脸架在窗上观看。潜水器有小舱口供出入;舱口用螺栓固定,螺栓非常重,需要用摇把安装或卸下。球体内有氧气罐和碳空气过滤器组成人能呼吸的环境。整个潜水装置重约5400磅,用一根缆绳放入海中。这根缆绳是特制的,防扭曲,不让球囊旋转。其他几根缆绳可为探照灯供电,使潜水球与海面保持电话联络。毕比为巴顿的发明取名,最后叫它"探海球"(bathysphere)。

两人将探海球弄到百慕大的楠萨奇岛,进行了多次无人试航,之后，他们便乘坐探海球展开了一系列潜水活动，下潜深度一次比一次深。当时，潜艇的深潜纪录是383英尺；人类下潜的最大深度为525英尺，这个纪录是一名潜水员穿着装甲套装，在德国巴伐利亚的一个湖里创造的。1930年6月6日，探海球首次载人潜到了水下800英尺。1934年8月15日，毕比和巴顿将探海球沉到了水下3028英尺。这次本可以下潜得再深一点，但小船甲板上的升降操作员突然发现，绞盘上缆绳只剩下几匝的余量了，他担心缆绳放到头会突然崩断。那年晚些时候，毕比出了一本书，记述自己潜水探险的经历，写得生动有趣，书名叫《深海千米》（*Half Mile Down*）。

卡森肯定是熟悉这本书的，也熟悉该书迷人又无畏的作者。毕比和巴顿深入海洋，走到了其他人从未见过的地方，获得了丰富的深海资料。"挑战者"号采用渔网捕捞，虽然收集到许多深水物种，但好多标本在被捞到海面时常因压力变化而损毁。毕比和巴顿第一次在阳光无法到达的大海深处，看到了无比丰富多样的生命。他们为种类繁多的海鱼、鳗、鱿、水母等水下生物摄照、绘图。有些鱼能自发光，有些横穿探照灯的灯光，犹如透明的鬼魂，又似暗淡模糊的阴影。毕比发现，不少经常在浅海出没的水族，竟然也能在深海里见到，令他甚感意外，这说明它们具备在压力差极大的海域往返游动的能力，这种本领以前并不为人所知。

每次深潜，毕比心里总惦着深潜包含的各种危险。每当探海球被吊离小船的甲板，摇转到水面上准备下潜的时候，毕比总是心惊肉跳，想想下潜的开始阶段要先在空中划过20英尺，如何不怕呢！等入了水，看不见小船，他们与海面的连接一下子变得虚无玄幻起来。有时，一道波浪从上方的船底下穿过，本来悬在水下不动的探海球，突然左摇右晃起来。怎么回事？难道是脱钩了？还是因为什么原因，探海球被拉上去，或者沉入海底啦？第一次潜水时，探海球的舱口盖爆出一条裂缝，海水渗进舱里，在毕比和巴顿身边积成了水洼。两人密切观察，看渗入的水量是否增加。结果没有增加，于是毕比命令继续往下放探海球，下降速度要再快点，赶在舱里的水积高之前完成下潜。毕比知道，潜得越深，探海球外部承受的压力越大，一旦钢铁外壳或石英窗户承受不住高压，破了，后果想必他俩是看不到的。“连淹死的机会都不可能有，” 毕比在《深海千米》中写道，“因为最先进来的几滴海水会像钢制子弹一样碎骨断筋。”

有一回进行无人深潜测试，潜至3000英尺时，一扇舷窗的密封失效了。等把探海球拉上来放在甲板上，大家一看探海球已经充满了海水，便知水下压力极大。稍稍拧动舱口的中心翼形螺栓，探海球便发出“嘶嘶”怪叫，甚是骇人。待小船甲板清理完毕，翼形螺栓“咣当”一声从舱门爆开，像一枚炮弹飞了出去，随即一股水流直着喷射而出，力量之大，足以把活人切成两半。几天后又做下潜试验，同样的情形再次发生。

风险虽多，但探索未知的收获是巨大的，在光明从未到达的海域，在只有生活在那儿的水族彼此打量的海域，投进一束光亮所取得的收获是巨大的。毕比写道，幽深的海洋令他自感渺小。

> 大洋深处，压力极大，倘若释放哪怕是几分之一秒，就能将我们的身体压成烂肉一团。在这样的高压下，我们呼吸着自制的空气，借助一条软管上下传递安慰的话语。我在这里能够由窗口向外窥视，看见在青色夜空般黑暗的环境里生存演化的动物们，那黑暗自海洋诞生之日起就再未见过天日。我能够坐在这儿，尝试去总结自己用有限的眼力观察到的东西，用和这项工作根本不相称的心智来解释它们。

卡森在《海底》一文中也有十分类似的叙述，她描写渊深的海底，描写深海的幽暗:“那是远古夜晚的黑暗,海洋就在这黑暗里形成了,此后长夜漫漫亿万年,黎明的灰光从未将它刺破。”卡森对海底地貌的描写,给人的感觉像是在水下飞掠海底一般,至少她是部分地受到了毕比在《深海千米》所述观察的启发。

毕比和巴顿还利用深潜的间隙搞所谓“等深潜水”(contour diving)。他俩并不是简单地将探海球弄到固定地点,抛入海中,而是把它缓缓地拖在船尾。他们从近岸浅水区出发——尽量让探海球靠近岸边,而后将它下潜到离海底几英寻的地方,拖着它慢慢移向远海。毕比观察海底地形的起伏,用电话联络绞车操作员,让他该升升、该降降。探海球随着海底的轮廓行进,遇珊瑚礁就上浮,遇深洞就潜进洞去,就这样越行越远,越行越深。毕比估计,这样下潜要比在远海直接深潜危险得多。倘若他错算了距离或速度——或者有些障碍突然挡道却没被注意到——探海球很有可能被剐伤戳破,脱缰失控,他们有好几次都是死里逃生。毕比说:“倒是一直往前面观察来着,但还是有几回差一点儿出事。”他说这话时,语气平淡。探海球很坚固,海底的东西撞一下也许没什么大碍,但是,要是弦窗破碎了,或者探海球落在珊瑚丛里出不来,“那可就不太妙了”。

毕比的探险考察活动迷住了卡森。说实在的,她居然能为其所吸引,颇让人费解。卡森对船的感觉不亲不疏,从未真正在意过。她不会游泳,连深过脚踝的水都很少蹚过。但当她开始认真考虑写书计划时,她在渔业局的顶头上司埃尔默·希金斯提示她说,要想把书写好,一定要亲自去“海底”看一看,拿到第一手素材。卡森壮着胆子说这主意妙。乘坐探海球想必是办不到了,她决定试试头盔潜水,最好找个温暖宜人的地方下海。于是,她写信请房龙帮忙介绍认识毕比,她说,希望西蒙-舒斯特出版社能先支付一笔足够的预付款,这样她就能“去百慕大或巴哈马群岛走一趟”。卡森想跟毕比商量商量如何把这些事情一并搞定。

出版商预付一部分稿费也是卡森那会儿比较关心的事,她求房龙支招。一入行,凡是跟撰文写书有关的事,卡森就表现出一个细心女商人特有的作派,针眼儿大的小事她也很上心。1939年春,她写完了一章书稿,把它寄给豪,询问凭这一章,西蒙-舒斯特出版社能否付一笔预付款给她。豪读后大喜,表示可以给她250美元的"期权"。卡森觉得这样办似也合理,她对房龙说,她觉得豪人特别好,对他十分信任。不过,她心里也打鼓:要是这本书往下再写,西蒙-舒斯特出版社决定不履行约定,或者,最后开出的条件比她在别家出版商那儿挣得少,那该怎么办? 期权的有效期能延续多久? 卡森说她心里"没着没落的",因为她不知道规范的出版合同是个什么样子。她把这些心事都告诉了房龙,也坦陈了自己最深切的担忧——每个作者对此都有体会:书出了,西蒙-舒斯特出版社会不会尽全力营销呢?

"我想最好的办法就是只管往前走,相信一切都会顺风顺水,"卡森写道,"特别现在,急需一笔现金,没时间停下笔去讨价还价。但,要是负责推介这本书的人对它不冷不热,让他们做这本书,我肯定会觉得很别扭。"

卡森和房龙几度往来书信,谈她和西蒙-舒斯特出版社交涉的情况。房龙对她说,先预付250美元还是很不错的,特别是对头一次打交道的作者来说,比他"曾几何时"挣得多。有人说出版商会不计版税所得,向作者预支大额稿费,那也只是个传说而已,只有少数畅销书作家是例外,他们写的书基本不愁销路。谈到最终的合同,房龙劝卡森不必担心,她获得的版税收入和别的作者相同,因为现行标准就是这样的。房龙自己的著述有些拖后,情绪稍嫌焦躁,他向卡森保证,他和昆西·豪"百分之二百"支持她。在一封怨气腾腾的短信里,房龙还表达了懊悔之意:悔不该浪费前一年的大好时光去"劝说人们认识希特勒的危险”。他在信笺的最下面画了一条咧嘴呲牙很像鲨鱼的鱼，鱼侧面写了个卍字。

这期间，卡森配合第一章，写了一份书稿提纲。她跟房龙说，希望这份提纲能让豪把预支金额提高到500美元。

最终，卡森还是答应了接受250美元的预付款。豪说，如果西蒙-舒斯特出版社看过最先寄来的15 000字的书稿后兑现了“期权”，那他愿意再预支250美元。卡森晚上和周末都不歇着，一边坚持为《巴尔的摩太阳报》写专稿，一边为手头这本书费心劳神、遣词造句。社交生活好像一点没有。1939年夏，渔业局从商务部转隶内政部——这是伊克斯部长把环境保护统纳到内政部计划的一个步骤。卡森的职位和薪水（最近一次提高到每年2300美元之后）未变。一年后，渔业局和内政部下属的另一个单位生物调查局合并，成立了美国鱼类及野生动植物管理局。卡森从巴尔的摩调到马里兰州科利奇帕克的一个研究实验室，她的工作还是编辑技术报告，撰写新闻稿和小册子。

她会默然工作到凌晨，对待科研的态度十分谨慎，而她内心怀有的对获得认可和尊敬的强烈渴望，外人看不出来。凡是严肃的作者都应得到认可和尊敬，这是她的信条。一晃《海底》发表一年半了，她的第一章书稿还未写毕，那段时间，她多次给房龙写信，给人的感觉是似乎她刚刚动笔。其实不是这样。1938年秋天，卡森休在职假，她带着母亲以及两个女孩弗吉尼亚和玛乔丽去了渔业局设在北卡罗来纳州博福特的站点。

博福特是个港口城市，安安静静，一年中的大部分时间水汽迷蒙。它靠近外班克斯列岛南端。外班克斯列岛是卡罗来纳州近岸的一条狭长低矮的堰洲岛链，绵延200英里。这片岛朝向陆地的一侧是一串海峡和海湾，自古以来就是渔民和海员停靠船舶的安全之所。它朝向大海的一侧，浅滩在海浪下延伸数英里——可谓险境处处，400多年间毁坏船只、淹溺水手无数，于是人们给这片诡异的海区起了个绰号：大西洋坟场。

博福特是老城，一些18世纪的房屋还矗立着。港口顺着前街而设，是泰勒斯克里克的一段；泰勒斯克里克通向一个散布着小岛和盐沼的海湾。小城随着大海的节奏吐纳，空气浓重而腥咸，停泊在港湾里的船随着潮汐的跌宕进退前漂后摇。博福特虽然在大陆一隅，但因沟渠河流如蛛网环抱，使得通向小城的道路迂回曲折。1926年，小城修建了一座公路桥，和一座铁路高架桥相连，去附近莫尔黑德城的路线变直了不少。早在1899年，美国鱼类委员会就在博福特创建了一个海洋实验室，实验室设在前街的两座建筑里。一年后，国会把这个实验室定为永久性研究机构，作为伍兹霍尔站的南方姊妹站。1902年，在小城西边不远的派弗斯岛上修建了一座广厦式大型实验室，主楼有一个水族馆，还有一个博物馆，展出鱼类等海洋生物标本。

博福特站的研究人员多次对当地的商业渔业状况开展调查，专门开展了水产养殖实验，尝试开发鲻鱼、牡蛎等海产的养殖技术。几十年来，该站在特殊的围圈里饲养了数以千计的菱背泥龟，并不断改良围圈以提高产量。菱背泥龟是一种小型龟，生活在淡水和咸水交汇的沼泽里，一直是东海岸地区的主要食材，被视为美味，因过度捕捞，数量减少。博福特站的研究证明菱背泥龟是可以圈养的，但是除了科研人员，无人对此感兴趣，所以菱背泥龟养殖一直没有实现。

卡森对水龟研究项目还有实验室正在开展的其他研究都十分感兴趣，不过她来博福特的真正目的是为她构思的故事采集风景，这个故事需要一个发生、展开的背景。站在派弗斯岛上，卡森能看到湾区里的沙洼和潮汐留下的沼泽；天气晴朗时，她还能看见卢考特角灯塔高165英尺、涂着黑白格子的塔尖。在紧靠着渔业实验室的地方，她找到了写作素材——一个叫溏沼的灌木丛生、沙子铺地的小岛，它把博福特的水滨通道同内湾的一段宽阔的浅水区分隔开。溏沼岛再往前就是沙克尔福德海滩。沙克尔福德海滩是一条9英里的狭长地带，遍布海滩沙丘，它在卢考特角转折90度径直向西北延伸，绕着沙克尔福德的尖端打了个弯，形成了一道天然的保护屏障。100年前，这里是捕鲸港，后被废弃日久，只剩下一些渔棚，现在最显眼的居民是一群野马，它们是17世纪一次船舶失事后侥幸游上岸的西班牙马匹的后代。要上岛只能坐船，卡森想必是搭了顺风船，和渔业实验室的人一起渡海去过岛上几次。

别看沙克尔福德海滩狭长，哪一处都比高潮线高不了几英尺，但它就能改变海的脾性。海滩的外侧，大海不断冲击海岸，乱风和激流将波浪变成狂野四溅的泡沫，而海湾内侧的岸边却是风平浪静。卡森和家人大概就住在附近大西洋滩的海滨社区里，她说，来海岸观光的人基本上是围着钓鱼码头和度假村绕来转去，其实是个错误。她喜欢远离那些地方去寻找一份孤独。没有任何一个地方能让她强烈地感受到远离喧嚣的吸引力，除了沙克尔福德海滩。只需沿海边步行半小时，放眼所见无非是海水、高天，还有一条向两边延伸到不知何处的眩目沙带。

"野味十足的海滩让人感觉美好"，卡森是这么看的。后来，这片海滩和溏沼一起被写进了一本书的开头。这本书当时还没付诸文字，但是已经由卡森和昆西·豪最初谈论的创意、想法渐变为文思。现在，卡森决定把整本书分为三部分，来呈现一个"关于海洋生命的极其完美无缺的画面"：其一的背景设定在岸线，其二的背景设定在远海，其三的背景就落在幽暗的海底。每个背景里都有一个动物主角，和生态系统及其居民展开复杂的博弈。书名卡森也想好了：《海风下》(*Under the Sea-Wind*)。这个跳入她脑际的书名源于一个词语，而这个词语和当年启迪了亨利·威廉森灵感的东西同出一源——理查德·杰弗里斯。

卡森和威廉森一样，十分敬仰杰弗里斯。杰弗里斯的长篇散文诗《夏日的绚烂》(*The Pageant of Summer*)中的一句"风啊，在海上游荡"，让卡森感动不已。在她眼里,这篇长诗就是字字珠玑的神作,一篇读罢,激荡起的是对大自然终生不褪的惊奇感(她经常使用这个词)。卡森对诗结尾的一段情有独钟:"地球的美呵,无与伦比,她绚丽的生命里,每一枚花瓣都孕育着新的思绪。心灵浸在美丽的时刻,人才是在真正地活着……这是实在的生命,除此而外,一切皆为虚妄,或者,仅是忍耐而已。"

卡森或站在沙克尔福德海滩的沙丘上探察大海和峡湾,或漫步在激浪边缘的海滩。她深吸着海风,感觉时间变慢,除了眼前的景象,其他一切全都消失了。她不停地做着笔记,记叙一个个片段,每天带着一个螺旋扣装订的小笔记本,将所见所想倾吐在本子里。虽说她是一位认真严谨的作者,可是笔记记得远没那么工整条理,想记的时候,就随便翻开本子找个空白地方下笔。她的众多思绪成了一团杂乱的只言片语,中间莫名其妙地夹杂着要打包的物品清单和费用清单。

卡森特别注意颜色和声音,特别注意在卡罗来纳海岸温暖的阳光下不断变幻的光影和色调。俯瞰一处浅洼,潮水曾在那里漫过海滩,水下沙底里那一道道线条分明的隆起,看起来就像是"海面波纹的影子已经深刻进去了,永难磨灭"。沙丘上生长的海燕麦麦梢随风俯躬,触及沙地,微风中它们前摇后晃,在沙上刻画出一道道弧线,给卡森留下深刻印象。大海总是能吸引她灼灼的目光:"波浪就要溃散时,波峰倏然被夕阳的金光辉映,而后化作一团银雾。留在每个波浪退路上的沙子变成了紫晶黄玉,变成深蓝色。一只孤独的三趾滨鹬沿着碎浪线边走边找,喙不停地左戳右啄。两只沙蟹在湿漉漉的沙地中匆匆爬过。"

读她的笔记可知,卡森这时候有意将《海风下》这本书定位为青少年读物。她写道,点燃青少年对大海的好奇心是很有意义的。在笔记中,她甚至琢磨得更加具体实际:哪个年龄的少儿最能引起出版商的兴趣,她如何描述这本书要求达到的阅读水平。卡森把书中"要写进去的东西”和有可能出现的“形象”分头列表，包括鱿鱼、海星、扇贝、螃蟹、蛤蜊和一只大水母。她有意把“一条生活在一堆沉船残骸里的鱿鱼”写成“一个恶棍”。不过，碰到鱼类洄游等问题，她也大段大段地讲述专业知识；对于不同季节里海岸上的鸟类聚集发生的物候变化，她尝试展开想象。

最终，她还是没去顾及这本书的读者是谁这一问题，只管随心任意地写下去，用一种她感觉十分自然的语气。她在印有“华盛顿特区全国复兴总署”抬头的信笺背面，用草体写书稿。1940年春，她写完了前5章，占全书篇幅的三分之一。她把稿子寄给了西蒙-舒斯特出版社的昆西·豪。过了几周，豪回信说：大家都很喜欢。

1941年11月1日，《海风下》正式出版了。刚出版没多久，卡森就给《巴尔的摩太阳报》的编辑寄赠了一册。那位编辑回了一封短信，说他十分喜爱，除了第一部“海边”开头那5章。卡森后来承认，许多读者也有同感，但她个人觉得，这5章写的是海洋边缘的生命——大部分素材源自她在博福特和伍兹霍尔两地的观察，这5章的内在意蕴，同理查德·杰弗里斯所说的作为精神的自然世界十分贴近，而且行文结构极似《鲑鱼萨拉》。其实，卡森写书的环境和威廉森写书的环境也极像：一座近岸小岛附近，渔民常在那儿行船捕鱼，潮水和海流为种类繁多的野生物种开辟了一片相聚之地：过客们在此稍作停留，打食捕猎、产仔繁殖，或者作途中休息，再游向遥远的目的地。卡森的小岛就在溏沼，为向渔业局派弗斯岛站里的同仁们表达感谢，她描写的动物里还有一对菱背泥龟。

卡森比照威廉森的套路，破了自己立下的决不拟人化的誓言，她为笔下的几个动物形象取了名字，半用科学命名，半用异想天开的编造。开场的一节里有一对三趾滨鹬，是两个主角，一个叫黑脚(Blackfoot)，另一个叫银条(Silverbar)。三趾滨鹬是沙嘴鹬的一种,常去海滩的人对它们都不陌生,因为三趾滨鹬有一个令观者愉悦的习性,就是贴着碎浪线沿沙滩急跑,好似在追波逐浪。不过,卡森把它们搬到舞台中央是另有缘由的。三趾滨鹬属于远距离迁徙的鸟类,它们在高纬度的北极地区的岩石间和寒带草原上繁育后代,又向南远行,到巴塔哥尼亚地区的潮漫滩上越冬。卡森对动物迁徙十分感兴趣,试想,动物们在一个地方大量繁殖,而后凭着本能踏上漫漫旅途,在波里浪里死于天敌之口,死于恶劣环境,如此大规模的迁徙过程中存有多少侥幸运气的成分啊,这怎不令她着迷呢!

《海风下》第二部讲述了一条鲭鱼的故事,第三部讲述了一条鳗鱼的故事。论氛围和背景,这两部故事与《海底》一文相像,水泱泱、色暗暗,充盈着海洋生命如何多样又如何脆弱的信息。书中所述和冰封的北方景观里十分常见的情形完全不同。在冰封的北方,三趾滨鹬筑有舒适的巢穴,守护刚孵出的小鹬仔;而在此,鱼儿将自己数以万计的后代播撒在浩瀚的海洋里,不加保护,听天由命,鱼仔们一开始便活在生死叵测之中,而这样的境况又十分漫长,可以恰如其分地说,对于每一个动物而言,死亡即是一种生活方式。鱼儿们乘着海流奋力向前游,把饥饿的、不断追杀的天敌甩在身后。鱼儿,还有同在一海的带刺的、带须的、带爪的堂表兄弟姐妹们,形成了一个能够维持自我存在的群体,这个群体的每一个个体既是捕食者,又是猎物,它们的数目每天都会被刷掉一些。

卡森后来说,通过写这本书,她才领悟到,本书的真正主角是大海。就像《海底》那篇短文一样,她最拿手的是描写地球上被水覆盖的部分:

> 切萨皮克角和科德角弯曲处之间的那块地方,便是陆地的尽头,真正的大海由此开始,距离潮汐线50到100英里。向

真正大海过渡的标志不是水离岸头的距离，而是深度，因为凡是在海底缓坡能感受到上方的100英寻海水重量的地方，海会突然间在悬崖及峭壁丛中沉下去，微光蓦然化为漆黑一片。

卡森对《海风下》抱的期望很高。书评纷纷出来，她似乎已经实现了非同一般的成就。听说这本书被科学书友会选为精品图书，她非常高兴：这是一种认可，承认它是一部严肃的作品，寓教于乐。《纽约时报》刊登了一篇热情洋溢的评论，称《海风下》是“一本优美的奇书”。《纽约时报》的书评人彼得·门罗·杰克（Peter Monro Jack）说卡森身兼两职，既是作家，也是官方的海洋生物学者。他认为此书有两个显著特色，一是场景变换，二是讲述的动物众多，特别是那条鳗鱼，繁殖、死亡都在远海，但其生命的大部时光是在陆地的淡水里度过的——这是一部壮阔的生命史，卡森知道，鳗鱼的生命历程正好和鲑鱼倒了个个儿。

有一篇略带批评之意但主调还是赞许的书评出自一位重要人物，他就是威廉·毕比。毕比在《星期六文学评论》（*Saturday Review of Literature*）撰文说：卡森十分生动地展现了“海洋及海洋生命”。他“欣赏书里的每一个词句”，但又批评术语太多，故事常为过多的知识所累。不过，话锋一转，他差不多是用辩驳的口气补充道：作者表述的科学知识的准确性是毋庸置疑的。这位多次去往大洋深处的探险家说，他在书里找不到一处错误。他特别喜欢卡森描写远海生命时的那种“成竹在胸、轻松潇洒”的笔调，显然他不知道，卡森的大部分体验来自浅滩和海岸线。若干年后，毕比把此书的两章编进了一部自然文学选集。

虽说好评纷至，但《海风下》一开始就不好卖，而后基本卖不出去了。临近1月底，销量还不足1300册，每周销量下降到了几册。得知这本书要译成盲文版，卡森挺高兴，但当得知出版社无意在英国推出此书，她很失望。西蒙-舒斯特出版社的伦敦代理转述了一家英国出版商的不满，说这本书“太过诗意”、“太过深沉”，另外，鱼的名字成堆成串，英国读者根本不知道。因为这些原因,又因为战时伦敦的"现时条件",《海风下》根本没有叫响英国的可能。

卡森后来把《海风下》遭到冷遇归咎于美国参加第二次世界大战。她认为战争扼杀了读者对书的兴趣,她的作品也无从幸免。一部受了亲纳粹分子启发而写就的书,战争期间竟销售惨淡!倘若卡森能品出这其中的反讽意味,想必会把上述想法闷在肚里。从杰弗里斯到威廉森再到卡森,《海风下》秉承了同一条文脉;卡森始终深信,这条文脉好运满满。

在日本偷袭珍珠港两天后,卡森收到了她在宾夕女院的朋友和导师玛丽·斯科特·斯金克的一封信。那年秋天,斯金克一直关注着《海风下》的出版进展,她深为这个高徒学有所成感到高兴。但是现在,她不得不承认,她在为一个黑暗的现实而忧心。她写道:"今晚的世界令人沮丧,想想危难险境中的朋友,只会加深当下的绝望;这样的日子无法避开,我们只能去面对,过后才知平安为何物。"

《海风下》是否受了战争的拖累,无从知晓,不过,卡森后来是这么说的:"作者的梦想是读者蜂拥至书店,但这个梦从未变成现实。"她一度怀揣着希望,以为凭着口口相传,自己的书虽然卖得慢,但还是会一本本卖出去的。她紧盯着书评,主动联系分章节在杂志上连载,她还把可能接受直邮销售的奥杜邦协会、美国渔业学会等社团编成名录。她给美国渔业学会的600名会员发了推介邮件,最后仅收到四份订单。她还与西蒙-舒斯特出版社谈过该书参加普利策奖评奖的事,研究它能参加哪个类别的评奖。大约在1942年3月初,卡森上了华盛顿特区的一档谈书论书的广播节目。她为节目主持人——一位取名怪诞的"伊尔斯夫人"(Mrs. Eales)——提供了一份10页的稿子,详细介绍《海风下》背后的源起由来和思想理念。此后不久,西蒙-舒斯特出版社告诉卡森,销售部责怪这本书之所以销路不畅,至少部分原因是书名没起好，稍加品味，就觉得它过于玄奥，文学味道太浓了。出版社问她可否考虑以后再版时改改标题，比如改成类似《大西洋沿岸的生命》(*Life Along the Atlantic Seaboard*)这种——这倒不是说马上要出新版。

其后7年间，《海风下》基本没什么起色，销售量连1700册都不到。卡森对出版商西蒙-舒斯特出版社表达不满，她认为出版社没有真心实意地想办法去激发读者对该书的兴趣，还说让她操心不断的事情，像什么版税报表、重印机会、积压情况等等有一长串，而出版社却不过问。有一次，她和西蒙-舒斯特就《海风下》是否还在印发生了争执。

1948年春，她要求解除和西蒙-舒斯特出版社的合同，还提请对方别再把她下一本书作为选题。她给西蒙-舒斯特写了一封信，为他们"在自然写作领域兴趣不多，联络不广"感到非常失望；若非如此，她的书是可以有"稳定持续的销量的"。她补充说，她认为作此估计绝对是实在客观的。信里写道："有一点敬请明察，本人认为《海风下》无论如何都不会是一本转眼就红遍天的畅销书，本人也无意去筹划写作那种书。"

卡森没有解释"那种书"具体指什么。事后她回忆说，一度怀疑自己还会再写一本书。事实证明，她两条都没想对。

第五章

壮美的世界

富兰克林·罗斯福手下的内政部部长哈罗德·伊克斯颇有主见，他打算从农业部要走生物调查与森林管理局，连同商业部渔业局还有当时由军队管理的民间护林保土队，将它们一并划为他的属下。伊克斯是一位实力派“新政”人物，罗斯福连任总统时，有人说他是未来的总统候选人。但是，相关部门不愿意割舍下属机关，伊克斯的计划遭到了抵制。

1936年秋，伊克斯看到了机会：总统告诉他，马上要对联邦政府的大部分单位进行调整改组。于是，伊克斯把自己的想法跟罗斯福讲了一遍，还补充说想把他领导的机构改名为“保护部”。罗斯福认为这个想法不错，但是国会和美国农业部反对，罗斯福只好维持原名称不变。不过，伊克斯到底把那几个机构搞到了手，他很快将渔业局和生物调查局捏合成了实实在在的“保护部”，缺的只是一个名字。

那时候，糟踏国家资源的现象在美国中部的大片地区有愈演愈烈之势，广袤平坦的大草原被毁坏了。20世纪30年代初，干旱炎热将已经耕犁过度、地力枯竭的原野变为焦土，原本肥沃的表土遂成粉末，随风扬沙，屡屡形成沙尘暴，遮天蔽日。有几次沙尘暴非常厉害，一路劲吹到美国东海岸，纽约和华盛顿特区降下粉尘黑雨。1935年4月14日出现了一次极强的沙尘暴，它横扫美国中部，从科罗拉多经过堪萨斯，再从南达科他南下到俄克拉何马，卷走地表土30万吨，比开挖巴拿马运河的土方还多。那一天被称为“黑色星期日”。5天后，尘暴抵达华盛顿特区，时间才过中午，天空已经昏暗，参议院正在举行的关于土壤侵蚀的听证会也不得不中断。当月月底，国会通过《土壤保护法》(Soil Conservation Act)，2万名民间护林保土队的队员从林业局划归到新的土壤保护局。其后，民间护林保土队主要做了两件事，一是建立多个保护区，二是复种草皮。

罗斯福总统十分赞赏在林木不多的地方植树造林这个想法，于是在美加边界到得克萨斯这片广大的地域力推种树计划。据信，树木不仅有利于土壤保持，还能增加降雨。前后种了约2.2亿棵树，但大部分要么没成活，要么被农民砍掉了。数年后，草原的降水量又恢复常态，各种作物再次覆盖大地，一望无际。

罗斯福的植树造林计划源于一种基本认识——大自然是可以进行宏观调控的，虽然这种认识并不靠谱。不过，在人为调控自然方面，至少是有史可循——伊克斯想把内政部的自然保护工作整合在一起，他心里记起的就是这段。1940年，渔业局和生物调查局合并，两个出身相似但任务和工作方法各有不同的联邦机构终于被捏合在了一起。以前国会设立它们的初衷是要监测和“控制”自然，最大限度地发掘有经济价值的资源。两个机构中，渔业局的年头长一些，曾关注过能毁坏牡蛎苗床的海星等有害水生生物，但时间很短，主要还是热衷于在自己的鱼苗养殖场饲养鱼苗，做些基础性研究，譬如用“信天翁”号等船只去远海开展科考调研。

生物调查局比渔业局成立晚了14年，一开始叫“经济鸟类学与哺乳动物学部”，创设的目的是为农民控制破坏作物的鸟类和动物出谋划策。1896年，该机构更名为“生物调查局”，以彰显其任务活动更加广泛：不仅要调查野生动物(特别是候鸟)，还要查明不直接影响农业生产的物种的地理分布。但10年后，生物调查局再次把控制农业害虫作为主要任务——重点是控制能够造成农业减产的鸟类和啮齿类小动物，以及威胁牲畜安全的郊狼、野狼等大型猎食动物。调查管理人员不是不知道，他们的所作所为是在改变经过千百万年演化而成的自然秩序；毕竟，鸟吃昆虫，而虫也会危害作物，郊狼、野狼也吃地鼠和田鼠。但能否改造自然——比如通过选择性地淘汰某些物种来"控制"自然——使之能更适合现代人类生活，便不得而知了。反正他们就这么干了。

生物调查局向农场主和牧场主们介绍了三招，来消减狼的数量：一招是拿枪打，一招是设陷阱，还有一招是下毒。不过，他们强烈推荐一个"相对简单"又十分奏效的妙招：春天找到狼窝，把狼崽一窝端掉，让它们长不到四处为害的时候。具体操作说明被印成传单，上面还讲解了各种捕杀办法的利弊。例如，用枪打狼基本是浪费时间，除非牧场主碰巧遇到一个狼窝，窝里有狼崽，公狼或母狼清晨或黄昏站在狼窝边，牧场主可能很有把握地把一只或两只老狼打掉。骑马狩猎效果恐怕更差，不过调查局倒是说了，骑马狩猎算是一项"很刺激的运动"。诱捕和下毒需特别小心。诱捕一定得做好伪装，诱捕器具或固定在地上，或绑在大石头上，这样被捕获的动物拖着它在坑凹崎岖的地上行走就会耗尽体力。首选毒药是马钱子碱，将药装入胶囊(药店有售)，再把胶囊塞入核桃大小的牛脂饵料里，顺着狼经常往返的路线投放。牧场主都巴望着狼肚里没食的时候吃掉诱饵，只要吃下，用不了几分钟，狼就会中毒而亡，但是，如果毒药是在狼饱餐之后吃掉的，药力发作就会减慢，狼可能会走得很远，难觅其踪。1907年，全国各地捕杀野狼1800只，捕杀郊狼23 000只，创下纪录。生物调查局估计，从狼嘴里夺回的牲畜的经济价值达200万美元。

此外，生物调查局还参与过虫害防治，这事在当时一定让人觉得很离谱。1922年，调查局一位最富经验的实地调研员做了一个奇异的实验。第一次世界大战结束后，调查局不断接到农民咨询，问可不可以使用为堑壕战研制的毒气来毒杀小鸟，减少鸟类数量。有人以为，鸟类对这类有毒化合物一定比较敏感，可以把毒剂稀释使用，不让它危及人畜和在农田附近生活的宠物的安全。为增大安全范围，生物调查局进行了多次测试，看毒气能否用于动物栖息地，特别是沼泽，通常沼泽离庄稼地有一段距离。在美军化学作战处的协助下，光气、氯气、二氯二乙硫醚（芥子气）等若干种毒剂在马里兰州的埃奇伍德兵工厂作了评估。关于芥子气的最终评估报告对毒气变农药的想法干巴巴地下了结论："鉴于在农业区内或农业区附近释放'芥子气'及随后接触该气体存在种种危险，故不宜将其用作鸟类控制药剂。"实验证明，芥子气能在有植被的地区存留几天甚至几周，一片地方如果施用了芥子气，人只要从那里走过，就会被毒杀。徒手摆弄芥子气也很危险，只能用飞机喷洒。另外，毒气不会只毒杀鸟类却不毒害哺乳动物。氯气用作农药还有点可能，毒杀小鸟只需要毒杀一条狗的剂量的六分之一，但问题是释放后，气温和风向对"毒云"的扩散都有影响。因为有这些问题，测试没再进行下去。

20世纪20年代末，生物调查局宣称，它（在其他联邦机构的帮助下）在美国西部的牲畜养殖区所开展的控制野兽数量工作成效显著，驱逐了一大批野兽，野兽数量大大减少。谈到狼，调查局说"指日可待"。美洲狮、猞猁、短尾猫也是一样，这些野兽危害牲畜的情况得到了抑制，铲除它们"只是时间问题"。"铲除"用大白话说就是就地灭绝，它是一个延续性目标。奇怪的是，调查局竟然没有把熊当作祸害性猎食动物。其实，熊生性杂食，间或也吃牛羊，甚至还吃马，也必须做"一定程度"的处理。调查局尽管百般努力，对付郊狼却未取得很大进展。1927年，联邦的神枪手和陷阱捕猎者捕杀了38 000只郊狼，调查局估计，还有50 000只被毒杀，但未找见尸骸。不过，这对郊狼的整体活动状况似乎没有造成什么影响。

调查局有一项工作受关注较少,但经济意义很大,这就是控制家鼠、田鼠、地松鼠、草原犬鼠等"有害"小动物的数量。据估计,1929年这类动物造成的农业损失达3亿美元。之前,调查局花了好多年想找到针对啮齿动物和小型哺乳动物的病原体,最后他们放弃了病毒细菌,转移重点,搞毒杀方案。毒杀有效,但有副作用:和施药地区相邻的未施药地区,有害动物的数量增加了。

生物调查局还致力于物种保护,特别是水禽、高地猎禽,还有濒危鸟类。濒危鸟类的羽毛很值钱,因捕猎可以牟利,加上狩猎法规废弛,这些禽鸟遭到了过度捕杀。早在16世纪,美国还是殖民地的时候,间或有地方法令出台,规范狩猎行为。这些法令包括,在狩猎动物明显减少时,应暂时禁猎一段时间,禁止夜间狩猎等狂热捕猎行为。这些条条框框几乎没有(可以说一点没有)影响狩猎动物的数量。

19世纪初,鸟类学先驱、禽鸟画家约翰·詹姆斯·奥杜邦(John James Audubon)花了几十年时间在美国边疆狩猎、作画。他撰写的代表作《美国禽鸟》(*The Birds of America*)一书,为读者描述了一片蕴藏着难以想象的自然财富的大陆。他认为,在美利坚生活的鸟太多太多,捕猎根本不可能减少其数量。只有几种鸟是例外——尤其是现今已灭绝的禽鸟,比如卡罗来纳鹦鹉、旅鸽、象牙嘴啄木鸟,还有大海雀等。奥杜邦所言大致不错,不过为了猎取羽毛,一些种类的涉禽最终遭到灭杀,靠打猎换钱的人对水禽做了同样的事。

奥杜邦本人很喜欢打猎,他把头一次用短枪打到的猎物收集起来,将它们摆放成绘画对象。后来,他逐渐认识到,危及美国野生动物生存的不是捕猎,而是伐树毁林,把土地改造为农业用地。奥杜邦在1820年顺密西西比河向南旅行到新奥尔良,一路上,他看到有大量原木顺流而下,感到十分惊讶,原来在纳奇兹和南边几个地方都有锯木厂。奥杜邦意识到，自己看到的就是广阔的内陆森林被采伐的那一小部分，内陆森林里生活着无数的鸟儿和动物。奥杜邦知道，美国的狩猎动物害怕猎人，但更怕锯工和把犁人。

在奥杜邦身后不久，最先提出关注野生动植物保护的正是狩猎人和探险者。19世纪末期，布恩-克罗克特俱乐部（The Boone and Crockett Club）自发组织起来，促进户外运动者的利益。西奥多·罗斯福就是俱乐部的创始成员之一。1900年，国会通过了美国第一部野生动植物保护法《雷斯法案》（Lacey Act）。该法案禁止商业狩猎和跨州运输猎物，禁止进口外来物种。1903年，在美国鸟类学家联盟和奥杜邦协会的敦促下，时任美国总统的西奥多·罗斯福下令在佛罗里达州东海岸的佩利肯岛建立一个联邦鸟类保护区。在他的治下，全国各地又陆续建立了50多个猎物管理区，这便是国家野生生物保护系统的前身。

19世纪时，人们已经朦胧地意识到，人类的侵占和剥削行为会威胁野生动物的生存。最好的例证就是美洲野牛。欧洲人在北美落脚之前，大平原上有大约3000万头野牛在游荡，甚至在东部森林一直到大西洋海岸边，也都有不少野牛出没。可是到了19世纪中叶，野牛竟消失殆尽。

马是随着最早一批欧洲探险者一起来到新大陆的，最后它们抵达大平原，在印第安游牧部落掀起了一股短暂却狂烈的骑马狩猎风。北美印第安猎人和野牛的关系基本上是和谐的——不过，印第安人既敬拜野牛又猎捕野牛以谋生计的状态间或被打破。19世纪30年代初（确切日期有争议），有报道说，在南达科他州的皮尔堡附近，数百名野牛猎人一天就猎杀了1500头野牛，他们割下牛舌去换威士忌。

野牛数量大减主要是牟利的猎人作的孽，有印第安人，也有欧美白人。他们把成千上万张野牛皮运往东部，再向南运到新奥尔良港，身后留下无数被剥净的白花花的野牛尸体,任它们在大平原上腐烂发臭。猎杀野牛也是半官方性的政策。19世纪60年代后期,内战英雄威廉·特库姆塞·谢尔曼(William Tecumseh Sherman)将军摇身变为抗击印第安人的斗士,他鼓动职业猎手追杀已经在迅速减少的野牛群,目的是要断绝印第安人的食粮,把他们饿屈服,这样就可以赶他们进保留地了。为此还间或调来戎装严整的骑兵部队,用火炮轰击野牛。到19世纪70年代,野牛在大平原南部基本消失。又过10年,野牛在北方也难觅踪影,由于过度狩猎加上干旱,北方的野牛群几近灭绝。

早在1832年,艺术家乔治·卡特林(George Catlin)曾穿越美国西部旅行,他写道,野牛"消耗得太快了,这个物种不久就会灭绝的"。他认为,应该在大陆的中心地带开辟一块类似于国家公园的地方,让野牛和印第安人的狩猎文化可以永久共存。几十年过去了,野牛数量一减再减,保护自然区仍是镜花水月。不过,美国国会在1868年批准了尤利塞斯·S·格兰特(Ulysses S. Grant)的决定,对在阿拉斯加州普里比洛夫群岛上生活的海狗种群予以保护和管理。而后在1872年,格兰特又签署了一项法案,在怀俄明州西北部划出200多万英亩土地,禁止"定居、占用、出售"。从那以后,这片地方就被留作"公园或娱乐场地,供人民受益、赏玩"。

为保证公园内的"树木、矿藏、自然奇观"不再遭干扰,维护"其自然状态",还专门指派内政部部长负责。国会关注的重点是保护温泉和间歇泉,防止爱投机的开发商染指,它顺带提到,黄石国家公园决不会出现"肆意破坏"野生动物的现象。但未出10年,从大草原一直到东部的广大地域上残存的野牛群,被圈进这个公园保护起来,国会严格了对黄石公园野生动物的保护措施。

联邦政府也参与了加利福尼亚州的自然资源保护活动,1864年,联邦政府把约塞米蒂谷的管理权交给了加利福尼亚州,规定必须保持它的自然状态。20世纪初,约塞米蒂谷又被交还给联邦政府,划入旁边的一个国家公园。加利福尼亚大学有一帮师生不光是对野生动物感兴趣,更对这片地方感兴趣,他们成立了一个名叫"谢拉俱乐部"的保护小组,目的是"保护内华达山脉上的森林等自然特征"。他们推举著名的博物学家、探险家约翰·缪尔(John Muir)担任俱乐部的首任主任。

1905年,西奥多·罗斯福总统设立了美国森林局,隶属农业部,主要业务是管理美国迅速增加的森林储备。短短4年时间,罗斯福将联邦政府掌管的森林面积由6300万英亩提高到1.5亿多英亩。因政府对森林这一自然资源的投入骤增,亟需一批林场经理参与管理。在新入职的最优秀、最聪明的年轻人里,有一位耶鲁大学林学专业的毕业生,名叫奥尔多·利奥波德(Aldo Leopold),时年22岁。1909年夏,利奥波德前往被分配的第一个林务站点——亚利桑那阿帕奇国家林地报到上班。那时,亚利桑那还不是一个州,阿帕奇国家林地地形极为崎岖,又地处偏远,无路可通。

虽然利奥波德是个新手,没有经验——一开始交给他的任务是去偏远区做为期3个月的野外考察,他做得吭哧吭哧,一塌糊涂,但他对工作仍倾注了一腔热情,随后几年他受到提拔,在林区的几个岗位任职。1915年,怀着对林区不断减少的狩猎动物的忧虑,利奥波德撰写了一部短篇论著,论述保护野生动物的重要意义,题为《狩猎动物与鱼类手册》(*Game and Fish Handbook*)。当时,野生保护运动已经分裂为两派,各持一套资源管理思路。一方是功利派,主张只要"明智利用",就能实现对自然的管理,最大程度地发挥其自生能力,不管是植树造林、砍伐森林,还是执行狩猎法规、蓄积狩猎动物。另一方是保护派,他们受约翰·缪尔和谢拉俱乐部思想的影响,认为要真正保护野山荒原和野生动物,唯一办法就是任其自生自灭,不加干预——专辟若干区域,实行永久性保护,免受人类活动的影响。最初,利奥波德和其他来林务局入职的新人一样，属于功利派，但以后他渐渐认识到，没有一种保护方法是完备无缺的，明智的利用和保护必须均衡、兼顾。1921年，他在《林业杂志》(*Journal of Forestry*)上发表了一篇题为《荒野及其在森林游乐业政策中的地位》(*The Wilderness and Its Place in Forest Recreation Policy*)的文章，将一个新词添入野生保护词语表，并且给出了释义："笔者所说的'荒野'(wilderness)是指一片绵延不断的保持其自然状态的野地，人们可以在其中进行合法狩猎、垂钓，其面积要大到足够背包游客徒步走上两周，而且没有道路，没有小径、屋舍及其他人为的东西。"

利奥波德并不是欣赏荒野魅力的第一人。荒野的魅力早就是哲学研究的主题：爱尔兰的埃德蒙·伯克(Edmund Burke)和德国的伊曼纽尔·康德(Immanuel Kant)都以此为题写过论文，主张人们不应当惧怕而应当崇敬自然的这种"美与崇高"的本质；18世纪的原始主义者认为，人类越是文明就越不幸福。美国的荒野对丹尼尔·布恩(Daniel Boone)这样的男性有着无法抗拒的魔力，布恩每次外出狩猎，常在僻远地域奔走数年之久，故有"久猎"之传。亨利·戴维·梭罗(Henry David Thoreau)坦言自己不爱城镇而爱荒野——不过在这一点上，他并没做到言行一致。他喜欢的是马萨诸塞州康科德郊野和瓦尔登湖畔的"野味"，而当他走进缅因北部的僻远森林时，他被"幽深诡杂的蛮荒态"吓坏了，他认为那样的蛮荒之地只有行似野兽的人才消受得了。他写道，如此深不可测的荒野是"野蛮的、乏味的"。

在别人看来，荒野正是有些可怕才这般有魅力，也正因为荒野在消失，才更加魅力无穷。西奥多·罗斯福认为，美国要是没有了未开发的疆域，就丧失了赋予其国民性的东西；美国需要蛮荒野地来保持国民的"那种雄强刚毅"，他认为雄强刚毅才是最重要的品性——随着人越聚越多，地面越占越大，这种品性岌岌可危。1888年，罗斯福参与组织布恩-克罗克特俱乐部，既是为了自我提升，也是想激发起大家对荒野中开展大猎物狩猎的热情。

随着城市生活的人口增多，城市越来越大而拥挤，荒野就越发显得有魅力。20世纪初，人们认为去荒野体验野趣是一剂良药，能平抚躁动的心境，疗愈被城市束缚的灵魂。辛克莱·刘易斯(Sinclair Lewis)1922年创作的讽刺小说《巴比特》(*Babbitt*)里的主人公乔治·巴比特(George Babbitt)就这么认为。巴比特是个脑满肠肥、心境沉重的商人，他跟一个朋友跑到缅因州旅行垂钓，回到家后，认为自己已经脱胎换骨。他感觉心绪"回归了宁静"，相信自己能够再不牵挂生意上的事，还多了几种"兴趣"，比如看戏和读书。事实上，巴比特在缅因州小住时，仅是接触了一点大自然的皮毛，很多时间他是窝在住所打扑克、抽雪茄，而不是去钓鱼。但作者刘易斯认为；人是相信自然世界有疗愈能力的——不论人是否真的体验过自然。

什么才算荒野？利奥波德作了清晰的阐述，并且提出把保护荒野作为一种政策纳入自然资源管理。常有人在新墨西哥州西南部的希拉河源头捕猎捉鱼，利奥波德为捕猎捉鱼所惑，于1924年协助建立了希拉荒野区。这是世界上第一个荒野保护区。后来，他离开林务局，搬到威斯康星州的麦迪逊市，一边在运动枪械弹药制造商协会当顾问，一边继续做狩猎动物的调查工作。越是调查，他就越发相信，要把野生动物管得巧、管得好，单靠狩猎法律法规是不行的，关键要保护好繁殖栖息地；有了栖息地，动物的繁衍、觅食和迁徙都能持续下去。1929年，利奥波德在威斯康星大学开设系列讲座，讲座内容就是他的里程碑著作《狩猎动物管理》(*Game Management*)的主要内容，该书至今还有很大影响。有一种环境，人类能在其间捕鸟猎兽，而鸟兽亦能繁衍壮大，这就是可持续环境，《狩猎动物管理》认识并突显了这种环境的重要性，展现了作者对狩猎动物管理的整体观，标志着保护生物学的真正发端。凭借此书，利奥波德荣任威斯康星大学教授，一当当了一辈子。1934年初，他被指定为一个三人委员会的委员，该委员会是由生物调查局委托成立，由总统手下的野生生物恢复委员会正式委任的。不久，该委员会被定名为贝克委员会。

那些年，联邦政府一直在想方设法稳定、恢复逐渐减少的水禽数量，针对规范捕猎行为的全国性狩猎法律法规的混乱局面进行拨乱返正。干旱、栖息地消失、过度捕猎使野鸭野鹅疾速减少。1918年，美国国会批准了《候鸟条约法案》(Migratory Bird Treaty Act)，它是美国和加拿大两国达成的一项协议，将猎捕候鸟列为非法；只准猎取少数种类的禽鸟，捕猎季节、猎物的大小数量都有严格的规定。但是，正像利奥波德《狩猎动物管理》一书中指出的那样，如不改善栖息地的状况，水禽还会持续减少，狩猎季节限制和猎物大小数量限制——尽管一再被严控——还会不断地缩短、缩小。

前边提到的"贝克委员会"是应一个名叫托马斯·贝克(Thomas Beck)的人的要求成立的。托马斯·贝克在《科利尔氏》(*Collie's*)杂志当编辑，还兼任一个叫作"猎鸟多多"的运动社团的主席，跟富兰克林·罗斯福总统有私交。贝克委员会除了贝克和利奥波德，还添了杰伊·"丁"·达林(Jay "Ding" Darling)，此人是《得梅因纪事报》(*Des Moines Register*)的政论漫画家，颇有名气，1924年获得普利策奖，其漫画常常表露出他对保护野生动物的热忱。委员会的工作是制订一份全面的野生生物保护计划，这个计划为以后总统拨出2500万美元专款收购边缘农用地提供了参照。

越往后议，争论越多。贝克最关心的是如何把不断减少的水禽数量提上去，所以，他似乎特别重视建立联邦鸭饲养业务部门这个想法，他认为，开展养鸭可以替代候鸟迁徙路线，就像鱼苗孵育场相当于鳟鱼生活的溪流河渠。而达林和利奥波德则更注重想办法改善水禽繁殖栖息地的状况。过了大约一个月，委员会提交一份计划，主张征地和恢复。又过了一个月,生物调查局原局长突然辞职,罗斯福任命保守派共和党人达林接任。达林仅在局长的位子上干了一年半,但就是在这一年半时间里,他调整了生物调局查的工作方向,把生物救助体系中的栖息地改善作为重心。他还出台规定,捕猎水禽的人必须购买年度鸭票。第一张鸭票是他亲笔画的。

1935年,利奥波德成为荒野学会(Wilderness Society)的创始成员之一。荒野学会是一个游说团体,几经努力,最终促成《荒野法》(Wilderness Act)于1964年获得通过,这一法律让900万英亩的美国国土保持了原生态。

卡森只在内政部大楼工作了几个月,她那一组人便被调派到鱼类及野生动植物管理局在芝加哥租用的办公地。战争一打响,华盛顿的政府办公空间好像就不够用了。这次搬家让卡森窝了一肚子不快,不得已,她于1942年8月报到上班。好在搬出时间不长,1943年5月,卡森又被派回华盛顿,年工资还涨了600美元。返回华盛顿不久,她回到了鱼类及野生动植物管理局在内政部大楼的办公室。一年后,鱼类及野生动植物管理局新设了一个职位——情报专家席,提拔卡森担任,年薪再增600美元。现在,她每年能赚到3800美元。在政府机关做事固然不错,但是和卡森内心的向往差距很大。

1945年初,卡森给偶像威廉·毕比写了一封信,希望去纽约的时候能和他见面一叙。毕比在一本自然散文选集里收录了《海风下》的两个章节。毕比回信说:若此,他不胜欣喜。但随后几年,他们俩并没有见面。1945年10月,卡森再度致信毕比,谈论的却是另一件事:她问纽约动物学会要不要人?卡森说,自己考虑了好几个月,感觉按现在这条职业道路走下去可能是不明智的:

您或许还记得,我在鱼类及野生动植物管理局做生物学者和书记员近10年。目前,我负责和战时渔业方案有关的情报工作。这项具体工作很快就要结束了。虽然在局里前景颇为诱人,但是我不愿再在政府机关待下去。坦率地说,我是不想让自己对"活的自然历史"的畅想,被硬性要求强加给政府环保工作者的那些个条条框框给束缚住!若无真情实感,我是写不了这些东西的。故此,如果有一片天地更广阔,我肯定愿意考虑到那里施展作为的可能。

毕比回信说,相信有卡森加盟,团队必定如虎添翼,还说已经把她的问询转给了动物学会会长费尔菲尔德·奥斯本(Fairfield Osborn)。奥斯本回复:如果卡森确实是"人才难得",学会应该能在学会的教育部为她找个地方。毕比把奥斯本的回复转给了卡森,但表示这个岗位委屈了她的才华,建议她就此罢了。卡森听从了劝告,不过接着又向《读者文摘》杂志社和奥杜邦协会发出了类似的问询——可惜,这两个地方均无职位可以提供。

这期间,卡森一边心浮气躁地写稿子,一边寻找合适的选题。1944年11月12日,她发表了一篇新闻稿,报道秘鲁发现了一处北美烟囱刺尾雨燕的越冬地点。随即她又向《读者文摘》投了一篇关于烟囱刺尾雨燕的文章,被《读者文摘》退稿。当月,她在《科利尔氏》杂志刊发了一篇讲蝙蝠和回声定位的短文,题为《蝙蝠先知道》(The Bat Knew It First)。1945年4月,她撰写的关于佛罗里达州马林兰海洋研究所水族馆的报道,在伦敦的一本名为《大西洋两岸》(*Transatlantic*)的杂志上刊登,该杂志专门刊载美国发来的稿件。写这篇文章是颇有些难度的,因为卡森从未亲眼见过这个水族馆,而且当时实行了战时燃油配给制,海洋研究所也已经关闭,该报道的所有内容都是她通过书信写成的。她设法联系上了佛罗里达州的好些个关键人士,他们逐一解答了她的问题,还写了一份水族馆的详细介绍。水族馆比较有名的是海豚表演,主水池里有水下观看台，游客可以观看头盔潜水员给海豚喂食。

几个月后，卡森为那篇被退回的写烟囱刺尾雨燕的稿子找到了刊发的地方，她以《大自然的飞行王牌》（Ace of Nature's Aviators）为题把它卖给了《皇冠》（*Coronet*）杂志，杂志社做了大量删减，最后付给卡森55美元稿酬。1946年初，卡森为新创刊的杂志《假日》（*Holiday*）投去一篇关于给禽鸟配戴识别环的文章，当时这份杂志还在筹办创刊号。第一稿洋洋洒洒六千言，最后被卡森删减剩下3500字，《假日》采用后支付给她500美元。事情并不总这么顺利。鱼类及野生动植物管理局要刊出佛罗里达湾沿岸赤潮爆发的新闻稿，而数月前，卡森就一连几周跟《科利尔氏》、《读者文摘》和《皇冠》三家杂志联系，想把一篇谈赤潮爆发的稿子卖给它们，但都被拒了。

卡森跟两位女士比较要好，她们都比她年龄小，最近才到鱼类及野生动植物管理局工作。一个叫凯·豪（Kay Howe），另一个叫雪莉·布里格斯（Shirley Briggs），两人的工作是平面设计、摄影兼画插图，共用一个办公室，为鱼类及野生动植物管理局的几份印刷物做图片，她们的办公室挨着卡森的办公室。在这个男性占绝对多数的机构里，3个女人独处一隅，犹如在一个女性孤岛。凯人长得漂亮，性情很阳光；雪莉行色稍嫌严厉，和卡森敬爱的大学老师玛丽·斯科特·斯金克教授相仿。3个人常聚在一起吃午饭，几乎每天在办公室里“违规”沏茶。布里格斯觉得卡森外表婉约娴淑，说话柔声细气，而后来才晓得，她对政府的出版物抱定了成见，私底下有时表现得“很尖锐”。

大家都喜欢卡森。朋友们都叫她“蕾”。凯认为她好像比较娇弱——虽然她也注意到卡森在这个领域里表现出了过人的精力。有一次，鱼类及野生动植物管理局的各区主任临时占用卡森的办公室开会，卡森不得已到两个朋友的办公室捱了一周。布里格斯在给她母亲的一封信里说：3个女人待在一起议论卡森回自己办公室时，如何清理屋子，借它开会的那帮男人不停地抽雪茄，烟灰弄了一地，还"骂骂咧咧"。

卡森特别热衷于观鸟。1945年秋天，她和雪莉·布里格斯参加了奥杜邦协会组织的鹰山两日游。鹰山在宾夕法尼亚的东南部。说是"山"，其实海拔只有1506英尺，但山顶岩石嶙峋，截风而立，吸引了众多迁徙的鹰隼。鹰山曾深受猎人喜爱，而现在它是第一个猛禽保护区。秋天，这些大鸟迁徙时，常贴着山顶飞过，人们可以平视观察其飞行；有时候，待它们从视域下方飞过时，还可以居高临下观察它们。

卡森在办公室的业务工作只间或带来一些灵感。她编写的新闻大部分内容不适合写成杂志稿件，而且多半是商业鱼类贝类生产的最新消息。她还负责为《渔业公报》(*Fishery Bulletin*)年刊编辑技术报告。其中一篇报告题为《北美大西洋鲭鱼的生物学研究》[Biology of the Atlantic Mackerel (*Scomber scombrus*) of North America]，探讨了大西洋鲭鱼的早期生活史，想必她看了心里会很难受，因为这个题材她早就写过，且笔法也巧妙一些，但是竟未博得关注。

这份工作甚是沉闷——也就是得变着花样报道沙丁鱼的捕获情况，只是偶尔才会被某个令卡森关注的事搅动或打断。1945年8月，卡森写完一篇新闻稿，那是谈DDT问题的3篇稿子的第一篇；DDT给她留下了难以磨灭的印象。8月10日，卡森向几家鱼类加工厂的运营商发了一份提示，告诉他们在生产设备里使用DDT都有哪些潜在危险，提示简短却惊心。卡森说：初步实验表明，DDT一经摄入，对动物和人类均有毒害，用于加工设备会污染食品，"有可能造成严重后果"。鱼类加工厂商收到这个提示后究竟该怎么做，上边并没说清楚。卡森的提示只建议他们就DDT的使用问题"咨询专家"。

过了几个星期，也就是在1945年8月22日，鱼类及野生动植物管理局发布了一份关于DDT的警示，这份警示的涵盖面要广泛得多，连马里兰州帕塔克森生物研究保护区正在做的DDT实验的最新发现详情都纳入其中。警示不是卡森写的,但她仔细读了一遍。其中提到,战争期间要保护在欧洲和太平洋作战的部队不感染昆虫传播的疾病,这在当时是个十分紧迫的问题,“于是就没顾及DDT对其他生物造成的影响”。现在,实验表明,DDT毒杀鸟类,即便作了稀释,也能对鱼类等水生生物造成致命危害。DDT可否用作广谱杀虫剂,反复使用会不会给野生动物造成更严重的伤害,尚不得而知。有新证据证明,大面积施用或高浓度施用都是“危险的”。这份警示非常肯定地指出:害虫的天敌,如鸟类、小型哺乳动物、两栖动物,还有一些昆虫,是“防治虫害的最廉价、最安全、最有效的手段之一”;倘若舍弃天敌,不加节制地使用DDT防虫治虫,“很可能弊大于利,得不偿失”。

9个月后,也就是1946年5月,卡森写了一篇更长也更详细的新闻稿,说明鱼类及野生动植物管理局对使用DDT的担忧。之前,管理局编写了一份新报告,想为安全使用DDT提供指导,但卡森的新闻稿话里话外都透着一个意思:哪里有什么“安全”可言! 杀虫剂必须按“最低浓度用于害虫防治”,否则很可能伤害野生动物,包括有商业价值的鱼类、贝类等。即使是按最低浓度使用,最好的结果也只能把对非目标物种的伤害减至“最小”,但不是全无。

1946年春,卡森和雪莉·布里格斯被派往位于弗吉尼亚海岸阿萨蒂格岛南端的钦科蒂格国家野生动物保护区,任务是写一本小册子。这本小册子是一套宏大的系列宣传册的第一本,这套书一是讲述联邦自然保护区的自然历史,二是介绍美国鱼类及野生动植物管理局在保护区开展的工作。这套冠以标题“行动中的保护”(Conservation in Action)的丛书是卡森的主意。她的思想和平素一样十分宽广,带着浓浓的书卷气。后来,“行动中的保护”系列在寡淡无味、缺乏想象力的公共信息世界里独树一帜，成了经典——它也是卡森在政府机构任生物学者兼书记员的职业生涯的高峰。

一连几天，卡森和布里格斯或徒步或开车在保护区里游走，还驾小船去其他地区看。卡森带了一本《海风下》送给保护区的管事，每每参加这样的考察，她都要带一本书作礼物。钦科蒂格刚被列为保护区不久。早在1942年，联邦政府就买下了这片土地，面积9000英亩，相当于阿萨蒂格岛的三分之一，隔着那条狭窄的海峡与钦科蒂格岛相望。1945年它被划为保护区。鱼类及野生动植物管理局有一个计划，要为水禽和东部海滨沿大西洋迁徙的其他鸟类开辟几个落脚歇息的地方，将钦科蒂格辟为保护区即是该计划的一部分。卡森希望让每个人——不管是亲身参观者，还是从书刊上获知此地的人——都知道为什么要把保护区设在这里，保护区是什么样子，于是，她在"行动中的保护"第一辑《钦科蒂格——国家野生动物保护区》(*Chincoteague: A National Wildlife Refuge*)这本小册子里，用优雅笔触作了介绍：

> 阿萨蒂格是大西洋中段海岸特有的屏障海岛之一，最宽处不超过3英里，位于钦科蒂格湾和大海之间。从空中俯瞰，想必从北方飞来的迁徙水鸟都看得到，岛的东岸界是一条宽宽的沙带，这条沙带呈长长的弧形绕在岛的南端，形成了一个几乎封闭的港湾。
>
> 沙带从岸滩伸向岛内，逐渐变成低矮的沙丘，沙丘被沙滩草和矮小多汁、喜沙地的沙丘植被一点点固定、束缚。随着植被增多，沙丘渐变成盐沼，直抵海湾。一片片较为坚固而地势更高的土地，就像一个个岛屿耸立在低洼沼泽中，上有松树和橡树蔽天，下有爱神木、宾州杨梅、漆树、玫瑰和圆叶菝葜等低矮灌木铺地。野塘、坑洼散布于沼泽，水中长满川蔓藻，边缘围着藨草及其他鸭鹅爱吃的野草。这里是水禽的王国。这里

才是鸭子们曾经熟知的环境，只是白人的文明扰乱了这里的地貌风物。这个国度正在迅速消失，除非把它划入野生动植物保护区内保护起来。

钦科蒂格主要是为迁徙的鸟儿提供休息场所，所以，聚集在这里的野生动物是不断变化的。卡森为一年里光顾此地的许多禽鸟登记造册，其间，她认真观察了鸟群的季节性变化。钦科蒂格靠近大海，冬季温和，约3万只鸭子——绝大多数是黑鸭，也有针尾鸭、赤颈鸭、绿头鸭、短颈野鸭等其他鸭属——在每年的寒冷季节待在保护区内，另有约1万只海鸭在大洋中弄潮拍浪，等待春天来临。3月，南方迁徙来的众鸟儿又赶来与它们汇合，将近4月时，又有滨鸟加入。春去夏来，鸟的数量下降了，仲夏时数量减至最少，卡森描述说，"如几次迁徙大潮之间的落潮一样"。她还记述了牡蛎养殖和拾蛤的情景，记述了这个鸟类保护区和最著名的常住民——钦科蒂格野生小马之间的特殊关系。没有人知道小马怎么会来到这里生活，但它们个个鬃毛浓密，体形结实矫健，就像卡森说的，外形同"生命的大部分时光是在海的波形浪声中度过的"动物相称。这些小巧而结实的野马已不在钦科蒂格本岛生活了，它们得到许可，跑去阿萨蒂格岛上的保护区里吃草。每年一次，小马们被聚拢到一起，而后趁低潮时被赶下海，游到钦科蒂格岛。上了岛，它们又被圈进畜栏，一些小马被拉到每年举办的小马拍卖会上宰杀。1946年秋，"行动中的保护"丛书的第一本小册子还在印制时，卡森再次接受任务，着手写作丛书的另一本小册子，这次是凯·豪跟她搭班。

梅里马克河发源于新罕布什尔州，向南流到马萨诸塞州的洛厄尔，又转折向东，直入大西洋，快流到海岸时，它在主河道里碰上一串小岛。过去小岛不远，有一小镇立在河南岸，此镇即便按新英格兰的标准来衡量也称得上是非同一般的美丽迷人。小镇名为纽伯里波特，村子古旧,但保存完好。1635年,英国移民来此落脚定居,后来它成了殖民时代繁荣的港口和造船中心。街道狭窄,两边是错落排列的联邦时期的房屋,抬眼一望,可见第一宗教学会教堂上那耸立的光闪闪的白色尖塔。小镇中心,也就是三条宽街的交汇处,是集市广场,那是个商业区,两侧是一排排漂亮的三层砖砌楼房。1811年,一场大火将镇中心的好几条街焚毁,砖砌楼房是后建的。在河滨长长的码头区的尽头,房屋变成了不对称的双坡顶房,像一只只盐盒子,还有草草搭建的屋棚,梅里马克河的河面在此处豁然变成了宽阔的港湾。河口往东两英里处是普拉姆岛伸出的一角,实际是一道由海滩和高沙丘形成的窄堤,沿海岸线一直向南延伸8英里。普拉姆岛和大陆不连,岛南端由一道海峡相隔,岛北端由一片紧临着纽伯里波特的广阔盐沼相间。那片盐沼是大西洋海岸上最多样化、最多产的生态系统之一,潮汐和帕克河为之提供滋养。帕克河比梅里马克河小得多,从西边流进盐沼。

普拉姆岛很早就有人来定居,它的盐沼成了农民、渔民、挖蛤人、户外体育迷和职业猎手的重要资源。每年夏天,农民们就割几茬沼泽里的草晾成干草。这活干起来很特别,因为沼泽地又湿又软,涨潮时经常被淹没。割下的草要垛在栽入泥里的雪松柱子顶上晾干。这些"干草架"立在沼泽上,像一个个草棚搭建的村子。草晾干后被移到叫作"干达罗"(gundalow)的平底驳船上,或者给马套上"沼泽鞋",把干草拉出沼泽。那"沼泽鞋"就是几只木盘,和餐盘大小差不多,绑在马蹄上,马就能在烂泥里行走。岛上和沼泽边缘还散布着一些渔场和狩猎棚。

1929年,沼泽附近建起了一片面积不大的私人鸟类保护区。1942年,鱼类及野生动植物管理局将这块地连同周边的地一并买下,总面积4600多英亩,包括南边普拉姆岛的四分之三,筹建一个永久性动物保护区。这一下把狩猎的机会给圈没了。当地居民,特别是户外运动迷们,还有在岛上自建了棚屋的业主,都极力反对设立所谓"帕克河野生动物保护区”。保护区本意是要促进恢复野鸭的数量——20世纪30年代和40年代，岛上的野鸭急剧减少，结果它却被当地人视为对自然资产的无理夺取，这些资产本来是属于使用者的。

帕克河的情况说明，要让公众普遍接受自然资源保护的理念，还有很长一段路要走。卡森和豪登上火车北上，准备撰写“行动中的保护”丛书第二辑《帕克河——国家野生动物保护区》(*Parker River: A National Wildlife Refuge*)，办公室的同僚们都开玩笑地劝她俩应该化装潜行，以防万一。赴帕克河写作给卡森带来的挑战和去钦科蒂格是不一样的。这次，她不仅要描写保护区的天然壮美，更要为设立保护区据理力争——附近的居民不爱听这个。她和豪赶在野鸭迁徙季开始之前来到了纽伯里波特，当然，她俩是不受当地人待见的华盛顿委派的官差。

卡森被野鸭等禽鸟造访的地方所吸引，同样令她着迷的还有大海、沙滩和沼泽，所以，她对普拉姆岛一见钟情也就不足为怪了。岛的北端有一些小屋和几户比较大的人家，而进入保护区一直到岛南端则全是野地。海水漫过平阔的海底，鼓着长浪涌波直入海岸，若不是海浪上方有雾霭和浮尘悬沙，整个海岛可以一览无余。海洋时而舒朗，时而阴沉，阳光下它蓝得那么晶莹透彻，而在风暴席卷的天空下，它又面色铁青。卡森说，站立在水边，能够感到大西洋的孤寂，由此一去，空阔辽远，一直到西班牙，除了一色碧水，再无其他。粗质的砂地陡然立于潮汐线之上，变为沙丘，沙丘之后便是一团崎岖的山冈和风蚀中空的石坑。比较松软的沙地里生长着宾州杨梅、毒漆和蔓越莓，这片绿色绒毯的尽头是一片片灌木和矮树，犹如小岛的脊梁。树丛里有好多动物，比如野鸡和鹿。沼泽就在里面。高潮来时，除了水和草，啥都看不到；潮水退后，这里留下一片片黑色的烂泥蛤滩。

卡森和豪同保护区经理乘坐一辆特制的“指挥车”，天天游走于小岛和泥沼。那辆指挥车不是差点翻跟头，就是在岛上的沙砾迷宫里开转了向。卡森一个劲儿地向保护区经理问这问那，边问边作笔记。她的耐性让豪暗暗称奇。不过，这么干毕竟费神劳心，卡森在给雪莉·布里格斯的一封信里道出了心里话：等这事做完了，一定要找个地方蜇伏几天，好好休息一下；还说每每在野外待一整天，饿得好难受。她们在纽伯里波特找到了一个餐馆，有大块牛排，她俩每天晚上都去那吃，身上尽是晒伤、刮伤破皮和因蚊虫叮咬瘙痒难忍而造成的抓痕。回到宾馆，两人聚在一起喝卡森的那瓶威士忌，到野外工作，卡森常常带着它。那些天一直阴天，天色晦暗而阴郁，豪盼望着快快放晴，她好拍几张彩色照片，和她拍的黑白照片来个相互映衬。她也想弄来一个长焦镜头，因为涉禽和鸭子常在远处游弋，普通镜头够不上。

镇里传言纷起，说反对设立保护区的人正在策划破坏行动。经理给卡森和豪看了几处被弄坏的陷阱，那是用来捉野鸭给它们戴环志的，结果陷阱被捣毁，野鸭被放跑了。经理十分肯定地告诉她们，这事是某种动物干的，但其他同事都没他那么肯定。有同事提醒卡森小心点，被人拿枪打也不是不可能。不过，卡森和豪在镇上经历的唯一一次暴力事件是某天一只踢偏的足球击中了她俩乘坐的轿车的屁股。

卡森开始写"行动中的保护"系列的第二本小册子，对所有反对设立帕克河野生动物保护区的人，她直言不讳地予以批驳。她说，保护区是新英格兰"为全国拯救北美水禽行动所作的最重要的贡献"。拯救行动关系到千百万美国人的利益——不止是和200万猎鸭人及无数鸟类爱好者有关，凡是把野生动物认作是美国遗产的重要组成部分的人都与此相关。由于自然栖息地大量转化为农用地及其他开发用地，美国的自然遗产正遭受威胁。政府有意治理这种状况，先后在全国建立了约200个水禽保护区。在所有保护区中，还没有哪一个保护区的重要性能比得了在大西洋候鸟飞行路线上的保护区，这条路线是纵贯美国南北的四条禽鸟迁徙路线中最东边的一条。卡森用生动的语言解释了原因，她说，鸟类常聚集在大西洋沿岸类似于帕克河保护区这样的地方：

> 关于大西洋边的这条飞行路线，有一个情况引人注目——也是造成保护问题的主要原因：和候鸟的繁殖地相比，它们的越冬地太过狭小了。禽鸟做窝筑巢的区域从格陵兰岛开始，绵延至加拿大北部的大部分地域；相比之下，它们的越冬地仅限于美国东海岸沿海的一片细长的沼泽。候鸟南迁的飞行路线图看起来就像一只巨大的、变形扭曲的漏斗，下边接一根细长的管茎。一年之内有6个月这只漏斗的所有内容物都要装入这根管茎，诸位稍加想象，便能体会鸟儿在越冬地过得多么憋屈。

帕克河是联邦政府设立的唯一一个重点保护生活在大西洋候鸟飞行路线北段的水禽的保护区。卡森说，繁殖季节过去后，一部分迁徙的水禽会顺着海岸向南进发，在那里停留，另一部分在内陆腹地筑巢生活的水禽则落脚在帕克河附近的海岸。卡森考察了保护区之后，去波士顿的奥杜邦协会花了几天时间研究相关资料。她说，几个为鸟类配戴环志的项目证实了上述情况，不过，帕克河乃"鸟类迁徙的通衢大道之一"这个细节早在多年前就是众所周知的事。鸟类学家认为，帕克河是北美东海岸最最重要的鸟类庇护地。1942年，美国鱼类及野生动植物管理局买下这片地方，因美国要打仗，建设保护区的事被暂时搁置了，但即便如此，野鸭的数量也渐渐多了起来。1944年，保护区有水禽约2000只；到了1946年，水禽数量增加至15 000只。

帕克河最常见的水禽是黑鸭。黑鸭是绿头鸭的近亲，深受猎人们喜爱，因为黑鸭的飞行能力强悍，射中它有相当的难度，另外，黑鸭主要食植物长大，是餐桌上的美味。不过这时，黑鸭已经岌岌可危了。20世纪30年代多次发生旱灾，黑鸭虽然挺过了大难，整体状况比其他鸭子好些,但是在20世纪40年代中期,它们的数量开始急剧减少。1945年,黑鸭的迁徙飞行基本“断飞”。卡森写道,黑鸭数量锐减的原因并没有完全搞清,但至少有两个原因,一是开发商大量排遣湿地里的水,二是近期黑鸭在加拿大适逢做窝孵卵季节,却接连遭遇恶劣天气。

帕克河和另外几个水禽庇护地倒是能充当黑鸭的繁殖栖息地。但是,帕克河保护区的主要目标是为迁徙的鸭子提供一个休息点。卡森认为,猎鸭人岂不应该欢迎开辟保护区才是!猎手们虽然不能在保护区内打猎,但在保护区外是可以打的。9月,她来到纽伯里波特,实地考察情况。保护区一年到头都有黑鸭——一些本地鸭干脆不往外飞了——但到了9、10月,大批黑鸭从北方飞来,于是这片土地渐渐有了“黑鸭王国的感觉”。

卡森写道:“从镇上驾车去普拉姆岛,只见黑鸭们聚集在港湾,一个个黑色的身影在潮汐里摇来荡去,宛若泊在水面的小船。今天也许有1000,明早可能就有5000,下周会更多。”

卡森不仅了解普拉姆岛的地貌和动植物构成情况,对猎鸭人和猎鸭活动——包括黑鸭这种在浅水里觅食的钻水鸭子——也知之甚多。她说,保护区周边仍允许狩猎,故而猎手反倒感觉猎捕水禽比以前更方便了,因为在保护区里栖息的鸭子会大群进出。

既要让保护区真正成为野鸭的优良栖息地,促进它们大量繁殖,还要避免损害当地的经济,给很多群众添忧,于是,保护区的管理者采取了两个办法,一是改善沼泽的状况,二是让有些东西维持原貌。拾蛤、刈草一如从前。同时,卡森写道,美国鱼类及野生动植物管理局修建了一套蓄水系统,可以控制水位,增加鸭食的生成。夏天,蓄水池将水排掉,种上野鸭爱吃的杂草和池草;秋天,蓄水池蓄满水让到来的鸭子落脚吃饭。另外,沼泽还搞了若干个人造汀洲,用沼泽草皮修建,让鸭子们有个筑巢做窝的地方,一可免除野鸭繁殖季节爆发洪潮的影响,二也比普拉姆岛上的矮树林和天敌环伺要好。卡森本人只爱观鸟，从不猎鸟，但她居然在这本小书里收录了一份保护区捕鸟时机的清单，即刻让保护区成了“难以抗拒的诱惑”。字里行间几乎听得见猎手常穿的灯芯绒布衣摩擦的沙沙声，和双筒望远镜张开的咔咔声。卡森说，这片地方存有300多种鸟，有些鸟极为罕见，“想寻得珍禽异鸟，惊艳鸟学界的人，常难捺其情，三顾此地”。卡森只在秋天去过那里，夏天没去，所以她没提到普拉姆岛上鼓噪最凶的居民——虻。这小东西嗜血，极具攻击性，被它咬一下会痛苦难当，每年7、8月，小岛就是虻的天下，人类探访者登岛是自讨罪受，只有劲风吹扫的海滩可去。

卡森一共为“行动中的保护”系列写了4本小册子。另外，她还同人合写了一本书，主题是犹他州的“贝尔河野生动物保护区”。贝尔河保护区是一个水禽保护区，远离卡森心爱的海滨，面积6.5万英亩，比她去过的保护区都大。该系列的第五本书是《保护野生动物资源》（*Guarding Our Wildlife Resources*），篇幅比其他几本都长，题材也不一样：它不是介绍某个保护区，而是对美国野生动物的保护状况作了总结性评估。卡森将该书构思成为一部连环悲剧——这是一段自然财富被一再糟蹋的历史，仅在细节上有所不同，无非是彼时虐待一类野生动物，此时虐待另一类。自美利坚形成之初，这种糟蹋虐待的格局都是一样的，不论是捕杀海狸、野鸭，还是捕杀鲑鱼。因捕获过度，加之自然栖息地被破坏，更多的是因为对许多猎物的基本生物学知识一窍不通，所以，原本看来取之不尽的狩猎动物被毁灭殆尽。

卡森写道，好在公众和联邦政府已有所醒悟，许多物种——甚至像野牛、美洲鹤这些几近灭绝的动物——正渐渐恢复。现在，全国已开辟了300个国家级野生动物保护区，有350万英亩土地专用于繁殖水禽等迁徙物种，近1500万英亩保护区生活着驼鹿、鹿、野牛等大型哺乳动物,而且其数量都在增加。卡森解释说,造成良性变化的部分原因是,越来越多的人意识到野生动物问题不能孤立地解决——每个物种,包括人类在内,都是依靠一张联结一切生命的大网生存,并且无一例外地深嵌在网中,这张网充满了生命间的互相作用、互相影响。

卡森用一种鲜明的生态学笔调写道,野生动物保护不只是为了濒危物种的利益,也不是为了顾及猎手、渔民、热爱自然人士的心意,而是为了整体存在:"对于所有人而言,保护野生生物,保护野生动物栖息地,就是保护地球的基本资源,有了基本资源,人和动物才能生存下去。野生动物、水、森林、草原——这些都构成人类生境的一部分;保护和有效利用其中一个物种,也必须同时保护其他物种,否则保护无法实现。"

《保护野生动物资源》于1948年出版。这年春天,奥尔多·利奥波德获悉牛津大学出版社已经决定出版他写了7年还没写完的书《巨产》(*Great Possessions*),这是一本论文集,是利奥波德根据自己在不同季节对自然的观察所得写就的。他在麦迪逊北边威斯康星河畔一片林木繁茂的地方置有一个棚舍,作为自己的乡野隐居处。这棚屋——大家都这么叫——是由一个鸡舍改建的。利奥波德觉得这里是亲近土地、思考、著书的好地方。不过,有一度《巨产》没人待见,让他犯了难,在牛津社说"行"之前,已经有4家出版商婉拒了书稿。只可惜利奥波德得着这个好消息刚一个星期,便意外去世了。牛津社不改决定,说这本书仍可以出版,但他们不喜欢利奥波德取的书名,于是另外拟定了一个新名,叫《沙乡年鉴》(*A Sand County Almanac*)。

利奥波德在该书收录的一篇文章里提出了"土地伦理"。他说,这个概念"把智人由土地的征服者变成了土地之上的普通一员、一个公民"。土地伦理的一条重要原则是:不应当为达到纯粹的经济性目的才予以保护。他写道:威斯康星州现已找到22 000种高等植物和动物,其中可以“买卖、喂养、食用,或以其他方式投入经济利用的”不到5%。即便如此,每一种生物都是“生物群落”的组成部分,只有它们在,“生物群落”才能延续稳定。1966年《沙乡年鉴》重印,受到了一个环境保护运动的追捧。该运动的核心理念是:是自然管着人类,而不是人类管着自然。利奥波德对土地伦理的诠释被视作先见之明,他说“有利于保持生物群落的完整、稳定和美丽的事就是对的,反之就是错的”。

美国对自然的保护已经有50多年的历史了,从最初创建保护区、制定狩猎法规以增加野生动物数量,一直到后来对自然资产进行整体保护提出全面诉求。狩猎管理问题始终是争论的核心——它推动了联邦政策的发展,而经济上给猎人帮扶,又让利奥波德等人能沉下心来研究资源问题。不过现在,利奥波德和卡森都认为,自然保护不能局限于择定自然界的某一部分来保护,还必须保护构成利奥波德所说的“生物群落”的各类物种间的关系。

利奥波德认为,保护还有很长的路要走,因为人类总是把自然环境看成一种“商品”,只要恢复了走兽遍地,锦鳞如云,猎不尽、捕不绝,就算是“得到了保护”。利奥波德说,这种认识是很错误的。他在《沙乡年鉴》里写道:“只有把土地看成是人类归依的群落,我们才可能怀着敬与爱去使用它。”利奥波德知道,他立这番宏论已超越了科学的界限,他在《沙乡年鉴》所述是对自然之无形特质的深悟:“土地是一个群落,这是生态学的基本概念;要热爱土地、尊重土地,则是伦理学的拓展。土地造就了五谷丰登、教化文明,这是一个早已共知的事实,而近来却常被人们忘却。”

几百年前的自然主义者笃信大自然是上帝神圣不朽的创造物,但卡森和利奥波德不相信这个。相反,在地球上留下印痕的是人类。但这些印痕未必是永久的,也并非必然造成损害。他们认为,人类一定要寻找到一条更好的途径。施以保护的冲动,美就美在它的乐观精神,这种美属于利奥波德所说的"五谷丰登、教化文明"。如果文明曾过度榨取了自然,那么现在,人类就要尽力使它复原。不这样做就不能保护人类自身的利益,因为人类并没有脱离自然,而是自然的一部分。保护自然的理念归根结底是一种信念,这就是:人类可以做地球的凡俗牧人,为这个世界的每一种生物,包括人类自己,充当猎场管理员,保护众生。卡森在第五本"行动中的保护"丛书里宣称"唤醒一种至关重要的保护自然的情感"——这情感本质上就包藏在最深切也最急迫的动机内。

卡森多次去钦科蒂格和普拉姆岛调研,趁着出差的间隙,她想办法把年假凑到了一块,连休四周。她一直想去看看缅因的海岸。这年7月,卡森和母亲驱车600英里来到布斯贝港,陪伴左右的只有两只猫,因为玛乔丽和弗吉尼亚已经长大。她们在希普斯科特河陡峭的河口东岸租了一幢小屋。希普斯科特河在此汇入大洋,看上去与其说是河,不如说是一条长而宽阔的海水湾,四边由一个个石沼围着,石沼间或被旷海涌入的潮水灌满或抽空。那幢小屋就掩藏在一片云杉和白桦间杂的森林里,离河水极近,卡森甚至觉得只需从窗口纵身一跃,便会落入水中。放眼一望,视野中再无别的房舍,能听见的声响是鸟儿的啼叫,浮标的钟鸣,水击岩石的哗吟。有时刮南风,卡森还能听出波浪的破碎声。

她观察禽鸟,巡历滩涂,简直到了忘我的地步。她想,连那两只猫儿也注意到海水时涨时落吧。她满心喜悦地给雪莉·布里格斯写了一封信说:要是能想出办法来料理这地方,那她今后就在缅因待一辈子了,起码多待几个夏天吧。她写道,每当暮色降临之际,她们常听见一声声悠长飘渺的叫声,她猜那是只隐士夜鸫。"我以前没听过隐士夜鸫鸣叫,所以,也不能肯定就是它,不过,感觉隐士夜鸫应该是这么叫吧。"

她曾沿着大西洋海岸寻访过好些地方，只有缅因州的海岸让她有唤做家的冲动。与海相伴而居，随寒暑易节、日星推移，学着去解读大海的各种变化，这是她十多年来一直向往的，这想法自打在巴尔的摩市普拉特图书馆的一个角落里找到一部佳作之日起就有了。那本书就是亨利·贝斯顿（Henry Beston）的《最远的房子》（*Outermost House*）。该书不如梭罗的《瓦尔登湖》（*Walden*）有名，也不像《瓦尔登湖》赤裸裸地形而上——常有人拿它跟《瓦尔登湖》作比较，但是，它总能让读者油然生出对自然的敬畏和渴望，这和许多阅读梭罗经典时的感受颇为相像。了解这本书的人觉得，《最远的房子》称得起是美国名著。该书以科德角伸向海中的狭长臂弯为背景，将一年间发生的事依次道来，犹如一个人从立在岸滩高处的一座能俯瞰大西洋上碎浪的舒适小屋的窗口处亲眼所见。

1888年，贝斯顿出生在马萨诸塞州昆西市。他身材壮硕，相貌俊朗，有点像欧内斯特·海明威（Ernest Hemingway），曾经就读于哈佛。1915—1916年冬天，他参加了第一次世界大战，在隶属法国军队的救护队“第二美军卫生排”（Section Sanitaire Américaine No. 2）服役。凡尔登一战死亡30万人，成为战争史上最惨烈的战役之一，就是在这场战役中，贝斯顿差点被一枚炮弹炸死。他患上了战斗疲乏症，回到马萨诸塞。和当年亨利·威廉森遇到类似情况时的作为一样，他开始提笔写作。

1923年，贝斯顿写了一篇杂志稿，讲述海岸警卫队在科德角执勤的情况：不管天气如何，他们都夜夜沿着浪花飞溅的海滩巡逻，一去一回6英里。贝斯顿跟着他们巡逻了几次，感觉心情很畅快，不再纠结于惨烈的战争往事。1925年，他在伊斯特姆救生站附近的海滩边买了32英亩沙丘。沙丘在科德角伸出的狭长臂弯上，离转弯处还有约三分之一的距离，科德角由此向北弯曲，指向普罗温斯敦。贝斯顿在沙丘上建造了一座两居室小屋,长20英尺,宽16英尺,四壁嵌着多扇百叶窗,室内有砖砌壁炉,室外有水泵,不愁无淡水可用。贝斯顿把这里当作周末退隐休闲之所,取名"福堡"(Fo'castle)。他在主房里摆上一张小写字台,放了几把舒适的座椅,经常让海滩巡逻队的队员进来暂避风雨,喝茶聊天。有传闻说,他偶尔也让私酒贩子来此躲藏。一天夜里,波浪滔天,贝斯顿把15个受伤落水的渔民让进小屋,原来是渔船失火,在离小屋不远的地方沉了海,渔民在波涛中拼力挣扎,好不容易才爬到岸上。

1925年秋天,贝斯顿住在福堡。一年后他回来,准备按原先的打算小住两周,结果一住住了近4个月。这期间,他开始写日记,记录所见所闻、自己做了哪些事。1927年,他每个季节都来福堡小住,笔记也越积越长。他想,何不将笔记串在一起,整理成册,营造出他这一年一直待在这里的感觉!海滩漫步,沙丘盘桓,这是多么美好、鲜活的生活啊!踏沙行数月后,身高6英尺的贝斯顿说自己已重达190磅,"壮如熊罴"。1928年秋,《最远的房子》一书出版了。贝斯顿在书的开头讲述了自己决心待在福堡的理由:屋前大海,屋后沼泽,左有垩岗,右有沙丘,屋立于丘岗之上,自己被这一切迷住,无以自拔:

> 悬崖偏远,丘岗孤独,瀚海如原,世界的边缘辽远而明亮,草地、湿地,还有古老的沼泽:这就是伊斯特姆,这就是科德角向海的一侧。日月从海中升起,天似穹窿,广阔如海,云彩时而是海,时而是陆。我熟识、喜爱这片土地,已经好多年了,终于有一天我可以自由来这里寻访,于是,我就在这海滩上建了一座房子。

夏去秋来,贝斯顿住在海滩上,开始整理一年的纪事。他追踪着褪色的太阳,太阳每天出来,却一点点暗弱。时间飞驰,日子时而安宁静谧,时而风狂雨骤,有时候几乎被耀眼的沙滩晃得目盲,而有时候是独自一人在如渊的黑夜里思索。就这样入了冬，到了春，再后又回到夏，在一个接一个趣味盎然、触手可及的季节里，贝斯顿细细观察这片天地的空气、沙子和水，就在这三种元素里找见了一个意义丰盈的世界。那令人触目惊心的沉船残骸，那明朗清静的时刻太过密集，以致让贝斯顿自感迷失在一个无限的境界里：

> 在这壮阔的海滩上，夜晚非常美丽。天似一只巨大的轮盘，而夜晚就是这轮盘的另一半；没有什么毫无意义的光刺入这只轮盘，搅乱它的节奏；它是如此美丽，完满，安宁。薄云飘浮于高天，犹如广袤辉煌的星空里若隐若现的岛屿：银河横跨大地和海洋；海滩融入一种形的统一，海滩上夏天的潟湖和缓坡、高地合为一体；在西方天空和落日余晖映衬下，一座座静默壮美的沙丘巍然而起。

卡森第一次读《最远的房子》时，生活可以这么过的理念给她留下了难以磨灭的印象——不过，说她那时就想到将来某一天会退居在海滨，好像为时尚早，有点天方夜谭。1940年，她在伍兹霍尔市图书馆里写《海风下》时，曾抽时间和两个朋友一块来伊斯特姆玩了一天。她们沿海滩步行，很快找到了福堡。按照贝斯顿的描述，卡森一眼就认出了它。她深受震撼，久坐在沙丘上凝视大海。她说她要给贝斯顿写封信，把这次的感受告诉他。但这封信她一直搁着没写，想象自己走入贝斯顿在《最远的房子》里创造的意境的那一瞬间就此过去了。

"行动中的保护"丛书给了卡森一个脱开行政机关日常事务、专心写作的机会，但是并未消减她在1945年向威廉·毕比坦陈的愿望。她在寻求某种东西，《海风下》的失利仍令她心痛。和以前一样，她的思绪转向了海洋。

第二次世界大战后的几年，海洋研究的新发现、新成果多如泉涌，令卡森印象深刻。她保存了不少探讨波浪、天气、海流的剪报和专业论文，她最感兴趣的是利用精密的声呐进行海洋探测获得的信息。起初令研究人员感到困惑的是发现海洋有"假海底"。不管在世界哪个海域，日间采集的声呐测深都显示，海洋深度只有约250英寻，即便是在已知的比250英寻深得多的海域，测深结果也是这样。但是到了夜晚，那个"深海散射层"，即人们所知的声呐反射区域，便消失了。研究人员最终确定：假海底是活的，它是由各种鱼、鱿鱼以及磷虾等微小海洋生物构成的，这些生物每天夜里游出海底，游到海面附近捕食浮游生物。生物学家查明，夜幕降临后，海洋生物常在海面附近聚集，此时正是撒网捕鱼的良机。海洋生物迁徙一直是卡森最关注的主题之一，这个之前从未被发现的海洋生命大转移，其规模着实惊人。后来证明，在这个可以移动的王国内生活的生物群落，就是地球上最庞大的散离生物量(discrete biomass)。

1948年前，卡森就已开始构思一本新书，研究人类对海洋的依赖状况。她认为，现代文明对土地的破坏愈发严重，人类对海洋的依赖程度会越来越高。她几次计划在夏末的某个时间去伍兹霍尔看看，到那儿的图书馆用用功，但是这趟旅行被一再推迟，一直拖到9月底，她才搭乘"信天翁Ⅲ"号(*Albatross Ⅲ*)参加为期8天的鱼类普查巡航。"信天翁Ⅲ"号以前是渔业局的科考船，现在是美国鱼类及野生动植物管理局的科考船，最近做了更新改造：船上配备声呐、清淤绞车、实验室和鱼类冷藏室，又新安装了一台805马力的柴油引擎。现在，这艘179英尺长的钢壳船可以连续巡航4500英里，无须加油。

卡森着手联络一批专家，一是想让他们帮忙收集信息资料，二是想请他们为新书做审校。她联络到的专家之一是海洋生物学家亨利·比奇洛(Henry Bigelow)，他既是研究波浪的专家，又是哈佛大学比较动物学博物馆的海洋学布展策划主管。卡森想请比奇洛查阅一下战争期间积存的大量未发表的海洋研究成果。比奇洛没查,不过最后答应等卡森把谈海浪那章写完之后,帮助审阅。

请资深科学家审校她的作品,或让他们贡献出个人辛苦得来的研究成果,卡森并不觉得难为情。这是一步一步达成的。某专家答应帮她的忙之后,她就恳请人家再介绍另一位。专家们基本上都是欣然加入了帮忙团,尽管卡森还算不上是知名作家。好在她打造人脉时,她写信联络的许多专家都很喜欢她的文笔,知道她能够把硬梆梆的科学知识写成佳肴甜点式的散文——不过,这样写也让有些科学家感觉不舒服。有一次,卡森联系一位大学教授,向他求教海底地质学问题,那位大学教授对她说:什么"海洋意识"、"主宰天空",这类词藻他搞不明白。

托尔·海尔达尔(Thor Heyerdahl)是挪威的民族志学家、探险家,身份不一般。卡森给他写去一封信,信很短,字斟句酌。海尔达尔认为最早在波利尼西亚殖民的是跨越太平洋的南美人,但他这个观点并不正确。1947年,海尔达尔领着5名船员打造了一艘40英尺长的木筏"孔提基"号(*Kon-Tiki*),从秘鲁航行4300英里到达土阿莫土群岛,想以此验证他的假说,最终仅证明完成这样长距离的航行是有可能的。对此持绝对怀疑观点的卡森写信给他,索要南美人到南太平洋殖民的资料。海尔达尔回信,很礼貌地告诉卡森,自己正在写一本"孔提基"号航海探险录,不方便把资料提供给她,不过,他保证不会忘记她,书面世后,一定通知她。

卡森拿不准此人到底是专家,还是个怪客。她也许知道或不知道,海尔达尔正在写的这本书,她有朝一日会对之叫板。等了一年多,卡森又给海尔达尔写去一封信,这次是向他讨教假海底的知识。她曾听说"孔提基"号夜里在旷海上向西漂行时,遇到无数小鱿鱼跳跃上船。海尔达尔是否认为深海散射层有可能主要是鱿鱼构成的?

海尔达尔客气却有些烦躁地提醒卡森，他这本叙述航海的书——题目干脆就叫《孔提基》(*Kon-Tiki*)——已经用6种语言出版了，还要再译成7种语言。他说，他的所有重要发现都写在书里。另外，他的第二本书——主要讲述他关于波利尼西亚殖民过程的民族志理论——也快到截稿时间了，他现在太忙，不能具体作答。不过，他敢断定，深海散射层不是鱿鱼，或者说主要不是鱿鱼所致。没错，鱿鱼群有时候会像飞鱼那样跳出大海，"孔提基"木筏赶巧了会挨鱿鱼的"轰炸"，这种情况夜间和白天都发生过。夜里，他们观察到"孔提基"号周围有各种各样的海洋生物在活动，有发着荧光的浮游生物和细微的桡足动物，也有体形较大的鱼类。一天晚上，他们看见3个大块头拖着3条发着磷光的尾巴从木筏下面通过，长度比本筏还长。海尔达尔说他不是专家，但比较认可深海散射层主要是浮游生物这个观点。最后，卡森决定，把深海散射层究竟由什么构成这个问题留作开放式问题。

此时，卡森已经和一位代理签了约。她谈了几个代理，最终选择了玛丽·罗德尔(Marie Rodell)。罗德尔是一名编辑，还是推理小说家，刚刚在纽约开办了一家文学作品代理社。卡森给罗德尔发去了一个章节，叙述海岛的形成过程，这是她为《重返海洋》(*Return to the Sea*)这本新书写的。罗德尔将稿子转发给几家杂志的编辑部，希望卡森写出一部分就卖出一部分。她还把《海风下》推荐给了几个书籍出版商，以期再度发行。可是无论在杂志社，还是在出版商，均告无功。

卡森并不气馁，又给罗德尔寄去几册《海风下》，还附了一张字条，上写不知亲笔题赠一本给罗德尔本人合不合适，还开玩笑说："有朝一日您让我既富且贵，名扬天下，留一本想必是件好事呢。"

第六章

作者凯旋

1949年2月前，卡森的《重返海洋》又写完了两章，她告诉罗德尔，另有两章已经“成竹在胸”。此话是否真实，如今不得而知。卡森常爱夸口写作速度，对她阅读新资料需要花费的时间老是估计不足。不过，她是全力以赴投入到这本书的写作上了。一个月后，她告诉罗德尔，写成的篇幅仅相当于原打算完成篇幅的十分之一，在修改其中一个已经写完的章节时，她作了扩写，原来的一章可以劈分成两章。

4月，一直在为第一批客户奔忙的罗德尔联系了牛津大学出版社纽约分社的总编，专门谈了这本新书，总编表示感兴趣。5月前，罗德尔又和牛津社深谈了几次。卡森希望签完合同后，对方预支1000美元稿费，而牛津社倾向于分两次支付，每次500美元，一次在签约时，一次在签约后。1949年6月3日，牛津社给罗德尔寄来了《重返海洋》的合同，提出每写完一章，出版社就要审读一章。卡森不同意，她对罗德尔说，她只想和她一起修改各章，待最终润色之后再递交给牛津社。这期间，卡森还为7月份去佛罗里达做头盔潜水规划行程。

卡森由雪莉·布里格斯陪着踏上探险之旅，但这趟旅行却十分败兴，尽管后来它被改头换面写成了卡森生平中的传奇亮点。卡森和布里格斯到了迈阿密正巧遇上坏天气。两人出海几次，均被恶浪浊水挡了回来。卡森觉得那风暴云团令许多小障碍岛看上去“伶仃孤独、忧郁伤感”。几次出游都未成行，于是卡森就和布里格斯在浪花里蹚水自娱，去霍华德-约翰逊餐馆享用晚餐。

终于，卡森在比斯坎湾的一片有护围的海域下到水里，那儿水深约8英尺。刚一入水，她顿感头上戴的84磅的头盔猛一轻，把她吓了一跳。她顺着梯子往下走，几乎触到了海底。她待了几分钟，透过迅速蒙雾的面罩睁眼观察。对于不会游泳的她而言，这确实需要极大的勇气。她说，那只将空气通过管子送进头盔的气泵“哧哧”作响，搞得她心焦神乱。此时，水下正有一股强劲的海流涌过，有人提醒卡森不要离船太远。于是，卡森就紧抓住梯子，两脚一动不动地立定在生满海草的海床上。她看见了一些色彩鲜艳的鱼，而后就爬上水面。

卡森把潜水印象认真地记录在一个蓝色的学生笔记本里，还毫无拘束地提笔给曾经踏遍无数海礁、驾驶探海球潜入水下深渊数千米的威廉·毕比写信，详细讲述她的“潜水经历”。她说，潜没潜过水“天差地别”，在她眼里，整个世界此时已然换了模样。

几星期后，卡森再次出行，这回是和玛丽·罗德尔一道，搭乘“信天翁Ⅲ”号出海采集生物标本。1949年7月27日，两位女士在伍兹霍尔登船，前往乔治浅滩参加为期两周的鱼类普查之旅。卡森后来说：这样的船以前鲜有女性搭乘，去乔治浅滩考察渔场的女性恐怕就更少了。

这天上午，天气炎热。“信天翁Ⅲ”号停在码头边，罗德尔觉得船看上去“窄小，不起眼”。船员提醒她俩小心：这条船窄，不管在哪片海面航行都摇晃颠簸得厉害，可以说是恶名昭彰（提醒卡森就没必要了，因为这是她第二次上船了）。罗德尔回忆说，她难以具体描述这条船如何侧着船身披波斩浪，不过他们像是按“8”字形蜿蜒航行，途中停了一下。次日，天变冷，还刮风。罗德尔和卡森坐在操舵室里，看声呐探测海底。卡森感觉这很够刺激，特别是当“信天翁Ⅲ”号在平坦的海底上方航行了几个小时后，终于来到勾勒出乔治浅滩的水下绝壁的上方时，那海底好似陡然坠入深渊一般。挖泥绞车的绞盘和缆绳发出几番尖锐而生硬的声响，震耳欲聋，结果令人失望，数次打捞，网里仅有几条不起眼的鱼。船员们给几条鲽和黑线鳕做上了标记。有一天，他们看见了一对鲨鱼和一群海豚。他们还遇到了几个雾天。

和所有谋生的作者一样，卡森也是吃着碗里看着锅，手上写着，脑子里还紧着盘算下一步写什么、怎么写。乘坐“信天翁Ⅲ”号出海回来后没多久，她就跟罗德尔谈起了美术家路易斯·阿加西斯·富尔特斯（Louis Agassiz Fuertes）创作的墨西哥鸟类画集，这本画集是在美国鱼类及野生动植物管理局的档案里找到的，富尔特斯家人有意将它出版。卡森想为画集写一篇介绍，好像富尔特斯的家人也对此表示赞同。可是，等罗德尔跟牛津大学出版社提出这个想法时，对方以彩印成本太高为由拒绝了。罗德尔又去找霍顿·米夫林出版社的总编保罗·布鲁克斯（Paul Brooks）谈出书计划。布鲁克斯翻看了《海风下》，感觉不错，于是答应会考虑富尔特斯画集的事，其实他心里另有想法。

1950年夏，布鲁克斯和卡森多次通信，讨论出版一本海滨指南是否可行，这个选题出版社内部已经议论多时了。卡森表示很感兴趣，她和平素一样，在这个看似沉闷无趣的话题里隐隐感到了机会。她对布鲁克斯说，指南类书籍的一大通病就是把“动物”分门别类编汇在一起，而对其生活的地方不予完整的介绍，读者也不知道如何去观察它们；什么该写、什么不该写（这类书的篇幅可能很长）是重要的，但作者如何处理素材更重要。卡森认为，素材取舍应该让读者能够了解书中所描述的动植物的生活状态，而这就需要对各种海岸环境以及游人在这样的环境里可能寻觅到何物等问题做一番讨论，而且讨论还“不能显得突兀”。这些话显然是说到布鲁克斯心里了，因为他花了几个星期把霍顿·米夫林出版社上上下下都拉上了船——大家同意出这本书。而后他给卡森写信，问是否有意承担这本书；她的意见他完全赞同：“环境视角”理应是该书的关键。他说:“我能想见您日理万机,时间宝贵,不过,还是盼望您认真考虑此事。”

卡森跟罗德尔说,她非常想做这本书,不过最终她没能和富尔特斯家人谈妥,这个项目不了了之。倘若当初卡森、罗德尔或布鲁克斯知道其后的际遇,这次商谈也许会是另一种结果。蕾切尔·卡森就要成为美国最著名的作家了。

1948年秋,卡森决定寻求资助,她写《重返海洋》一书需要做研修,必须有钱才办得到。她向哈珀兄弟出版公司管理的萨克斯顿纪念信托基金会(Eugene F. Saxton Memorial Trust)申请了2250美元经费。她提交了《重返海洋》的详细提纲的草稿,还分项开列了一份预计产生费用的清单,其中一项是她要从美国鱼类及野生动植物管理局停薪离岗四个月。她陈述理由说,她需要这个数额的资助,这样,出版商对此书开出什么条件都无所谓了;这笔研修费仅用于支付相关的开销,而出版商预支的稿酬则是她由该出版项目获得的收入,另有急用。

1949年7月,萨克斯顿信托基金会通知卡森,给予她研修资助。基金会拟公示获得资助的情况,要她提交一份个人简介。卡森喜不自胜,洋洋洒洒把自传写了4段,呈寄给基金会,还附了一封信说,能够不受打扰专心写书“真乃人生幸事”,“基金会慷慨成全”,她必“永怀感激”。卡森以为萨克斯顿信托基金会得知此书写作出版的过程会很高兴,又提及她的代理人最近刚和牛津大学出版社谈好条件。不料几周后她收到信托基金会的回信,带来了一个令她惊愕的消息:他们要收回一部分资助,具体说,就是从卡森的资助金里扣除和牛津大学出版社预付稿酬等额的钱。

卡森十分生气,说自己在申请书里已作了说明:出版商是否预付稿酬,她都是需要研究资助的。她提醒说,为专业作者提供“特别”资助，信托基金会自己是有明文规定的。信托基金会说没有，并再次写信指责卡森巧取利用信托基金会的有限资源，客观上妨碍了其他够条件的申请人获得资助。为了把话说得更重，他们还告诉卡森，萨克斯顿信托基金会的工作人员都是无薪酬的，连给她写信讲明这一点都是自掏邮费。

像萨克斯顿资助风波这类事，在卡森以后的生活中多得不可胜数，让人足以想见为了维护来之不易的资助，为了能够写下去，她是多么的泼辣。稍一觉得不公，她便勃然而怒，妥协让步令她不屑。后来，玛丽·罗德尔为卡森和萨克斯顿信托基金会做了调解，最终拟定了一份协议：卡森将按季度分批领取这笔研修资金，直到春天把书稿交给牛津大学出版社为止；实际领到的金额相当于最初资助额的四分之三，比信托基金会的方案稍好一些。卡森写信给信托基金会，表示勉强能接受上述条件，不过她跟他们也打了招呼，出版合同写明可以延期交稿，她也许不能按时交付；万一交不了，最后一笔资助金她还是要领取的。在信的结尾，卡森还询问，基金会能否把宣布她获得资助的正式公告寄来两份。

1949年秋，卡森拿到了牛津大学出版社的第二份预付稿酬500美元；同时，还收到了一本牛津大学出版社寄赠的书——奥尔多·利奥波德的《沙乡年鉴》，她说，她就等着看呢，虽然那段时间她的心思全在出售自己的部分书稿上。《重返海洋》的章节越写越多了，罗德尔一篇不落地把它们寄到一家家杂志社。她给《大西洋月刊》发去7章，《大西洋月刊》研究了3个月，最后还是退稿了。杂志社说题材他们很喜欢，但社里最近刚刚购得一部“以海洋为主题”的多集小说，如果再采用一篇“主题”雷同的文章，好是好，就是有点嫌多。这和《海风下》的遭遇一模一样，当初也是这本杂志先是表示有意连载，但没连载成，接着又说和其他自然类的文章有冲突。退稿的杂志一家接一家：《假日》，《国家地理》

(*National Geographic*),《皇冠》,《科利尔氏》,《星期六晚邮报》(*Saturday Evening Post*),等等。大部分是婉言谢绝,只有《城乡》(*Town & Country*)杂志的一位编辑话锋比较尖刻:"卡森女士写的东西就是不入我的眼。"在给罗德尔的信里,卡森依然表现得昂扬乐观,并没有为一连串的退稿而纠结再三。无论怎样,她没有停笔,何况现在她还另有事情要考虑。

1950年4月,卡森和罗德尔商量将这本书的书名改为《我们周围的海洋》(*The Sea Around Us*)。显然,两人对T·S·艾略特(T. S. Eliot)的一首题为《干燥的塞尔维吉斯》(Dry Salvages)的诗作并不知晓,虽说后来卡森自己找到了这首诗。艾略特名著《四个四重奏》(*Four Quartets*)里有多首诗作,《干燥的塞尔维吉斯》是其中一首。"塞尔维吉斯"是一个真实所在,具体说,它是位于马萨诸塞州安角海岸不远的一堆礁石,礁石上立有一座灯塔。诗的一阕写道:

长河在我胸,
旷海绕四边;
陆土海作界,
浪抵花岗岩。
岸滩随抛撒,
遗落岂万千:
鲸脊忆旷古,
星鲎思经年;
潮池多奇趣,
藻葵正纤艳。

这首诗不只是影响了卡森的新书名,它还让人颇感魔性!艾略特的一句"鲸脊忆旷古,星鲎思经年"提出了主题,卡森打算围绕这个主题展开她的海洋故事。她想告诉读者,大海就是地球万物的孵化器,我们全都是最初形成演化于大海的那些生命的后代。进化改变了我们与大海的关系,但并没有终结这种关系。人类之所以为海洋所吸引,为它的神秘所陶醉,原因也在于此。卡森有几个小小的棕色笔记本,她在其中一个小本上草就了章节大纲,标注了出处,甚至早先的叙述片段。她为《我们周围的海洋》写过好几个开头,其中一个开头是这样写的:"很久很久以前,我们不知其何时发生——当然也不知其如何发生,海洋里有了各种生命。它们成长、演化,最终所有主要的动物群,还有许许多多植物形成了。"

这两句话卡森并未保留在书里,但新书名却没有再变。1950年6月,牛津大学出版社表示也喜欢这个书名。6月果然是令人振奋的月份:罗德尔的业务小有进展。《科学文摘》(*Science Digest*)愿意出50美元购买一章的缩写稿。罗德尔刚要答应,忽然又有了新情况:她接到了《纽约客》杂志的兼职女编辑伊迪丝·奥利弗(Edith Oliver)的信。奥利弗年轻,性格活泼,以前学过表演,演过几出广播剧,在《菲利普莫里斯剧场》(*The Philip Morris Playhouse*)饰演过角色。从20世纪30年代末到40年代初,奥利弗有四年时间在为电台的智力竞猜节目《真假猜猜看》(*True or False?*)做文案,后来她又为另一档竞赛类娱乐节目《巨奖谁来拿?》(*Take It or Leave It: The $64 Question*)做文案兼制作。1947年,奥利弗开始为《纽约客》供稿,为"都市物语"(The Talk of the Town)专栏撰写短文。其后30多年,她逐渐修炼成为《纽约客》杂志颇有影响的戏剧评论家。但是在1950年时,她的日常工作想必还包括审读投给杂志社的稿件。她读到并且喜欢的一篇稿件就是卡森的《我们周围的海洋》中描写波浪的那一章。奥利弗对罗德尔说,她非常喜欢这篇选文,询问能否再多读几段。罗德尔马上通知《科学文摘》等等再说。

《纽约客》对《我们周围的海洋》感兴趣可谓是意义非凡的大事。《纽约客》那是什么档次的杂志啊!阳春白雪,高冷傲物,千家仰视,万众捧读，就因为它是《纽约客》，一言九鼎，能把作者捧红，能让销量飙升。在罗德尔不断张罗着选章节菁华向其他杂志推介时，卡森却平静如常。而《纽约客》那边不断催促再寄一些章节预读。仲夏来临之际，奥利弗已经细读了5章，手头还有8章待读。同时，她满心激赏，将这些文稿呈送给杂志主编威廉·肖恩（William Shawn）审阅。

卡森认为《纽约客》只是在考虑选哪一章刊发，她盼望能快点定下来。她对罗德尔说："《纽约客》真是的！他们应该好好看看波浪那章，赶在9月前稿子发了算了。一千块钱稿费呢，还能广而告之一下。"奥利弗向罗德尔保证，杂志社一定在8月中旬前把稿件的事定下来。这期间，罗德尔还把讲百慕大火山起源的那一章《一座岛屿的诞生》以70美元的价格卖给了《耶鲁评论》（*Yale Review*）；把谈海盐的那章卖给了耐心等待的《科学文摘》，她解释说，这篇给《纽约客》不合适，"专业味太重了"。不过，退稿也是接踵而至。《读者文摘》退掉了讲述洋流与气候关系的那章，编辑告诉罗德尔："该稿不大适于造成广受欢迎的效果"，话说得笨拙，而且后来证明成了自打脸的反话。

1950年8月中旬前后，罗德尔获悉《纽约客》无意刊出《我们周围的海洋》的一章，而是想刊出10章，威廉·肖恩亲自担任编辑。虽说这10章都要压缩，但毕竟展现了该书很大一部分内容。卡森对罗德尔说，她"头晕目眩"。一个月后，她致信罗德尔说要去医院住几天。

读大学时，卡森积极参加校内的曲棍球运动，不过，成年的她总给人以弱不禁风的感觉。她偶尔生病，但这次生病好像有些不祥，左乳房里有"一个小囊肿或肿块"，她打算把它给切掉。她对罗德尔说是个小手术，想让她放心，但话语的底气略嫌不足：万一不是小手术呢？卡森不得不斟酌请哪位外科医生主刀：

"也许手术小得不能再小，傻瓜也能拿下，"她对罗德尔说，"但是遇到这种病，有可能是要大动干戈的。他们跟我说，目前的办法就是在患者麻醉状态下把病灶切除，如果到时候必须那么做，他们就直接做大手术了。所以，需要找一位有些眼力的外科医生。不管什么情况吧，我就去博士医院就医，那儿有我一位特别好的朋友，是名护士，而且，我要让治这种病很有水平的医生给我治。下个星期，我就把这事给办了。”

手术挺顺利，乳房里取出的肿块是良性的。卡森一溜烟跑到北卡罗来纳州海岸，休了一个不能不休的短假。海洋狂野无羁，因为一直“在刮大风”，她在给罗德尔的信里写道。

从这时开始，卡森的书信透露出她的内心有了一点微妙的变化。信末的署名还是“蕾”，但语气多了一分执着。她坚信，第二本书绝不会像第一本书那样黯然收场。《我们周围的海洋》收获了无数佳讯，而她仍旧小心料理着该书正式出版之前的每一个阶段，始终为将来的课题和收入忧思苦想。牛津社一直没有将她的书排印，卡森对牛津社有些心急，她希望赶快排印，这样就能早些受到月读书友会的关注。罗德尔提醒她说，为了让《纽约客》刊发文摘，牛津社早就在该书出版的计划表上预留了延后时间。富尔特斯那本书已经摊在桌子上一段时间了，除了它，卡森还在为霍顿·米夫林出版社筹划海滨指南，另外，还要为牛津社编著一本论文集。她大大咧咧地对罗德尔说，这3个项目她可以齐头并进。1950年10月，卡森申请了3000美元的古根海姆学术奖金用作差旅费，她写海滨这本书需要出行，在不断扩大的专业导师人脉圈里寻求帮助和支持。申请学术奖金之前，她已经从霍顿·米夫林出版社收到了900美元的预付稿酬。

卡森从不羞于提及自己获得的褒奖，她很在意别人的褒奖，为之四处收集。她在古根海姆学术奖金申请书里提及多位人士，其中一位就是威廉·毕比。毕比跟她说，她把《我们周围的海洋》的好些章节都卖出去了，已是成绩斐然，不明白为何还要申请学术奖金；还说，卡森认为他的名字能助她交上好运，实在是过奖。1950年12月初，卡森获悉，在

《耶鲁评论》发表的《一座岛屿的诞生》一文荣获"美国科学促进会"与"乔治·西屋"联合评出的科学写作奖。该奖由美国科学促进会于1946年设立，西屋教育基金会提供资助，每项奖金1000美元。逸兴遄飞中，卡森告诉罗德尔，她有意把《我们周围的海洋》改编成纪录片——她坦言，罗德尔很可能觉得她是"彻底疯了"，竟然冒出这样的想法。

鱼类及野生动植物管理局这头的工作有些麻烦。卡森已升任资讯部主编，年薪6400美元。同事凯·豪本来是被她邀来为《我们周围的海洋》一书做插图的，但是现在，她们好像要搬家。小道消息说，鱼类及野生动植物管理局要搬到别处。搬迁目的地有堪萨斯城、丹佛和阿尔伯克基。卡森对此十分不悦，她跟罗德尔说，这么一搬，那本关于海岸的专著她基本写不成了，因为不论搬到上述哪个城市，都要远离海洋，远离出版商和代理，叫她如之奈何！她说，一定要力争把"工作单位"定在华盛顿，避免搬家"把我正在做的事给彻底搞砸了"。

1951年3月传来消息，有喜有忧。喜的是伦敦的斯特普尔斯出版社要在英国印行《我们周围的海洋》。卡森还收到消息：她已经获得了大名鼎鼎的古根海姆学术奖金。这势头令人欣喜，孰料跟着泼来一碗冷水：月读书友会最终选择奥马尔·布拉德利将军的《士兵故事》(*Soldier's Story*)作为该会的主打读物，卡森的《我们周围的海洋》只能屈居其次。让人错愕的是，《读者文摘》拒载的叙述洋流的那一章竟被《时尚》(*Vogue*)杂志买去了。

4月，卡森收到《我们周围的海洋》的第一批样书。她和罗德尔对装订很失望，那装订太不结实，稍微翻几下书就散架了。牛津社答应，趁第一批还没印完，把已经印毕的书册重新装订一遍，对剩下要开印的书册采用改进后的装订方法。5月，威廉·肖恩从《纽约客》给罗德尔寄来一张5200美元的支票，还附上一张字条，上写："我社发表大作，甚喜。感谢您惠寄最初那章——'谈波浪'，为我们开启了愉快的探险之旅。"

罗德尔拿了她应得的10%佣金，把剩余稿酬转给卡森。6月，卡森向鱼类及野生动植物管理局请了一年的无薪长假。仲夏之前，她大概在考虑不再回单位工作。她跟罗德尔说，《我们周围的海洋》可以销得很好，足够她几年开销："到时候，要是我还没能靠专职写作立稳脚根，那就应该吃枪子儿了！"

1951年6月2日、9日和16日的《纽约客》杂志以《海洋——未被忘记的世界》(The Sea: Unforgotten World)为题，连载了《我们周围的海洋》的10个章节的内容。好像是为了吊起读者的胃口，文章均以"梗概"形式呈现。《纽约客》的梗概久负盛名，但向来只叙述某人的故事，从未讲过人事之外的东西。对于杂志的读者来说，要把海洋想象为一个活物是有一定难度的，而这难度与《纽约客》杂志那引人入胜的版面编排很是相配：一篇长文开卷先占了一整页，而后迤逦延伸，绝不跳转到杂志封底，而是每页只占一列通栏不断向后页铺展，迷人的广告陪伴左右。开篇文章一直到第59页中间才停，接下去便是一个产品的广告；那产品显然读者可以在任何地方、任何时候都带在身边——阿梅莉亚·埃尔哈特行李箱(Amelia Earhart luggage)。

《海洋》一文在读者中间引起强烈反响。《纽约客》杂志社报告说，系列文章刊出后，编辑部接到的信件比杂志历史上任何一篇梗概引发的读者来信都多，几乎是众口一词地赞扬作者，赞扬《纽约客》杂志睿智英明，推介作者。著名的报纸广播八卦记者沃尔特·温切尔(Walter Winchell)读了连载的第一部分，称这篇连载长文"绝对会被收入文选、集萃"，他不知道长文很快就要结集出版了。许多读者写信给《纽约客》打听卡森的情况。杂志社制作了格式信函，统一答复读者："卡森小姐曾为渔业局水生生物学专家，目前在美国鱼类及野生动植物管理局任主编。为了写'海洋概览'，她参加了北大西洋的海洋研究探险活动，还在佛罗里达的珊瑚礁丛里潜水。"1951年7月2日牛津大学出版社推出《我们周围的海洋》时,《纽约客》在美国各地仍是床头桌上常见的杂志,对卡森的嘤嘤嗡嗡议论也变得喧沸起来。

1950年春,牛津大学出版社了解到,约翰·S·科尔曼(John S. Colman)所著的一本书《大海的奥秘》(*The Sea and Its Mysteries*)马上要在英国出版。不久又有消息说,这本书还找到了美国出版商,当年晚些时候要在美国出版,比《我们周围的海洋》提早很多。科尔曼是马恩岛埃林港海洋生物观测站的主任,卡森和牛津社对两书竞赛自然比较关注。不过,科尔曼的书出版后造成的影响微乎其微,这让卡森和牛津社不禁又有了另一种担忧:读者会不会觉得海洋这种题材寡然无趣呢?

卡森认为《大海的奥秘》被当作"海洋学入门"受到冷落,可能是因为它实质上就是这么一本书;看行文,四平八稳,平淡无奇,完全没有卡森赋予此类主题的雅致和敬畏,一句话,它和卡森已经落笔撰写的书绝不属于一类。

把科学道理叙述得生动有趣,深入浅出,让读者不觉得是在讲科学,这是卡森独具的本领。入门简介之类的文字毕竟会很快被遗忘。而卡森所做不同,她是把海洋科学的精萃提取出来,将海洋科学化作世上最为迷人也最易理解的东西,将一个很难拿捏的主题变为人人都感觉平易直白的东西。即便是现在,人们也很难想见还有哪一本受读者追捧的书会比《我们周围的海洋》内含的科学成分密度更高——或者会像这本书一样引领读者舒畅而惬意地在知识的丛林间巡游。对卡森而言,海洋从来都是一个故事,她是把它当故事讲述的。故事开头,她引用《圣经·创世记》的一句话——"地是空虚混沌,渊面黑暗"——也许,她不觉得《圣经》关于造物的解释和她要给出的解释存在矛盾。她的解说尽是有关在一个经过数十亿年才变成今天这样的、不断旋转变化的星球上物理过程如何、地质过程如何、生物化学过程如何。第一章"混沌初始”，讲述的是人类关于地球起源、海洋以及生命如何肇始的最新见解——质朴的词句构建起了一个堂皇宏大的序幕：

> 万物初创之际往往混沌不清，生命之母——海洋——在最初形成时也是如此。许多人对海洋形成的过程和时间提出了自己的观点，其解释未必一致，也不足为怪。因为，显而易见且无可回避的事实是：谁都没有亲临目睹，既然缺失目击者描述，当然免不了会有些出入。所以，笔者在此讲述年少的地球如何有了海洋，那也是博采众说，拼合成了这个故事，内有不少章节，其细节情形只能靠我们去想象。这个故事的根据有三：一是以地球最古老的岩石为证：地球年幼时，岩石也年轻；二是以刻蚀在地球的卫星——月球——表面的印痕为证；三是以太阳的历史及众星罗列之大宇宙中包含的线索为证。虽然无人亲睹这个宇宙级的新生过程，但星辰、月球和岩石却都是目击者，而且，它们与海洋的存在大有干系。

卡森写道，地球约有25亿年历史，最初形成时是一团热气，热气逐渐冷却变成液态。在冷凝之后、地壳硬化之前的某个阶段，太阳的引力牵拉着地球的软质表面，引起汹涌壮阔、跌宕不息的太阳潮。太阳潮波涌极高，很不稳定，终于一下子就脱离开地球，落入绕地轨道，成了月球。地球继续冷却，在充满水汽的大气下，地表渐变成坚硬不毛的岩壳。卡森承认关于地球的形成众说纷纭，不过她在书里这样写道：自地球成形之时，几块大陆就有了，它们的远古形态跟现在差不多。

最后开始下雨。雨水从岩石里冲刷出矿物，将其汇集在地壳的低洼处。随着时间的推移，海洋形成了。在温暖的咸海中，少量的轻质元素，比如碳和氮，氢和氧，硫和磷，结合成复杂细微的原生质，原生质有自我繁殖能力，于是形成了连绵不绝的生命脉络，不过卡森也留了句话,“人再睿智,此事也是殊难定论的”。

所有这些都反映了那个时代的知识水平,大部分认知是错误的。地球的年龄要大很多,它已经活了45亿年。月球是从地球上炸裂出去的,那是在太阳系形成的早期阶段,一个大的天体撞击地球所致。几个大洲的成形比地球晚得多,在距今2.5亿年时,它们还浑然一体,不分彼此,今人称之为泛大陆。虽然造就生命的化学事件的确切顺序尚未得到证实,不过,《我们周围的海洋》出版时已经到了一系列大发现的前夕。借助这次大发现,科学探索终于得以深入生命的基本形式“原生质”内部一探究竟。

1951年,也就是《我们周围的海洋》刚出版不久,加州理工学院的莱纳斯·鲍林(Linus Pauling)发现:蛋白质是由叫作多肽的长链分子构成,而多肽又是由20种氨基酸构成的。两年后,英国剑桥大学的詹姆斯·沃森(James Watson)和弗朗西斯·克里克(Francis Crick)发现了DNA的结构,并且说,DNA不仅能自我复制,它还是RNA的模板,细胞内的化学机制使用这个模板将多肽链组合成蛋白质。这条单向的遗传信息流——由DNA到RNA再到蛋白质——就是生物学的中心法则。

不过,卡森开篇的美妙,靠的不是科学的准确无误,而是辞章的雅致,即便谁用其后半个世纪的一些科学发现纠正了里面的错误,其雅致之美依然健在,与卡森原著的风貌大同小异。生命是在海洋里演化的,这个学说在当时和以后都没有争议,地球的陆洲都是不毛之地,卡森寥寥几句,便传神地写出了一片没有生机的土地蛮荒空寂之貌:

> 诸位可以想象一下,一整块大陆布满岩石,不着一点绿色。因为没有植物,很难形成土壤,植物也无法用根把土壤固定在岩石上,所以,这片大陆没有一点泥土。一片全是石头的陆地,除去风雨横扫地面的声音,无限静寂;没有生命的声响,岩石陆表上只有云影悄然划过。

古语说,妙笔质朴却不易得,此言极是。找寻一个平淡却意韵盎然的词,以求一词胜十词;承受苦痛,将头脑里已化作一团乱语的复杂思想清理出头绪的苦痛;还要有执念,不惧反复,锲而不舍,直至其恰切合意,所有这些,再加上些许灵气,便生成了如此清晰明了、看似小孩子捉笔也能写出来的文字。卡森说,写《我们周围的海洋》是“下了一番苦功的,主要是在科学工作者所写的枯燥无味又极具学术性的文献里提炼核心,把握要义,再融进我对海洋的描述里”。她说,她的资料来源达一千多种,另外还得到了许多专家、学人的鼎力帮助,后者主动把个人的想法和见解说与她听。不过,卡森没有提及自己挑灯伏案的无数个深夜,夜晚是她最出活儿的时间,她把知识酿制成散文——但对读者而言,这便是一切。风、浪、盐,漆黑深海里的生命,纵横地球、影响气候大格局的海流,这些奇伟的现象若是不用心思,印在书上就会死气沉沉,毫无生机。人类登上一个岛屿,岛上的生态系统便再也无法与世界隔绝,卡森对其后发生的事作了如下评述:

> 人类把异域的生物带上岛,这种随意之举打破了自然平衡,但多数情况下,人类并不知道此举会造成一连串严重的后果。不过现时代,人类至少可以以史为鉴,汲取教训。大约在1513年,葡萄牙人把山羊带到了刚发现不久的圣赫勒拿岛上。当时,岛上长满了胶树、乌木、巴西木,蔚为大观。可是到了1560年,山羊数量太多,羊群动辄千只,长一英里,在岛上游转,它们践踏幼木,啃食树苗。而拓荒者也早就开始砍伐焚烧林木,所以,很难说毁林的主凶到底是人类还是山羊。但是,结局确定无疑。到19世纪初,岛上的森林全部消失了,博物学家艾尔弗雷德·华莱士(Alfred Wallace)后来描述说,这座绿色葱茏的美丽火山岛已经成了一片“岩漠”,只有岛上几座险不可及的山峰和火山口边缘,还残存着一些原生植物。

卡森写道，人类“最黑暗的记录”之一就是破坏了海洋岛屿的生态系统，那些入侵物种跟着人类旅行者周游世界，其影响之烈常令海洋岛屿难以招架；禽鸟、山羊、猪、牛、狗、鼠、猫等动物似锯，似斧，似枪，能将繁茂化为荒芜。人类的疾病也传到了海岛，有些病在当地是未知的，土著居民对之毫无抵抗力，这一点卡森本来可以提及，但她没有提。

卡森关注外来物种，似有先见之明，就像她报告说世界气候在变一样。她写道，有大量证据说明地球正在变暖，海平面在上升，冰川在融化，北极的海冰面积在减少。渔民和鸟类学者的报告表明，鱼类和鸟类在向北扩展其活动区域，因为高纬度海域变暖了。卡森写道，凡此种种都是地球气候的长期性、周期性变化，短期变化时不时与之形成叠加。换句话说，气候渐变是正常的，也是可以预见的；它极有可能是多个复杂的相互作用的结果，潮汐、地球轨道的改变，主要洋流的变动，以及太阳活跃程度的变化即是作用因素。

有人认为，人类活动造成大气中的二氧化碳增加，加剧了自然界的温室效应——这一观点半个世纪前就有了，却一直广受质疑。卡森本可以提起这个观点，但她没提，反倒是提了几点气候变暖带来的短期好处：生长季节更长了，北方海洋的商业捕捞的收获更多了。若从长远看，地球表面的一切没有恒久不变的。长久以来，海洋起伏跌宕，塑造着世界的形状：

> 到何时、在何地海洋会停止目前的上涨趋势，再次慢慢退回到海盆呢？无人知道。假如北美大陆的海面上升到100英尺（从目前冻结在陆冰中的水量看，让海水上升到这个高度绰绰有余），那么，大西洋沿海的多数地区，包括城镇，都会淹没在海里，海浪会直接拍击阿巴拉契亚山脉的山麓丘陵。

1951年，纸版印刷方兴未艾，无所不在，这是当时传媒景观里的主流特征。美国有日报两千多种，大小城市都要有几家报纸，每家报纸都要有一名文学编辑。报纸辟出了充足的版面刊登评论、专栏，乃至畅销书的文摘。几家用有光纸印刷的杂志——《看客》(*Look*)、《生活》、《星期六晚邮报》、《假日》、《科利尔氏》、《皇冠》，当然还有《纽约客》—— 也为文学专辟了空间。哪里会想到50年后，写书人在电视上做10分钟访谈，就把书卖掉了。那时还是20世纪50年代初期，书出版发行之后，作者就静等评论了。

《我们周围的海洋》赢得了近乎一致的称赞。对它的品评深入而广泛，对它的热忱浓烈而持久，以至于当时几乎无人不知有个蕾切尔·卡森现象。弗兰切斯卡·拉蒙特(Francesca La Monte)是纽约美国自然历史博物馆鱼类藏品部的副主任，她在《纽约先驱论坛报》(*New York Herald Tribune*)上撰文说：卡森做了前人没有做成的事："海洋里有岛屿，有高山，有幽壑；人类一直在尝试揭开海洋之谜，发掘利用其宝藏，之前也经常有人讲述这类故事。只有蕾切尔·卡森把它写成了当代佳作。"

佳作是评者的共识。书评一份接一份，赞语一重接一重。凡评述卡森，无不提及她非凡的抒情笔力，评论者近乎是统一地使用了"诗意"这个词。不过，乔纳森·诺顿·伦纳德(Jonathan Norton Leonard)在《纽约时报·星期日书评》(*New York Times Sunday Book Review*)撰文，对诗意特征另有见解。他写道，诗人写海常犯错，"令科学家气恼"，而想写海洋的科学家，又动辄掉进自家那套"冰凉无趣的术语行话"里，难以超脱。但是《我们周围的海洋》不一样，诗人喜欢，科学家也无异议，因为"它的表述十分精准，而文风和想象力又让人读起来很享受"。看样子，伦纳德像是被迷倒了，"有一点比较遗憾：这本书的出版商没有把卡森小姐的照片印在护封上。一位女士能用如此优美精确的语言讲述一门艰深的学科，能看看她长什么模样，不亦乐乎！"

一些书评人对书中所说的气候变暖和海平面上升感到惊愕。卡森强调演化是地球上生命的一个核心特征，对此无人表示异议，而《印第安纳波利斯时报》(*Indianapolis Times*)的评论员却忍不住指出：海是"生命之源，是从生物学角度，而不是从神学角度说的"。《新闻周刊》(*Newsweek*)的书评人在一篇并非全是绚焕之辞的书评里称《我们周围的海洋》"有催眠般的魔力"，他提醒说，好事虽好，过犹不及。"仅在一个方面，[卡森的]这本书未能免除好多现代自然散文的弱点。"《新闻周刊》的文章说，"这类散文渗透着一种对科学的虔诚，爱引用无穷循环和天文距离，很是悲摧，往往起笔令人耳目一新，收笔则近于魔法符咒。"

卡森上了《星期六文学评论》的封面，这份杂志还另发了一篇评论，极尽褒奖。一份随附的简介说，卡森为写这本书下了一番调研功夫，曾经"在佛罗里达的珊瑚礁丛中潜游"；她对《星期六文学评论》说，海底行走是很困难的，不过，海底的确太令人激动了，所以走得成走不成都没关系。显然，访谈时她是被问到了这一点。《评论》总结说："我们猜想，她不会介意谈和她热爱的海洋有关的所有事情。"《布法罗晚报》(*Buffalo Evening News*)认为："卡森小姐既搞科研，又做诗人，还爱日光浴——有人会这么臆测。她写了一本精彩绝伦的著作，水平高于'贝格尔'号航海日志的作者达尔文(Darwin)，稍逊于《日记》的作者梭罗。"

有文章添枝加叶地写她戴着头盔潜海探察，卡森从未发声批评；不少书评要么说她是专业搞研究的科学工作者，有写作才华，要么说她写作才华不凡，目前从事科研，她也从不介意。《纽约时报·星期日书评》的书评刊出一周后，又登了一篇短文介绍她，至少是部分地采用了对她的访谈内容。文章说，卡森在威廉·毕比的鼓动下，做了头盔潜水，在佛罗里达的"礁丛中几入几出"。《时报》报道，卡森说这几次体验"是很有趣的"，不过，和她这本书没什么关系。看来她是不愿意将"多次潜水"改为一次，禁不住想再做一些包装美化，她补充说，想必"那些鱼儿发觉是一名女子隔着头盔瞪眼看它们，一定很惊讶"。

在为英国出版商写的宣传文章中，卡森自述乘"信天翁Ⅲ"号巡游，是她为了写《我们周围的海洋》所做的一项重要的研究考察。她坦陈说，自己只是一名观察员，是跟船收集标本去了。她又提到"在佛罗里达南部近海的珊瑚礁上做了一点头盔潜水"。她是科学家吗？满身盐渍，在北大西洋翻卷的海面上披波斩浪，扎进热带海域的鱼群间考察？这副科研工作者形象，怎么和流传的宣传照上那个伫立在码头、脖子上挂着双筒望远镜的漂亮、柔顺的卡森形象很不搭调啊！

《基督教科学箴言报》(*Christian Science Monitor*)的图书编辑奥利弗·迪恩·霍梅尔(Oliver Deane Hormel)证明大家似乎都爱上了卡森，他描述了这位陡然出名的作者的体貌特点，说她"身材纤细，谦虚，平和"，还说她"有一种灵动的气质"，与"一双严肃、睿智的眼睛所呈现出的宁静"恰成反衬。社会专栏作家玛丽·范·伦塞勒·塞耶(Mary Van Rensselaer Thayer)干脆避开特征标记，称卡森是华盛顿"当红的魅力女郎"。

见自己的粉丝团越来越大，卡森为《纽约先驱论坛报》写了一篇短文，想给粉丝们一个接地气的形象。这次，她绝口不提如何在海上探险，而说自己真真切切只是个埋头钻研的学者，每天要看很多很多的专业技术报告和科学文献，有时候也常自问干嘛要去探究这样博大而艰深的课题。大家一般都想知道作家是怎么工作的，所以，卡森也透露了一些孤寂时刻的经历和体会：忍受孤寂是作家的宿命。

她说，自己手慢，一篇稿要反反复复修改；深夜干活效率最高，当她有整块时间可以连续写作时，她会通宵达旦，白天睡觉。她花了很多年才学会用打字机写稿子，不过，遇到难写的段落章节，或因某种原因文思不畅，词藻来得缓慢时，她还是会执笔书写。她说，阅读可以寻找灵感，也能暂时逃避。她最爱读的海洋故事有梅尔维尔(Melville)的《白鲸》(*Moby-Dick*)、贝斯顿的《最远的房子》，还有一本是H·M·汤姆林森(H. M. Tomlinson)的《海洋与丛林》(*The Sea and the Jungle*)，这是一部记述顺亚马孙河溯流而上的游记。卡森说，她的床头总放着一本《梭罗日记》，一卷理查德·杰弗里斯的自然杂文，每天睡觉前，她就这本读几页、那本读几页，成了愉快的仪式。

她想让所有人都知道她终究是个凡人："多多少少我让朋友们有些失望，她们希望我彻底投身航海。我游泳游得很一般，对海鲜只是稍微有些兴趣，没有养热带鱼当宠物。说到宠物，目前我最亲密的人类以外的朋友是猫。"

公平而言，卡森并不是第一个让新闻报刊渲染包装自己的作者。而且，她也不得不忍受贬斥和打压。好多书评人为一个女子竟写出了《我们周围的海洋》这样的书而大呼意外，言下之意是：科学之严苛，大洋深处之可怖，这类题材本该成为她的禁区才是。《克利夫兰诚报》(*Cleveland Plain Dealer*)说卡森是个"官府女"，让人联想到在华盛顿穿着高跟鞋、涂脂抹粉端坐在打字机后面的女子。《波士顿邮报》(*Boston Post*)称她有大胆的一面，也有女性的一面，好像大胆和女性气质就应该互不相容。《邮报》推测说，她也许是美人鱼："给人的印象是，卡森小姐的照片几乎哪儿都找不到，不过这个问题我们已经有答案了。她很可能不是什么女科学家，而是一个住在海底洞穴的女巫，那儿的光线太差，所以作者们拍不出来照片。"

很多评论者可能没有读过《我们周围的海洋》的致谢辞。致谢辞写得很长，向众多帮助过她的专家和档案员表达感谢，这说明作者的大部分工作是在图书馆借助美国邮局完成的。

卡森也收到了朋友、同事和众多读者的来信。她的追随者中有美国副总统阿尔本·巴克利(Alben Barkley)，有海军上将切斯特·W·尼米兹(Chester W. Nimitz)，还有一个叫托尔·海尔达尔的人。卡森还一定要让海尔达尔得到一本《我们周围的海洋》，因为她把海尔达尔提供的一点点资料也写进了书里。海尔达尔从伦敦寄给她一张明信片——正面是一幅"孔提基"的照片——称赞她的书非常精彩。他还告诉卡森："我正在写一本人种志专著，但是，一拿起你的书就放不下了。"卡森从前的编辑昆西·豪也致信，对她大加称赞。豪离开西蒙-舒斯特出版社后，就去伊利诺伊大学教书了。他说，为《我们周围的海洋》的成功感到非常高兴；房龙早在1944年就去世了，若是他活着，肯定也是一样高兴。他还说，他和房龙的最伟大发现就是卡森。

有一些读者来信对《我们周围的海洋》里的若干错误委婉地提出了修改意见。有个词"下风岸"(lee shore)卡森弄错了，把它和避风岸搞混了。他们——也许是怀疑卡森的航海经验不足吧——写信指出了这一点。卡森也不太了解巴拿马的地理概况——巴拿马运河的太平洋一端位于大西洋一端的**东边**。有人把这点也挑出来了。有一封信可能给卡森的印象很深刻，写信的是一个名叫马奇(R. M. Much)的人，他告诉卡森，安德罗斯科金河也好，肯纳贝克河也好，已经没有鲑鱼洄游了；在餐馆里吃饭，菜单上若是标称有"肯纳贝克鲑鱼"，那一定是骗人的。马奇还对鲑鱼洄游现象消逝的原因作了推测，他说："还有一点我想说明，安德罗斯科金河沿岸有好些工厂，它们向河里大量排放化学物质。……差不多有100年了。鲑鱼是不能吃这种东西的。"

不过，多数读者来信都是表达如何喜欢《我们周围的海洋》，如何体悟卡森对海洋的感情。有些人寄来了自创的海洋诗，有些人则邀请她去他们的海边居所小住。一些读者向她索要签名和照片。得克萨斯州休斯顿市的一位名叫艾尔弗雷德·格拉塞尔(Alfred Glassel)的人写信告诉卡森，他最近在南美海域捕鱼，抓到了"第一条合法的重达1000磅的鱼"。显然，他只是想让她知晓有这么个事。随信还附了一张8×10英寸的黑白照片：一条巨大的枪鱼挂在秘鲁卡沃布兰科的码头上，他本人就站在猎获物旁边，一脸得意。

连玛丽·罗德尔也倏然间成了公众倾注情感的对象。在一次卡森著作签售会上，她告诉记者："有天晚上，一名男士把电话打到我的住处，问我是卡森小姐的代理人是否属实。我说没错、属实。于是，他就开始谈他对这本书的感想，说啊说啊没个完，后来我问他究竟想说什么。他说他就想让我转告卡森小姐一声，她的书就是诗。我猜他是喝醉了，不过心里还是觉得甜滋滋的。"

卡森对细节十分计较，甚至在名声大噪之后还是如此。之前，牛津大学出版社提议章节标题用无衬线字体，卡森坚持要求弃用，因为她感觉这种字体的教科书味道太浓。她和罗德尔预感《我们周围的海洋》会有大量读者，所以对牛津社决定限量首印非常生气，由于印数少，许多书店脱销、缺货。牛津社辩解说，他们早就知道《我们周围的海洋》一定会畅销，但是订单太多，他们实在忙不过来，弄不好"把自己搞得很被动"；还说，社里的主要问题就是购买足够的纸张，满足需求。

一想到有读者想买她的书却买不到，卡森心烦意乱——尽管她辞令如刀，已经把牛津社骂了一通，说他们对《我们周围的海洋》的宣传太不尽力。《纽约时报》、《纽约先驱论坛报》等报刊上登的广告，她一个不落地紧盯着。她告诉牛津社，有一件事令她不快，那就是打开一份文学副刊，只看见其他图书的广告，唯独没有自己的。另外，装订的事她也反复提起，装订质量说是提高了，可是书还是翻不了几下就会散页。

1951年7月22日这一天，《我们周围的海洋》在《纽约时报》畅销书排行榜上名列第五。一周之后，它还是第五，排在奥马尔·布拉德利的《士兵故事》和海尔达尔的《孔提基》后面，海尔达尔的《孔提基》一直是第一。那时是图书旺季。小说名录上有赫尔曼·沃克（Herman Wouk）的《凯恩号哗变》（*Caine Mutiny*），詹姆斯·琼斯（James Jones）的《乱世忠魂》（*From Here to Eternity*），还有一部锋芒犀利的小说——J·D·塞林格（J. D. Salinger）的《麦田里的守望者》（*Catcher in the Rye*），塑造了一个坏点子贼多的、名叫霍尔登·考尔菲尔德(Holden Caulfield)的少年反英雄形象。夏季渐进,《我们周围的海洋》的名次开始攀升。8月中旬,它排第二,紧跟在《孔提基》后面;9月初,它在前,《孔提基》在后。这之后,《我们周围的海洋》一直名列第一,翌年也在第一的位置站了很久,创造了排行榜上名列第一周数最多的新纪录。

1951年11月,《我们周围的海洋》销量超过10万册,牛津社告诉卡森,十分希望重新印行《海风下》作为来年春季的精品书。问题是:牛津社有权选取她的下一本书,重印是否就算是履行了卡森的合同义务呢?最终,牛津社决定,对卡森不做硬性要求,让她和罗德尔自行决定是否把另一本书交给社里,相信她俩会乐意再交一本书。12月,罗德尔向《生活》杂志出售了《海风下》一书的缩写版权,《生活》计划使用玛格丽特·伯克-怀特(Margaret Bourke-White)拍摄的照片为缩写版配图。

1952年4月20日,《我们周围的海洋》在《纽约时报》的畅销书排行榜上掉到了第二名。一个星期后,《海风下》上了榜,名列第十。牛津社还没等它公开发行,就直接二印。《我们周围的海洋》销量超过20万册。现在,美国的10本非虚构类畅销书中卡森就占两本,于是,传闻四起。一则传闻是:拒绝出版《我们周围的海洋》的出版社多达十几家,牛津大学出版社要拿这本书试运气,但他们认为希望不大。另一则传闻是,原稿皇皇20余万字。实则卡森仅删除了一章(那章是讲商业捕捞的)。还有一个传说——只有卡森可能愿意相信真有其事:西蒙-舒斯特出版社在库房里找到了卡森写的第三部无人知晓的书稿。罗德尔好不容易才把这些个传闻纠正、抚平。

不论哪本书,排名再高,卡森还是觉得不够。她和罗德尔一致认为牛津社在广告宣传上再次偷懒。罗德尔忿忿地说,出版后的那整整一个夏天,基本不见一个广告,致使《海风下》在畅销书榜上过早滑落。牛津社最初为该书拟定的广告时间表的确是大手笔,它在全国各地的45

家日报购买了版面，在《纽约时报》、《纽约先驱论坛报》、《芝加哥论坛报》(*Chicago Tribune*)等大报做了整版广告。当年冬天，月读书友会把《海风下》选为6月份的备选读本。

卡森给罗德尔的信常常牢骚不断，间或带着说不清、道不明的疑虑，她说她对牛津社的销量表示怀疑：畅销书怎么可能卖得这么少！两人也有争执，争执的事由是罗德尔说她的这位客户"总是拒绝"在鸡尾酒会和签售活动露面。卡森一边坐在吹风机下吹，一边笔走龙蛇从缅因州给罗德尔回信，她表示自己很清楚出版商和代理为什么想让她多露露面，但她认为这样做是短视行为，她的生活只有一如既往，保持《我们周围的海洋》出版之前那种状态，她的写作才能继续推进。

此时，卡森体会到了她曾经渴望的、现今似乎也无法回避的名誉带来的负面影响。牛津大学出版社不断接到申请，要求采访卡森，还有请她去发言、讲话的邀请信、请柬。对这些要求卡森一概谢绝，连广告宣传部门也习惯性地替她挡驾。那年10月份，卡森在纽约度过了一个滋味怪异的下午。那天，她去阿斯特酒店参加"书与作者午餐会"(Book and Author Luncheon)，她是演讲人之一。活动由《纽约先驱论坛报》和美国书商协会主办。除了她，演讲人还有美国驻以色列前大使詹姆斯·G·麦克唐纳(James G. McDonald)，新出传记《大鼻子》(*Schnozzola*)的主人公吉米·杜兰特(Jimmy Durante)。

卡森演讲时播放了虾等海洋生物的原声录音。轮到杜兰特讲了，杜兰特刚听过关于国际外交和海洋学奇观的演讲，只见他从衣袋里抽出事先准备的讲稿，三下两下撕碎，大声说："有啥用！"在即兴讲了几段旧事之后，他弹了一会儿钢琴，而后又展示了一段"踢踏舞"，这是一种起源于美国南部种植园的舞步，闪转腾跃，动作轻快。

《我们周围的海洋》出版前诸项活动计划的各个环节卡森全都参与了。她把需要寄送样书的机构名称和重要人员的名字寄给牛津社，甚至还把评论传媒列了几个加长名录寄给牛津社——务必要让这些传媒看到此书。书刚进入出版流程不久——实际上就在1950年夏天她提交书稿的时候——卡森就主动运作，让牛津社为《我们周围的海洋》申报约翰·伯勒斯奖章（John Burroughs Medal），伯勒斯奖章每年颁发一次，颁给探讨自然史的最佳著作。1952年4月，卡森获悉自己获得了伯勒斯奖章。

佳讯双至，就在荣誉纷降的季节行将收尾之时，一项莫大的荣誉来了：国家图书奖！她得到消息，早在1月初她就赢得了该奖。尽管她把牛津社报喜的信函原件放丢了，但在接下来的几星期，为了参加颁奖典礼，她开始风风火火地安排、筹划，因为此番去纽约，访谈和接待日程会非常密集。颁奖典礼在科莫多尔酒店举行。卡森坐在首桌，与她齐肩而坐的是诗人玛丽安·穆尔（Marianne Moore），她因为创作《诗集》（*Collected Poems*）而得奖，穆尔头顶一只巨大的三角帽，人显得无比娇小；还有詹姆斯·琼斯，他的《乱世忠魂》荣获小说奖。盛传琼斯得奖是属于"渔翁得利"，因为评委对《凯恩号哗变》和《麦田里的守望者》各有偏爱，争执不下，于是才选了他的书。到场的女士都穿紧身胸衣；琼斯穿了一套浅色西装，显得格外壮硕，好像他是想把某人胖揍一顿。

卡森在获奖致辞中说，一位作者"真正受教育"始于出版之日，因为这时候你才会知道人们对你不得不说的话作何反应；《我们周围的海洋》尽管包含大量的科学内容，但还是广受欢迎，许多读者对此感到惊讶，其人数之众让卡森印象颇深。在她看来，这似乎有些不妥——她说，科学并不是一个封闭的领域，无论如何，科学和文学的目标是一样的，那就是"发现和照亮真理"。

> 我们生活在科学的时代，但我们常以为懂科学只是少数人的特权，是那些孤守于实验室，像司祭、牧师一样的人的特权。这是不对的。科学的素材就是生活的素材。科学属于生

> 活现实；人经历的一切事物的什么、怎么、为什么就是科学。不了解人的生活环境，不了解塑造其身心的那些力量，就不可能了解人。

世界已然进入了核时代，却有爆发大战之虞；卡森演讲时附带警醒世人，似乎也恰如其分。她说，仔细研究自然世界，把它放在数十亿年的历史背景里观察，人类之愚蠢便昭然于眼前；"也许如果我们把望远镜倒过来，顺里面的远景望望人类，说不定我们会少一些时间和念头去盘算如何毁灭自己。"

真是遇到了好时候。RKO电影公司打算以《我们周围的海洋》为底本拍一部纪录片——卡森很早以前就有拍纪录片的梦想，这下竟出乎意料地实现了。埃文·艾伦（Irwin Allen）担任编剧兼导演，后来艾伦拍出了《火烧摩天楼》（*The Towering Inferno*）等多部电影，成为著名的"灾难大师"。卡森想为拍电影尽点心出点力，她一边搜集已有的电影素材，一边纠正艾伦的脚本。她很不喜欢艾伦的脚本，声称要把自己的名字从影片里删掉。1953年1月，卡森观看了初剪的影片，差点气懵：里面好多事实错误她早就在脚本里指出过，竟然还是被堂而皇之地拍进了电影。牛津社责备RKO，玛丽·罗德尔指责牛津社，说有可能打官司。2月，艾伦和卡森在纽约见面，解决分歧。艾伦同意对影片作出修改，卡森据此不再提出异议。

影片制作完了，尽管很多地方不够顺畅，但是整部电影五彩斑斓，赏心悦目，较好地展现了海洋环境。影片开头，艾伦用一句不甚妥帖的《圣经》注释切入，将卡森对地球起源的解说同她援引《创世记》里的话搅和在一起。大部分镜头好像是在佛罗里达州马林兰市的大水族馆里拍摄的，不过，也有在水下珊瑚礁丛上拍摄的精彩的连续镜头，有激浪拍击辽阔壮丽的海岸线的镜头。有些场景，比如鲨鱼和章鱼"打架"，戴着呼吸管的潜水员豁开一头根本不会伤人的小鲨鱼的肚子，也都收进影片，想必卡森要为此郁闷了：这岂不是说海洋又黑暗又危险么！不过，影片里有一段特别惨烈可怖的情节倒是不必烦劳艾伦再做后期加工了：一艘商业捕鲸船在血腥猎捕一头巨大的须鲸。电影结尾，北极冰川崩裂，形成一座座冰山，看去有些瘆人——有些场景是真的，有些是假的。画外音说出的话，似乎比卡森书里的解说更直接，让人心乱如麻：地球在变暖，海洋在上升，也许不把人类文明淹个半死不会罢休。

牛津社提议，再印《我们周围的海洋》时，给书加一个护封，选影片的画面印上去。卡森坚决不同意，说那样会"降低书的档次，曲解书的本意"。艾伦的电影一路顺畅，直奔奥斯卡最佳纪录片奖，而卡森从未改变对它的嫌恶，也许她还为错失了与别人合作的机会而懊悔哩。1952年3月，玛丽·罗德尔认识了一位年轻的法国海洋学研究员，名叫雅克·库斯托（Jacques Cousteau）。库斯托表示愿意跟卡森合作拍一部有关海洋的电影。他说他马上要驾驶自己的船"卡吕普索"号（*Calypso*）作一次远洋探险。罗德尔觉得这个提议听起来很不错，库斯托也很迷人。但是，她还是替卡森婉拒了库斯托，因为她也听说库斯托最近搞出的发明——水肺（Aqua-Lung）——"很不咋样"。

1952年春，卡森去往基韦斯特，一方面想专心写那部讲述海滨故事的书，一方面也想避开没完没了的搅扰。她告诉牛津大学出版社，今后几个月她没空去搞书的推广宣传，因为她打算去伍兹霍尔作一次巡游考察，还打算去缅因州度假。卡森是从美国鱼类及野生动植物管理局请假出来的，假期未满，她已决定不再回去。辞职于6月份生效，她为辞职找的理由是：她要"把时间全部用在写作上"。

那年夏天，卡森红遍了天。她在布斯贝港附近的绍斯波特岛上置了一块地。事后她承认，想想自己竟然做了海滨一片土地的"地主"，感觉"怪异又别扭"。那块地纵深有350英尺，树木葱茏，朝着希普斯科特湾的一面约140英尺宽；离西绍斯波特村很近，距亨德里克斯海角灯塔不远，距一处叫狗鲨角的海角约半英里。

卡森预订了一套宽敞的小别墅，翌年夏天完工。别墅纵长而低矮，专辟了一个写字间，里面有固定的涂漆书架和书桌，还带一张工作台，卡森可以在台上观察海洋标本。主房间用带节疤的松木装饰，房间里有一红砖壁炉。一扇巨大的窗户俯瞰海湾，屋内光线明亮。一段长长的有白色栏杆的栈桥架在小屋和一处长着灌木的陡岸之间，顺着陡岸有一条窄窄的、根脉交杂的小径，左回右转，通向海岸线附近的礁石和潮池。

退潮时，沿岸露出大片崎岖的礁石台地。小屋的正下方是一小片铺着浅浅一层砾石的地方，差不多可以算作海滩了。大大小小的潮池里尽是贻贝、荔枝螺、海绵、海胆、藤壶和海藻。虽说涨潮时那些礁石有些凶险叵测，但若是一个人好奇心很强烈且很持久，还是能够一点点爬到上面去观察水洼，或者冒险上到边缘，放眼向南，隔过海湾的喇叭口，瞭望那辽阔的大洋。经海湾往西是乔治敦岛被太阳烤晒变白的礁石。有时，北大西洋的涌浪如长而光滑的立柱一般冲进海湾，海水里点缀着无数捕虾笼五彩鲜艳的浮漂。卡森说，鲸鱼偶尔会斗胆闯到海湾里，可以看见它们“气象豪迈地喷水吐雾、滚翻游动”。

玛丽·罗德尔一回到纽约，便把办公室从东五十四街搬到了第五大道。

第二篇

寂静的春天

第七章

多萝西

绍斯波特岛是礁岩半岛和岛屿构成的群岛中的一座，岛群由缅因州的布斯贝港突入大洋。绍斯波特岛与达马里斯科塔河和希普斯科特河的河口相邻，离大陆很近，陆岛之间有一座桥梁连通。小岛南北长约3英里，最宽处不足半英里，形似一颗鲨鱼牙。岛上树木繁茂，主要是云杉、冷杉，另有枫树、桦树等阔叶树杂生其间。海岸几乎处处陡峭。1953年，绍斯波特岛有永久居民250人，还有368个家庭在岛上置有避暑房产。卡森造屋后，便成了小岛上第二位最著名的临时居民，第一位是女演员玛格丽特·汉密尔顿(Margaret Hamilton)，她住在岛南端附近一座更小的岛上的一幢房子里。在1939年拍摄的电影《绿野仙踪》(*The Wizard of Oz*)里，她饰演西方女巫，令人难忘，不过大家都说她本人比片中的女巫好太多了。

19世纪80年代，一个参加过马萨诸塞内战、名叫康斯坦特·惠特尼(Constant Whitney)的老兵常带着家人来绍斯波特岛度暑假。1887年，惠特尼在希普斯科特湾岸边买了一块地，离得不远就是西绍斯波特村，还有狗鲨角的汽船码头，那里岩礁密布。最初，惠特尼一家只是支个帐篷露营，后来每年夏天来此，他们都住在一座建筑粗糙只有一室的房子里，房顶带一间阁楼。他们打了一口井，除了自家取水，还供附近几户人家取水。这口井还兼作冰箱冷柜，可把牛奶等容易腐坏的东西装在桶里，贴着水面吊在井下让凉气镇住。

一年夏天，一船木材被冲上岸，直冲到小屋前面。家族故事是这么传的：康斯坦特·惠特尼称，既然上帝觉得可以供给他材料建一所房子，那他就应当建一所。于是，他就建了，房子的位置离水更近一点点。其后若干年，惠特尼和他的子孙对这座新宅进行扩建，增添了厨房、卧室和浴室，还在房子正面加盖了一顶宽阔的门廊，俯瞰整个海湾。这幢屋子在惠氏家传了两代，后来就传到康斯坦特的孙女多萝西·弗里曼和孙女婿斯坦利手里。

1939年，斯坦* 和多萝西买了一条单桅帆船，把它停泊在家宅附近的水湾里。帆船长16.5英尺，白色搭接船壳，绿色帆布舱板，一派“镇级”(Town Class)设计。“镇级”设计起源于马萨诸塞州的马布尔黑德，是绍斯波特游艇俱乐部正式比赛级赛艇。该船的编号是158。这个号正好和战前“兵役抽签”时选的第一组数字相配。弗里曼夫妇给船取名“壮丁”号(*Draftee*)。他俩特别喜欢驾船在海湾巡游。7、8月份，斯坦和儿子小斯坦利每个周六周日都要驾着“壮丁”号参赛。

1951年7月15日，斯坦·弗里曼生日这天，儿子和儿媳送了他一本《我们周围的海洋》，还说他一定要把书带到缅因，这样他俩也可以读一读。那年夏天，弗里曼夫妇常一边驾着“壮丁”号在希普斯科特湾巡游，一边轮流朗读卡森的著作。一年后，多萝西从当地报纸上获悉，卡森竟然在西绍斯波特置了地，还要建一所避暑屋。快到圣诞节的时候，她决定给卡森写封信，欢迎她上岛。她把信寄给纽约的出版商，由他们转交给这位著名作家。不知卡森会作何反应，她每个月都要收几百封信呢。

卡森真的回信了。她感谢多萝西这位新邻“周到亲切”的问候。她

* 斯坦(Stan)是斯坦利的昵称。——译者

说，她早就爱上了布斯贝港这带地方，现在盼着夏天隐居在此专心写作，希望6月份之前就能待在自己的小屋里。她还邀请弗里曼夫妇方便时来小坐，彼此认识一下。多萝西简直不敢相信。

半年后，也就是1953年6月2日这天，住在马萨诸塞州西布里奇沃特家中的弗里曼两口子起了个大早，想用新电视机看看伦敦举行的伊丽莎白二世（Elizabeth Ⅱ）加冕仪式。27岁的英国女王登基大典结束仅几个小时，实况录像就被飞机载回了北美，在电视上播出。观看登基大典本是那个夏天的一大趣事，但等7月12日吃罢晚餐，他俩去了绍斯波特岛登门拜访卡森，登基大典的趣味便退居其次了。仲夏夜晚，斯坦和多萝西顺着那条石径走到卡森小屋的后门，走进了一种别样的生活。

卡森和他俩一见如故。虽说夫妇两人比卡森大几岁，但卡森自感3个人特别投缘——尤其是她和多萝西，两人对缅因海岸、对大自然的感觉和想法太相似了！多萝西长相漂亮，活力四射，说话带新英格兰口音，新朋友的名字经她一呼成了“瑞秋·卡辛”（Rachul Cahsin）。斯坦高大英俊，前额饱满，头发稀疏。他业余搞摄影，颇有造诣。当卡森听说他喜欢为来访希普斯科特湾的各种野生动物拍照时，一下就被迷倒了。卡森一定要他们过几个星期再来看看她小屋下面的海岸。潮汐不会像春天或秋后那样猛烈（此时是岸滩探险的最好时机），不过，礁石中间还是有妙趣可寻。卡森建议他们穿上运动鞋，穿上可以挽起裤腿的裤子，但她保证，如果需要蹚水过膝，就由她来蹚，她可以临时换衣服。弗里曼夫妇对卡森满心崇拜，同时又觉得和她在一起无拘无束，十分自在，故而都盼着再来。

9月初的一个星期天，采集探险活动开始了。这是一件乐事。玛丽·罗德尔正好从纽约过来度周末，而且大家（包括卡森的母亲玛丽亚）都处得很融洽。之前，卡森建议斯坦和多萝西快傍晚的时候来，这样能赶上退潮。海洋生物之丰富多彩让多萝西十分惊讶，以前她根本不知道西绍斯波特港的潮池里和岸线的缝隙间竟然生活着这么多生命。卡森给他们演示怎样顺着光滑的岩石向上爬,在哪里停下往悬垂的岩石下面观察,或者伸手入水,够取标本——没想到她身手这么灵活!多萝西亲眼看见她几乎是以头触地,倒立着观察一个小洞穴的角落里紧紧附着在石头上的海葵。

海葵是卡森最喜欢的海洋动物之一,它们个头不大,靠捕食为生,长有触须,经常混在五颜六色、品种繁多的海洋活物里被带上岸边。卡森吭哧吭哧费力地将成团的海藻挑开,用随身带的小标本瓶盛起一些碎屑和藻类,边走边收集。她还带了一只桶,装比较大的标本。多萝西没想到绍斯波特岛附近的水域里生有海绵,她找到了一些,高兴得不得了。那天潮涌比较大,几重波浪拍击在礁石上,打湿了他们的衣裳。过后,他们围在壁炉边喝热茶取暖,而后看了看卡森的书房,透过显微镜观察多萝西所说的"新世界",新世界多么"奇妙、美丽、难以置信"!多萝西看见了一只被放大的海星的钳状脊椎,令她难忘,不过,她回忆说,那仅是当天所见的"一百个大开眼界的画面中的一个"。她还仔细观察了卡森的一举一动,一言一笑。

《我们周围的海洋》的作者和她想象的不一样。卡森声名大噪后,报纸刊登了一张她和小猫的合照,小猫由此成名,追捧者的信件纷至沓来。所以,眼前的卡森似乎"太娇小",还经常露出一脸愁闷,这让多萝西感到意外。如此毫不起眼的人的头脑里竟然储存了那么丰富的知识,真不可思议。多萝西觉察卡森心有悲戚,似乎被突如其来的显赫弄得不堪。不过,她本心谦恭、善良,每一天都像今天这样,最后把自己采集来的活物标本又都放回海里。

两位客人留给卡森的印象同样深刻。斯坦把一张他拍摄的海鸥照片送给卡森,卡森觉得摆在茶几上很好看。一只爱猫不久前死了,卡森肝肠寸断,伤心欲绝,弗里曼夫妇也是感同身受。他们俩要返回西布里奇沃特了，卡森满心遗憾那个夏天他们没有更多时间来深入了解彼此。她给多萝西寄了一封告别信，开头再次以“亲爱的弗里曼太太”相称，而信的末尾附上一条建议：希望彼此不再拘礼，丢弃客套，直呼其名。她说，想起一年前多萝西写信给她，她真是欣喜；建立了“这样舒心惬意的友情”，她真高兴。

从一开始多萝西就担心卡森会误解她的心意，认为她看她是著名作家，所以才对她和气友善。多萝西很快便展现出当记者的才干，她深知写作过程是要求很高的，她怕和卡森交朋友会打扰卡森工作。卡森内心倒没有这些顾忌。她希望多多了解这对夫妻，特别是多萝西。只可惜在西绍斯波特村居住的季节太短，市政供水系统走的是地上管道，秋天关闭，春天再开。冬天别说在这儿住，就是来看看也不成。卡森说，夏天三人没在一起待更长时间，是为遗憾，但她认为多萝西说得好：他们可以期待下个季节相会于缅因。看情形，卡森还待在西绍斯波特村的时候，多萝西给她写了好几封信，不过，她特意叮嘱卡森安心写书，不需花时间回信。

可是，也许是有了多萝西觉察到的那种“愁闷”吧，卡森在9月下旬寄了一封长信，把发生在希普斯科特湾的事原原本本告诉了多萝西。无须说卡森也能觉出，多萝西很想知道自己在忙什么，于是在信里附了一张快照，那是她趁激浪高得反常的时候在水边拍摄的——海湾里好像还没有来过那么暴虐的浪头。她还把近时研究过的各种海洋生物的详细情况写给多萝西，说到一种“特别精致美丽的虫子”时，语气显得很快活。那虫子是她在一群藏在粉红色珊瑚壳下面的多生物杂合群落里发现的，好多地方的礁岩上都覆盖着一层粉红的珊瑚壳。卡森叫多萝西不要笑——它的确是“世上最美丽的虫”。

卡森说，多萝西走后，潮涌澎湃壮阔，她一度感觉应当在多个地点分头考察探索。附近她最偏爱的一个地方是海洋点(Ocean Point)，它是位于布斯贝港东边的一处布满巨石的曼延岬角。但末了她又说，她觉得还是应当好好了解眼前这片海岸，于是就待在家附近。如今要道别就难了。她还想让多萝西知道，不管谁来与她作伴，写东西于她而言都是费力劳神的苦差事。

卡森说，得知多萝西和斯坦不止一遍地读了《海风下》和《我们周围的海洋》，并且在结识了她这个作者之后依然很喜欢这两本书，她很高兴。她对多萝西说，不得不就此搁笔，不然，信就要写成书了。在信的末尾，她悠悠地写了这么一句："衷心祝福给弗里曼全家，深情至爱送给你"，犹如一人轻触了对之有意的另一人的手。

过了一周，卡森再次写信，求多萝西一定要给她写信，无须顾忌给她写信会耽误她工作；写书进度慢另有原因，和多萝西毫无关系，其中一个主要原因是她决意把一个章节推翻重写。她还说，12月底她要去波士顿参加一个学术会议，问多萝西是否能去，和她见个面吃个饭。这次她的落款是"你亲爱的，蕾切尔"。

卡森去往南卡罗来纳州的默特尔比奇，为写那本描写海滨的书做进一步调研。刮大风时，她就宅在屋里，待上很长时间，一连气给多萝西写去几封信。信写得很长，笔调轻松，似在聊天。母亲跟卡森的两个外甥女弗吉尼亚和玛乔丽一起陪她。同来的还有玛乔丽一岁零八个月大的宝贝儿子罗杰，卡森的甥外孙。卡森告诉多萝西，小罗杰热爱海滩，让她欣喜。她常在天黑后带他出去，打着手电捉沙蟹，小罗杰捡起一只奇形的贝壳，管它叫"螺螺"，逗得她直笑，原来在绍斯波特岛的时候，小罗杰把捡到的滨螺叫"螺螺"。卡森一再夸多萝西的信那样妙趣横生，每封信写的都是他们仨来年夏天要好好谈论的话题。

至于年底两人在波士顿见面，卡森打算制订一个明确的计划。她坦言，去波士顿参会，她感觉很紧张。会议是美国科学促进会主办的，她要在会上宣读一篇关于气候变化影响沿海海洋生物的论文。卡森能讲，但不喜欢在大庭广众之下讲，何况她在台上讲，台下是一群正襟危坐的科学高士，叫她怎能不紧张——她对多萝西说，那场面"太难受了"。她打算把两人见面安排在科学促进会发言之后的第二天，那样她也轻松了，可以把心思都放在多萝西这儿。

信上说，她很高兴多萝西喜欢她推荐的书，德国地质学家汉斯·克洛斯(Hans Cloos)的《对话地球》(*Conversation with the Earth*)。这期间，南卡罗来纳袭来一场风暴，将一些平时生活在近岸海水里的有趣礁岩生物推上了海滩。卡森说，她仔细观察了色彩鲜艳的海绵、海象、螃蟹、海星、海胆，甚至还细看过一只"硕大的章鱼"，乐趣盎然。那只章鱼让她想起了欧文·艾伦根据《我们周围的海洋》拍摄的纪录片：章鱼一出场就被拍成了"深海怪物"，真是岂有此理。

卡森间或提及那本描写海滨的书，书仍旧写得不顺畅——不过，她总要特意解释说，写不顺是她的问题，一点怨不着多萝西。她承认，那个夏天的写作进度太慢了。霍顿·米夫林出版社的保罗·布鲁克斯很有耐心，连卡森自己都觉得布鲁克斯太能容人了，书离完稿还差很远呢，她快"绝望了"。心绪糟糕的她向多萝西感叹：人生短暂，不该在一本书上耗费这么多时间。她想，要是另起一章，在首页打上"亲爱的多萝西"几个字，会不会写起来顺手一些呢？

1938年起，卡森就把家安在了马里兰州的银泉市。除了二战期间在芝加哥暂住一时，战后她与母亲在马里兰州的塔科马帕克附近短居之外，银泉就是她的家。1953年秋，卡森返回银泉，蓦然想到自己有好几个家——一个当然是在马里兰，一个现在西绍斯波特村的那个夏令避暑的去处，还有一个家，至少从象征意义而言，是在一座迷人的心灵小屋里，在她与多萝西鸿雁往来的字里行间，这个家变得鲜活生动。

多萝西喜欢小幅的粉底信笺，有时候，信笺左上角带一朵花或其他装饰图案。她的信写得工工整整,从页面左边写到右边,一丝不苟,行行平直,两端只留下一点空白。她间或用铅笔起草,最后再用墨水誊写。卡森偶尔用打字机写信,平时基本上是不管手边有什么纸,抓过来就写,有时是用漂亮的信笺,就像多萝西的信笺那样,有时就用便条纸或普通的打字纸。

11月中,多萝西提议,波士顿演讲完了也不要只见个面、聚聚餐,卡森干脆直接来西布里奇沃特,下午晚上都和她、斯坦在一块,赶夜里的火车回马里兰。卡森说这主意不错,不过她还是透出点失望:那样一来,她就没时间在波士顿与多萝西单独在一起了。她对多萝西说,她不由得要想象她俩相逢的场景:赶到波士顿,而后下了火车,"扑入你的怀抱",尽管她知道这不可能实现。她还说,这头要为演讲作准备,那头圣诞节假期眼看就到了,忙得她"快发疯了"。

卡森眼里,多萝西最可亲可爱的一个优点是热爱文学。卡森特别想把自己钟爱的作家的作品推荐给多萝西,她提到的头几位作家中有理查德·杰弗里斯。卡森承认:杰弗里斯的作品"参差不齐",而他又多产,所以,他的书如果选错了,很容易误入歧途。她一直很喜欢散文集《杰弗里斯的英格兰》(*Jefferies' England*),建议多萝西去图书馆找来看看,要是图书馆没有,可以借她的。

卡森想让多萝西也喜欢上杰弗里斯,她是把杰弗里斯奉为自己的"文学祖师爷",也跟多萝西交代了这位祖师爷在她著书立说事业中的地位:"我的个人风格和思想在关键的几年里深受亨利·威廉森的影响,这一点我是肯定的。他的《水獭塔卡》和《鲑鱼萨拉》是描写自然的圣品、杰作。而威廉森说过,他从杰弗里斯那儿接受的影响和教益同样深刻。"

卡森还隐约提到,过不久,多萝西会收到她的另一封信,她有件事一定要告诉她。

据她俩估算，绍斯波特岛的头一个夏天，两人在一起待了6小时多一点。而今，在尺素鸿雁往来数月之后，彼此都怀有一种深深的眷恋，令人激动，更让人意外。12月初，卡森又写信，将波士顿之行的明细理理清楚，并夸赞多萝西最近一封来信写得极妙。她常在午夜以后给多萝西写信，一写就是很长时间。这让多萝西再度感觉自己碍了事，有些过头了。卡森却说自己本就是个“夜猫子”，劝她无须操心多虑。多萝西还在信中问道：倘使夏天她们没有相遇相识，也许现在各自的生活会很不一样吧？卡森似不在意这一问，不置可否——它只是让她记起她们是在那时相遇了。她写道，无论怎么，她们俩都一定会相遇相识的，只是方式、途径有别而已。接着，她对多萝西说了一件她跟任何人都未讲过的事：

> 你给我的信里冒出的那些个“为什么”，答案其实只有一个，而且很简单，这点你心里一定要明白。比如，我为什么要保留你的信？那个夜晚我为什么去狗鲨头？为什么？因为我爱你！我现在可以继续写下去，把爱你的理由讲几条给你听，但那样的话，要花好一会儿工夫，所以，我觉得就长话短说，一言以蔽之吧。

卡森在美国科学促进会大会上的发言进行得很顺利，地点在波士顿壮丽古老的力学厅。《我们周围的海洋》出版后，卡森被授予了多个名誉学位，在此次讲演的会议议程上，她的头衔是“蕾切尔·卡森博士”。为了迎合台下的听众，卡森增加了演讲的专业浓度，内容多半是取自新兴科学，而不是她广受欢迎的作品。她探讨了气候转暖造成海滨环境里各种生物的数量增减，海洋植物群落以及海水化学成分的细微变化。她讲到了一个未来几年引起广泛关注的新概念，这就是：地球上的生命是一场持续不断的生物实验，人类既是实验的观察者，也是参与者：

> 海边就是一个实验室，做实验者是大自然自己，她做着生命演化的实验，做着在一个有生命和无生命等各种因素构成的复杂系统内，生物微妙平衡的实验。在海滨生物学的早期阶段，发现、描述、命名海边发现的动植物就已经了不起了，而人类现已远远超越了这个阶段；在生态科学的黎明期，人们认识到了某些种类的动物是某些生境特有的，同样，我们现在也超越了这个阶段。今天，我们的头脑里一直萦绕着两个问题："一种动物为什么会生活在它现在生活的地方？""将它固定在其所在环境的那些个束缚的本质究竟是什么？"

卡森讲完，正要离开会场，忽见多萝西在等她，吃了一惊。激动之下，她上前吻了她，低声说："咱们原先不是这样计划的吧？"她们回到卡森下榻的喜来登酒店，坐在床上，长时间相视微笑，不知道下边做什么。从波士顿出来一路向南，中途她们停下，看几只鸭子在一个池塘里划水。再回到车上，两个女人心头都憋着话要说，可是谁也没先开口。两人不知道接下去会怎样，却也不加抗拒。到了西布里奇沃特，多萝西把卡森带到自家楼上休息了一会儿，卡森叫她"快点回来"。

那一夜，卡森坐在火车上时睡时醒。她在1954年元旦致多萝西的一封信里说：回家这一路上，每每醒来，她都能感觉到多萝西"蜜意柔情"似在身旁；她确信，她离去后，多萝西对她也有同样的感觉。两个女人后来忆起这段相守独处的时间，称之为"13小时"：彼时彼刻，"一小片宁静的绿洲"走入了她们的心田。卡森说它"完美无瑕"。现实常常是，期望越高，失望越大，但对她们俩来说，情形并非如此。她告诉多萝西，自己不会有一丁点改变，即便能，也不改。济慈(Keats)的这几句诗令多少浪漫的人儿心驰神往，她觉得最能表达她的感受：

一件美事，欢悦永恒：

美事之妙与时俱增，它决不会

化为乌有；而始终为我们留存着

一座幽静的花亭

一场缤纷的美梦

至此，卡森和多萝西之间发生的所有事情都昭然可见。卡森每次写信，信封上的收信人均写作“斯坦利·弗里曼夫人”，但她和多萝西渐以“达令”(darling)相称，字里行间爱意满满。卡森已经在设想来年夏天她俩于西绍斯波特村的相聚情形了——想起多萝西在村里待的时间比她要短，卡森便怅然于怀。两个女人很快想到，彼此在信里说的那些话要是让斯坦和卡森母亲玛丽亚知道了，可能会遭到他们非议——她俩的“疯魔”，只能招来他人的误解。书信往返如流，卡森想，隐瞒通信是很难办到的，一封长信里仅挑出一段两段读给家人，也说不过去。她说，信的主题根本不需要细说端详——她确信多萝西明白她的意思。

卡森提议，今后写信，一分为二，一部分写普通讯息、新闻趣事之类，可以读给家人和朋友，另一部分是私密内容，只能她俩知道。后来，两人把私密信(通常是折叠着，夹在普通信里)叫作“苹果”。每每拿不准某件事、某些话是否仅限她俩知道的时候，通常会明确地写上一句：什么什么要“存入保险箱”。就这样，书信依旧往返不断，甚至比以前还要频繁；为适应“信中信”这一计策，篇幅也拉得更长。有时候，她们会同在一天或第二天搁笔而后又提笔，于是，一封封信就成了记录日间杂事及所思所想的流水账。另外，两人也开始用电话联系，听见对方的声音，便兴奋不已。就在颇难想见两人还能加深感情的时候，卡森给多萝西寄去了一封很长的表露心迹的“苹果”密信，此信和她之前所写以及今后再写的信都不一样。多萝西之前提议：暂时不要写信了，待卡森完成书稿再说，现在搞得每日函书不停。但卡森不听。

她说不想让多萝西对她的爱存有一丝一毫怀疑，还坦言去年夏天在多萝西和斯坦离开西绍斯波特村之前，自己就爱上了她。她说，多萝西身上"集聚了特别素质"，唯她所独有；她的生活需要有这样的素质。她们的情爱常让她想起一则寓言，寓言里有一个人说：如果他只有两便士，他会花一便士买面包，花另一便士"为他的灵魂买一朵白色风信子"。没有多萝西，她做的事，包括写书，都毫无价值。多萝西就是她的"白色风信子"，这几个字很快便不再是打个比方，随口一说，而是蕴含了浓情厚意。此后，两个女人永远记住了卡森的这篇重磅表白，把它叫作"风信子信"，此风信子花成了彼此忠贞不渝的永恒象征。后来，她们将1954年2月6日这一天，也就是白色风信子信收悉的日子，当作一个重要的纪念日。

可是从一开始，两人中间就夹着一个第三者，就是卡森的工作。卡森对多萝西写道：

> 我以为，搞创作的作家是如何工作的，作家需要何种精神营养，并非所有的人都真正了解(他或她也许就更不必说!)。有一点我是可以肯定的：我需要知道世间有这样一个人存在：他把我当作普通人衷心相爱，他善解人意，能感同身受般地分担苦心创作时所要承受的有时近于断骨裂筋的压力，体察内心的苦痛，身心的疲惫，还有间或一现的黑漆般的绝望；一句话，他珍视我，也珍视我想创作的东西。

卡森可能不是有意坦露自己如信上所说的那样专注于自我——不过《我们周围的海洋》的成功对她影响太大了，这一点无可否认。至少，此书的成功把多年等待而未显露的自负之心给释放出来了。现在，虽然获奖一堆，名列畅销书榜，书迷来信如潮，还有众多听众赞扬称道，但卡森的内心仍旧是初出斯普林代尔的少女，笃信万般皆下品，唯有著书高。在多萝西那儿,她找见了一个爱她的人,**虽然**她也明知,当蕾切尔·卡森意味着什么。她说自己不知拿什么回报多萝西,但是,情愿决然无疑地认可自己"填补了多萝西生活的某种需要"。

这本准备交霍顿·米夫林出版社出版的描写海滨的书,超出了保罗·布鲁克斯最初的设想,卡森写作此书花的时间也要比1950年首次讨论这个出版项目时预计的时间长很多。布鲁克斯想的是做一册实用读本,既能发挥卡森的写作才能,又不完全依靠之。他想,这本书会是一部袖珍本的野外指南,文字简洁,可以配上50页插图。卡森询问多长时间交稿,布鲁克斯说没有"具体期限",但是,希望在1951年夏末——也就是在《我们周围的海洋》出版后不久——收到完整书稿,这样霍顿·米夫林出版社可以有充足的时间做编辑,来年春天出版发行。

卡森不喜欢被人催着追着,她让玛丽·罗德尔转告布鲁克斯,她可以在1952年春的某个时间交稿。卡森和布鲁克斯一块为该书挑选了一位插图画家,名叫鲍勃·海因斯(Bob Hines),以前是卡森在美国鱼类及野生动植物管理局的同事,专职为海洋生物画画。海因斯年轻英俊,画又画得漂亮,所以大家都喜欢他。卡森对承诺过的交稿日期并不在意,但《我们周围的海洋》出版后闹出的动静一下子叫她应接不暇。她沿着东海岸北上南下,海因斯有时候陪着她。她不停地作笔记,思索着如何把这本书写出来。布鲁克斯当然知道自己是撞了大运,趁着世界还不知道卡森是谁时,把她抓到了手。现在一定要给她时间,书要写多久,就给多长时间。他对卡森说,她几度报告说又有别的事要挤占时间,语气未免"太轻描淡写"了,因为他深知一位畅销书作家必须怎样。另外,他还说,所有这些关注都将是"这本描写海滨的书的远期收益"。

但一切照旧。

1952年春,卡森提出的交稿时间到了,继而过了。显然,这本书还在酝酿写作中，卡森已经有意不再把它当作“野外指南”写了，而是要写成别的东西，至于怎么写还未确定，反正比原计划的篇幅要长，需要下更精深的功夫。霍顿·米夫林出版社的出版商洛弗尔·汤普森(Lovell Thompson)催促卡森发一份“样章”给公司，这样等文本和插图都收齐了好照此布局排版。项目启动之初，卡森曾自告奋勇去做样章——她以为鲍勃·海因斯会参考他本人的画作设计版面。可是事到如今，她却一口回绝，还提醒布鲁克斯说不要忘记，之前双方已经说好了，她“有权按照自己的特定风格来做这本书”。甫一启动，她就执意要按照自己的“品味和判断”确定书里的内容，包括写细枝末节。她说，若事先定下了框框，无异于“将我强塞进直筒袜里[原文如此]”，束手束脚。她将整个情况小结了一下，说她和海因斯已经完成了野外考察，文本和插图方面也取得“初步”进展，他们现在可以真正着手大干一场了。卡森如是说，想必布鲁克斯会有点心烦。

此事让霍顿·米夫林出版社上下哗然生疑，布鲁克斯赶忙请洛弗尔·汤普森放心：一切顺利，卡森只是在充分利用他给予的宽限。他说，他“一直”在鼓励卡森按自己的感觉去写这本书。看来有一点是清楚的：无论此事意味着什么，未来的成品将会“更有分量”，比原来的设想“更有文学色彩”。布鲁克斯承认，与一位作家和一位画家打交道可能麻烦一些，但他对汤普森说，卡森和海因斯彼此非常熟悉，他觉得可以把他俩当成一名作者，委托他们把所有的事情搞定。他还说，硬要他们按照指南类图书的一般规范去做这本书，是错误的。鉴于相关人都明了情况，布鲁克斯说，他也感觉用“海滨指南”作书名似有些不妥。汤普森对布鲁克斯的劝慰并不十分满意，他说他担心海因斯“把插图画偏了，他画的是一套，蕾切尔写的是另一套”。

1952年圣诞节前后，卡森去佛罗里达州西海岸及附近的几座布满贝壳的屏障岛屿看了看。新年时，她把部分书稿寄给了布鲁克斯，提醒说这只是初稿，很粗糙，必须详加修改。她还提出，书名改为《海边》(*The Edge of the Sea*)。布鲁克斯对书稿和新的书名很满意，他告诉卡森，有些段落之精美，绝不逊于前一部佳作《我们周围的海洋》，劝她放下顾虑，不要觉得这本书不行。卡森和罗德尔原本就开始商议想个什么办法把卡森的收入分摊到几年，少交点税，此时觉得有可能要来一笔横财，于是赶忙采取手段，要再打造一本畅销书。罗德尔要求霍顿·米夫林出版社更改卡森的合同条款，保证她任一年度的收入不要超过7500美元，高于这个额度的收入要延迟到以后支付。

事情并非件件顺利。3月，卡森和布鲁克斯单独商议办法，处置鲍勃·海因斯的问题：海因斯画的插图还差得老多。卡森说，她自己本来没有资格说三道四，因为她的书稿也是一拖再拖，不过，她认为海因斯的情况太出格了，他们得给他下个最后通牒：要么画完，要么就别画、闪人。卡森说，她知道海因斯虽然仍在鱼类及野生动植物管理局上班，但另外干着私活，他需要靠私活挣钱。但是，她认为出版社向海因斯预支《海边》的插图稿酬也许是个错误；她建议，追加的预付稿酬布鲁克斯可以暂扣起来，等收到海因斯的全部插图之后再付，借此催促他仲夏之前完成画稿。

至于写作——卡森仍在勉力而为。她说，为了这部书稿，她在“忍受煎熬”，不过语气里满含着乐观：对她来说，忍受煎熬似乎很正常。布鲁克斯想缓解卡森的顾虑，或许也想给她一点激励，当即提出把海因斯的预付稿酬由1000美元增加到2000美元，追加的稿酬待插图画完时分期支付。卡森松了一口气，她感谢布鲁克斯及时相助，把她赴佛罗里达群岛考察以来新写的书稿发给了他。暑热难当——卡森说她不能一辈子在这种气候里生活，不过，她认为这个南国群岛的地质构造，及其大小岛屿、珊瑚礁还有红树林湾拥有迷人的魅力，虽然她承认，言之轻松容易，“而形诸纸上就痛苦难当了”。

讨论完海因斯的事不久，罗德尔致信布鲁克斯，称卡森未曾“滞笔”，现在书稿推进得比较顺利。卡森可能向罗德尔透露过类似的消息，但这消息并不真实。没过几天，卡森就告诉布鲁克斯，她要暂时停笔，去默特尔比奇几天，因为“用脑过度”，精神极度疲惫。她说她是遵照“医嘱”去度假的，她觉得从长远看，这样做反而能早点交付书稿。

布鲁克斯要了点圆滑，避开了这个话题，他提醒卡森，霍顿·米夫林出版社正在研究插图的彩印，因为彩印可能“贼贵”，出版社决意要控制封面成本，不能太高了。他说，现时计划是等，等到整部书稿和插图提交后，先对成本作出精确估算，之后再作最终决定。卡森回信说，好像也只能这样了。

1953年5月，卡森患呼吸道感染。不巧那段时间，她的母亲血压一直高，需要观察，过后她们才能动身去缅因州和新建的小屋。6月下旬，也就是在去西绍斯波特村遇见弗里曼一家之前的几天，卡森还待在银泉，为书稿的事殚精竭虑。她对布鲁克斯说，她在研究佛罗里达群岛及其多样的生境时忽生灵感，这是她头一次对全书该怎么写有了清晰的构想。之前的问题是想把每一章写成某一群海洋生物的“传记”，独立成篇，整部书就由这些单篇汇集而成。而现在她清楚地意识到，需要有更高层次上的统一，就是说，要有一种总括性的叙事，让这本书更像是《我们周围的海洋》的姊妹篇。当然，这也意味着已写好的大部分篇章需要重写，她无法预测这样做需要多长时间。

有一类作家，放着好走的道不走，偏要去闯关过险，几进几出，卡森好像就属于这类。她越看《海边》越不满意，也就越不愿意靠修修补补来完善它。此时，心意已决、要推倒重来的她，蓦然发觉那种很早就梦寐以求、心无旁骛只管写作的“自由”，其实是一座囹圄。《我们周围的海洋》不是她一边在政府机关全职上班，一边零敲碎打，利用深夜的闲暇写成的吗？而现在，除了自己决意要做的事情之外，并没有什么打扰旅行,搅乱思绪,占用时间和精力,而自己反倒迷失了？卡森不解！她对布鲁克斯说,她终于想明白如何写这本书了,语气十分坚决,意在让自己沉下心、安住神,也是叫布鲁克斯放心。

7月,海因斯马上就要画完《海边》的插图,晚是晚了,但还是比卡森的书稿提早很多。卡森承诺9月份再提交"一大部分"书稿。她对布鲁克斯说,"自己竟落后这么多,心里十分难过"。她还说出了她在缅因州小别墅未公开的电话号码,并告诉布鲁克斯,她把这个号码藏得很严,"省却好奇者四处打探",发现她的行踪。

但是9月,卡森写信给多萝西,毫不隐讳地承认,这个夏天,书稿没有什么进展。布鲁克斯和平素一样,淡然处之。他甚至去卡森的小屋客坐了几天。10月,卡森对他说,估计《海边》的最终稿大概有9.5万字,就是说,比布鲁克斯最初设想的篇幅几乎长了一倍。她说,她正在做的修订会大大提升文本质量,但进度依旧缓慢。她和布鲁克斯商定,把1954年3月底作为新的截稿日期,到时提交最终稿。就是按此日期提交了,书稿也比预订时间迟了两年,但卡森还是没做到。

3月到了。卡森致信布鲁克斯说:虽然竭尽全力,但这个月还是无法交稿;她感觉改在5月底交稿"比较现实"。她说:"书及作者一如平常,可就是每天不能按计划码出那么多字——我想您能理解的。"

卡森大概是确信书稿5月能完成,因为她对多萝西说了,6月前一定要写完,这样她就可以毫无牵挂地去缅因——她还叮嘱多萝西:决心下了,就别再动摇。有一天,她和多萝西通了电话,过后开始写书稿,一时间文思泉涌。她对多萝西说,不论是真是假,就认定她的声音能带来灵感了,这也是乐趣呵。她说:"事情顺利的时候,就像过去那样,我就感觉有盼头,书是**可以**写得完的,而且也不会写得太糟。"可是,就在她对布鲁克斯说完5月底找她要书稿之后刚过两周,她又写信告诉他,

5月交稿也无望,霍顿·米夫林出版社不要指望秋季出版了。具体哪个日期能交,她也没再承诺,只说会坚持"写下去"。

这一次,布鲁克斯顶了回去。他在4月和卡森开诚布公地谈了一次,并向洛弗尔·汤普森作了汇报:该书秋季出版应该没什么问题——虽然卡森有异议。他还跟汤普森说,出版社已经决定,除封面使用彩图外,其他插图一律不用彩印。另外,鲍勃·海因斯画得非常精细,应该再给他250美元的预付稿酬,甚至500美元也不为过,因为他断定书会销得很好,能抵销这部分支出,不过他要等等看海因斯提不提加钱的要求。而后他写信给卡森,称赞此书进展顺利,"主要因为你写了一部供人品读的书,不止是参考资料。它给人留下生动的意象,让人了解无限丰富的生命之间的那种相互依存关系。有钱的读者恐怕要争相购买显微镜了。今秋之前,我要选一家光学公司买进一些股票!"

霍顿·米夫林出版社内部并非都这么乐观。一位编辑对布鲁克斯说,这部书稿和《我们周围的海洋》的定位是不一样的,它的"指南"味儿很浓,这也不奇怪,因为它就是奔着指南去的。布鲁克斯把这个点评记在心里,着手编辑时,按照他估摸卡森会认可的方式,将整部书的科学性和文学性融为一体,凡是带指南特点的地方一律避开。令布鲁克斯欣慰的是,卡森对他的建议表示赞赏——她接受了许多处改动,也忽略了其他变动。她开始了又一轮修校,她觉得这样可以把书改成布鲁克斯希望的样子,但同时她也向对方说明,她不是依序写作,他读开头几个章节时提出的好多问题,往后会不证自明。当然,她还申明,自己需要更多的时间。

布鲁克斯收到了卡森的最新修改,好似云开雾散,一切都变得明朗起来。他称赞卡森"妙笔精修,洋洋乎大观",出版社人人"兴高采烈"。这个说法有点轻描淡写。霍顿·米夫林内部流转的备忘录称赞卡森最新写出的稿子文笔"绝佳",充满了"奇趣和诗意"。当初跟布鲁克斯发牢骚的那位编辑，这时也赞叹卡森"巧妙地"采纳了编辑建议，并予以完善。他说，现在的书稿肯定比卡森全部采纳编辑的意见做修改的效果好很多。卡森听说后很高兴，但她恳请布鲁克斯少做精细编辑，因为他拿到的书稿还需要进一步修改，现在编辑得太细是浪费精力。事情好像步入了正轨，这时，玛丽·罗德尔又得到消息：《纽约客》杂志要连载《海边》，众人大喜过望。

1954年8月，布鲁克斯再度去西绍斯波特村造访卡森。她带他去小屋下边的潮池游玩，还给他看了几页刚写好的手稿，布鲁克斯说他很欣赏。可是，等11月回到马里兰，卡森就写信说，她在缅因州的秋季写作计划完全废掉了，原因之一是小屋的访客太多，原因之二是她母亲长期住院治疗滑囊炎，第三个原因是岛上遭遇了两场飓风。从海湾呼啸而来的风暴太强，一家人担心小屋被刮散架，于是收起书稿，准备随时离开。也有让人愉快的消息：卡森看到了一头鲸鱼，在小屋附近发现了麋鹿的足迹，但没有瞥见麋鹿的身影。不过卡森承认，这些不是布鲁克斯真正关心的事情。她说她已下定决心，1月底一定完稿，这回自己能做到。提前交稿不现实，她根本弄不了。另外，她决定，不再分批寄送书稿，而是等到全书完成之后一并寄送，恳请布鲁克斯再迁就一次。布鲁克斯回信：1月底交稿，他这边没问题，但如果再晚，事情就"不太好了"。也许是想平息一下霍顿·米夫林出版社对她的怨气，卡森订购了两册洛弗尔·汤普森写的书作为圣诞节赠礼。

但是1月初（已是1955年），卡森又致信布鲁克斯说，"月初"可以把"差不多整部"书稿寄给他。她说的月初是指2月初。她说，这当然要取决于多种因素，特别是她的精神和身体状况。1月底，她又函告布鲁克斯，还需要几个星期。一个月后，她又说再等几天。3月15日这天，书稿终于交寄了——比原计划晚了3年。

布鲁克斯写信称赞卡森是个"奇女子"，还说"今天的确是一个重要的日子,对你我而言,也是喜乐欢欣的一天";"又读大作,妙笔时时涌现,一些段落之绚美,为《我们周围的海洋》所未见。"

关于《海边》一书的写作情况,卡森和保罗·布鲁克斯写了那么久、那么多迂回曲折的信,可是遍观信件,竟无一处提到卡森的两个友人斯坦和多萝西。布鲁克斯可能在某次来访西绍斯波特村的时候见过斯坦和多萝西,但是没有细节证明他理解这两个人对于卡森个人生活的重要程度——当然也就没有实据证明,除了卡森和多萝西自己,还有旁人了解她俩的亲密关系到了何种地步。

1954年2月,两个女人还在探查彼此情深几许——多萝西称之为"启示"(The Revelation)。卡森唯有一点悔恨,那就是把她对多萝西的感情形诸言辞,竟然费去这么长时间。多萝西则说她们俩陷入了一种"强烈的情感体验",无以自拔。卡森说这是一个"发现"过程,彼此的了解每进一步,感情便愈加迫切难耐。她不断克制着放下手头的工作去找多萝西的欲念,但她自知克制不了。那欲念一来,她直想着去"挣"两人厮守的时间。她对多萝西说:"亲爱的,我太想和你在一起了,想得心痛啊!"虽然两地分隔,各自生活,但彼此竟有超乎寻常的默契,有时连她们自己都深为惊奇——甚至不在一起时,也常有某种意念或体验于同一时刻跃上心头。她俩称这些巧合的关联为"星尘"。

1954年3月底,卡森坐上东方航空公司的班机飞到波士顿。她跟多萝西说,她很喜欢飞行,虽然她认为这多多少少是因为自己"很幸运,总是赶上好天气"。她和布鲁克斯见了面,又去西布里奇沃特在弗里曼家待了3天。多萝西早就答应把早餐送到卡森床边。卡森狡黠地写道:这要看是否有她没有明说的某种"想法"了。她评价说,这次做客甚好,不过,即临缅因州的夏天多半是要用来写《海边》了。如此,这一夏注定要比她希望的"少一些平静",和多萝西待的时间要少一些。然而,她告诉多萝西书几近完稿，整个夏天她要做的事情基本上是日常杂事，因为届时“创作”工作已经做完。此话究竟是何意？卡森是否真的相信此话不虚？令人无从知晓。她还向多萝西坦言，这本书活像一条“恶龙”，把她紧攥在利爪间。

4月，卡森作了两场演讲，一场在底特律的克兰布鲁克科学研究院，另一场在俄亥俄州的哥伦布市，由“西塔·西格马·斐”(Theta Sigma Phi)女子通信协会主办，听众近千人。又过几个星期，卡森去纽约接受“限量版俱乐部”(Limited Editions Club)颁发的奖项，她被评为“十大美国作家”，这十大家出的书有望被奉为经典。令卡森不解的是，获得诺贝尔文学奖的赛珍珠(Pearl Buck)竟然不在获奖者之列。授奖仪式在皮埃尔酒店举行，7点30分开始，先是香槟酒会，而后是晚餐，接着是几节葡萄酒品酒讲座。卡森对多萝西说，她不喜欢香槟，说明她生性不“适合文学生活”(一句怪语)，因为她品赏文学生活的许多内容同奢侈的晚餐和发言讲话不沾边。另外，她对这个奖也不太看重。她对多萝西说，它只不过是“几个同代人组成的评委会的评价”而已，过眼烟云；接着，又豪迈地来了一句：只有后世才能评判《我们周围的海洋》是否是一部经典。

1954年5月，卡森一连5天不再想工作的事。趁着斯坦出差，她和多萝西一块从波士顿出发去西绍斯波特村。这趟旅行她们筹划了几个月，真的来临时，两人竟不敢相信天地为其所独有。大部分时间她俩就待在卡森的小屋里，偶而出来一会儿，晚餐也吃得晚，吃完了就围在炉边待到深夜，有一次还通宵达旦——她们说啊、聊啊，忘情其中，仰望一轮皓月透过树木的枝叶撒下银辉，毫无睡意，彼此不愿错失对方须臾的陪伴。

她们一边懒洋洋地吃着早餐，一边说笑；她们去树林里漫步；她们一块朗读，你为我读怀特，我为你读汤姆林森。见多萝西也喜欢汤姆林森，卡森很高兴，她感觉汤姆林森的作品“有魔力”，还说它以一种“说不清道不明的特别方式”影响着自己。有一天，她们听见隐士夜鸫在高亢地鸣叫。又有一天，多萝西用了一个词rote（死记硬背），令卡森莫明其妙，声言从来没听说过，怀疑它不是一个正规的英语词。后来得知是正规词，她觉得挺有趣，不过执意说书刊里不大可能看到它。多萝西回忆，这次相见就像是一部交响乐；卡森则称之为“一百钟点”。以后，两人把这段时光称作“5月佳期”。

卡森返回银泉一趟，她要开列一份书单带回缅因州，这其中包括埃德温·韦·蒂尔（Edwin Way Teale）的《四季轮回》（*Circle of the Seasons*）、罗杰·托里·彼得森（Roger Tory Peterson）的《鸟类手册》（*Field Guide to Birds*），还有达尔文乘“贝格尔”号的游记。她告诉多萝西，还有好多书想与她分享，只可惜没有那么多时间把它们全读了。她说，这个夏天短暂、繁冗。为了快些赶回缅因——也仗着手里有点钱，卡森买了一辆“造型特运动的”奥兹莫比尔牌轿车，浅绿车身，白色顶篷，镶白圈的宽胎，“自动挡、大马力”。她说，这辆车十分先进，驾驶时她只需“坐在里面”就行了。

卡森和多萝西铭记着在一起的每一刻、每件事。那些她们希望永志不忘的 想法、感觉和时刻，犹如串绳上的一粒粒珠子，保存在共同的记忆里，维系着她们。有重要的时日，比如“13小时”、“5月佳期”，也有积淀起两人好感的许多小姿势、微表情，那些姿势表情她俩也常常提及。卡森对多萝西说，她就是喜欢待在西绍斯波特村，与“礁石、海湾为伴，与夕阳、云彩为伴”；夏天，缅因的海岸散发着无与伦比的芬芳，令她欣然自喜，那是一种混和了水边暴露的岩礁海藻和太阳烤晒过的林中云杉的气味，让人迷醉。

多萝西很喜欢和卡森一起顺海岸探查，而后与她并坐在显微镜前，观察她们找到的东西。有一次，卡森带多萝西去到一个特别的地方——“海洋点”的一处岩洞,洞顶很低,离洞底只有几英寸,恰在洞顶下面有一泓半透亮的海水。卡森称这个洞是“仙女洞”。一年之中只有潮水最低时才能到达此洞,而即便临近此洞,也只能趁着浪涌冲刷那座长满苔藓的礁石的空隙,从礁石上瞄上一眼两眼,时间极短。在这个闭塞的小小秘境里,卡森找见了一片绚丽多彩、生机盎然的天地:

> 透过清澈的海水,可见池底铺着绿色海绵。一片片灰色的海鞘附着在洞顶,闪着亮光,一丛丛软软的珊瑚泛着浅淡的杏黄。恰在我的目光探入洞穴的那一刻,一只精灵般的小小海星悬垂下来,吊挂在一根很细的丝线上——也许是用一只管足吊挂着。它垂得很低,几乎触到自己在水中的倒影。那倒影形神毕肖,一时间小海星一只变作两只。倒影之美、潭水清澈之美瞬息即逝,待海水回返灌满小洞穴,美就化为乌有。

多萝西似乎记得一切——她记得一天午时大潮来临,记得又一天卡森带着蛋糕和蓝莓来找她,还记得某天夜里,两人坐在多萝西家的门廊上看月光下的海湾。1954年7月一个明丽的日子,斯坦和多萝西带卡森坐上“壮丁”号游海,这次巡游卡森可能并不期待。数月前,这位百万人心目中的无畏水手、能穿行于珊瑚礁丛的潜水员,曾对多萝西说,她基本上是个“旱鸭子”,对划桨使船一窍不通。她坦言,不太乐意接受西绍斯波特村的“两栖生活”。出游当天,斯坦操舵,将船驶到离卡森小屋前面的海岸很近的地方,船底擦着礁石通过时,船身突然倾斜。卡森对多萝西说,她后来记起这个细节,大笑不已;还说盼望以后再带她乘船出游——不过有点言不由衷。多萝西忆起这次航行,更觉得惬意,她跟卡森说,她有了充分的理由去“牵你的手”。

卡森和多萝西一致认为,卡森的公共形象是“另一个女人”。卡森说自己不太相信名人蕾切尔·卡森就是她。内心深处,她期望多萝西知晓：虽然有很多人会把她当偶像看，但她知道多萝西不在其中，多萝西爱的是真实的她。

卡森与多萝西之间概无禁忌——两人可以无话不谈，对这一点，她们的信念坚若磐石。在一封真挚的、充满感伤的信里，多萝西曾试图解释结婚成家的意义。有时候好像应该有两个多萝西——一个是斯坦的妻子，一个是卡森的女伴，其实多萝西只有一个，她运气太好，同时被两个人爱着。多萝西知道，卡森会理解的。

一个淫雨霏霏的黄昏，天色早早晦暗，多萝西心情忧郁。她对卡森说，自感时光悬停了。当天早些时候，她对斯坦发了脾气，虽然她马上道歉并拥抱了他，但她知道斯坦被她的话伤得不轻。这会儿，他在睡午觉，多萝西躲进楼上卧室，她跟卡森说，感觉她是"待在内心深处只属于你的角落，在哪里、为什么，你是知道的"。她打开收音机——里面正在播放马勒(Mahler)的交响乐。她开始读劳伦斯·范·德·波斯特(Laurens Van der Post)的《秘境探幽》(*Venture to the Interior*)，该书讲述了一支英国探险队深入非洲南部一块未知之地跋涉探险的故事，扣人心弦，有些描述让人苦痛扼腕。多萝西感觉该书的最后几章已经"超越了理性"，但又说不清是怎么超越的：

> 高潮出现前，书里有一时刻极富戏剧性——就在那一刻，音乐突然间把我攫住了，我不由自主地读下去，无法停下。我泪如泉涌。音乐渐渐柔和，一个丰满的人声融入乐曲。它传入我的耳朵时，载着一段高弦发出的美妙旋律，与低弦上深暗的伴奏相映衬。音乐似乎将这本书补充完整了。而后我蓦然想起在另一房间睡觉的斯坦，那美妙旋律之下突然迸出铜管乐器的乱响，嘈杂刺耳——在我听来，像是一记警告。那一刻我知道我一定要对斯坦说：我和他在一起生活多美好，他待我

多好，我们的日子多么富足。他让我感到非常幸福——他给予我的太多了。我觉得自己从未回报过他这么多年的忠心不渝。

有一次，卡森和多萝西躺在潮池上方的礁岩上，卡森吐露了很多心事，说完了她有些后悔，多萝西安慰她说，这样交心弥足珍贵。两人不在一起时，常互相写信，将所见所闻、近期所做的事情告诉对方。倘若在一起，这些事情一定更有意义。大自然和音乐常令她们感动得垂泪，这样的体验究竟是当面分享时更为强烈呢，还是由尺素送达更为强烈，难以分清辨明。多萝西对卡森说，雁阵横空飞过时，她特别想念她；希普斯科特湾波光潋滟之际，她也特别想念她。是卡森再度唤起了她对自然的热爱——也唤起了斯坦对自然的热爱，但最重要的是她找到了一个能够透彻理解她的人，她的生活由是焕然一新，这是可遇不可求的。

“达令，”她给卡森写信道，“在岛上，你与我眼见的是一道灿烂之光——虽然灿烂，但不为世人所见。这道光辉煌而神奇，它给予了我无可名状的幸福，我希望并相信，它也给你带去了同样的幸福感。”

卡森终于给亨利·贝斯顿写了一封自荐信，坦言自己早在20年前就想写这封信了。20年前，她从伍兹霍尔去外海角，途中找到了贝斯顿在《最远的房子》里提到的别墅。贝斯顿在缅因州诺布尔波洛的乡野某地居住了很多年，他管那里叫“烟囱农庄”——离得很近，造访便利。卡森对贝斯顿说，有人向她推荐了他，因为他知道她可以去哪里听威尔逊鸫放歌，威尔逊鸫的啼叫应该是她所说的“最感人至深的禽声之一”。她也十分期望向贝斯顿表达感激之情，牛津大学出版社重印《海风下》之后，贝斯顿写了一篇见地深刻的书评。贝斯顿邀请她去，于是卡森去了，由多萝西陪着。当夏稍晚，她又和母亲一起去。贝斯顿和妻子伊丽莎白（Elizabeth）觉得卡森妈妈很讨人喜欢。

夏末之际，卡森把首版《我们周围的海洋》寄给多萝西一本，并说首版存世不多，要是连多萝西都没收藏一本，她会难过的。她说，她们深知这本书在彼此生活中的意义。她还谈及丁尼生《洛克斯利府》的那几行诗句。读罢《洛克斯利府》,她坚信,自己的命运和海洋有不解之缘:

> 于是,就这样结缘了,这你是知道的。我最终成了一名为海洋立传的作家,是大海为我挣得了认可,挣得了世人所说的成功。
>
> 海带我到绍斯波特。
>
> 带我到你面前。
>
> 所以现在,海于我而言,有了她之前从未有的意义。就是这书的书名,也带有一抹新的个人的意味——海就在我们周围。

卡森和多萝西盼着过圣诞节,到了圣诞节,她们可以回顾过去一年中一起做的事情,再展望一下未来。1954年,离圣诞节还有好几个星期,两人书信表露的期盼之意似乎比平时更为迫切,她俩打算元旦之后就一块跑到纽约。对这次相会精心安排,颇令人不解地夹杂着种种顾虑和担忧,怕把它弄得像一次幽会。卡森近时读到艾略特的诗《干燥的塞尔维吉斯》,被其中几句深深震撼,感觉这几行诗句对她和多萝西而言极富意蕴,尤其是"非我时之时"一语。不知道多萝西会不会像她一样数着日子,直等着相逢于纽约。

她们讨论哪家酒店最好。卡森说,圣莫里茨和巴比松广厦都不错,不管去哪儿,只要地方"背静",其他她觉得无所谓。两人还商议卡森要不要用"本名"登记。最后卡森觉得化名登记有点傻。另外,她对多萝西说:"酒店管理不是问题"。至少在她心里,有一个问题更要紧,那就是:既然火车时刻已定,她俩便有可能在同一时刻到达酒店。届时,两人能否克制住感情,不露声色,等到了酒店房间再说?卡森心里没底。不会在大堂就释放感情吧?多萝西想了:两人可以装作冷淡的样子。等单独在一起时,她希望紧挨着她,不说一句话,就那么挨着她,静静地待一小时。卡森说，很喜欢多萝西的主意，头一个小时就那么着，过后再说过后。

卡森和多萝西在巴比松广厦酒店待了两个晚上。看来两人是商量了一下卡森第二晚待在那里是否可行。其后，多萝西感谢卡森和她待在一起，不然的话，那晚她独自一人会觉得“凄凉”。她对卡森说，她们那间房本是“玫瑰之光”熠熠，卡森走后，暖光即逝，仅剩空房。她说，能够记得那相处的时时刻刻是多么地美好啊！还说：“至此，我无悔无憾；至此，奇丽美妙！”

一天后，她再次写信给卡森，感叹在一起的时光何其幸福。她说，“看见月亮高悬于摩天大楼之上，滋味怪异”，与卡森一同观月才是关键：“亲爱的，容我再对你说一句，相聚的分分秒秒对我而言是那么地甜蜜美好。每一个美好记忆注定要成为众多美好记忆中的一个。当然我相信，我们的这种幸福，营造背景最好是在大自然里，但如果这个不能常有，也可以在一个人为的环境里创建我们自己的‘清闺’，对吧？它不算太糟，是不是，亲爱的？”

卡森和多萝西在纽约一共待了约40小时——应该是挺长的，不然多萝西怎么会说她对此次相聚无悔无憾。卡森呢，在相聚后的几天里像变了个人似的，表现得十分谨慎，只说她心情很好，可以精神抖擞地继续写《海边》了。还说，她们俩有了一段“美好的插曲”。

多萝西也谨慎(是不是她担心随时间的推移，自己后悔？)，恰似卡森缄默那样反常。难道是她俩曾亲密无间到了现在不愿意承认的地步？性似乎并未掺杂进两人的关系中，起码不是这关系的一个本质特征。从她们存世的书信看，那是一种崇高而又浪漫的友情，超脱了凡俗的肉体情爱和欲望。往来信件有数百封，无一处表明她们之间存在有性关系的情人之间常见的那种爱慕。她们对彼此的渴望是强烈的，那是一种“无法抗拒的情感体验”，如大潮涌来，席卷一切。两人常谈到别人可能无法理解她们的感情。她们极少在同一地方待在一起很长时间，常常是这里待几天，那里待几天，有时会在西绍斯波特村待上一周或更长，两人的深情主要诉诸笔端纸上，存于心灵深处。

两人的差异正好互补。卡森是名人，志向高远，一心要当作家，从不考虑改换生活方式。她博学多识，但对男女爱情一窍不通。多萝西是小家闺秀，和斯坦结婚成家，幸福、美满，育有一子，现在又有了儿媳，还有孙女、全家人的开心果马莎(Martha)。多萝西会做饭、能持家。而卡森虽说这么多年带着一大家子生活，但对家事从来不上心。

她们相与分享的是对大自然、对书籍和音乐的深情，是对生活中美好事物的钟爱，美好的事物和柏拉图式爱情的最高境界息息相关。柏拉图式爱情也分高低层级，古典主义者艾伦·布卢姆(Allan Bloom)称之为柏拉图"爱情阶梯"，肉欲在最低一级，最高处是"美本身"，而卡森和多萝西就是站在"美"这最高一级开始心灵之恋的。从一开始，她们互相联系，主要是通过交流对"美好事物"的体悟和欣赏，它们比她们更宏博、更完美。

纽约相聚后又过了几个星期，多萝西写信告诉卡森：前一晚，她内心焦虑，咖啡又喝得太多，结果好长时间睡不着，思来想去，最后思绪又落在了两人去年春天在缅因的那次相聚，那是她俩的"5月时光"：

> 哦，亲爱的人，隔时重温一下相聚的时光吧。它让我感到了太多的幸福。记得那日早晨，我先起床，临窗伫立良久，俯瞰着你那独特的天地。亲爱的人啊，一时间我已泪水夺眶！那情景真的是太美好，让人无限眷恋，纵使我驰骋想象也无法构想比彼情彼景更美好的东西来。你记得吗？

凌晨时分，多萝西独自揣着这段回忆。她说，她还取出卡森去年冬天寄来的表白满满爱意的信件。多萝西思忖，卡森写这些信花了多长时间啊！信写得太完美、太精致，倘若卡森把写信的时间花在作文著书上，写给世人看，那世人一定会珍惜她的付出吧。过去一年，她们彼此已经有了很深的了解，却好像总有什么等待她们更进一步了解，这让多萝西感觉很奇妙。

她们从不互相猜疑，不过，往来书信还是时不时地显露出“天涯若比邻”式的感情所固有的脆弱。两人老是担心有些话可能被对方误解了。信件往复不断，她俩也不停地为笔误道歉——为的是旋即接到对方的回复：没有误会，不必道歉。多萝西曾一度疑虑，如此无与伦比的交流还能延续多久。但现在不再怀疑了：

> 亲爱的，我确信，只要此生还在，它就一定会延续下去。一年已逝，我对你的衷心挚爱却没有减少分毫，它就像那颗美丽的晨星，无始无终。那晨星是我每天的第一场仪式，我眼望着它，跟你说话，在你的潜意识里与你相会：我总希望你睡着。今早我就想了，要是能和你一块看晨星升起，那该是多么美妙啊！

她们竟如此一致和默契，堪谓神奇——她们对生活的思考和感觉完全一样，尽管如此，这种亲密友情的意义对她俩个人而言肯定还是不同的。对卡森而言，多萝西是其一生的大爱；对多萝西来说，卡森开辟了一块供两人独享的境界，在那里，小鸟歌声不断，大海律动不歇，表述万物的词句永不消亡。卡森写完《海边》，决意将它题献给“多萝西和斯坦利·弗里曼——他们与我同行，走入那个低潮的世界，感受其美丽和神秘”。多萝西和斯坦请她斟酌一下再定，卡森回答：她只挂心一件事：《海边》是不是本好书，能否配得上题献。她说：“我曾想过等到下一本书，可天知道下一本书写什么，能写成什么样子。”

第八章

永恒的海洋

卡森决心要把《海边》写得别具一格，不同于分门别类讲述生物的指南、手册之类——那种书常常是雀跟雀分一起，蟹和蟹在一块。她要一改章法布局，按照海洋生物共生的区域即它们生活的栖息地来编排。这种取法于生态学的写作，不仅反映了新兴的科学理论——她在波士顿为美国科学促进会作讲座时已经作了详细介绍，也让真正想要深入大海大洋，了解其所见到的各种动植物的读者们，更易于领会接受。

尽管卡森相信这本书可以写得和《我们周围的海洋》一样具有很强的可读性，但是，实用性仍然是构思的不可或缺的成分。她一边写一边改，写着写着又推倒重来，如此反复数回，稿子越写越长，主题也越来越清晰，少了杂乱堆砌，书稿就越发接近她希望的样子。其实，之前已有几本书采用了类似的写法，比较突出的是道格拉斯·威尔逊(Douglas Wilson)的《岸与浅海的生命》(*Life of the Shore and Shallow Sea*)。

《岸与浅海的生命》出版于1935年，实际是一本讲述近海海洋环境的书，潮汐、波浪、光照、温度等因素如何影响了近海的海洋环境，书中均有叙述。对生活在近海里的生物，作者并不是简单地分类编目，而是根据生物特点或不同的生命阶段来描述。比如“迁移运动”这一章，既讲述了会游泳的动物，也讲述了能够移动、行走、钻进沙里的动物，还把墨鱼、章鱼之类靠喷水推进的动物也写了进去。如此一来，威尔逊笔下的角色必然是广众多样，小到海胆，大到海豹、鲸鱼等海洋哺乳动物，无所不包。他为读者提供的视角远远领先于那个时代，他还对每天夜色降临后，浮游生物和海洋小动物由深水向浅表海水游动作了思考推测。此后不久，这一生物现象就成了“假海底”争议的中心话题。

《岸与浅海的生命》虽然附了不少精美的照片，但业余海滩寻宝人使用起来还是有一定难度的。另外，作者威尔逊是英国人，他笔下的海滩、浅海，还有生活在那里的海洋居民，也都是英国的。卡森认为比较好的范本是一本大部头（现在也被奉为经典），这就是爱德华·F·里基茨（Edward F. Ricketts）和杰克·卡尔文（Jack Calvin）合著的《太平洋的潮汐间》（*Between Pacific Tides*）。1951年春，卡森又联络了一群专家与她书信交流，以便咨询知识、核校事实。其间，她给英国威尔士的阿伯里斯特威斯大学学院的T·A·斯蒂芬森（T. A. Stephenson）博士写去一封信。斯蒂芬森近期发表了一篇谈佛罗里达群岛的文章，卡森非常喜欢，自忖自己什么时候也能写一篇两篇，讲一讲佛罗里达北部和卡罗来纳的海岸。她说，她对这项研究很感兴趣，因为它和手头的著书项目直接相关：

> 我在写一本描述大西洋沿岸海滩生命的通俗指南。我没有按照传统章法组织材料，而是把动植物按照生活的地域分组。其基本思路有点类似于里基茨和卡尔文的《太平洋的潮汐间》（虽然我写的这本书气象不够宏大），但是，从生态视角描写大西洋海岸的指南，目前还没有。

假如推迟几个月——也就是在《我们周围的海洋》快要出版前——再给斯蒂芬森写信，卡森也许就不会对《太平洋的潮汐间》这本书那么毕恭毕敬了。她曾在某个心境比较轻松的时刻跟布鲁克斯说过这样的话：假如这本描写大西洋海岸的指南销路不错，他们可以再度合作，出一本描写太平洋海岸的书。果如此，卡森难道会穿过大陆，不远数千英里去到陌生的海岸忙活几个月吗？大可置疑！反正她没去。不过，她和《太平洋的潮汐间》的作者里基茨有些共同点：里基茨对低平的潮水和浪打的海岸情有独钟，与卡森意趣相投；他知道发表作品若是时机没把握好，结果会是个什么样，这点也和卡森一样。除此之外，他俩的不同点就多得不胜枚举。

里基茨是芝加哥人，比卡森大10岁，受教育水平不及卡森，原因是他邂逅了一名已婚女子，与她鬼混，而后便从伊利诺伊州立大学闪退。他东游西走，什么活都干，还当过兵，末了落脚在芝加哥大学读书，深受一位名叫W·C·阿利(W. C. Allee)的教授的影响。可是在芝大，他又和一名女子行苟且之事，再次中断了学业。

阿利教授并非生态学的创始人，但是，在生态学逐渐成为一种认识自然世界的新路径的过程中，阿利居功至伟。生态学和其他学科一样，早有渊源(特别是希腊哲学)，发展缓慢，历经坎坷，19世纪时逐渐形成清晰可辨的理论，20世纪开始蓬勃发展。20世纪30年代，生态学已经取得了稳固的学科地位，而这一成就多半应归功于阿利的努力。阿利主要研究动物，但他不是把动物当作个体生物来研究，而是当作**群体**来研究。20世纪初，他在伍兹霍尔研修海洋生态学，1931年出版了《动物聚集》(*Animal Aggregations*)，该书成为生态学的一部奠基之作。

同一时期，动植物研究也趋于融合，"生物群落"渐渐成了研究者的常用词。所谓"生物群落"指的是整个环境的大片分区，人们要想了解整个环境，就必须弄清楚占据大片分区的各种生命是如何相互影响的，这种相互影响又是如何被环境影响所左右。海洋就是一个庞大的生物群落，里面有多个独特的区域，其中一个区域就是潮间带，海洋在此有规律地涌来退去，生活在这儿的各样生命已经适应了一天数次的剧烈变化。

里基茨结婚后，搬到了加利福尼亚的蒙特雷地区，离霍普金斯海洋站不远。霍普金斯海洋站简直就是伍兹霍尔海洋生物学实验室的西海岸翻版。蒙特雷湾避开了太平洋上的惊涛骇浪，闹中取静。因湾中间水深叵测，故也有“蒙特雷峡谷”之称。它的深度超过11 000英尺，无数海洋生物在这儿安家。里基茨喜欢考察此地周围的潮池和泥滩。他开办了一家名为“太平洋生物实验室”的生物材料供应公司，把标本发往全国各地，这个不起眼的生意竟然撑过了“大萧条”。一开始，发运的标本只有几样——海绵、水母、珊瑚等，随着生意的扩大，发运的品种也渐渐丰富起来，除了海洋生物，还有猫、鼠、蛇等。里基茨做生意是在一幢破旧的房子里，房子坐落在一段名叫罐头厂街(Cannery Row)的滨海区，街对面就是本地人气最旺的妓院。

里基茨既做科学家，又当推销员，他还是一个纯粹的波希米亚人。他笃信，知识另有一个维度，存在于日常经验之外——在那里，一切事物背后的真理可以被视为完美无缺——他喜欢谈论在细小处实现“突破”，走进那个维度，他总是希望获得更多的东西。他的思想信马由缰，恣意驰骋，他的行为放任无羁，一切社会约束的理念都令他厌恶。他有时候留一把胡子，自感合适时，便把结婚誓言当作建议，而不是守则。

罐头厂街的实验室成了众佳丽、作家、艺术家出入的地方，喜爱里基茨的各色人等常在这里聚会，赞他从心所欲将此间摆满唱片和冰啤。这个非正式的协会里有一个青年作家，名叫约翰·斯坦贝克(John Steinbeck)，1935年写过一本小说《煎饼坪》(*Tortilla Flat*)，一举成功，之后不久，又写了3部长篇力作，讲述被压迫、被剥夺的人的故事。前两部分别是《胜负未决》(*In Dubious Battle*)和《人鼠之间》(*Of Mice and Men*)，第三部是《愤怒的葡萄》(*The Grapes of Wrath*)，1939年出版，和《太平洋的潮汐间》同年面世。1945年，斯坦贝克发表讽刺小说《罐头厂街》

(*Cannery Row*),讲述了大萧条时期一帮生活在一个破败的渔港码头的穷朋友,聚集在他们的精神领袖和乐善施主门下的故事。这位领袖兼施主恰是一位海洋生物学家,名叫多克(Doc),原型就是里基茨。

1948年5月,里基茨在实验室度过了漫长的一天,他钻进自己的汽车去买牛排做晚饭。不幸的是,汽车行至南太平洋铁路的路轨时没有停下,结果被旧金山开来的"戴蒙特快车"(Del Monte Express)撞上,里基茨受重伤,撑了3天后去世。消息传到罐头厂街,大家都震惊不已,有人甚至怀疑他不是凡人。里基茨死时51岁,认识他的人都说,他的面相比实际年龄年轻10岁。

斯坦贝克曾经学过生物学,里基茨本人以及里基茨对潮间带海滨的热爱俘获了他的心。那几年,两人盘算着合写一本书,介绍太平洋近岸的海洋生物。1940年春,里基茨和斯坦贝克想出一个计划,与先前略有不同。他们租来一条76英尺长的捕鱼船"西方飞人"号(*Western Flyer*),一名船长带着4名船员,航行4000英里,前往科特斯海搜集打捞标本。科特斯海俗称加利福尼亚湾,位于巴哈半岛和墨西哥大陆之间。他们一锚挨一锚地走了一遭,每到一处就上岸考察、收集标本,为海洋生物注册编目。同时,他们也在不断思考一个问题:这些生命能给人类带来什么启示,让人类自身,如里基茨所说,突破樊篱,更深刻地认识生命?

> 我们仔细观察潮池,看小动物们觅食、繁殖,为争夺食物厮杀。我们给它们取了名字,描述它们的形貌特点,经过长时间观察,多少了解了它们的习性,于是说"这些物种经常这样或那样",但是我们并没有把自身当作一个物种作客观的观察,虽说我们对人类个体有相当清楚的了解。当人与人似乎相亲相和,战争可能不会再来的时候,我们便对人类自身这一

物种完全忽略不计。假如人类能像洋洋自得地观察寄居蟹那样观察自己，那么依据手头的资料，人类恐怕不得不这么说了："智人有一个甄别性特征，那就是个体构成的人群会定期患上狂热型神经质，致使个体发狂，不仅毁灭同类，也毁灭同类的业绩。"

里基茨和斯坦贝克既然有非凡的合作，那么，这40天巡海捕获过后合写一部神奇奥妙的巨著也就不足为怪了。《科特斯海》(*Sea of Cortez*)将近600页，分上下两部，第一部叙述旅行经过，第二部是所收集的物种的详细清单。里基茨编辑科学内容；叙述部分两人一起做，素材主要取自"西方飞人"号船长和里基茨写的日记，还有斯坦贝克自己的所见所闻。叙述循着航程先后展开，他们探访过的海岸环境各种各样——有岩石嶙峋的岬角、潮坪、海滩、珊瑚礁，还有成片成片泥泞的、散着臭味的红树林。记述的游记部分带着一种尖酸的反讽味道，往往是讲着讲着，忽然在某处停下，插进一段长篇大论，云里雾里把里基茨关于"非目的论"的形而上学思想讲评一番。里基茨认为，生物不是为追求某个终极目标而存在的。他的这一观点现在已是一条公认的原则。譬如说，如果把进化视为有目的的过程，那么进化的产物和**目的**就会被视为优良的、"高级的"生物。而实际情况却是：进化的结果只是造就出更适应即时条件的生物；简单地说，大自然并无计划——它只是自生自作而已。

《科特斯海》于1941年12月5日出版，两天后"珍珠港事件"就爆发了。这本书和卡森的《海风下》遭遇了同样的命运，一开始收获了一些好评，之后便在战争的浩荡急流中销声匿迹了。卡森可能读过《科特斯海》——凡是写海洋和海洋生物的书刊，她都会读。也许《科特斯海》的记述部分令她觉得亲切，行文风格更像她，不像里基茨的《太平洋的潮汐间》就是罗列事实，干巴巴的毫无趣味。

她之所以特别看重《太平洋的潮汐间》，不是因为其行文叙事的笔法——可以说它没什么笔法讲究——而是它的结构条理。里基茨围绕太平洋海岸遇见的各种岸线地带组织内容。不同的岸线地带又按照海洋生物再作细分，那些生物都生活在潮汐和激浪冲击的一个个单独的区域内。举个例子，开阔的海岸线上的一处“礁石海岸”可分为四个区：高潮线上几英尺处分作一个区，区内的生物可以划归“海洋生物”，这样划的根据是间或有波浪扑散出浪花打湿这片地方，接下去是高潮区和中潮区，再后一直到潮水最低的区域。这样分区是很实用的，寻访者只要留点神就能找到这些分区，参照里基茨的直白描述，找到生活在那里的小动物。有时候，里基茨也在简单的物种名目后面加上有趣的说明：

> 许多年前，皮斯莫蛤在南加利福尼亚州海滩上是很常见的，多得就像海湾和河口滩地上的饼海胆。那时候，马队拉着犁耙顺着沙滩犁过去，便能翻出成车的蛤蜊。而今，成年的皮斯莫蛤在潮间带几乎绝迹。经验丰富的挖蛤人常带着耙、叉等工具，趁潮浅时挖蛤。他们蹚进齐腰深甚至齐肩深的海水，浪头一个接一个劈头盖脸扑来。干这种活儿很危险，因为挖蛤人必须顺着潮水涌来退去形成的沙石隆突摸索着走，那些隆突由深一些的沟槽将它们和海岸分开，时不时就会有拾蛤人被海浪夺去性命。

里基茨对大多数物种都作了细致描述，有些还会用较长的篇幅讲述一段自然史，解说特性，比如牡蛎的雌雄同体，扁形蠕虫的天赋奇性——把它弄成碎块，碎块会重塑再生，各自变成完整的蠕虫。《太平洋的潮汐间》只缺少一样东西，就是人声，缺少一人既凭凌这个自然环境，又身在其中感受地质时光的缓慢脉搏，感受那汹涌澎湃内外进化的强大力量。而蕾切尔·卡森与里基茨相较，前者发声更平顺自然。当卡森把眼光投向海边时，发声的权利再度归属了她。《海边》是她唯一一本用第一人称“我”写的书。

卡森沿着大西洋海岸从缅因到基韦斯特，一路探查了许多地方：她要为《海边》做调研。在驻足的每一个地方，她都要花些时间记录岸与海的面貌，风是何感，浪是何音，天空与沙滩是何模样。这些记述常附有她观察到的动植物的详细名单，后来，鲍勃·海因斯为其中许多动植物画了像。卡森不愧是素材汇编大师，她用一段一节相互关联的笔记把一点一滴的观察和记叙保留下来，日后再将它们连缀在一起——不过，她也多次使用那几个笔记本记录花费等杂事。比如，记录礁石海岸那部分笔记里面就混杂着她要在西绍斯波特村造屋的方案和明细。

卡森故地重游，有些地点还不止探访一次，比如博福特和伍兹霍尔。不过，她也获得了新发现，她最喜欢的是佐治亚州的圣西蒙斯岛，那儿的海底是缓坡，低潮时常造成广阔的潮坪，开辟了一片隔时延伸入海的海滩，似乎海水不只是退却，还移向了远方的海平线。卡森在笔记里述说了自己在探索这片广阔沙滩时获得的强烈的欣悦感。她估算，低潮时暴露出的浅近海底长达半英里，人可以在结实的沙地上走很远很远，双脚几乎不湿。沙滩的最外缘，沙与黏土相混合，立起的沙脊和她多年前在博福特看到的沙脊一模一样，活像是很快要悄然爬回、淹没她脚下的这片土地的波浪的影子。

不过，再怎么样，也比不了缅因州卡森小屋旁边的海岸线，比不了那儿的蔚为大观的海洋奇珍异宝。卡森写信对一位大学老校友说，她在此地好运无限：

> 最近一次满月后，潮水降得很低，低到不可思议，说明我居住的这片海岸是个激动人心的地方。我想象不出如何能找到比这儿更好的地方采集标本。我一定要拍些彩色照片看

看，因为之前从未见过如此色彩缤纷的海星——它们就那么趴着，有的在水里，有的在水外，到处都是，凡是内地人能想到的地方都可以见到它们，多到有些不真实。个头小小的、美艳的红色鸡爪海星很常见，而北方海星真叫个五颜六色。昨天，我们找到了一只10英寸大的海星。浅浅的海水下，海底铺满美丽的石灰藻，呈现出富丽的玫瑰色；石灰藻上边浮着数以百计的绿色海胆。我从来没见过这么多海葵——很大的那种，也没见过这么多海鸡冠珊瑚丛，还有藏在一层层马贻贝下面的肥肥的小海参，模样滑稽有趣。马贻贝自己则躲在角叉菜和海蛇尾布成的厚垫下。昨晚，我趁夜色把上次低潮时借来的一只大海星归还大海。那海星形貌诡异，混在大海蟹中间，大海蟹白天藏身，有时在岩石上滑来爬去，海葵从海蟹寄居的洞穴顶上垂下来，我是打手电才看见的，很像查尔斯·亚当斯(Charles Addams)虚构的景象。

《海边》是卡森最具个性的著作，也是唯一一本大量采用她实地考察所获素材的著作。她的声音让这本书生动鲜活。虽然她依旧频繁出入图书馆，查阅期刊、论文，找专家咨询，但是她以一种隆重的方式，最终让自己摆脱束缚，去叙述一段故事，与读者携手，一起在海滨寻宝探秘。身在潮间的境界，她如鱼得水，悠然自在，像里基茨一样，她把这片境界分作不同的类型，有岩岸，有沙滩——她的《海边》不太像是对这片天地的直白描述，而更像是在讲述一次清新生动导游相陪的观光。写卧在圣西蒙斯岛的沙土下面的饼海胆时，她提到了它们背上精细的花纹，犹如一朵5个花瓣的花，重复着“数字5的意义和象征”，她称那花纹是棘皮动物的“标志”，五腕海星也是这个大家族的成员。沙地下面是一个掘穴动物的陌生王国，而她对这个王国一直很留心：

> 徒步穿过佐治亚海滩上的一块块潮坪往回走时，我总是不由得想到我的脚正踩着一座地下城的薄薄屋顶呢。城内的居民几乎或根本看不到一点影踪。地下的住宅有烟囱、烟道和通风管，还有七转八拐的小巷、车道，直通进黑暗深处。有一小堆一小堆的垃圾，像是为了搞好公共卫生被弄到了地表。但是，城里的居民仍旧躲藏着，悄无声息地蜗居在黑暗玄奥的世界里。

卡森称海边是一条“缥缈无定的边界”，每天随着潮汐起落变化，故此具有“双重性……此时属于陆地，彼时又属于大海”。历经了亿万年时光，海岸也会有所改变，就像气候变迁，洋面时而抬升，时而消退。卡森凝望大海时素来满怀着无限亲近之情，也不乏敬畏之感，因为海是一切生命之源，是历史之源，在这里，世界的每一天都与这个世界经历的所有时代息息相关，人类无可救药地被拽入其中。在《海边》的一版草稿里，卡森写了一篇结束语。最后，她把结束语写成了简短却令人过目难忘的一章“永恒的海洋”，为全书收尾。她在这章里记述了绍斯波特岛一个雾茫茫的夜晚。她从书房听窗外传入的声响，涨潮弄出的“大海混声”将她包围。她想象着同一股大潮“拍击她熟知和喜爱的其他海岸”的情境：

> 而后我想，这些海岸虽然质地相差甚巨，供养的生物也大不一样，但是大海略施一统之法，便将它们万类归一了。因为，在这个属于我的特定时刻，我所感受的不同和差异，不过是一瞬间的，这是由我们在时间的长河与大海的漫长节奏中所处的位置决定的。我脚下的石岸曾经是一片沙原，而后海平面上升，大海寻到了一条新的岸线。在迷蒙飘渺的未来，大海一定会把岩石研磨成沙粒，一定会恢复海岸的原貌。于是，

> 我头脑里有了这样一幅意象：各种海岸出现、结合，形态多变，犹如万花筒，无始无终，永不固定——陆地像海洋一般，是流动的。

1955年5月，卡森不满霍顿·米夫林出版社为《海边》护封上草拟的作者简介，为此向保罗·布鲁克斯提意见。她觉得，那简介遣词用句都是要把作者由无名"捧"成有名，很是不妥，因为她已经是著名作家了。说得有理：《我们周围的海洋》已销售了100多万册，还被翻译成18种语言。她不无矫情地说：自己下手为自己写简介，想想心里就十二分的不舒服啊！但不管怎样，她还是写了一篇，而且写得十分详尽，把《我们周围的海洋》获得的每一个奖项、每一次表彰都列在上边。布鲁克斯称赞简介写得非常好，只是他不得不忍痛割爱，稍作压缩。

一个月后，卡森回到西绍斯波特村，紧着跟《纽约客》杂志一个叫桑德森·范德比尔特(Sanderson Vanderbilt)的编辑通信，商量《海边》的选载事宜：《纽约客》打算分两期选登《海边》的文摘。7月4日* 前夕，她对范德比尔特说，她要准备一场很重要的演讲，需暂停10天写信。其实，她还是想迁就自己的一个习惯：为最不靠谱的人做点事。

书迷们纷纷来信打听她的情况，信件多得难以招架，但她还是不改旧习，坚持给学生和老师们回信，回答他们的问题，而且一写就写得很长。她回绝座谈、演讲时，从来不假思索——规格越高、越重要的座谈演讲，她越是不答应。但是，她对惨淡维持的组织或社团总是存着一片柔情。她跟范德比尔特提起的演讲，是准备在一个资金筹集会上作的，目的是给缅因州成立不久的林肯县文化历史协会筹款。她去布斯贝港附近的维斯卡塞中学礼堂作演讲，一边讲，一边用彩色幻灯片作展示。幻灯片用的图片是斯坦·弗里曼在卡森小屋附近和前一年夏天在"海洋

---

*7月4日是美国国庆节。——译者

点”拍摄的。

霍顿·米夫林出版社将1955年11月9日定为《海边》的出版日期，卡森得知消息，很不高兴。其实交稿期限早过了，她已经拖了几年不交稿，可她对这一情况不管不顾，反倒责怪霍顿·米夫林出版社的“延期出版”计划表给该书的预期造成不良影响。她隔过布鲁克斯和汤普森这两位领导，直接给公司总裁亨利·劳克林(Henry Laughlin)写信，要求提早发布此书。她说，《我们周围的海洋》之所以做得成功，一个重要原因是《纽约客》连载之后马上印行。《海边》已经定好8月下旬在《纽约客》上选载，卡森认为，即便从该杂志赚得的人气再怎么有热度，拖到11月中旬也会耗散殆尽了。她还说：好多人告诉她，11月1日前圣诞采购就结束了，该买的东西都买了，到时候如果还拿不到《海边》做过节礼物，那他们只能抱憾了。

当时劳克林在国外，接着突然回国，去看望身患绝症的母亲，陪她度过最后时刻。汤普森代表劳克林，耐心跟卡森作解释：书各有其命，令《我们周围的海洋》大获成功的关键因素，搁在《海边》这儿很可能无足轻重。想必他是感觉到卡森执意要求提早出版，态度很坚决。他请卡森放宽心：她已经是著名的畅销书作家，仅凭她的名声，《海边》也错不了，不管什么时候面世，书商和读者都会疯抢的；另外，海因斯的插图要制版重印，这样一来，改动该书的印制时间表是很难办的。不过他表示，出版社一定会认真考虑。

一周后，他又给卡森写了一封信，说出版社可以在10月31日或11月1日发行此书。这封信寄出几天后，亨利·劳克林回公司上班了，他即刻写信告诉卡森，《海边》是霍顿·米夫林出版社“本季的重点图书”，出版社会想方设法促其成功。他还说，10月份的第三周或第四周，出版社要试出版。

1955年8月20日出版的《纽约客》刊载了《沙沿》一文，接下来一期又刊载了《岩岸》。读者们知道了:蕾切尔·卡森又有新作了!他们等啊盼啊,《海边》终于在10月26日出版面世了。没让大家失望!

查尔斯·普尔(Charles Poore)在《纽约时报》撰文,品评《海边》,他注意到大部分评语洋溢着欢悦的情绪。他写道:"主打消息"是卡森"再度精彩";新书和《我们周围的海洋》一样"睿智、奇妙","潮退水浅,你本想去游泳,可遇见的水生动物都是刺扎扎、黏乎乎的,看着就由衷地反胃",但卡森有绝招,她就是能让读者喜欢上刺扎扎、黏乎乎的小东西。另外,卡森避开满纸专业术语的写作技巧,还有她兴趣之广博多样通过她的笔触形成感染力的方法,也都给普尔留下了深刻印象:

> 看来,卡森小姐不可能搞错。即使她稍稍说上几句一千年如何只是自然生命中的一瞬——这是天文大腕们赞同的观点,我等也会傻呆呆点头称是,暗自称"太对了",就像卡森小姐要对这种理念行使专利权似的。而实际情况是,对于她笔下的众多角色而言,生命倏然即逝。虽然这些生物与现代人类相比是低等的,因为它们不可能为氢弹之类的东西焦躁不安,但是,它们其实就像是小号的人一样,经常承受着大海无休止的狂涛巨澜、雷霆万钧。

厄尔·班纳(Earl Banner)在《波士顿环球报》(*Boston Globe*)发文说,这本书甚至比《我们周围的海洋》还好。只要是出自曼哈顿的东西,班纳都抱有一种波士顿人固有的厌恶,他叫读者不必担心杂志先行连载会削弱该书的影响力,他说:"《纽约客》杂志大多进了垃圾桶……所以,连载对图书销售不会影响太大。"《时代》(*Time*)杂志刊登了一篇无名氏的简评,信笔挥洒,双喻齐用,把《海边》描绘的自然世界比作"水下芭蕾",称赞"作家卡森表现出了卓越的才华,于诗的静谧之上捕捉到科学的生机"。

有几个书评人持不同看法。为《新共和国报》(*New Republic*)写稿的雅克塔·霍克斯(Jacquetta Hawkes)说,她感觉卡森在《我们周围的海洋》里已经"用尽了这个题材的精髓",现在只是用一种"有点可悲"的方式,在边边角角搜采拾零。还有法利·莫厄特(Farley Mowat)在《多伦多电讯报》(*Toronto Telegram*)写道,卡森有意再现《我们周围的海洋》的抒情笔调,但这一回她做过了头,一味地"扑朔迷离玩情调"。莫厄特指出,这是作家常犯的毛病——他本人也一样,老想着"用过于外露的文艺方式去处理呆板的事实题材"。

要说最有见地的书评应该是在《海边》出版几个月后,约翰·兰登(John Langdon)在一本叫作《书与书人》(*Books and Bookmen*)的英国期刊上发表的评论。兰登说,读者常为卡森的优美文笔所陶醉,反而有可能对书的内容视而不见;他说,好文好书"不可只看风格"。他的观点是,如果只看风格,那就好比"我们读书只看跳入眼间的形容词,就像放眼海滨,只见波浪滚滚一样"。兰登把文章比作绘画,关键点不在于笔触多么乖巧,而是画面呈现的质感是不是很强。他说,像卡森这样一位十分专业的博物学者,想为其所见所闻找到一种诠释的方法,这不足为怪:

> 吉尔伯特·怀特(Gilbert White)和查尔斯·达尔文(Charles Darwin)以超凡之才描写了动物和植物,这并不是历史的巧合;那些伟大的航海家和旅行者能够再现他们的经历和体验,如同我们亲历一般,也不是历史的巧合。眼见什么,就写什么;发自其内心深处对自然的热爱,对一切活着的、动着的、自在的事物的尊重,将他们真诚的探寻的目光,对细节的关注,升格为艺术力量。

《海边》发行四周后,名列《纽约时报》畅销书排行榜第八位。稳坐榜首的是安妮·莫罗·林白(Anne Morrow Lindbergh)备受赞扬的回忆录《海的礼物》(*Gift from the Sea*),讲的是一位女名人在佛罗里达的卡普蒂瓦岛的海岸边小住时,寻觅生命意义的故事。12月中旬,《海边》排名第四,《海的礼物》仍位居第一。和这两位以海为伴、以海为题的头牌女作家一并站在畅销书榜上的还有作家沃尔特·洛德(Walter Lord),他的《难忘的夜晚》(*A Night to Remember*)名列第十二,记述了"泰坦尼克"号沉没的经过,提醒读者明白,大海既会美丽动人,也能翻脸无情。

此时的卡森疲惫又焦虑,但她还是密切关注着读者对《海边》的接受情况,个人得失她一向比较计较。她对多萝西说:《我们周围的海洋》意外成功给她带来的那种狂喜和激动不会再有了,但这也无所谓,因为多萝西一心一意的爱已经取而代之。多萝西的支持就像是一朵"奇花",无论如何她都会视若珍宝。《海边》几乎全部取材于大西洋的海岸场景,卡森担心它在美国其他地方会不会销得好,销得好也不枉费她之前下的一番苦功。她说,只要读者评者能就事论事,依据这本书本身的优点特色评判其优劣,那也不错,能到这一步,她也就满足了,但她清楚这种可能性不大。

她说:"我知道,即便这本书得到了读者的认可、称赞,一路旺销,不管照哪种合理的标准,它都算是'成功之作'——但是,和《我们周围的海洋》相比,它还是失败之作。"等《海边》上了畅销书排行榜——不光是纽约,还有芝加哥——她又说自己心满意足,即使排不到榜首,她也心满意足。"占据那个位置的是林白夫人的书,又不是别的哗众取宠、废话连篇的东西,我怎会不高兴。"她说,她和安妮·林白从未见过面,但很愿意认识她,最好是"在一处海滩上"。

眼见她的这本书再度成功,她又再三表示,《海边》好评如潮令她震惊,出乎意料。她对多萝西说,她特别在意书里的"很多瑕疵",凡未提出重要意见的书评，她就隔过不读。她说，最好是把书评内容当作自己今后能够达成、实现的东西。多萝西的感受自然有所不同，她提议，要是她俩再聚到一起，就朗读书评，逐行逐句地品味一番。

不久前，福特基金会联系卡森为CBS电视的《知识荟萃》（*Omnibus*）文化系列片写一个脚本——对这个提议她很感兴趣，虽然她对媒体抱有疑虑。她跟罗德尔说，自己对电视“没感觉”，但她深知，电视拥有大批观众，绝不能等闲视之。另外，她觉得这个节目的主题是“云彩”，有意思，也有难度。但是，等她和《知识荟萃》节目组的人商量具体事宜时（她跟多萝西私下说过，节目组的人“不好打交道”），她有些犹豫。那几个月，卡森很想弄清楚对方想从她这儿得到什么，而玛丽·罗德尔那边则忙着和《知识荟萃》节目签合同。有些事卡森不情愿掺合，却又不得不掺合，这让她觉得难受。多萝西想平抚卡森的烦恼，也知道她基本不关注电视，于是就对她说，她本人还是挺喜欢《知识荟萃》的，个人感觉这个系列节目做得不错。卡森将信将疑，回信说：果真如此，那一定是借助“某个我解释不了的奇迹”了。

不过，卡森还是着手编写了脚本，按照她平素的方式去做——先是创建了云彩的文档资料，列出所有拟纳入的项目，草记下思路、创意，草拟脚本片段，有时是随意找张纸就记，有时就写在手边那几个螺旋订笔记本里。她想通了：做电视节目的人就是与众不同，《知识荟萃》节目组自有一套工作方式，“对他们而言”完全正常。不过，这个选题似乎是太过熟烂了。

卡森把大气看作“空气海洋”，人类就站在海底，仰观云彩飘过。她写道：“大气似海，人如深海鱼类，身上承载着空气的千钧重量。”她与《知识荟萃》最终谈妥，节目在1956年3月初的一个星期日下午播出。过后，卡森在银泉的一位邻居还登门相告：就算节目最后的字幕不出现她的名字，他也知道脚本是出自她的手笔。卡森给《知识荟萃》的一名助理制片写信，言不由衷地表示，小试一把电视写作还是"蛮有趣的"。

卡森生活的又一个阶段行将结束。自从《我们周围的海洋》出版后，卡森便被杂志的约稿请求封堵包围，希望她写点个人情况。对此她一概谢绝，这让玛丽·罗德尔很不高兴。1955年8月，罗德尔和《女性家庭伴侣》(*Woman's Home Companion*)的文字编辑J·罗伯特·莫斯金(J. Robert Moskin)商量了一个创意，罗德尔认为这个创意可能会有助于卡森除却矜持，接受公众人物这一角色。莫斯金说，他不采访卡森，而是要她为杂志写一篇文章，告诉父母们如何引导孩子去感受、品味自然，文章标题暂定为《教孩子开眼惊奇》(Teach Your Child to Wonder)。罗德尔和莫斯金估计，这主意卡森一定会感兴趣，因为她和她的甥外孙罗杰——外甥女玛乔丽四岁的儿子——特别亲近。果然，这事成了。

文章最后定题为《帮孩子开眼惊奇》(Help Your Child to Wonder)，发表在1956年7月号的《女性家庭伴侣》杂志上，副标题也很诱人，称此文是卡森继出版《我们周围的海洋》、《海边》两部畅销力作之后的第一篇杂志文章。写到她和小罗杰在大洋边上，在缅因的小屋后边山坡上的云杉树林里玩耍的趣事时，卡森稍稍讲了一下自己，讲了她对自然的体悟，这恰如罗德尔所愿。卡森说：关键不是去刻意"教"孩子知道大自然如何如何，而是要同他或她一道去观察、去聆听周围的世界。

她认为，人小时候天生对大自然怀有好奇心，成年后，这种好奇心便消失了，但她相信，成年人只需有心去看一看海滩、森林，就能找回对大自然的爱恋，并把这种爱恋传递给最年幼的孩子。试想，小孩子看到一只沙蟹在暗夜的海滩上匆匆爬过，怎可能不兴奋着迷？即便没有手电筒的光柱照见又有何妨！林间发现一粒常绿树芽破土，要是有人告诉孩子那一定是松鼠的圣诞树，他又怎可能不为之欣喜陶醉！要想实现这个效果，成年朋友们只需用一种从前未曾见过、此后再不能相见的目光去关注自然即可。为了说明这一点，卡森还插进了一段个人感悟，坦陈自己内心深处的感受，并且提到了多萝西——不过没有指名：

> 记得一个夏夜，这样的想法猛然袭来。那个夜晚没有月光，天空舒朗，我和一个朋友走到一处平坦的海岬。那海岬很像是一座微小的岛屿，几乎被湾里的海水环抱。从海岬望去，海平线就像镶在天空边缘上的边，十分辽远。我们躺着观天，无数星星在黑暗中光彩熠熠。夜是如此宁静，连湾口外面立在暗礁上的浮标发出的响声都听得到。空气清澈，间或传来远处岸上某人一两声话语。几座小屋里燃着几盏灯。倘若没有这些，这里便再无人迹，只有我和朋友独自与繁星为伴。从没见过它们如此美丽：银河朦胧，横跨天空；星座灿烂，各显其姿；地平线上，有一颗光亮的行星低垂。偶见一枚流星在地球大气层里披火穿行。
>
> 蓦然，我想到，假如这景象一个世纪只能看见一回，或者一代人只能看见一次，那这小小的岬角想必会观者云集，水泄不通吧。

多萝西读了文章的草稿，感动得落泪。卡森说，多萝西是觉得文章展露了她的另一面，稍稍满足了公众对蕾切尔·卡森的好奇心。这年圣诞节，卡森为自己买了一部价格昂贵的费舍尔留声机，带AM/FM收音机功能。留声机播出的音乐像是一曲为未来规划所作的配乐，激荡人心。曾几何时，那些个规划似乎毫无实现的可能，但是现在，它们乘着卡森的思绪翻飞，就像是发了一场不退的高烧。卡森和多萝西早几年就想在西绍斯波特村卡森的屋后置一块地，把它改造成自然保护区，名字都想好了，叫“失去的丛林”(Lost Woods)，典出汤姆林森的一篇文章。问题是老没钱。现在好了，牛津大学出版社已经答应，对少儿版

《我们周围的海洋》给予版税优惠，少儿版《我们周围的海洋》将由黄金书局(Golden Press)发行。出了这本书，卡森就能挣到足够的钱来照顾外甥女玛乔丽和甥外孙罗杰了，起码很长一段时间不用再为钱发愁。玛乔丽患关节炎和糖尿病，身体很不好。另外，西蒙-舒斯特出版社也想和卡森再度合作，出一部名叫《自然世界》(*The World of Nature*)的文集。如果做成此事——卡森觉得能做成，这本书将作为一套正在热销的丛书中的一册，到时候，卡森的版税收入可能达到15万美元，这是一笔巨款，修建"失去的丛林"保护苑绰绰有余。

多萝西一直为卡森养家经济负担重而忧心，闻听此事喜不自胜。想到建保护苑一事早已有之，可以追溯到两人的"5月佳期"，现在居然有望变成现实，真是好事自天降，意外不敢信！——即便在外人看来，卡森只不过是了却一桩责任之后又承担起另一桩责任。多萝西写道："现在轮到这个梦想了。我晓得，成就了它一定会令你有满足感，而除此之外，还将有无数人从中分享快乐和回馈，你也正是为此而忘我投入的。我崇拜你，你奇怪吗？"

一个月后，玛乔丽死了，她住进医院就再没康复。外甥女突然故去对卡森刺激很大，痛苦中她蓦然想到自己快50岁了，于是，她开始筹划收养罗杰。

第九章

地球在燃烧

1954年1月22日上午，一条木制的金枪鱼渔船驶离日本本州岛东南海岸的烧津港，此船名叫“福龙丸”，全长93英尺。掌舵的人叫筒井久吉(Hisakichi Tsutsui)，因为船长生病了，他接替船长当班。筒井虽然有渔船船长的资格证，但是在全船23名船员里他是小字辈儿。大家都认捕鱼师傅三崎义雄(Yoshio Misaki)是头。“福龙丸”笨重而缓慢，装有一台250马力的引擎，顺风时，也用船上的两根短桅帆辅助推进。

天很冷，刚出海两日，他们便遭遇了坏天气，而且是一连4天。风暴消退后，三崎义雄召集船员开会，告诉大家不打算南下去所罗门群岛附近风平浪静的渔场(这个大家事先都知道)，而是改去中途岛。中途岛在东边，距离很远，船要横跨辽阔的太平洋，航程长不说，中途岛海域风疾浪高、险象莫测是出了名的。船员们都不想去，但最后他们还是同意了三崎的主张：去中途岛捕鱼，收获可能会大些。船员是不发工资的，收益全看捕鱼多寡，带回家的鱼越多，挣的就越多。

“福龙丸”是一条“长线作业”的金枪鱼船，它放出一根长达50英里的主线，主线上又间隔系结着数百根饵线。1954年2月7日凌晨2点45分，这条船驶抵中途岛以南，三崎令船员开始捕鱼。钓线放了约4个小时，“福龙丸”一边放线一边缓缓游弋。又过了13个小时，船开始收线。捕到的鱼少得可怜，只有15条。这时收音机传来消息：中途岛再往前，靠近夏威夷方向，渔汛甚好。但是“福龙丸”已经快到航程极限了。这些天，一船人修补断渔线，跟恶劣天气周旋，另外，船的引擎还老是出毛病，需要有人一直盯守。三崎船长想往北走，这样可以缩短回日本的航程，还可能多捕些鱼。船员们说：朝北走，可能捕鱼多，但是海况凶险，恳请三崎往西南走。三崎勉强同意了。

接下去几周，“福龙丸”向马绍尔群岛进发，先向南，再向西。捕到的鱼依然少得可怜。到2月底，一共抓到156条鱼，有几个人后悔不听三崎的话。1954年3月1日，离天亮还有几小时，“福龙丸”再次放出长线。它关闭了引擎，在繁星和几朵浮云下的平静海面上静静地漂着。

引擎停机时，一个名叫铃木晋三(Shinzo Suzuki)的船员醒了，再睡又睡不着，于是出舱，来到船的尾艄。凌晨的空气温暖而厚重。他环视黑暗的地平线，忽见长线上有一只鱼漂光闪闪。朝西望去，霎时间一道耀眼的光幕迸入天空，照亮海面。紧接着，这道光幕又变成黄红橙三色混合，铃木直盯盯地看着这片魔光，同时朝船员们大喊：太阳从西边出来了！船员们睡眼惺忪、一脸困惑地跑上甲板，抬眼一看这道骇人的光，顿时目瞪口呆，只见它亮度渐渐变暗，却不断向四下扩散，向天空升腾。几分钟过去，再看这条近百吨的“福龙丸”，浑身颤抖，蹒跚倾斜，犹如船的龙骨下面数千英尺深的海水猛冲上来，拍击船体。此时，一阵怪响从船身滚过，好似世界末日来临，跟着便是两道深长的冲击波。船员们惊恐万状，全趴在甲板上，不知发生了什么情况。

三崎船长想下令“福龙丸”全速前进，与那道光背向而行，可是他舍不得已经放进海里的渔线，尽管他知道那线放得还不够长，钓不到什么。船员们开始收线，负责无线报务的久保山(Kuboyama)匆匆计算了一下。那声怪响是在他们看见天空放光7分钟之后扑到船身的，他估计“福龙丸”距离光源大约87英里。他和三崎船长在航海图找到船的位置，久保山注意到，光源发出的方向除了汪洋大海和几座名叫比基尼环礁的堆沙之外，什么也没有。环礁离他们的船85英里远。

船员忙着收线之际，黎明来临了，但是天空显得苍白怪异。过了几个小时，天空柔柔地飘下乍看如雪花样的东西，但是大家很快意识到那不是雪花，有点像沙子，也可能是灰末，颜色灰白，随处附着。有些船员说可能是盐，有几个甚至捏起一点搁嘴里尝了尝。三崎觉得像是火山灰，他再次查看航海图，看附近是不是有哪座火山岛可能喷发了，或者像印尼的喀拉喀托火山一样发生了大爆发。但他什么也没找到。

不管天空落下的沙样物质是什么，它还在一个劲儿地往船上落，如雪如雨，将一切染成乳样的、病态的灰白色。"福龙丸"幻若一个幽灵。

船员们想把主甲板和一些渔具冲洗干净，不料，这层灰好像比沙子和盐都重，而且很黏，很难清理掉。有几个船员直呼眼睛发痒，过后，其他船员才注意到，该吃饭的时候他们竟然不觉得饿。有两三个船员恶心反胃。午夜之前，头一个看见强光的铃木晋三起床值班，刚从铺位出来便开始呕吐。

"福龙丸"即刻返航。船员们一个个病倒了。他们双眼疼痛，眼睛像糊着一层沙，还流黄水。铃木连床都下不了了。船员皮肤瘙痒、灼痛，特别是接触过粘了灰粉的渔线的手掌，更是痒痛难挨。皮肤出现红肿，每个人都像是被阳光灼伤一样。三崎感觉那灰粉不对劲，一定有问题。他把灰收集了一些(船上到处都是)，用一只碗盛着放在他的铺位旁边，打算船返港后找人研究一下。这一点无线报务员久保山也想到了，他取了点灰，用纸包了搁在枕头下。但是，谁也没有专门把灰弄干净，那灰不光甲板和设备上有，每个人的衣服上、头发里，还有吃饭的厨房里都有。

"福龙丸"快到日本时，有船员发现头发掉了很多。久保山是船上公认的念书最多的人，掉发令他吃了一惊。他想到，脱发不正是广岛和长崎核爆后遭受辐射伤害的征象吗！他和三崎及另两个船员商议决定,待"福龙丸"靠岸,全体船员马上去医院就医。1954年3月14日,船到烧津港,船员们一个个面相狰狞;"晒伤"颜色深重,手脸发黑。大家心里都清楚:"福龙丸"是闯进了太平洋试验场了,试验场就在马绍尔群岛,被划为禁区,美国正在那儿进行核试验。

此事颇令人困惑:禁区是以埃尼威托克岛为中心划定的,自从1946年在比基尼环礁引爆了两颗原子弹之后,美国在太平洋的所有核试验均在禁区内进行。1954年3月1日凌晨,"福龙丸"是在埃尼威托克岛以东300英里处,并未接到禁区向东作大范围扩展的通知,不知道比基尼岛要有新一轮核试验。后来大家总算闹明白了:那日凌晨船员看到的、害得他们全病倒的只能是一样东西:原子弹。

实际情形比这还惨。

"福龙丸"根本没驶入太平洋核试验场的禁航海域,它距离禁航海域的东侧边界还有20英里——本应该是安全的。渔船触碰的并不是航海图上的一条界线,而是美苏两国激烈军备竞赛的意外后果和一次可怕的科学计算错误。

核裂变即链式反应,通过分裂铀或钚等重元素的原子核释放能量。1939年,人类就已经开始在实验室里进行核裂变试验了。美国在第二次世界大战期间开始搞"曼哈顿工程"时,已知的核裂变原理已经能够用于制造原子弹。当时,纳粹德国正朝着造原子弹的方向努力,事实确凿,美国感到必须赶紧把原子弹研制出来。早在1922年,科学家们还作了另一个预测:用氢作燃料进行热核聚变反应释放能量(太阳内部就是这样活动的)同样可用于制造爆炸装置。不过,这其中包含的不确定情况比较多,最严重的就是一旦爆炸很可能引发地壳和大气中的轻元素发生链式反应,瞬间毁灭所有生命,地球在一道死光、一阵炽热里化作一颗恒星。后来科学家们又做了多次测算,证明这样的大灾大难不太可能发生——他们把各种燃料都想到了，不过，此事还需深入研究。最终是个“好消息”：一枚核弹不可能引发自动传布、毁灭地球的链式反应，因为爆炸的能量大部分会以辐射的方式消散。

第二次世界大战期间，搞“曼哈顿工程”的科学家同步研制原子弹和氢弹。那时，氢弹基本上还处在理论设计阶段，有些研究人员提议，应该把氢弹作为主要研发目标，裂变装置只用作氢弹的触发器。不过最后是原子弹胜出。1945年8月6日，美国投下一枚名叫“小男孩”的原子弹，摧毁了日本广岛；3天后，又把“胖子”扔到长崎。两座城市有数十万人毙命——大部分死者是平民，爆炸当时或被烧死或化为齑粉，另有数以万计的人被辐射致病。日本在挨了第二枚原子弹6天后投降，战争随即结束，氢弹的研制稍稍放缓。

1949年8月，曾经的盟友、现已渐变为敌的苏联成功试验了自己的核武器。美国人担心俄国人下一步搞出氢弹，于是紧锣密鼓，重启热核武器研制。之前搞出的热核武器原型需要大量超冷液体燃料，体积又大如高楼，实战价值太低。第一个氢爆炸装置——因为太大了，不能叫炸弹——于1952年11月1日在埃尼威托克环礁里的一个叫厄吕格拉普的小岛礁上引爆，那次的试验代号是“迈克常春藤行动”。爆炸后，最初的火球宽度超过3英里，后慢慢变成一团高20英里、宽100英里的蘑菇云。一架执行观察任务的飞机在距离爆炸点15英里处的40 000英尺高空，测得机翼上的热脉冲超过90华氏度。厄吕格拉普礁被爆炸抹去，原址变为火山口形状，没入海水，深度160多英尺，直径超过1英里。科学家们检测爆炸后残余物，发现元素周期表还得扩充，因为他们找到了两种新的重元素（后被命名为“锿”和“镄”），它们是在核爆的烈焰中诞生的。

“迈克常春藤行动”是令人震撼、让人胆寒的，而美国空军同样令人震恐：空军要求快速研制出一种具有“应急能力”的武器，既能高效生产，还要小型化，轰炸机可以投射。实战用核弹还必须轻，这样投射后可使用降落伞助其缓降，为飞机赢得充足的时间飞离爆炸现场。一年半后，“福龙丸”渔船正乘着黝黑的太平洋海浪在马绍尔群岛东边的海面上悠哉航行，它哪里料到，此时一个使用氢和锂同位素作为燃料的全新的紧凑型“干式”核装置正端坐在比基尼环礁上等待指令。这次核试验代号为“欢乐城堡”(Castle Bravo)，氢弹装置叫“虾”(Shrimp)。

“欢乐城堡”的引爆中心设在约30英里以外的恩砥岛上的一个重装加固的地堡里，中间隔着环礁的中央潟湖。控制员按下触发器，天空好似立时自爆，炸成了一团地狱般的烈焰火球，250英里外都能看到。爆炸后那一瞬间，爆炸的巨响还没有传到恩砥岛，但加固地堡已开始摇动。地堡里的人呆了几秒钟，恍然意识到这是地下传来的冲击波，冲击波的传播速度比声音在空气中的传播速度还快，但这情形不曾有人经历过，因为正常情况下，冲击波在地下传不了多远就被大地吸收掉了。这个细节说明，事情并没有完全照预定计划发展，而随后出现的情况证实了这一点：比基尼环礁上空的蘑菇云冲破了对流层，冲入了平流层，升离地面约114 000英尺高，将成吨烤热了的、被辐照过的珊瑚礁和沙子带向高天。环礁的数个岛屿被夷平了，南风变作西风，把大量放射性“沉降物”通过上层大气向东吹送，一部分沉降物落回地面，落在“福龙丸”和船员们身上。不出几天，马绍尔群岛北面的大部分岛屿——一片由东向西散布在千里海洋上的环礁岛和零星小岛——也在劫难逃，被核辐射污染了。生活在核爆下风区的几个岛屿上的原住民不得不撤离。

核试验收集的数据显示：原以为“虾”弹的锂同位素之一是惰性的，而它却增强了聚变反应，出乎预料地加大了核爆威力。“欢乐城堡”的爆炸当量为600万吨TNT，而“虾”弹的爆炸当量为1500万吨TNT，是预估当量的2.5倍，相当于1000枚投在广岛的原子弹。

回港后,“福龙丸”和倒霉的船员备受关注。船员们个个面色黝黑,把岸上的人吓得不轻。有家室的船员一进家门,看见的是亲人无比惊诧的表情。有人检查了船体,发现它受到了不同程度的放射性污染——船顶和裸露在外的部件、设备受污染最重。“福龙丸”被转移到港湾另一侧的检疫所,先做检验,然后再拖到海上烧毁。官员们匆忙追查该船捕获的海鱼,鱼已经售出,大部分流向大阪和东京的鱼市。经查,那些鱼也带放射性,于是悉数没收、掩埋。

与此同时,船员们先是由当地医生诊治,而后被送往东京,去设备更先进的医院治疗。他们为自己的命运捏着一把汗,心里越发忐忑不安。船员的身体状况令医疗权威们困惑——他们在放射病诊疗方面经验丰富,还都是美国人掌管的广岛原子弹伤亡委员会(Atomic Bomb Casualty Commission,简称ABCC)的成员。原子弹伤亡委员会不是治疗机构,而是一个研究组织,近10年一直在研究两次核弹攻击的后续影响。可是,检查过“福龙丸”船员的专家,都不曾见过这样的症状。

大多数船员算不上是精神抖擞,锐气充盈,但身体状况好像还不错。只有铃木晋三病重,返航时已无力登高瞭望;还有几个船员自述胃口不好,吃不下饭。总体给人的感觉是,他们不像是受到了致命剂量的辐射;如果是的话,这会儿他们早就病得不行了。不过,船员们肤色暗黑,局部组织感染脍脓,让医生们不解;更令他们吃惊的是,这些船员都带着放射性。他们虽然在船上洗了澡、洗了衣服,却没有把落在“福龙丸”上的核灰烬残留去除干净。还有头发的船员被剃了光头(检测证实头发的放射性最强),一搓再搓,直到把灰烬全部除净。船员们的皮肤烧伤样有所改善,医生们静等观察他们的病势会不会加重,而后再好转,因为这是辐射病的典型病程。结果,除一人例外,其他人都照此经历了一番。

"福龙丸"船员被关在东京大学医院里治疗了一年多。一开始,他们自感疲乏,食欲不振,接着牙龈出血,血液中的白细胞减少,骨髓受损。治疗方法是频繁输血,定期使用抗生素抗感染。有几个船员得了肝病和黄疸,皮肤由暗黑变成深黄色,仅仅过去几个月,其精子数量降为零。

不过随后,所有船员的状况开始好转,包括无线报务员久保山,当年8月,他还代表船员接受记者采访。他说:大家希望得到美国方面的赔偿,因为住院治疗要花钱,收入也损失很大。他还说,自己感觉身体好了很多。可是,一个月后,其他船员陆续恢复了健康,而久保山突然病情恶化,最终因肝衰竭去世。日美两国政府就久保山是辐射致病而死还是害肝炎而死这一问题争议不下,久保山多次输血,也许是他某次输血传染上了肝炎呢。但无论怎么解释,久保山死亡的直接原因是他离"欢乐城堡"核试验太近了,他的死成了这起严重的国际事件的悲剧性标志。在太平洋上作业的日本渔船都播发了唁电。美国驻日本大使向久保山的家人表达了同情,并代表"美国政府和人民"给久保山的遗孀寄去一张一百万日元的支票。

"福龙丸"的遭遇理所当然地上了美国的新闻头条。起初,官方对1954年3月1日在比基尼环礁进行的核试验还支支吾吾,含糊其词。鱼类被污染一开始是大家主要担心的问题。据《纽约时报》报道,"福龙丸"捕获的金枪鱼和鲨鱼大部分带有很强的放射性,直接危及人命,日本的家庭主妇们十分害怕,不敢去平日里熙攘的鱼市。"福龙丸"满身披着放射性沉降物返航回家不到两周,另有两条日本渔船在马绍尔群岛以东海域捕了鱼,带着危险剂量的放射性污染返港。这两条船上的船员倒没有生病,但是,其中一条船"明神"号(*Bright God*),从东京东北的港口城市盐釜出海,虽然它捕鱼的海域距离"欢乐城堡"试验场约780英里,却也淋了一身"放射性灰雨",跟"福龙丸"船员淋的一样。得知这个情况，人们大为震惊。日本政府承认，前一年秋天接到过通知：美国要在太平洋试验场上进行核试验，但是坚称，“福龙丸”从未收到过“欢乐城堡”试验的具体警示，该船也从未进入禁区。

1954年3月24日，艾森豪威尔(Eisenhower)总统在一次新闻发布会上说，“欢乐城堡”核试验释放出“前所未遇的”爆炸威力，“令科学家震惊”，科学家们正重新研究安全预防措施，为今后的试验作准备。美国很快采取了行动，将禁航面积扩大到40万平方英里，比原禁航区大7倍。3月28日，也就是在核试验过去3个星期后，《纽约时报》发表一篇社论，不再使用官方对“欢乐城堡”试验的说法——检试一种“原子装置”，而是直接采用大家都已知道的名字——氢弹。

《纽约时报》说：无论如何，研制氢弹都是大事，不能不予以深切关注；而鉴于“福龙丸”的遭遇，更需谨慎行事，如此才能保护好生活在太平洋上的人类和水里的海洋生物。《纽约时报》对“相互保证毁灭”的战略思想有所预见——这一思想后来成为有限冷战的核心前提，它借机暗示：美国在造氢弹的竞赛中取胜，意味着“还有希望——即便就当前情势而言希望很小，这希望就是：最近在太平洋海域发生的事件有可能促使美国与俄国人达成协议，实现对原子能的国际管控，不论其用于何种目的”。

公众再关注、再担忧，也没有减缓太平洋试验场上的核试步伐。1954年3月27日，比基尼环礁又引爆了一枚氢弹，4月7日第三枚氢弹炸响，紧跟着又炸响了3次—— 一次是“裂变装置”，另两次是氢弹。

4月初，日本政府要求美国于当年11月至次年3月金枪鱼捕捞季节停止在太平洋试验场试验，并且今后再做试验，必须提前通知日本商船。美方官员就经济赔偿“福龙丸”船员事宜和日方谈判，同时一再安抚公众，称太平洋里的鱼类没有遭受大范围放射性污染。日本官员不信。

1954年7月，一队日本科学工作者考察了比基尼环礁，认为氢弹试验对鱼类等海洋生物"造成了严重影响"。这个结论和1947年,也就是比基尼环礁进行的前一次核试验一年后的结论完全一致,当时的报告称,"比基尼环礁上的生长物和周围海水里漂游的生物都带有放射性"。尽管如此,日本的科学家还在7年后想方设法消除人们对运回日本的海产品的担忧和畏惧:他们干脆生吃比基尼环礁附近水域捕到的海鱼,看样子没造成不良症状。他们的调查报告说:这一带海域的鱼类"鳃和内脏带有放射性",但是吃鱼肉应该是安全的。3个月后,横滨港运来一批金枪鱼,数量很大,经检测,每十条鱼中就有一条带放射性,捕获地点在马绍尔群岛东北部1000英里处。

核爆中心瞬间发生剧烈的链式反应,就像是一颗人造小恒星,眨眼出现,让周围的一切荡然无存。1945年7月,"曼哈顿工程"要在新墨西哥进行第一次核试验,引爆那个叫"三位一体"的核装置,届时会发生什么情况?参与攻关的科学家一直琢磨这个问题。多数人认为,之前多次计算结果显示这枚核弹有可能把地球大气付之一炬,是错误的,但谁都没有断言。

对这种武器的实战效能——人员大量死亡和大规模破坏——也早有预见。炽热和辐射只造成一小部分破坏:爆炸中心附近的一切都将化为一团热气。主要的破坏来自持续向外推进扩展的冲击波,它能摧毁一大片地方。因为地球能够吸收并反射地面爆炸释放的大部分能量,所以,核弹一定要在目标上空引爆,实现毁灭效能最大化。至于放射性碎片进入高空大气后给远距离地点造成二次放射污染这一问题,几乎不作考虑。但是,这种放射性沉降物注定要让核时代的面目狰狞可怖。

蘑菇云并非核弹的独家专利。只要是大爆炸,都有可能形成蘑菇云。大爆炸在空气中炸出一个空洞,炽热气体涌入空洞并迅速上升,形成一股混和着火、烟、汽的强劲上升气流。气流裹挟着爆炸形成的灰尘、残片,如电梯一般直向上冲。核爆比所有常规爆炸都强烈得多,也炽热得多,所以能形成巨型蘑菇云,这团云包裹着爆炸产生的大量碎片,并使之沾染放射性。核弹爆炸后,蘑菇云可以升得很高,比急流的高度还要高很多,所以,云中的放射性碎片不会直接落回地面,而是夹带在上层风流里,与天气变化合力一处,在大洋、大洲上横行飘荡,最后且行且落,降回地表。

比基尼岛试验氢弹和"福龙丸"船员遭难的消息传到了美国公众的耳朵里,但他们基本不在意:在世界另一边,在茫茫大洋中发生的事情,不也在美国本土,在其农村、郊区和城市的上空发生着吗?何需大惊小怪。1951年至1955年,美国在拉斯维加斯以北63英里的内华达试验场进行了**49**次大气层核试验,没有一次是氢弹试验,有些试验是小规模"安全"试验,几乎不产生辐射,也没有放射性沉降物。有几次试验是从飞机上投弹,其余几次都是高塔引爆。

这些核装置的威力差别很大——有的当量仅是广岛上空1900英尺处引爆的那颗"小男孩"原子弹威力的几分之一,有的则比"小男孩"的威力强大一倍,甚至两倍。爆炸后的蘑菇云将数百种裂变产物带入大气,其中至少有20种是放射性核素(拥有不稳定核、能发出辐射的原子),它们是放射性沉降物最危险的成分。放射性碎片被持续送进大气,最后形成一团经久不散的放射性污染云——美国的核试验难辞其咎,苏联和英国的核试验也有份儿。所有碎片迟早都会落到地上。

人若靠近或触摸到落在地面的放射性沉降物,就会受到辐射,还可能将其吸入或摄入体内。放射性沉降物扩散的一条显效途径竟然是奶牛,因为奶牛吃了受沾染土地上生长的料草,产出的奶含有高浓度的放射性核素,而这受污染的奶又被人类——主要是儿童——吃进肚子里。

虽然媒体对内华达核试验作了广泛报道,但是公众对放射性沉降物并不在意，只知道万一爆发核战争，一定会有放射性沉降物。当时已经发现，第一枚原子弹爆炸（即“三位一体”核试验）就产生了放射性沉降物。“曼哈顿工程”的军方负责人莱斯利·格罗夫斯（Leslie Groves）将军在一份呈送杜鲁门（Truman）总统的绝密报告里写道：“三位一体”试验证明，原子弹威力巨大，能够产生“大爆炸效应”，另外，爆炸向天空放送了一团游弋不定的蘑菇云，这团云之巨大，远超预想，它升到了让所有人惊讶的高度。

参与“曼哈顿工程”的科学家认为：大气在1.7万英尺左右的高度上有一条温度界，爆炸产生的云团升到此处便是极限，无法穿越。可是，“三位一体”产生的蘑菇云“携万钧之力，翻腾扶摇直上”，只用5分钟便冲破了1.7万英尺，飞升到4.1万英尺。核爆云里含有“强放射性物质，且浓度极高”。格罗夫斯将军认为有必要说清楚核爆云这个总体战的新象征多么令人忧心：

> 这团云先是呈球状升得很高，接着化作蘑菇形，而后变成一根长长的烟囱状云柱，最后被不同高度的变风吹向四面八方，将浮尘和放射性物质投撒在广大区域。医生和科研人员对这云团做了追踪监测，检查了它的放射性影响。虽然在有些地方，放射活性相当高，但是还没有哪个地方辐射强度大到必须疏散人口的地步。距离核爆120英里处发现了少量放射性物质。目前各项测量仍在进行，为的是获取充足数据，以备将来遇到索赔时保护政府利益。数小时以来，我本人对此情况深感不安。

格罗夫斯将军还告诉总统，他已设法让本地的新闻媒体遵照政府就这次核试验发布的正式说法，口径基本一致，不过，有些有胆识的记者找了一些目击者描述爆炸的场面，其中一位是“盲女，她竟然看见了光”。

“三位一体”放射性沉降物的降落范围远超格罗夫斯的预料。核试验几个月之后，纽约市罗切斯特区的伊士曼·柯达公司在它为工业X射线设备生产的未曝光胶片上发现了亮斑和条纹。经调查，柯达公司确定，胶片是被放射性物质损坏的，而放射源来自包装胶片用的纸板箱。原来，箱子的纸板是艾奥瓦州和印第安纳州的几家造纸厂生产的，生产纸板时消耗的水来自流经中西部流域的几条河流，而这几条河全在“三一”核试验的下风区，虽然下风区离核试地点有好几百英里。

1951年1月末、2月初，也就是在内华达州一周内连续几次进行核试验之后，放射性沉降物造成的深刻影响已昭然可见。系列核试引爆的第一枚核弹名叫“游侠能手”（Ranger Able），是一枚小型核弹，体积不到“小男孩”尺寸的1/20，由飞机空投，在沙漠上空1000英尺处爆炸，形成的蘑菇云竟把放射性碎片送到了1.7万英尺高空。虽然放射性碎片在急流下面，但侦察飞机跟踪着这团烟云飞掠了全国。这团云只用两天就到了新英格兰。路上，云团与一场风暴纠缠在一起，放射性霰雪降落在纽约州北部。“游侠能手”引爆一天后，又引爆了“游侠面包师”（Ranger Baker），威力比前者大15倍。这次，蘑菇云上升到3.5万英尺，再次奔向东海岸。核试3天后，带放射性的雪花飘落在纽约的中央公园。

“游侠”系列随后的试验，震破了拉斯维加斯的窗户，每隔几天便照亮黎明前的天空，让民众兴奋不已。该系列最后一枚核弹代号“狐狸面包师”（Baker Fox），于1951年2月6日引爆，威力差不多是“小男孩”的两倍；在凌晨的黑暗中，有不少群众把车停在试验场外的高速公路边围观。爆炸再度震碎了许多英里以外的窗户，炽光由白变为暗红，把一架正在东边600英里外的科罗拉多州杜兰戈市上空飞行的飞机上的乘客吓得不轻。蘑菇云冲上4万英尺高空，乘风向南，飞过拉斯维加斯，飞过亚利桑那州的菲尼克斯，飞过得克萨斯州的布朗斯维尔，一直飞到墨西哥湾上空。

试验在内华达和太平洋上继续着，美苏两国人民心里无不惶然，因为两国制造的军火足以毁灭地球好几遍。英国作家H·G·威尔斯（H. G. Wells）早在1914年写的一本题为《世界解放》（*The World Set Free*）的书中就作了预告；他想象了20世纪50年代使用"原子弹"的战争是什么样子。其实，军备竞赛早在1939年就开始了，那年，阿尔伯特·爱因斯坦（Albert Einstein）致信美国总统罗斯福，向他通报了物理学实验的最新结果：有可能制造出一种前所未有的新型武器。（也是同一年，保罗·米勒在瑞士的实验室里发现了DDT的致命特性。）

爱因斯坦博士解释说，包括德国在内的几个国家的科学家正在研究核裂变，如果用足够量的铀诱发裂变，就可以造成链式反应，释放出"巨大的能量，还有大量的类似镭的新元素"。几乎可以肯定，裂变要不了多久就会实现。他对罗斯福说：核裂变既可用来生产能源，也可用来制造炸弹。他设想这种炸弹的体积一定很大，不能用飞机运载，但是，或许可以放在船上，送到敌人的港口附近爆炸，"能够把整个港口连带部分周边区域全部摧毁"。

美国的铀矿储量少，所以美国面临的一个重要问题是弄到铀。爱因斯坦说，捷克斯洛伐克铀矿丰富，但是，德国占领捷克斯洛伐克后，已于近期禁止销售铀矿石。这显然只意味着一件事，于是，爱因斯坦催促美国：就算尚未和德国交战，也得加快核裂变的试验研究。

第二次世界大战后，美国担心再出一个核国家跟它较劲儿。这份担忧果然应验了，新的敌手苏联于1949年试爆了原子弹，这次试爆比美国情报部门预计得还早。1955年，苏联又有了氢弹。有人说，苏联的核弹计划得到了美国夫妻间谍朱利叶斯(Julius)和埃塞尔·罗森堡(Ethel Rosenberg)的协助。据说,他们把原子弹的设计图等文件资料交给苏联,加快了其研究进度。

罗森堡夫妇是否真的给俄国人提供了有价值的东西,埃塞尔是否直接参与了间谍活动,其实并不清晰确凿,但是,在公众的激昂情绪和狂呼滥喊声中,两人还是被逮捕了,后被判犯间谍罪,于1953年在新新监狱(Sing Sing prison)被送上电椅处决。处决埃塞尔的过程十分惨烈,两次通电都没能电死她,第三次通电才要了她的命,而那时她已经冒烟起火了。

第二次世界大战临近结束时,杜鲁门总统几乎把美国的民防工作给停了,但是,1949年苏联进行了核试验,一年后又爆发了朝鲜战争,特别朝鲜战争,有人认为这是欧洲投奔苏联的前奏,于是,杜鲁门在1951年初设立了一个叫作"联邦民防局"的新机构。一旦爆发核战,该机构要担负起保护美国的使命。说来甚是可笑,该机构要钱没钱,要物没物,在谁负责什么事的问题上还同各州、市有矛盾,怨不得人们普遍对它不抱信任,那也是情理之中的事。

联邦民防局的职责是在爆发核战争时疏散、掩护全美的百姓,现实工作主要是分发宣传册子、播放小电影——播发对象多是学龄儿童——向他们讲解遇到核攻击的时候,该如何哪般才能活命。另外,它还负责在公共建筑上刷贴民防标识,告诉人们空袭来时,哪些地方适合躲避炸弹。那10年是民防观念越来越淡薄的10年。比基尼环礁上的"欢乐城堡"试验过后一个月,纽约的民防官员便说:一枚氢弹就能夷平一座城市,在这种情况下,必须认认真真考虑一下如何才能最有效地应对核攻击。唯一的办法似乎就是把全市800万人口疏散开,但这是根本行不通的,因为空军估计,如果苏联动用远程轰炸机来袭,他们只能提前一小时预警。一年后,华盛顿特区的市民听说美国国会只为首都华盛顿拨款11.5万美元用于民防建设后，实在难堪其情——国家动物园的年度预算还有65万美元呢！

20世纪50年代初，公众收到的民防建议都注重解说一场核战之后大部分人存活的可能性。凡是不幸离原子弹爆炸点很近的人——爆炸威力相当于投给日本的那两枚原子弹，或稍大一点——肯定是要被当场炸死的，半径数英里范围内的多数人员也会被炸死。人离得越远，高热、爆炸气浪以及爆炸的辐射这几样主要杀灭威胁消减得越弱。

民防官员还声称：被核爆送入高层大气的"放射性云"没什么可怕，因为云团里的碎片放出的辐射比爆炸放出的辐射少得多，而且会"被吹走"，分散到广大区域，"不会造成伤害"。广岛和长崎的核爆就是这种情况，辐射病均是因为直接暴露于"爆炸辐射"，不是放射性沉降物造成的。

民防局认为，原子弹一般都是设定在目标上空引爆，这样可以使爆炸效应最大化，同时也会减少抛投向高空的放射性碎片的量。他们还对民众宣传说，核攻击发生"几分钟后"就可以走出掩体救助伤者，扑救火灾，不会有安全问题。有人说原子弹爆炸会将一大片地方弄得长时间不能居住，这种说法被斥为"不实之词"。美国国防部称：放射性沉降物要构成长期的、重大的危险，需要引爆"数千枚"原子弹才行。

当然，"欢乐城堡"核试验证明，单枚氢弹的威力可以是单枚原子弹的1000倍。美苏两国的核武库已转而开始储备氢弹，在这种情况下，每个人都要深思核战争的意义和性质。可以想见，氢弹当空爆炸，可对地面零点为中心、半径30英里的范围造成巨大破坏（视氢弹大小而定），将大量致命的放射性碎片抛入天空。20世纪50年代末，放射性沉降物已被视为核战的**主要**祸害，互掷核弹可直接屠戮数以百万计的性命，之后还会对数以千万计的人口造成延续不断的危害。这至少在理论上意味着每个美国人都需要一个防放射性沉降物的庇护所，里面得有能支撑两个星期的食物、水、药品等生存必需品。1955年,民防管理局花费830万美元,拟为全国各地的居民社区打造“生存方案”——如此严肃的工程,到头来却让人觉得毫无意义。

美苏两国互扔核弹的危险与日俱增,美国的民防规划也越发愚蠢。1957年秋,俄国人发射了第一颗人造地球卫星“斯普特尼克”(Sputnik),成就惊人,完胜美国的太空计划,说明苏联很快就能够使用装有核弹头的火箭攻击美国。果如此,核攻击预警就要从现在的一至两个小时缩减到15分钟左右——这样一来,被攻击的目标区域进行大规模人员疏散就变成了空想。

第二次世界大战以来,美国和苏联都在竞相研制导弹系统,20世纪50年代末和60年代初,陆基远程火箭越来越多,能够从游弋在世界任何一地的潜艇上发射的导弹也越来越多,有了火箭和导弹,核武器可以快速部署。自从“三位一体”核爆之后,末日决战已渐入视野,而今人们可以栩栩想见那绝亡的景象:两只巨大的黑影同时从地球上升起,它们在大气层之上相向而飞,擦肩而过,弯出两道弧线,随后化作热核地狱,万物在炽焰中毁灭。

当然,并非所有美国城市都是核打击的目标。但是,“欢乐城堡”及后来的核试验警醒人们:核攻击后还活着只是生存的第一步,往后能否活下去还在两可,因为放射性沉降物散布的范围比核爆面积广大得多,而且同样致命。核战争就像一个双头恶魔,靠近其烈焰者一律被烧死,余者尽数被毒杀。

1958年,一个民防高级官员说,核攻击下“唯一的自救机会”就是,没在爆炸中汽化的人还有时间赶在沉降物降落之前跑进避难所躲避。可是,原先有计划要在全国建设一个防放射性沉降物的掩蔽体系,却没有兑现。民防官员想好了:社区要建地下避难所,学校等公共建筑设施要有保护区,还要给个体业主发补贴建私人避难所,这是个繁杂浩大的工程。但是,建设这样一个防护体系的成本却让人望而却步:估计需耗资3000亿美元! 这在当时是不可想象的。1957年,有人提出一个花钱较少的国家人防体系建设提案,需花费400亿美元,也被当时的总统艾森豪威尔否决了。艾森豪威尔自有一套新论,认为总体核战的主张是不对的。他说:"这样的战争是不能打的。不然,街上的尸体太多,推土机都不够用了。"20世纪60年代,一些负责民防规划的人心中生疑:万一打起核战争,"活下来的人是否会觉得生不如死呢?"

核战前景堪忧,而美国沙漠上又频频腾起蘑菇云,人们内心更感到焦灼。这种心境在其后自成一派的科幻类作品——"放射性突变体"电影中得到了反映。突变原型是一头名叫哥斯拉(Godzilla)的巨蜥蜴,它是1954年日本电影《哥斯拉》(*Godzilla*)的主角。之后美国拍摄了一系列B级电影,全是一个套路:接触放射性物质可以改变人或动物的本性及外观,而且总是越变越坏。最受观众欢迎的是一部1957年拍摄的电影《惊天巨男》(*The Amazing Colossal Man*),讲述了一名军官不幸在核试验中受伤,突然长到60英尺高,结果供血不足,害得他狂躁暴虐。另一部是《X射线》(*Them!*),演员阵容强大,剧情迭宕震撼,和《哥斯拉》同年推出。故事情节是:受核辐射变异的杀人蚁突然爆发,长到汽车大小,还能发出致人瘫痪的尖叫。在这些无聊却让人惶惑的娱乐片上演之前,好莱坞曾在1951年拍摄过一部比较严肃的、发人深省的经典影片《地球停转之日》(*The Day the Earth Stood Still*):一个外星人带着一个无所不能的机器人来到地球,此行的目的是要正告地球居民,如果继续发展核武器,星际警察部队别无选择,只能把地球毁灭了。

这当然是在批评美苏之间的所谓"冷战",不过,"冷战"一词倒是客观描述了核浩劫的肃杀景象,让每个美国人终日为核灾难惴惴不安,那是一种满载忧伤的恐惧:说不定哪一天,天空豁然一亮,犹如千颗太阳照耀,核浩劫便来了呢。美国的孩子们也在劫难逃,他们天天演练,等着世界末日。若有一天老师突然大喊“闪光！”，所有5岁以上的孩子都知道要“快躲快藏”，要赶紧匍匐在地，蜷缩到课桌底下，两臂紧紧抱头，静等冲击波扑来。也有让人抓狂的办法：听到核攻击即刻要来的警报，哪些人该往哪儿跑。对许多小孩子来说，如果住得离学校近，能在15分钟内跑回家，那就快回家，起码死也跟爸爸妈妈死一块；住得远的小朋友干脆就待在学校，让死神来学校处置他们。

就是这批儿童，核战知识学得比较好，20世纪60年代他们长大成人，内心笃信这世界有可能玩完，人类的技术是可以毁灭它的，有些手段看得见，有些看不见。

虽然原子弹两度在日本炸响，但对大多数人而言，核战还是个玄虚的概念，尽管它有可能发生，也很可怕。对制造核武器的一个认识是：有了核武器就意味着永不使用核武器。但是，这个认识并不适用于另一种新型的现代武器。人类发明了DDT，为的是打一场没有尽头的战争。在美国和欧洲，传播疟疾的蚊子本来已在减少，疟疾几近灭绝，DDT登场，又为绝杀蚊子助了一臂之力。接着，DDT就实现了商品化，广泛用于农业和食品业、林业，以及居住环境防虫治虫。没有人具体知道DDT是怎样发挥效能的，不过，显而易见，它是一种神经毒剂。它生产成本低廉，施用后，杀虫效力能保持很长时间，特别是喷洒在建筑物的内壁墙上，效力更持久。DDT是一种白色粉末状化合物，不溶于水，但可以配制成粉剂、油基喷雾剂，还能做成烟雾“炸弹”用来熏蒸房舍。有人用DDT喷在床铺上治臭虫，发现喷一次能管“几个月”，大家兴奋不已。凡有人居家生活、吃饭、种粮的地方都有DDT。

第二次世界大战之后，一波合成杀虫剂投入使用，DDT是第一种。它逐渐取代了天然杀虫剂，比如从菊花里提取的除虫菊杀虫剂，取代了曾经大量施用于棉花、烟草等作物的砷基化合物（砷基化合物是一种有毒添加剂，用过之后，烟草的毒性比其自带的毒性更大）。究竟施用了多少DDT，都在哪里用过，没有人做过详细记录，特别是早期。但是，它被推广使用的速度却是惊人的。

1943年，6磅DDT样品被运抵美国，旋即被美国公共卫生署、美国农业部和辛辛那提大学医学院凯特林实验室三家单位拿去检测。检测结果是：战场环境下，DDT安全有效。于是二战期间，美国大量生产DDT，用以防治斑疹伤寒、疟疾、黄热病、脑炎等传染病；战后，依然用它防治这几种由昆虫传播的疾病。

1950年，美国生产的DDT有12%被输送到海外防控疟疾。农用、商用、家用DDT的生产量一路飙升。1959年，美国国内的DDT使用量创下新高，一年用掉8000万磅。DDT在美国销售了差不多30年，总用量估计达13.5亿磅。一些公司不但生产DDT，还生产其他合成杀虫剂，这些公司包括杜邦（DuPont）、陶式化学公司（Dow Chemical Company）、联合碳化物公司（Union Carbide Chemicals）、维尔斯科尔化学公司（Velsicol Chemical Corporation）、孟山都（Monsanto）、汤普森化学公司（Thompson Chemicals Corporation）、美国氨基氰公司（American Cyanamid）、壳牌化学公司（Shell Chemical Company）等。

DDT属"有机氯类"化合物，其分子是以碳原子为主干，由氢、氯、碳原子化合而成，有时人们也叫它"氯化烃"（chlorinated hydrocarbon）。DDT大获成功后，研究人员很快发现，有些情况下昆虫会对DDT产生抗药性，于是，他们又掀起了研发氯化烃类杀虫剂的热潮。不久，DDT身旁便站了一串"毒兄毒弟"：林丹（lindane）、氯丹（chlordane）、七氯（heptachlor）、毒杀芬（toxaphene）、狄氏剂（dieldrin）、艾氏剂（aldrin），还有英文名字本身末日味道很浓的异狄氏剂（endrin）*，个个毒性都远在DDT

---

* 其名含有英文词end的拼写，可使人产生"终结、尽头"等语义联想。——译者

之上。这是一桩跨国大生意,买卖兴隆,美国继续生产这些化学品,产量远远超过国内需求。1952年,艾氏剂、狄氏剂、异狄氏剂、七氯、氯丹和毒杀芬的总产量为4900万磅。20世纪50年代末,产量又翻了一番。

上述化合物里有一些使用起来比DDT更危险,比如,氯丹和狄氏剂,可以透过皮肤被吸收,有些使用DDT后出现的严重反应,实际是对喷雾“载体”溶剂的反应。虽然早就警示过公众不要把DDT喷洒在动物身上,但还是有很多人用DDT为猫、狗除虱子。有时候,宠物身上出现严重皮肤反应并不是DDT引起的,而是稀释DDT的煤油引起的。有机氯化合物,不论是表皮吸收,还是吸入、摄入,其亲脂性很强,很容易储存于脂肪组织,长期接触会越聚越多。另外,有机氯化合物常会附着于各种表面,能在土壤里保持活性。

这时,化学家们又发现名叫有机磷酸盐的化合物也能杀虫。有机磷酸盐本身无毒,它们由多种具有重要生物学意义的分子构成——DNA就是一种有机磷酸盐。但是,人类开发出来的某些有机磷酸盐能够阻断神经脉冲——致命的神经毒剂沙林就是一种,神经毒剂VX也一样。这两种有机磷酸盐均为化学战毒剂,已经被联合国确定为大规模毁灭性武器。有机磷杀虫剂包括对硫磷和马拉硫磷。此类杀虫剂比有机氯杀虫剂的毒性大,但在环境中的残效期较短。有机磷酸盐比较容易代谢,一般不在脂肪里蓄积,但是,急性暴露时会对神经系统造成广泛损害,特别是对胎儿。

农药的“安全”是个相对概念,任何物质的毒性强弱取决于剂量大小和接触途径。称某种化合物为“杀虫剂”,一是表明其使用目的,二是明确其作用方向为靶标害虫。但事实上,科学家们只是确定了一点:使用一定剂量、看似对人类无害的DDT可以杀灭害虫,而谁都知道,DDT只要用够量,照样可以杀人,就像杀灭虫子一样。地球上的一切生命都是由共同的祖先演化而来的,故而一切生命都具有某些相同的生物特征。最显著的特征就是DNA——不是一些病毒。所有活着的生物体内都有DNA,而且所发挥的功能和作用都是一致的。DNA排成特定的序列就是基因,它构成了RNA,小到老鼠,大到鲸鱼,由RNA构成的蛋白质是一样的。两个生物越是相似,其基因组也就越相似。人和黑猩猩有96%的基因组是相同的。即便从分子以上层面看,不同物种也"保留了"许多相同的生物进程。

其特征之一就是沿神经细胞或神经元传递脉冲信号。脉冲由通过细胞膜快速运动的离子提供动力,它们携带感觉信息,控制肌肉的动作。在某些类型的神经元中,脉冲信息必须跨过间隙——比如在神经元和肌肉之间的接合处,这个跨越动作是由一种叫作神经递质的化学分子伴侣完成的。待脉冲信息被递送过接合点,便有专门的酶使神经递质降解失活,恢复间隙里的化学平衡。

人们开始研制有机氯和有机磷杀虫剂时,对上述细胞过程了解得并不完备。由于那些毒剂能引起抽搐、僵直、痉挛,所以有人判断它们必定是以某种方式扰乱了神经冲动,要么是破坏了神经递质的作用,也有可能是扰乱了神经元细胞膜上的离子流。但不论哪种情况,都会造成肌细胞被反复刺激,出现间歇性麻痹。这恰恰是昆虫在中了DDT等杀虫剂的毒之后常出现的症状。"全身麻痹"之后便是死亡,而致死的最终原因是"代谢衰竭"。

经过初步调查,研究人员不禁想到:人若是频繁接触杀虫剂,特别是脂溶性有机氯类杀虫剂,那毒素会不会在体内蓄积呢? 如果毒剂真的在生物体内蓄积,体内杀虫剂越来越多,那又会造成什么影响呢? 多年之后,科学家们才知道,细胞膜或细胞核深处嵌有特殊的蛋白质,这种蛋白质就是一个个激素受体,它们会出错,把杀虫剂或杀虫剂副产物当作激素,与之结合在一起,使细胞反应混乱失控,引发疾病和生殖障碍。

抛开接触农药的长期健康危害(如癌症和出生缺陷等)不论,有机氯杀虫剂极少造成严重毒害或致命,发生中毒个案也是因为农民使用时大意,或者自杀,或儿童误食造成的。但是,农药对环境是否安全,长期持续使用是否会危及生态系统？这就要另议了。自从1945年对DDT做了数次初步检测之后,美国鱼类及野生动植物管理局一直在追踪调查这个问题。

那几次检测并无定论。对大片林地航喷DDT,灭杀了昆虫,但同时对水中的鱼类和贝类也构成了致命毒害,原因是喷洒经常超范围,污染了水体。实地试验倒是未见鸟类、哺乳动物和两栖动物受到明显伤害,与实验室的试验结果不符:实验室试验显示,DDT对所有被试动物都是有毒的。实验室之外,在同一片区域反复做实地测试,结果证明,DDT浓度越高,遭毒害的动物就越多。这与实验室试验的情况相一致:接触了DDT的动物——小鼠、兔子、鹌鹑、青蛙——不是病就是死。有一个现象颇受关注:禽鸟似乎能耐受体表被喷洒DDT,但是喂食DDT后,不是生病就是死亡。

不出所料,这些横竖交错的调查研究,无论是现场测试,还是实验室试验,都一再证明:用量越大,致命性越强。依据研究结果,人们制订了用法说明,意在喷洒DDT时控制药剂的浓度。帕塔克森的几位科学家注意到:用DDT为房舍灭蚊,乃至为士兵除虱,对环境的威胁不算大;在农田、森林和居民区使用DDT,用得越多,危害越大。他们1947年的研究报告里写道:"一旦在户外使用DDT,其危害马上成倍增加。"

DDT几乎是一下子在各地被推广开来,特别是用飞机喷洒增长甚为迅速,而早期调查却没有跟上。帕塔克森的科学家小组于1947年年底写了一份总结报告称:同DDT的安全性证明相比,DDT还有太多东西不为人所知,特别是是否会对"有益"物种造成附带损害;对"有益"物种的某些附带损害，有可能深刻改变生态系统：

> 户外广泛使用DDT后会出现很多问题。昆虫学家预想了在有害物种和天敌一并被消灭后可能出现的各种麻烦。园艺学家、植物病理学家则比较关注植物有可能遭受直接毒害，毒素在土壤中蓄积产生间接影响。脊椎动物生物学家注意到DDT越来越普及，在野生动物栖息地越用越多，他们已经预想到珍贵狩猎物种和非狩猎物种未来是何结局。

研究者竭力调和实验室所见的结果与现场检测的结果。实验室结果是可控的，但它可能无法预测实际环境里发生的情况。实际环境里，对一片地方控制剂量施用DDT，但这样做并不精准，因为有天气、森林覆盖度以及地形地貌等因素的影响。间或有鸟类和动物逃离正在喷洒DDT的区域，研究人员不禁为之担忧：它们是否已安全逃走，还是病倒在别处？他们设想：喷洒DDT可以杀死大部分昆虫，让吃虫子的动物受饥挨饿。但是，在这样一个开放而复杂的环境里，谁又如何能确定消失的鸟儿和动物是中毒而死，还是因为其他原因逃亡了呢？

喷洒DDT造成的某些影响的确出人意料。生活在爱达荷州北部的鳟鱼，主要以蚂蚁、蠕虫和水孵昆虫为食，突然有一天，肚子里填满了被DDT毒瘫的小龙虾，而附近未被喷洒的溪流里的鳟鱼是根本不吃小龙虾的。不过，和此项研究（对40万英亩土地航喷DDT的情况进行调查）的其他结果一样，这一发现的价值是有限的，因为在如此广大的环境里做严格控制的实验，本身就存在问题。比如，喷药者不太注意喷洒地段的界限范围，也无时间表去遵照执行。研究者最终也不能确定他们调查的是被喷洒区域还是未喷洒区域，换句话说，他们不确定调查发现究竟是"喷洒前"的情况，还是"喷洒后"的情况。

另外，帕塔克森研究小组还对私自喷洒DDT做了调查。调查显示，私自喷药远高于鱼类及野生动植物管理局建议的浓度(每英亩2磅,水生栖息地每英亩1/5磅)。在马里兰州阿勒格尼县的一个果园里,种植户为了防治苹果蠹蛾,多次给果树喷洒DDT,DDT浓度高达每英亩15到22磅,估计整个夏天施用的药量接近每英亩**70**磅。研究人员说,“粗略”调查显示,在喷药土地上生活的鸟比周围未喷药地域的鸟少了三分之二。

合成农药市场方兴未艾,国会见势于1947年通过了《联邦杀虫剂、杀菌剂和杀鼠剂法》(Federal Insecticide, Fungicide, and Rodenticide Act),以后该法经常被修改,但作为监管这类产品及其相关产品的主要法律依据,一直延用。该法形成时,规定了各州间交易的农药如何办理登记、如何贴标签等事项,但对农药的销售或使用未加限制。大环境容许恣意放任！虽然在几度春秋之后,这环境式微了,而在当时,它却让帕塔克森的科学家忧心如焚。他们自己的研究显示,1949年每英亩施用2磅DDT,每年最多施用4次,才不至危害巢居的禽鸟。和鸟类相比,哺乳动物对DDT的敏感度要低一些,但是,在水域附近使用DDT一定需谨慎小心,要降低浓度。多用一些会有什么后果,比如一英亩用2磅至4磅,没人知道。但每英亩用5磅,后果是比较严重的。

有人调查了喷洒DDT防治舞毒蛾的案例,结果是:两周内,鸟类被消灭了83%;一年后,喷药区域的鸟类数量仍然比常态下少约15%。在另一些地方,相近或相同的喷洒浓度似乎对鸟类的伤害没那么致命,原因是鸟类已度过搭窝筑巢阶段,未及喷药就飞走了。上述研究结果无一涉及喷药浓度为推荐浓度的10或15倍甚至30倍时出现的状况。更关键的是,它们没有说明,同一地域长期喷洒有可能使环境中的DDT含量不断叠加、逐年增加的情况。

帕塔克森的科学家在1949年的评估中说,这是他们最大的担忧:“DDT用作杀虫剂,立竿见影,其优点已经在大规模使用中得到了证明,但是，它可能造成的危害，特别是长时间反复使用造成的危害，却不是尽人皆知。”

一年后，帕塔克森的研究人员渐渐不再提之前的说法：使用低浓度DDT应该是“安全的”。哪怕是低浓度、低频率，每英亩用一盎司两盎司*来灭蚊，也照样能扰乱食物链，致使多个物种弃离用药区域。有一些无脊椎动物，如螨虫、蚜虫，对DDT有抗药性，竞争物种被消灭后，它们的数量便爆炸式增长——结果是，一群害虫换成了另一群害虫。

研究人员说，人们对维护“自然平衡”越来越关注了，但所谓“自然平衡”是很难评估的。因为，通常使用杀虫剂的环境有农田、建筑物和居住区，而这些地方已经有人类干预，早就不是原生态，失衡在先。在偏远的、未尝有人类干扰的生态系统里，动植物物种的平衡才有可能长期维持下去——但这意味着：“自然平衡”比起人类活动范围里的现实终点更加抽象了。研究人员还警示说：姑且可以按是否用过杀虫剂将世界划分成一片片、一块块——用过的地方虫害得到“控制”，未用的地方就算作原始状态，但是，如果化学防控手段使用得太多，片片块块的界线早会模糊起来，不分彼此，最终连成一体，环境完全被污染：

> 许多防控虫害的项目通常大量使用DDT，其用量不只是危及昆虫种群，也危害众多脊椎动物。按每英亩施用5磅DDT做试验，仔细评估试验证明：局部灭杀对许多无脊椎物种构成真正威胁。另外发现：按此剂量施用也能直接杀死很多脊椎动物。有些防控项目的单季或四季使用量是上述用量的5至15倍。土地和水体受到这样的污染，倘若发生在广大连续的地域，势必造成极其严重的后果。

1951年，帕塔克森的杀虫剂研究项目已有定论：常年在同一区域按

---

* 1盎司约为28.35克。——译者

所谓“安全”浓度喷洒DDT所产生的累积效应，是造成鸟类种群数量急剧下降的根本原因。第一次实地检测之后的4年间，在喷洒过DDT的几个地方，鸟类数量减少了26%，个别物种减少的数量接近原数量的二分之一。

这期间，一场覆盖范围不断扩大、不受控制的大实验正在全国各地展开。1947年，新泽西州普林斯顿市为消灭荷兰榆树病，开始给榆树喷洒DDT。荷兰榆树病是一种真菌病，破坏力极强，由榆树害虫棘胫小蠹传播，树染上就会死。1928年这种病传到北美，横扫了美国东部城市和乡村，因为榆树是当地主要的庭荫树。接着，它又横穿大陆，一路向西蔓延。各地官员绞尽脑汁，想保住本州的榆树。普林斯顿执行喷洒计划头一年，城里的每棵榆树都施用了1%的DDT乳液。按单棵计算，每棵树的DDT实用量为1.5磅——相当于帕塔克森研究小组认定的每**英亩**森林安全使用量的四分之三。翌年，普林斯顿的施用浓度增加了一倍，市里的每棵树喷施了近3磅DDT。

1948年喷药后，马上有居民报告说鸟死了，鸟儿突然不见了，不少业主谢绝再给自家的榆树喷DDT。1949年，普林斯顿的树木已经被喷了两遍DDT，每次药量均为3磅。一个研究小组专门对该市的情况做了调查，小组成员是美国鱼类及野生动植物管理局和美国农业部昆虫学与植物检疫局的科学家。调查环境颇具挑战性，因为整个城市都被喷洒了两遍，很难找到一片未喷药的榆树作为对照点。城内榆树成林，无以计数，鸟儿怎可能不多次接触DDT，即使从一树换到另一树来躲避洒药队，也无法逃脱。如此一来，便很难对鸟儿的DDT暴露水平作出评估。

已死或垂死的鸟是不多，喷洒后一共在普林斯顿找到了26只被救起又死掉的鸟儿，均表现出DDT中毒的典型症状：颤抖，失去飞行能力，不能站立。随后的尸检显示，死鸟体内都有DDT残留，虽然这并不能证明它们是死于DDT中毒，因为活着的鸟儿身上也应该有同样的残留（未捕捉活鸟做检查）。研究小组还观测了鸟巢，发现喷洒区雏鸟存活率仅有44%，未喷洒区雏鸟存活率达71%，且在仲夏时长成羽翼。鸟儿数量普遍减少比喷药后鸟儿被直接毒死更令人瞩目。无论是喷洒区、未喷洒区，DDT使当地动物总数减少了22%。它们去了哪里，遭遇了什么情况？人们并不知晓。未喷洒区鸟类数量增加了6%。

帕塔克森生物研究保护区对鸟类的实验研究获得了更为明确的结果——但只是浅尝辄止。一次检测中，航喷DDT区域的筑巢鸟的雏鸟"死亡率相当高"，只有28%存活，而未喷洒区域的雏鸟存活率则为86%；死鸟体内检出DDT残留，但残留量差别很大。实验还证明，**未喷洒**区域的鸟儿的体内也有DDT残留——这个现象令人费解，虽然做了实验，也难有结论。因为不知道多大剂量的DDT能使刚孵出的雏鸟死亡，或者说，不知道鸟儿肌体中的DDT蓄积量和DDT摄入量的对应关系，所以，不好泛泛而言实验结果反映了什么。更何况喷洒DDT灭杀了测试区内94%的昆虫，雏鸟有可能活活饿死，这就让人更难下断语了。

好在20世纪50年代中期，研究人员设计出了更为精准的检测方案，DDT对鸟类毒害极大，已不再存疑。帕塔克森的多次实验证明：给成年鹌鹑喂食掺有DDT（质量浓度仅0.025%）的食物后，它们全部死亡。由于某种原因，幼鹌鹑对此小剂量的DDT不甚敏感，但是，给它们喂了掺有0.05%的DDT的食物后，它们也全部死亡。野鸡对DDT的反应也大致如此；椋鸟稍轻。研究人员发现了一个有趣现象：所有被试鸟类的体内组织都有浓度不等的DDT，但残留量与DDT施用量或者鸟类摄入DDT的总量无关，而似乎和中毒症状的严重程度直接相关，这些症状有：鸟儿死亡前一两天，先是体重减轻，接着浑身颤抖、肌无力。

然而，上述调研发现丝毫没有影响合成农药的大规模使用。虽然有越来越多的证据证明DDT造成的危害比它的急性毒性还大，但农药生产和销售并未因此减缓。脂肪组织里检出的DDT随着时间的推移越积越多,当脂肪储备被动用,比如在食物短缺时——里面蓄积的DDT就会重新让鸟儿或动物暴露于自身负载的毒物下,而再度动用蓄积的DDT会造成怎样的生物效应并不为人所知。DDT另有一个已知的"细微"效应就是代际效应:鸟儿连续两个月每天摄入**万分之三**盎司的DDT,不会有任何症状,但它的繁育能力和雏鸟存活率会显著降低。无奈,这股化学大潮照样汹涌向前。到1956年时,注册登记的化学农药已有200种——不仅有DDT等杀虫剂,还有灭真菌剂、啮齿动物灭杀剂和除草剂等,以此类有效成分为主料的产品达6000余种。每年的农药产量是第二次世界大战前的7倍,年销售额估计接近2.5亿美元。

1959年,帕塔克森研究小组已经把他们对"安全"浓度的最佳估测值减去了一半:航喷DDT,每英亩1磅。每英亩喷2磅就会引起附带损害,因为这个浓度会对多数脊椎动物——禽鸟、哺乳动物、爬行动物、两栖动物——造成不良影响。每亩用5磅能造成"多数物种大量死亡"。像鱼类、贝类等水生生物,一开始就对DDT的耐受能力极差,因此备受关注。现在的建议用量是:湿地条件下,每英亩不超过0.2磅;如果施用多于一次,则每英亩用量不多于0.1磅。

一连串鱼类被大量灭杀的案例,足以证明DDT对水生物种的危害之大。1954年,加拿大新不伦瑞克省的米拉米希河流域云杉卷叶蛾爆发,于是按每英亩0.5磅喷施了DDT,结果,河里的大西洋鲑幼鱼死亡率高达91%,还害死了一部分成年鲑鱼。1956年,人们又在当地喷洒DDT,害死鲑鱼的情形再度发生。鲑鱼究竟是被DDT毒死的,还是因为水生昆虫和云杉卷叶蛾一并被毒杀,鲑鱼们受饿而死?谁也无法下断语。1955年,为防治云杉卷叶蛾,蒙大拿州对黄石河长100英里的流域范围喷洒了DDT,喷洒后果和前述类似。该地域是按每英亩1磅喷洒的,3个月后,河里的鳟鱼幼鱼和另外几种鱼大量死亡。当事官员断定,死因是饥饿，因为河里的无脊椎动物被DDT消灭了。

1957年，美国发起行动，要消灭东部森林的舞毒蛾。舞毒蛾是从欧洲渡来的害虫，危害阔叶树树木，幼虫专食树叶，食量巨大，春季树木刚发芽生叶，它们就来啃噬。喷洒区内或喷洒区附近的湿地发出的报告说，不少鱼类和贝类被杀死了——最令人注目的是纽约长岛盐沼里的螃蟹大量死亡。不过，让人忧心的还不止这些：帕塔克森研究小组调研后指出，接触DDT会遭受长期影响，这是以前想见不到的：

> 个体即时死亡并不是令人忧虑的唯一原因，后续的长期影响可能更严重。过去一年中，发现了一个重要的间接影响：在该地区喷洒DDT一年后，捕食蚯蚓的动物纷纷中毒死亡。已知蚯蚓对DDT具有抗药性，其组织内能够蓄积DDT，在蓄积量足以造成捕食动物二次中毒的情况下，蚯蚓还能存活。正在开展的研究表明：其他农药也能在具有抗药性的生物体内蓄积。目前还未见有相关研究来确定这一现象会对野生物种构成怎样的影响，但美国中西部几个地方发来的实地调研报告表明：农药蓄积可能是局部地区某些鸟类数量逐渐减少的主要原因。

帕塔克森等地的农药研究并非都有结论，但有一条硬性规律年复一年未见改变：科研工作者越是深入了解DDT等农药对野生生物的影响，越是发现农药造成的附带损害很大。还有一个重要问题：美国鱼类及野生动植物管理局只关注鱼类和野生生物。人类问题要另作他论。

1950年，美国医学协会药学与化学理事会设立农药委员会。医学协会说，关于使用“经济性毒剂”出现的问题，似乎早就应当让人们多多了解和认识。成立刚几个月，农药委员会就编写了第一份报告，研究的主题是有机磷杀虫剂，以对硫磷为重点。报告说：有机磷杀虫剂"是虫害防治毒剂的一种，毒性最强，如果不严格遵守操作规范和使用说明，能引起全身深度中毒，甚至死亡"。

有机磷杀虫剂可以吸入、摄入或者通过皮肤、眼睛直接吸收，所以，人体接触它是很危险的。有机磷中毒的症状包括烦躁不安，颤抖，恶心，痉挛，大小便失禁，视力模糊，眩晕，焦虑，神智不清，困倦，共济失调，全身乏力，言语不清，谵语，反射消失，昏迷，抽搐，死亡。

在喷洒有机磷杀虫剂的农场工人中，有机磷中毒现象最为常见。仅一次暴露就会出现中毒症状，反复暴露或者接触两种以上有机磷杀虫剂之后，中毒症状更加严重。农药委员会列举了一些案例。有一个农民，38岁，文盲，给烟叶喷洒对硫磷，他显然不知道对硫磷很危险，喷药时还抽着烟，并且站在喷雾器近旁，结果全身浸毒，未出15小时便死去了。另一个例子是一位大学的昆虫学者，31岁，和对硫磷等杀虫剂打了几个月交道，有一天忽然决定去掉面具和防护服，当天晚些时候，他说恶心，于是回家，没等医务人员赶来抢救就去世了。

还有一位喷药队队员，26岁。喷药队在一片柑橘林里喷洒对硫磷，他负责给药箱注药。这活儿刚干了两个星期，他就病倒住院，一直休养了一个月才恢复，返回工作岗位。返岗的头一天，他把双臂伸进一个药箱的药液里，直到两肘部。他还不屑于戴防护面具，说戴上防护家什不方便，工作时抽不成烟了。第二天早上，他感觉不适，被紧急送往医院，6小时后死在医院里。另有一些是农药厂工人的案例。有一名工头和一名工友被溅上了高纯度对硫磷。他打发工友去冲洗，自己却不洗，结果21小时后死亡。有一个10岁的孩子在树弯处发现了一个威士忌酒瓶，他想尝尝里面的东西，事后查实，里面装的是焦磷酸四乙酯（TEPP），一种杀虫剂，和对硫磷是"近亲"。那孩子口吐白沫，不到15分钟就死了。

美国医学协会不光是担心急性中毒,还担心农药在体内脂肪中蓄积造成长期影响。当时的科学工作者对脂肪中的激素和酶的活性认识有限,但他们知道,脂肪的积存和动员少不了肝脏的参与。因而,氯化烃毒物积累可能破坏重要的代谢过程,应该是一个"合理认识"。

已完成的DDT研究显示,脂肪组织是杀虫剂的"生物放大器"。给大鼠喂食微量DDT一段时间之后,毒素在其体内逐渐积累,致使心率减缓,肝脏受损。虽然研究人员还没有做充分的实验分析,来检测其他氯化烃杀虫剂在脂肪组织里的蓄积情况,但想必也是大同小异。氯丹被认为具有"很强的慢性毒性",狄氏剂和艾氏剂的毒性也很厉害。研究人员不由得想到:氯化烃不只会积累在脂肪组织里,还会在所有含脂肪的组织或器官内积累,比如体内的每一粒细胞的膜(由双层脂质分子构成),还有协助调节胚胎发育的胚胎脂肪细胞。

1951年春,美国医学协会四处向医生建议如何治疗狄氏剂和艾氏剂中毒,尤其是在美国南方,棉花和烟叶都在大面积喷洒这两种新型杀虫剂。两种毒剂透过皮肤被吸收后,中毒症状与对硫磷的中毒症状相似,前者的毒性比DDT强2到5倍。

帕塔克森的研究人员感叹自己的检测速度赶不上杀虫剂的研发速度。和帕塔克森的研究人员一样,美国医学协会也在尽其所能,评估在住宅和商业环境里增加杀虫剂用量造成的影响。1952年,农药委员会着手调查电热熏蒸器的使用情况。电热熏蒸器是一件新发明,专门用来熏蒸房屋、学校、餐馆、厂房和医院。有的熏蒸器可以连续工作,散发肉眼看不见的杀虫剂雾。这种"大气扩散"法是否安全,是否真的有效,没人说得清楚。农药委员会调查后认为:"化学品和使用手段的技术改进"同人们对"杀虫剂成分造成的生理影响,特别是对其慢性毒性和吸入性危害"的了解相比,前者更新得更快。熏蒸器将杀虫剂(通常是DDT和林丹)化作蒸气或烟雾,布散在空气中一段时间,而后在地板、墙壁和天花板上重新凝结,形成长期有效的触杀毒。其杀虫创意大抵如此吧。

测试发现,经熏蒸器雾化后,杀虫剂散布得并不均匀,离熏蒸器最近的空气和物件表面药物浓度较高,常趋近不安全水平。比如,靠近熏蒸器的墙壁和天花板上,DDT有时积存得太多,DDT结晶会飘落到地板上,形成一层毒尘。农药委员会说,熏蒸器雾化林丹看似比雾化DDT安全——但这也不一定,林丹的用量增加主要不是因为它安全,而是因为有些昆虫的DDT抵抗能力增强了。

间或有消息说,一些家庭和企业安装了杀虫熏蒸器,居间生活、工作的人员出现了过敏样反应,可是美国医学协会注意到,按《联邦杀虫剂、杀菌剂和杀鼠剂法》的规定,政府的权力是有限的,基本管不了熏蒸器及其使用的杀虫剂。尤其严重的是,该协会还注意到,几乎没有人能正确妥当地使用熏蒸装置。人们普遍认为合成杀虫剂是安全的,效力神奇,所以,经常随意调节熏蒸器,提高雾化量。医学协会把部分责任归咎于生产熏蒸器的厂商,批评它们竟然在家庭、医院、托儿所和制作加工食品的场地推广熏蒸器——本来已有证据证明,这样用是在冒险。

1954年,美国医学协会明确反对家居使用杀虫剂熏蒸器。这时,林丹已经基本取代了DDT,成为熏蒸的首选。而早在两年前,该协会就指出:在某些环境里,林丹的毒性和DDT相当,在其他环境中则有所差异,一般很难作出评估。已知林丹不像DDT那么容易在脂肪组织里蓄积,所以都推荐用林丹做杀虫剂,它用在持续散播杀虫剂的装置里比DDT更安全。但深入研究证明,林丹能“大量蓄积”在脑和肝脏内。研究人员不禁又想到一个问题:用实验室动物试验获得的急性毒性结果,是否也会反映在人类身上呢?

林丹一般是制成小丸或小白色颗粒供家用熏蒸器使用。多起儿童误食林丹中毒的报道令医学协会很心焦。有一个案例:一个18个月大的小女孩趁妈妈正在安装熏蒸器,吃掉了一个半林丹丸,被赶快送到医院急救,在医院她抽搐、呕吐了近7个小时,侥幸活了下来。还有几个年龄比她稍大的孩子,喝了家里自制的饮料后呕吐、抽搐,原来是他们的母亲一时大意,错把林丹粉当糖粉给饮料"加甜味"。不光有报告叙述儿童林丹中毒的事例,也有报告反映熏蒸器制造厂商代表的言行:他们竟然声称,误食林丹的小孩子除了肚肚疼之外,不会有什么问题。

当然,小孩子也有可能误食家庭常备的任何一种化学产品而中毒。但是,杀虫剂的特殊性在于它们**就是**毒剂;人是在有意使用它们,是在有目的地接触它们。医学协会认为,把杀虫剂搁进熏蒸器里使用简直是愚蠢:"杀虫毒剂之所以有效,是因为人们专门用它来持续污染空气,毒剂本身的安全性是大可怀疑的。如此使用,有悖于安全大气环境和工作环境的卫生标准。"

1957年春天,合成杀虫剂的问题已经十分严重,有一家位于洛杉矶的主要生产厂商汤普森化学公司突然宣布要停产。该公司说,打算马上终止"目前已知的"杀虫剂的生产、销售和研发。该公司经12年研究确信,对农作物"大规模"使用杀虫剂只能暂时收到防治害虫的好处,"最多是治标减轻而已,从长远来看,此举很可能后患极大,得不偿失"。汤普森公司还担心,"摄入目前在用的杀虫剂"会危害"人类和其他温血动物",危害一旦发生就"极其严重"。

此类观点和态度并非全然一致。1954年,美国公共卫生署毒理部主任小韦兰·J·海斯(Wayland J. Hayes, Jr.)博士向美国公共卫生协会召开的一次会议提交了一篇文章,对人类DDT慢性中毒的顾虑和担忧大不以为然,因为那种情况还没有一例得到证实。他认为,人类和动物一样,都是在脂肪组织里储存DDT,但最多只会达到一个阈值,超过这个阈值,不管是否继续接触DDT,其体内的蓄积量都不会增加。从理论上讲,中毒几乎是不可能的,因为此前从未观察到DDT慢性中毒的病例,很显然，一个人不大可能在脂肪组织里把毒素积存得多到生病不适的地步。

海斯坚称就是这样，尽管近时有一项对餐馆饭菜的调研发现，食物被DDT污染的情况很普遍。少数食物未含可检出量的DDT，而大部分食物都被检出了DDT——特别是高脂肪食物或油炸食物，美国餐馆的“均衡营养餐”差不多都掺了点DDT。海斯没有说明这点DDT是餐馆烹制时带进去的，还是从农场弄来的新鲜食材本身就有的。不过他指出，食物里的那点含量，比起监狱中的志愿者所承受的未致病的剂量要小。翌年，他在《美国公共卫生杂志》(*American Journal of Public Health*)上发表了他的研究报告，该杂志认为这篇文章回击了“DDT暗藏危险这类毫无根据的传言”。

DDT安全也是美国农业部的官方定论。1957年，为了防治舞毒蛾，美国农业部授权纽约州、新泽西州和宾夕法尼亚州对300多万英亩耕地进行了一次DDT航喷。农业部说，民众对喷洒DDT危害人身健康和野生动物信以为真，表现得“张皇过度”。官员说，美国公共卫生署确认，小剂量的DDT是安全的，况且这种杀虫剂已经在美国和世界各地广泛使用了十余年；没有任何证据说明，单次按每英亩1磅喷施DDT会伤害哺乳动物和鸟类，毒杀鱼类。

一个时代渐去，另一时代到来。半个世纪以来，保护大自然的意识一直被视为人类对地球馈赠应尽的义务——馈赠为人类所用，也需要人类看护。颁布有关渔猎的法律法规，合理管理各种资源，设立野生动物保护区，保护原生态环境，所有这些例子都是人类的自我约束行动，都是保护自然这一宏大事业的组成部分。保护自然是一项充满希望的崇高事业，根本而言，它不存在党派分歧，是对美好世界的追求。它的思想基础源于一种信念，即坚信人类可以永久保护和享有大自然的贡献物。一个向善的星球必会万世长存。

可是，就在1939年，欧美国家的实验室里发现了破坏自然的手段。DDT和核裂变成为扭曲心灵和意志的一双恶煞。这两种技术致命却又迷人，它们携手同行，你进我跟，在战争中得到完善，而后被倏然放开，任其扑向和平却不心安的世界。20世纪50年代，它们的残留物——眼睛看不见却能不速而至——已经到处现身，大摆放射性核素和氯化烃的化学全席。人人畏惧放射性沉降物，又浑然不知杀虫剂的危险，其实，人人都在自食两毒。这是一个全新的时代：自然作为人类之外存在的一部分，将不再是关注的主要对象；现在，整个环境才是关注的对象，人类自己也包括在其中。在这个环境保护的时代，需要我们保护的物种有兽、鸟和鱼。在这个环境保护主义的新时代，最需要人类救助的物种是人类自己。

一个时代结束了，另一个时代开始了。整个世界有待于了解这一点，现在只需要有一个人明辨当前大势，并愿意大声把话说出来。

1957年夏，蕾切尔·卡森带着母亲和罗杰搬进了一幢新房。这是卡森在银泉市的一片叫作"奇异田亩"(Quaint Acres)的地方自建的一座宽敞砖房，大玻璃窗。房子地处一片僻静地，周围树木繁茂。卡森很累，没想到罗杰精力旺盛，活泼好动，照管起来很是费劲。《海边》出版后这几个月，她啥事也没做成。1956年，卡森在全国史蒂文森志愿者保护委员会任职。出版方面的极小事项，她还是一如既往地留意，当年早些时候，她对《海边》的销售业绩表达了不满，《纽约时报》的畅销书排行榜上，《海边》已经从第四名掉下来了。她对布鲁克斯说，霍顿·米夫林出版社的广告宣传工作令她失望，他们过于倚重偶尔做一回大型广告，她认为广告宜小，而且要常流水不断线，这样才能促进这本书的销售；本书一旦跌出了畅销名单，想再回去就"势比登天"了。另一件让她烦恼的事是：有些书店已经把《海边》从橱窗里移走了，不过她承认，这事霍顿·米夫林出版社也没啥子办法。

布鲁克斯回信，不失风度地作了辩解。他说，出版社已经花费了2万美元为《海边》做广告，并且把刊登过广告的报纸和杂志名单发给卡森一份，称这是他经办的“最强的广告名单之一”。他恳请卡森想想看，这本书已经售出7万册，很了不起了！况且，此书写的是大西洋海岸，公司早料到这种取材对于美国西部的读者吸引力不足，这种情况下它能销出7万册，还嫌不好吗！他敢说，不管畅销与否，这本书一定会稳销很多年的。

这期间，卡森停了手头工作。《生活》杂志邀请她写一篇文章，谈谈急流，讲讲它如何影响天气，稿酬5000美元，煞是诱人。但此事因双方意见不合黄了：卡森认为应当这样写，而《生活》编辑部想要她那样写。最终，一番思虑、一怀心情化作一地碎屑，卡森曾对玛丽·罗德尔说过，从此她“对**生活**过敏”。正在得克萨斯州墨西哥湾岸边建设新厂的陶氏化学公司问卡森，是否愿意写25个字，公司将制成牌匾挂在他们最先进的水族馆里。罗德尔答复陶氏说，这种事卡森“万难”答应。陶氏马上表明：公司不惜重金，只要她参加。卡森拒绝开价。

卡森曾有意写一本谈生命起源的书，名为《地球的记忆》(*Remembrance of the Earth*)，但想法不是很清晰，后来也未见鲜活生动，再后就渐渐淡出了她的头脑。她承担的西蒙-舒斯特出版社的“自然世界”项目毫无进展，她曾向多萝西吐露过，面对这些问题，自感“孤单无助”。她说，有时候一想到她可能看不到罗杰长大，心里就惶恐不堪，万一自己遭遇不测，罗杰该怎么办，这种念头时刻搅扰着她的心绪。个人生活环境的巨变也令她痛苦。恰在事业刚有眉目，自己正待腾飞之时，需要分神照顾罗杰，哪还能安神静心著文写书啊。她对多萝西说：“有时我觉得坚持不下去了，有时候感到还可以。但是我自知，必须坚持。生活真像是一桩奇异的买卖——一开始前景光明，接着良机无限，而后一扇门'砰'地关闭了。我搞不明白,永远也不会明白。"

卡森依然心情灰暗。"失去的丛林"项目看似实现无望,因为绍斯波特岛的土地主们要价奇高。卡森告诉多萝西,从她认定自己不会再度提笔到现在已经一年了,好在手头至少有一篇杂志的约稿,题为《永变的海岸》(Our Ever-Changing Shore),是《假日》杂志要她写的。她打算从自己对最爱的几个地方的个人回忆中提取素材——科德角的普罗温斯敦附近的高沙丘,马萨诸塞的普拉姆岛,还有佐治亚的圣西蒙斯岛。她在致玛丽·罗德尔的一封思虑深沉的信中说:最大的难题是她想尽力描述海岸的原生态美貌,但是无处不开发,人类未曾染指的地方正在被一片片吞噬:

> 不曾被惊扰的海岸,恰是观看大自然运作的佳境:在一个个地质周期里,海陆关系循环不断发生改变;在生命的洪流中,物种此去彼来,新种演生,只有适应艰难环境的物种才能够生存。可是,人类当家掌管后,这一切都变了。地球生命周期悠长,人类的所作所为只是其间的沧海一粟,无足轻重,但是,一个人生命短暂,海岸一旦经人类"开发",在这样有限的周期内,它决无可能恢复原貌。
>
> 让人沮丧悲凄的是,我们打算描写的海岸正在迅速消失,说不定,我们这代的某些人就能眼看着它们全然消失。

1956年初,卡森跟音乐杰作协会闹得不可开交。该协会每月为会员递送音乐唱片,就像月读书友会为每个会员递送好书一样。卡森订阅了,但后来感觉唱片质量不行,于是就注销了会员,退出协会。退会后过了一个月,又寄来了唱片,卡森只好付了钱。接着,她一连接到几个通知,说她欠费不交。卡森大怒,写信给那家公司予以痛斥,摆事实讲清经过,证明自己没错,她的账户从未拖欠。乘借自己的盛名,她话锋犀利：

> 倘若贵公司还不熟悉本人的名字，不妨去查查作家协会、P.E.N.俱乐部、美国艺术与文学院的会员登记簿，也可以查查《名人录》。待查看完了，贵公司也许就自会判断，本人向来是很负责任的，真是欠了钱，本人岂能故意忽略不交，坏了个人信用！

对方说她该交没交的欠款一共3.8美元。

卡森不喜变化，这种性格有时候甚至会动摇她对科学的信念。一方面，科技让威廉·毕比和雅克·库斯托等人能够去大洋深处探索，让生物学家能够窥知人类细胞内部的运作机制，这些令卡森欣喜若狂；另一方面，化学毒剂纷纷若雨，为不久后农业领域的"绿色革命"大展雄威，又让她惶恐不安。这场革命中，作物产量呈爆炸式增长，一是得益于良种增加，二是有了植物杂交新品种，三是因为大量施用化肥、农药。大量施用化肥、农药，多半发生在欠发达国家，因为缺食少粮是当地长期存在的一大难题。卡森想，如此大规模使用农药，固然是进步，但进步的成本太高了。

还有一些问题她似乎不喜欢别人问及，有些矛盾不应当解决，有些地方应该保持原生态，不要人干预。1957年10月，苏联发射了人造卫星，一个月后，又把第二颗卫星送进轨道，卡森震惊不已。她想，大家现在面对的是"陌生的未来"。她向多萝西坦言，这让她深感不适。其实，她只是担心战争中无可避免地要使用火箭。她迷恋大海，大海的大部分地方幽暗寒冷，想到人类已经伸手探向外空——探向那极幽暗、极寒冷、极神秘的境界，她便不由得害怕起来。海洋是生命的摇篮，人类对大海怀有一种天然的亲近感，他们去海中犯险探幽，是再自然不过了。

但是，探访太空势必要别离大地，与一切生命和人类智力诞生其间的生物圈、地质圈断开联系，再后又去往何处呢？卡森觉得，这是最"让人不安的事"。

那年年初，卡森满50周岁，不年轻，也不能算老，但她好像并不完全属于自己所在的时代。变幻的文化让理查德·杰弗里斯和H·M·汤姆林森等人渐渐沦为老古董，但卡森基本无视这文化。她钟情的古典音乐，年轻一代既不知道也不感冒，而年轻一代的新品味，她也兴趣寡乏。她爱听音乐会，听古典音乐唱片，却从未说起碰到过其他类型的音乐，虽然那时想不遭遇其他音乐都难。1954年7月，就在"福龙丸"的船员们被隔离在东京大学医院接受治疗时，美国孟菲斯市一个名叫埃尔维斯·普雷斯利(Elvis Presley)的年轻卡车司机，录制了一首歌《好极了》(That's All Right)，从此，流行音乐旧貌换新颜。

就算卡森知道中产阶级的娱乐节目里透着对核战的恐惧，她似乎也不认为这有什么了不得——不过，想必好莱坞拍摄的二流影片中有一部会让她比较高兴。影片叫《缩小人奇遇》(*The Incredible Shrinking Man*)，摄制于1957年，改编自理查德·马西森(Richard Matheson)的中篇小说《缩小人》(*The Shrinking Man*)，故事情节离奇、扣人心弦。一天风平浪静，主人公斯科特·凯里(Scott Carey)驾船行于海上，在穿过一团奇怪的薄雾后，他的身体开始缩小。起初，凯里只注意到体重在减轻。有一天，他竟然和妻子四目平接，他比她可是高4英寸呢。凯里在缩小。妻子心情忧郁，视他为小孩。夫妻生活也变得怪模怪样，随后就停了。一群男孩欺负他、殴打他。凯里无奈，只好躲进家里的地下室，在绝望中度日，但地下室里也不好过，蜘蛛和自家的小猫吓得他魂飞魄散。他呢，还在变小、变小。

眼见凯里已小若蝼蚁，还挣扎着要活下去。马西森用了一连串倒叙讲述整个故事，道出了其间的遭遇。医生仔细检查后对凯里说，他们在他体内找到了一种“毒素”。他们大致知道毒素是怎么产生的：

> 医生说，你说说看，是不是接触过什么杀虫喷剂？不，不是细菌战。我们的意思是，你身上是不是被喷过大剂量的杀虫剂？
>
> 一开始，他什么也想不起来，心里乱糟糟的，就觉得害怕。突然，他想起来了。对，在洛杉矶！7月的一个星期六下午。他从家里出来去商店，走过一条房舍俨然、绿树成荫的小巷。突然，一辆市政卡车转进小巷，一边走，一边给树木喷雾。那雾汽落在他身上，皮肤火烧火燎，辣得眼睛生痛，一瞬间他什么也看不见了。他朝司机吼了一声。
>
> 身体变小难道是因为**这个**？
>
> 不会吧。医生们也这么说。但那只是个开始。有种东西落在喷雾上，这种东西奇异古怪、闻所未闻，它把原本低毒的杀虫剂变成了能破坏生长的致命毒物。
>
> 于是，医生们开始找这东西，问了无数问题，细细打听凯里的过去。
>
> 忽然间，那东西找到了。凯里记得当天下午他坐在小船上，喷药形成的雾蒙了他一身，皮肤像挨了蜇。
>
> 是饱含了辐射的水雾！
>
> 就是它。追查终于结束了。辐射竟然让杀虫剂喷雾可怕地变性了。这种事发生的概率是百万分之一。杀虫剂不多不少，再加上恰好适量的辐射，又不早不晚恰好被凯里的身体吸收，辐射迅速消散，不留一丝痕迹。
>
> 只留下了毒。

严格说，“毒素”是生物产生的毒，譬如蛇的毒液。不过，抛开技术问题不论，马西森的故事把现时代的双重恐惧巧妙地融合在了一起。整个叙事风格如疾风暴雨般畅快激烈。其实，毒物学家已经为马西森想象的物质取了名字，两种毒物的协同结合，生成单一的毒性更强的物质，这种现象被称为“增强”(potentiation)。小说运用的象征手法，卡森岂能看不透！

1957年，内维尔·舒特(Nevil Shute)发表小说《在海滩上》(*On the Beach*)，对放射性沉降物的危害作了更为实际的探讨。全书基调阴郁，有浓浓的末世后氛围。故事的背景设在1963年，距当时不算遥远。几个拥有粗制原子弹的小国互掷核弹，局面失控，演变成超级大国之间的全面热核战争。一场“短暂而混乱的”战争平息后，人类走到了毁灭的前夕。美国、俄国和中国的文官武将们在最初一轮核轰击中全部丧生，3个国家核武库的库存已经用尽。北半球人类灭绝，他们不是被炸成齑粉，便是被巨大的辐射云毒害，发病而死，这团辐射云由北向南移动，势不可当，将残存的文明一点点抹去。澳大利亚首当其冲，活着的人很清楚，他们离死只剩下几个月。

这部噩梦般的小说尤其让人心惊的是那些苟活一时的人们在危难之际表现出的无畏和定力：他们照常生活，似乎没有大难临头。这和真实情形下人往往狼奔豕突、乱作一团形成了强烈反差，令人震撼。燃料和生活必需品所剩不多了，但暂时活着的人们还是一如既往，克尽本分。他们照常去富丽堂皇的私人俱乐部，品葡萄酒、抽雪茄，照常出去跳舞，钓鱼休闲，照常举办社区鸡尾酒会，照常为子女规划未来。死亡在即，他们却泰然处之，怎不让人心碎。这不正是对很可能会造成这一切的政策和科技的有力控诉吗！

卡森眼里，电视节目基本不值得一看，但有时候，她也会找到几个比较对她口味的音乐节目或科学节目。她认为科学节目比平常的电视内容好得多，称科学节目是“木偶与宇宙射线”。有一次，她碰巧遇到建筑师弗兰克·劳埃德·赖特(Frank Lloyd Wright)做访谈。赖特说,他曾不得不做选择:是以“诚实的傲慢”,还是以“虚伪的谦卑”处世待人。他说自己选择了“诚实的傲慢”。卡森觉得这不意外,但还是让人惊愕。她在给多萝西的信里写道:“可以说此话体现了我的一个认识:这个世界出问题,主要原因就是人类孤高倨傲,而宇宙绝对是要人谦卑、敬畏。”

卡森认为,反映人类孤高倨傲的一个实例,这年已经在美国几个地方的新闻里登场亮相了。这边,美国农业部在东北部地区洒药扑灭舞毒蛾,那边,南部九州在“全力以赴”灭绝火蚁。火蚁不是本地原生害虫,俗称“进口火蚁”。1920年前的某个时间,火蚁来到亚拉巴马州,经过数十年在东南部蔓延。火蚁不直接危害农作物和林地,但它们能堆起大蚁丘,影响农机操作;另外,火蚁蜇人比较痛,干活的农民和在户外玩耍的孩童很讨厌它们。火蚁祸害作物或牲畜、造成经济损失,几乎没有实据佐证,所以,如果算是害虫,它也是一种为害很轻的虫子。可是,依据1957年颁布的《联邦植物虫害法》(Federal Plant Pest Act)的有关细则,美国政府打算提供配套资金,帮助州府事业机构和私营集团实施一项计划:用10年时间,为220多万英亩土地喷洒七氯或狄氏剂,彻底消灭这一地区的火蚁。

1958年,不断有田野报告反映:喷药灭蚁的地区,野生动物在减少。亚拉巴马州有一片地仅10英亩,在喷施七氯一周后,死亡或濒死的鸟类达9种,还有各种小型哺乳动物以及鱼类、青蛙等也遭了殃。同类事件在南方一再上演。在路易斯安那州,喷洒过七氯的地方找不到一只红翅黑鹂和草地鹨,已经死亡的几种禽鸟和哺乳动物体内发现了七氯残留。许多在地面觅食的禽鸟以蚯蚓为食,喷施七氯5个月后,蚯蚓体内也含七氯。鸟儿吃了染毒的蚯蚓即便没被毒死,也会因饥饿而死,因为接触过农药的蚯蚓只有约20%能活下来。得克萨斯州的一处牧场,90%以上的经常在土路边活动的鸟被七氯毒杀。在牧场的其他地方,被毒杀的鸟儿更多,哺乳动物、蛇、蜥蜴、蛙和鱼也被杀死不少。有报告说,佛罗里达州有猫、狗、鸡中毒死亡的案例。佐治亚的几个牧场主称,中毒死亡的牛超过100头。亚拉巴马某市的官员说,有50只死狗已经被送进市垃圾场。

亚拉巴马渔猎部发布了一份报告,专门提到野生动物遭受灭顶之灾。报告指出:草率决定使用据信比DDT效力大许多倍的杀虫剂是极不明智的,令野生动物机构难堪其虐。这期间,七氯毒害人类健康的新研究也在开展,研究结果触目惊心,1959年秋,美国食品及药物管理局(FDA)发布禁令,禁止对粮食作物使用七氯。1954年,美国国会授权FDA为食品中的农药残留设定上限,其基本原则是,食品里任何一种农药残留必须证明是安全的,或者说,残留量要低到被认定为安全的限度内。

研究发现,七氯喷施后会被氧化,变成一种叫作"环氧七氯"的化合物,附着在植物叶面上。以前人们没注意这一点,因为标准化验分析只检测七氯,不检测环氧七氯。现在有了更好的检测方法,人们借之发现,不仅粮食作物里有环氧七氯残留,牲畜吃了沾染七氯的饲草,肉和奶里也有环氧七氯残留。初步检测表明:这种残留污染大大提升了施用杀虫剂的风险,因为环氧七氯的急性毒性比单纯的七氯更强。1958年1月,《纽约时报》发表一篇社论,反对消灭火蚁计划,对政府疏于谨慎提出强烈批评:

> 政府在未仔细了解农药会给人类和动物造成何种伤害的情况下,特别是在未了解农药的长期影响的情况下,就着手实施如此大范围的灭虫计划,十分荒唐、十分愚蠢!这个问题,还有其他和治虫灭虫相关的问题,迄今还无人知道正解答案,但农业部竟然毫无顾忌,贸然从事。已知的不良现象太多太

多了,让许多科学家和环保人士深感忧虑。

东北地区大规模喷洒DDT消灭舞毒蛾的行动同样遭到了质疑。按计划,灭蛾行动已于1957年春季开始。

当年年底,哈佛大学的3位生物学家联名给农业部部长埃兹拉·塔夫脱·本森(Ezra Taft Benson)写信,要求停止灭蚁计划。其中一位就是青年才俊爱德华·O·威尔逊(Edward O. Wilson),他是研究蚂蚁的专家,后来成了世界最著名的生物学家和环保人士之一。3位生物学家表示,赞成国家野生动物联合会的立场,同意联合会有关七氯和狄氏剂的评价:两种杀虫剂对环境造成的破坏决非火蚁可比。不过,他们还有更深切的忧虑:

> 广泛使用杀虫剂,不仅影响野生动物,还会影响本土昆虫,给包含了各种制衡因素的生态系统造成深层扰乱,最终的后果有两个:一是野生动物进一步衰落,因为它们的一部分食物来源被剥夺了;二是新的害虫出现,因为已经没有天敌来制约它们。

科学家还说:威尔逊本人正在研究火蚁,而且,既能控制火蚁又不影响其他物种的有效技术不是没有。他们批评美国农业部没有认真考虑使用这些办法,农业部对化学控制法缺少"全面充分的"研究。

1957年秋,14名长岛居民联名提起诉讼,要求永久禁止联邦政府再在长岛喷洒杀虫剂。领头的叫罗伯特·库什曼·墨菲(Robert Cushman Murphy),是闻名遐尔的博物学家,当过美国自然历史博物馆禽鸟馆的馆长。12月初,联邦法院举行了听证会。原告律师指出,无人证明舞毒蛾给长岛带来了麻烦,为喷药说好话的都是政府工作人员,DDT的安全性官方已经定了调,他们害怕跟官方说的有出入。一位助理美国律师回应说:所有事项都待定,政府还没有来年夏季再度对该地区喷药的计划。法官偏向长岛居民,下令速审速判。

卡森平时有个习惯,就是把报纸上谈及农药问题的报道剪下来,追踪最新的研究动向。1958年2月初,长岛案交付审理时,她的剪报已经积攒了厚厚几本。几天前,她收到一个叫玛乔丽·斯波克(Marjorie Spock)的原告的来信。罗德尔联系上了斯波克,告诉她,卡森正饶有兴趣地关注着庭审情况。斯波克马上给卡森写信说:欣闻著名作家关注农药问题,真"令人欣喜不已"。

卡森想,这起诉讼的审理经过需要有人去报道,而报道人还要能够探讨涉及化学毒剂越用越多的那些大问题。但是,法庭是法庭,不是海边,卡森并无意亲自去旁听审理。不过,她巧借这个机会,向另一位作者——《纽约客》的怀特作了自我介绍,盼他能接受这个任务。

她把长岛诉讼的事跟怀特讲了,恳请他在《纽约客》上写篇文章谈谈此事。她说,她一向认为农药会"危害大自然的整体平衡,甚至直接损害人类的利益"。她主动提出把研究"数据"和研究报告寄给怀特,意在让他相信就是这么回事。其实,长岛案之前,早有美国奥杜邦协会和国家野生动物联合会等团体开展行动,要求政府停止大规模喷药作业,待弄清楚农药对非目标物种的影响之后再说。长岛案算是把请求诉诸法律的一次尝试。卡森了解到,奥杜邦协会对喷药作业迅速推广十分关注。该协会认为,喷洒农药已经开始对野生动物和人类造成"二次毒害",转眼间就会变成"大灾大难"。协会认为,农药为害之烈"应该不逊于放射性沉降物"。

卡森还将喷药同个人生活联系起来。她告诉怀特:据传,明年夏天喷药灭杀舞毒蛾的方案已经把缅因州的部分地方划进去了,怀特和她一样,在缅因州有房子,不过怀特是一年到头都住那儿。缅因州南部继续喷药灭杀火蚁的计划基本是确定了,也就是说,下个季节会加量使用狄氏剂,而狄氏剂的毒性是DDT的20倍!卡森说,按每英亩2磅的推荐剂量施用，相当于每英亩喷洒了40磅DDT！可众所周知，狄氏剂对人和动物的毒害“很可怕”。

怀特很快回信了，他十分同意农药问题“关系到每个人的切身利害，亟待关注、极其重要”。让他烦恼的是，一讨论农药的使用，就老是要顾及某个特殊集团或特殊利益，“从不考虑地球怎样”。不过，怀特说他太忙，没有精力写长岛案的报道。过后，他又说，已经把卡森的信转递给了《纽约客》的威廉·肖恩（William Shawn），看看他能否找人执笔。其实，怀特是想让卡森写。他说，自己没法给杂志社派任务，但他断定肖恩一定会接的。

第十章

附带损害

怀特提议卡森本人来写关于杀虫剂的文章。其实接信之前，卡森就是这么想的。她分别致信布鲁克斯和肖恩，说自己特别想探讨这个问题，但一直为如何下手犯难。她有好几个写作计划，均因"个人情况比较艰难"一直没有开工。她似乎在考虑找一两位作者合写，因为信中她提起过：自己可以写一篇文章登在杂志上，将来用作书中的一章，还可以为这本书写一篇引言，做做"普通的编辑工作"。她说，除此以外，再承担别的就实在不敢想了，不过，她愿意再商量。

卡森之所以踌躇不决，也不全是因为她收养了孩子，需尽母亲之责——虽然她的生活境况跟以前大为不同。小罗杰6岁了，不再是那个蹒跚学步的乖宝宝，从前卡森可以带着他在海滩上一玩一两个小时，再交给玛乔丽。而今的他活泼好动，很让人费神——卡森说，"17只蟋蟀加在一起，也没他能蹦跶"。有时候"能降住他"的，也就是卡森了。这孩子还动不动就害个病、发个炎，呼吸道老爱犯毛病。他喜欢斯坦·弗里曼，常叫他"斯坦叔"，这让卡森挺高兴。她想，间或有一个父亲般的形象在身边，有利于罗杰成长。不过，对罗杰，她感受最深切的是责任。玛乔丽去世后，多萝西曾提出让罗杰去西布里奇沃特找她和斯坦，但卡森说，她不敢想放孩子一个人走，还是留在身边，待家里为好。现在，家有三口：一位老迈的母亲，一个好动的孩子，还有一个处境艰难的作者，家事缠身，无以自拔。

卡森也终于认识到，她之所以很难静下心去做事，一个原因是她为人类获得了重塑世界的手段而惴惴不安。此事令她痛苦不堪，一时间难以适应。她对多萝西说，想起来心焦神乱，言表更难，她觉得自己最珍视的信念在崩塌：

> 但我心理上有障碍已经很长时间了，其一是因为我不知道关于**生命**，自己想说的究竟是什么，还有一个原因，更难以解说。当然，现在大家都知道，过去十余年发生的事件，已经使整个科学界经历了天翻地覆的变化。我想，我的思维是在原子科学确立之后不久受到了影响。有些思想对我而言毫无吸引力，故而被我全然摒弃，只因旧观念顽固，尤其是当它们在情感、理智方面让人感觉亲切时，就更是这样。比如，相信自然博大，人类所践踏的只是沧海一粟，这是让人惬意的事。

卡森说，人类清除了一片森林，拦截了一段河流，世界照旧前行。她一向坚信是环境塑造生命，不是生命塑造环境。此格局至今没有二致。于此，人不免迷失困惑。她承认，有很长一段时间，她对周围发生的事"关闭了思想之门"，但是现在，她又睁开了眼，豁然意识到不理会这个变化的世界是毫无意义的，而诉诸于"永恒的真理""比无意义更等而下之"，因为所谓的"永恒"最终证明并非那么永恒。她说，该是有人站出来参照新现实、新面貌写一本书的时候了，也许这书就是"我要写的书"呢。

她说，不管人类多么希望认识"空间时代的宇宙"，最关键的是要怀谦卑之心去探知，决不可自恃傲慢。人类自恃傲慢，故而发明了DDT和氢弹。她认为，和傲慢带来的后果一样，傲慢本身就是问题。

1958年4月愚人节这一天，卡森分别和3个人做了电话长谈，谈写一本关于杀虫剂问题的书。一位是保罗·布鲁克斯,他承诺把书拿到霍顿·米夫林出版社出版。一位是《新闻周刊》杂志的科学编辑,叫埃德温·戴蒙德(Edwin Diamond),之前有人提议请戴蒙德做合著人,参加写书项目。第三个电话是《纽约客》杂志的威廉·肖恩打来的,也最让卡森兴奋:肖恩说,想让她写一个关于杀虫剂的长篇,分上下两部分刊登在杂志上。

《纽约客》是最先站出来抨击化学杀虫剂的杂志之一。1945年春,该杂志的"城市漫谈"栏目登载了一篇谈DDT的文章,说它在美军于南太平洋作战时发挥了良好的作用——盟军登岛前,都要对那带岛屿喷洒DDT。不过,该文章也对DDT的安全性提出了质疑。文章说,DDT能灭杀昆虫已经得到充分证明,但是,它毒害野生动物也是有据可查的。至于用于人身是否安全,无人说得清楚;即便以后证明它对人类相对无害,美国的自然主义者也担心美国普遍使用DDT后可能出现的情况,各种昆虫——无论好坏,不论美丑——逐渐消亡。

卡森当然想到了《纽约客》对这本书知名度的影响力,再说杂志社还要给她一笔可观的稿费呢!跟着又来了一个好消息:肖恩建议卡森开始考虑另一个选题,他认为她可以为《纽约客》做,这个选题就是"宇宙"。肖恩看样子是认定了,卡森什么都能做。

不过,卡森的全部心思暂时还在杀虫剂上。4月,她同意用布鲁克斯为这本书取的暂用名《控制自然》,不过热情不高。私底下,卡森一直把这本书视为"毒书"。她一直以为书的篇幅不长,也就是6个章节,约5万字。她负责写第一章和最后一章,戴蒙德写中间的4章。两位作者并列署名,但版权归卡森一人所有。另外还说好了,戴蒙德可以得到1500美元的预付稿酬,这样,《纽约客》连载所得的稿酬就没他的份儿了,但戴蒙德还要协助卡森做研究工作。各方同意,交稿时间暂定为1958年6月底前。

5月3日，戴蒙德在一封信上签名，接受上述条款，并把信寄给了玛丽·罗德尔。但是两天后，合作黄了。罗德尔告诉戴蒙德，卡森认为没办法跟他合作，因为他并未兑现承诺，交寄研究资料，而且好像更爱忙活《新闻周刊》的事，让人莫名其妙。另外，戴蒙德不常跟她联络沟通，也让卡森生气。罗德尔对戴蒙德说：既然是合作，工作关系当然要密切，但是"您这边好像是做不到似的"。戴蒙德请求她们再考虑考虑，过了几天，他收到回信：这事到此为止。5月中旬，布鲁克斯介入，他对戴蒙德说，和卡森合作写书的想法"没戏了"，他给戴蒙德两个选择，要么退回预支稿酬(一开始他领取了一半预付金)，要么交来研究资料。

过了几周，卡森告诉布鲁克斯，她自己搞到了长岛案的审判记录，并且跟几位主要证人取得了联系。还说，要是戴蒙德给他寄了什么，就马上退回去。戴蒙德一连几星期没理会布鲁克斯，快拖到6月底时才给他寄去一些审案的资料。他对自己多么惹人不待见竟然毫无觉察，还跟布鲁克斯说，他手里握有一些秘闻轶事，是他在案件审理期间四处采访收集的，情愿拿出来分享，条件是"咱们把有些问题解决好"，让他重新回到这个写作项目。戴蒙德的资料寄到霍顿·米夫林出版社时，布鲁克斯正在休假，他一回到办公室便把邮包退了回去，冷冷回复戴蒙德说：他肯定，这些资料卡森已经全有了。

待着手调研查考，联络专家后，卡森蓦然发现，书的规模猛然增加了好多，原定要赶在仲夏前完稿，现在看来是雄心大得有些可笑了，于是废弃。书原计划1959年1月出版，但作者要推迟交稿，布鲁克斯再次容忍，他知道这位作者不能催。6月，卡森去纽约和肖恩见了面。肖恩说他打算为《纽约客》组5万字的稿子，卡森觉得如此长的篇幅可以一分为三来写，差不多能凑成一本书了。肖恩还说，整个故事要以卡森的视角来讲述。这样更好！卡森对多萝西说，这就是说她可以"放开手脚了"。

秋天，卡森言语之间给人的感觉就像是肚子里揣着故事的作家，那故事既精彩又骇人，不吐不快。她跟多萝西说，她为此“快乐又兴奋”。题材是有些不合意，但在知识智慧方面颇具挑战，她现在常和许多聪明睿智之人书信交流，她写书时，这些人会激发她的思维。她还是担心有家庭责任搅扰，自己没有充裕连续的时间全身心投入写作，不过对此事的整体感觉是不错的。

乐观的情绪维持了几周。这期间，卡森的母亲玛丽亚日渐衰萎。她已89岁高龄，身体一直不好。1958年11月22日，她有一次轻微中风，随后又得了肺炎。11月30日傍晚，她躺在银泉老屋卧室的氧气帐里，不省人事。卡森整晚坐在母亲的病床前。第二天凌晨5点半左右，卡森走到黑暗的客厅里，透过观景窗瞥见天空。猎户座高悬在天，银河星辉熠熠，就像多年前宾夕法尼亚女子学院的那个雪夜。她回到母亲的卧房，不一会儿母亲仙逝，走时女儿在侧，握着她的手。娘儿俩相伴一路，于今离别。她们哪里知道，卡森的人生也写到了末篇。

布鲁克斯等待数月，容卡森悲凄哀伤，渐渐抚平心境，恢复正常生活。他让她报告一下写作的进度。想必他预料到了，这本书不仅篇幅长，内容也很繁杂，超乎所有人的意料——5万字当然打不住——而且，文献的考据也要求很高。卡森对布鲁克斯说：如果照他们夏天构想的样子写，这本书充其量只是个“半成品”。她说，这几个月她心里的意念越发明晰起来：杀虫剂危害人类健康（这是她一直想强调的）才是本书的中心内容。她认为，美国医学协会和美国公共卫生署一面秉持政策，称杀虫剂可以安全使用，一面又经常发布和该说法截然矛盾的调研结果，实在令人错愕。她说，危害人类健康的主要问题不是急性中毒（急性中毒常常是因事故或者对处置这类化合物的危险的无知和疏忽造成的），而是长期暴露于杀虫剂的远期影响，这种影响现今仍属未知。杀虫剂浮游于环境，嵌入食物链，在广大人群的肌体内不断蓄积。也许最为可怕的是，杀虫剂由母亲传给子女。

不过，卡森对保证DDT安全背后的诸般科学诱惑也并非全然不动心，DDT的发明者不是获得了诺贝尔奖么？她告诉布鲁克斯，她对最新发明的昆虫人工致病法很感兴趣，也许昆虫病能用作杀虫剂呢——她相信可以调配出一种“生物防治手段”，只针对某一物种，而且还有不在环境里留残余的优点。另一个办法也很高妙，虽然其实现远在未来，但诱惑力分毫不减。这办法就是抑制昆虫变态所必需的特定激素，这样就能有效阻止目标物种发育到性成熟，从而中断其繁殖周期——若是能实现，那结果必是一个“乌托邦”的世界。至于这种激素基杀虫剂能否只限用于一种昆虫，尚无定论。如果一种激素不只灭杀火蚁、舞毒蛾，还杀绝了蜜蜂和蝴蝶，那它比DDT也好不到哪去。

灭生科学向来发展很快，快到让人无法预料有哪些后果。有一项颇带反讽意味的新技术正在开发，可用来控制某些昆虫，这就是用辐照使雄虫绝育，然后将它们放归自然。几十年后，人们发现，这类生物控制技术有一些始料不及的缺陷和危险，比如，它们和DDT等毒物一样有附带损害。但在当时，卡森觉得要有比较好的办法来替代合成杀虫剂，这才是关键。

卡森说，希望这份进度报告能让布鲁克斯对本书的规模有一个比较清楚的认识。她感觉自己终于走上了正途，却毫无歉意地补充说，她“不会那么草率地预测您何时能拿到书稿”。她还给《纽约客》的肖恩写了信，内容和这封几乎完全一样。布鲁克斯回信说：杀虫剂为害的情况让他惊骇，而此书选定的方向令他振奋。

1958年夏，玛乔丽·斯波克给卡森转寄了一大包长岛诉讼案的材料。当年春，原告长岛居民输了官司，正筹划着上诉。案子审理了16天，他们到底也没能说服联邦法官（不是陪审团参审），喷洒农药除个别鱼鳖虾蟹不受害,实在为害太甚。原告认为,DDT污染了乳牛场的奶,对居民自身健康构成威胁——先不论具体什么威胁。他们举证说:喷药飞机有时候在同一区域反复经过多次,洒下DDT和燃油的混合物,这样一来,有些地面农药的施用率肯定比原计划要高。

有人出庭为居民作证,这名出人意料的证人是明尼苏达州的马尔科姆·哈格雷夫斯(Malcolm Hargraves)博士,在梅奥诊所工作,专业治疗血液病。他对法庭说,有一点他是确信的,DDT还有其他有机氯杀虫剂能够诱发白血病和淋巴瘤。虽然这个观点梅奥诊所还未予正式承认,但诊所的多数医生都认为没错。博士还说,越是了解DDT对人类健康的影响,就越觉得此物危险,这个情况堪比对人类暴露于核辐射的了解(这段证词想必卡森会看到)。

政府方的关键证人是韦兰·J·海斯博士,就是四年前在《美国公共卫生杂志》上撰文批驳DDT担忧论的那位海斯博士,尽管当时DDT污染了美国人在餐馆里所吃的一切。海斯博士提到了两项研究。一项考察了一家生产DDT的工厂的员工,长时间连续接触杀虫剂后并没表现出不良状况;另一项研究是,一组囚犯连续18个月自愿服下大剂量DDT,无一人异常。海斯认为,有这些研究为证,长岛居民接触DDT生病就需正确看待。他说:"洒药灭杀舞毒蛾时,人会吸收微量的DDT,但吸收量极小,小到无法测量。"

法官还没宣布判决,纽约州就表示要取消1958年的喷药计划——前一年秋天,它也说过相同的话,但说完之后,相互矛盾的报告一份跟着一份。纽约州的官员说,喷药防治舞毒蛾是有效的,但该州想寻求在自然环境里残留时间短一些的杀虫剂。州府还表示,希望改进航喷流程,避免喷药飞机在同一地域重复喷药,另外,不再按喷药的加仑* 数支

---

* 1加仑约为3.8升。——译者

付飞行员报酬——那样明摆着是诱导飞行员多喷、超喷。

6月,法院公布了一份24页的判决书,明确指出:政府在实施喷药灭虫计划的过程中行为合法,灭杀该地区舞毒蛾成效显著,证据确凿,"无可辩驳"。这个至关重要的判决使天平侧倾,防治虫蛾的公共目标与未经证实的(居民健康有风险)私人担忧分出了轻重胜负。布鲁克林联邦地区法院法官沃尔特·布鲁克豪森(Walter Bruchhausen)在判决书中指责原告无理取闹,告状的原因只有一个:他们讨厌喷药飞机从房顶上经过:

> 原告辩称化学药剂对健康有害,有可能引发疾病,但他们并未呈递证据证明有原告或其他人因长岛地区喷洒DDT而生病。
>
> 本法官认为,大规模喷洒药剂同扑灭舞毒蛾之邪恶这一公共目标存在合理关系,因此属于受委任官员正常行使其治安权力,并无不当之处。

称舞毒蛾这种爱吃树叶的外来害虫为"邪恶"是否妥当,有待商榷。这蛾子于19世纪60年代被人带到美国,本来是用于一次科学实验的,结果逃脱了,后来渐渐播散——故事情节平淡无奇,也不出意料,若是让生物学家看,肯定会说这蛾子得了机会,很正常。法官提及联邦和州农业官员有"治安"权,想必是惹怒了长岛居民:这样的保护,他们的社区根本不需要。卡森对诉讼结果倒是不太在意——原告如果上诉,官司还得输。她感兴趣的是玛乔丽·斯波克写的几篇报告,里面记述了几项关于DDT的最新研究,无一不谴责DDT作恶多端。密歇根州立大学的鸟类学家乔治·J·华莱士(George J. Wallace)所做的一组研究发现比较抢眼。位于东兰辛市的密歇根州立大学校园,自1954年以来每年春天都要喷洒DDT防治荷兰榆树病,华莱士的研究就在喷药期间展开。他和他带的研究生认真研究了打药对当地鸟类数量——特别是对知更鸟的影响。每年,华莱士和他的团队都会在喷洒作业之后找到几十只已死或垂死的鸟。捕获的活鸟儿常表现出氯化烃中毒的典型症状。

最近,华莱士正在校园一隅开展一次细致的鸟类普查,以确定DDT对鸟类年度数量的总体影响。普查结果令人震惊:喷药使防控区域内的知更鸟**完全**绝迹。就像帕塔克森的研究人员所做的研究那样,华莱士不能确定有些鸟是为躲避喷药逃走了,还是有别的情况。他找到的某些证据表明,鸟儿应该是逃走了:因为,他们找到的已死或濒死的知更鸟数量,多于早春打药开始之前该地区存有的知更鸟数量。解释只有一个:生活在打药区域以外的知更鸟,打药之后才来此会聚,结果被环境里的DDT残留毒害。

分析死鸟的肌体组织发现,DDT含量很高。譬如脑组织,DDT含量相当于实验时的中毒致死剂量。后来,华莱士在打过DDT的区域内生活的约40种鸟类身上发现了DDT残留。燕子、夜鹰等空中觅食的鸟类好像未被DDT污染,秋季从该区域经过的禽鸟也未被污染。华莱士还观察到校园里的知更鸟数量总体呈减少趋势,这当然也在意料之中。他怀疑是鸟的繁殖出了问题,事实也的确是这样。每年检查鸟巢发现,有些知更鸟筑了巢,却没在里面产卵;要么是产了卵,却没有孵化。对鸟的组织分析显示:鸟的睾丸和卵巢都有DDT蓄积。

华莱士等研究人员将这些研究发现拼缀连结成一个整体,突显出DDT在食物链中布设陷阱毒害生灵的隐秘和阴险,还有它在知更鸟死亡上所起的作用。为榆树加量喷洒DDT乳液,当然杀死了棘胫小蠹,防止它们把荷兰榆树病由一树传给另一树,但同时也不分"益虫"和害虫,连带灭杀了其他昆虫,并且在树叶上覆了一层效力持久的毒膜。秋天,树叶落地,被蚯蚓吃掉。有些蚯蚓被毒死了,有一些活了下来,体内却蓄积了大量DDT,而一存一个冬天。春天,知更鸟回来了,它们吃下带毒的蚯蚓，被**前一年**喷洒的毒剂毒死。组织检测证明，只需吃11条蚯蚓，便能凑够毒死知更鸟的剂量。鸟若是在觅食，一分钟就能吃掉这么多蚯蚓。

卡森认为，这条通过食物链和一段时间形成的"毒流"，非常直观地说明了DDT污染的邪恶性质。一种毒剂的毒性可以按一次剂量测量，DDT则不同，它在环境中游串，在非靶标野生动物的生殖器官和食物来源上富集，而这些野生动物本来不是预期灭杀的目标。一点点DDT，毒效致命、持久，且能行之甚远。

这边，华莱士一直在研究DDT对鸟类的影响，那边，美国农业部继续催促群众参与荷兰榆树病防治。确定有病树木的位置，为树木打药都是土地所有人的责任。有些州的州府机构还派出"虫情侦察员"协助地主，他们上岗值班，看哪棵榆树需要喷药。这方面，纽约州堪称模范。农业部推荐每棵病树喷洒3或4加仑12%的DDT乳液，死树的残枝败叶也按此洒药。

卡森深为新笔友玛乔丽·斯波克着迷。玛乔丽是一位不凡的女性，她是著名儿科医生、后来的反战活动家本杰明·斯波克(Benjamin Spock)博士的妹妹。她从哥伦比亚大学毕业，获高级学位，曾在纽约做教师，担任学校的行管，后来移居长岛，从事"生物动力园艺"研究。"生物动力园艺"属于一种叫作"人智学"的小众哲学流派。玛乔丽年轻时，跟随人智学创始人鲁道夫·斯坦纳(Rudolf Steiner)研习。斯坦纳认为，真知存在于精神层面，只有脱开文字世界，通过内心感悟才能获得真知。

斯波克还操练一种舞蹈，名为"音韵舞"(Eurythmy)，人智学便是这种舞蹈的理论基础。这是一种高深莫测的艺术，据说操练者在曼舞中会超然于现实俗物，进入"以太样"或"超感"的境界——虽然旁观者在正常的时空里可见操练者的肉体。舞蹈的动作与音调、节拍记号、字母表、黄道带的符号神秘相联。口碑优良的沃尔多夫私立学校所奉行的跨学科教育方针，也融入了人智学学说。“生物动力园艺”系斯坦纳学派的另类探索活动之一，它实际上是有机园艺的一个变体，注重堆肥的适度发酵。据说使用特殊的药草，与粪便等有机物质相互作用，能实现适度发酵。玛乔丽·斯波克致力于研究斯坦纳的方法，还把这些方法传授给与她同住的女伴玛丽·理查兹[Mary Richards，昵称波莉(Polly)]。

卡森对斯波克的不俗信仰有多少了解，不得而知。斯波克是个讨人喜欢的记者，魅力十足，认识卡森令她激动；她的书信要比她的个人观点更容易理解。得知卡森对长岛案有兴趣，并且要为此写本书时，斯波克十分高兴。借助书信，两人渐渐熟悉起来。1958年初夏，她们在电话上长谈了一次。过后，斯波克写信给卡森，说能和她交谈是莫大的享受，要不是有DDT案，也许永远不可能有这样的机会。她写道：“我不禁常想这桩讼诉案的几个可圈可点的地方。”她坦言，审判过程是一种“折磨”，虽然自己在证人席的表现没有预想的那么糟糕。

1958年夏，斯波克正好去缅因州避暑，顺道去西绍斯波特村面见了卡森。此时，两人已经互为粉丝，见过不久，便直呼其名了。斯波克告诉卡森，不管长岛的官司结局怎样，卡森的书都具有重要意义，这一点应算是确定无疑的。她在信里写道：“我简直等不及了，你的书要快点完稿出版啊！相信在这个无处不喷药的世界里，这本书一定会掀起狂涛巨澜，改天换地的。”

卡森定期把自己调研的最新成果寄给斯波克看。她提到她采访过食品及药物管理局的一位官员，那官员一脸喜色，为长岛案的判决“欢欣鼓舞”。她也对斯波克表白了自己的信念：虽然科学用氯化烃和有机磷酸盐把杀虫剂领上了歧途，但它最终会克服自己造成的问题。

1958年10月，《生活》杂志刊登一篇文章，谈利用“保幼激素”控制虫害的前景，保幼激素能抑止性成熟。关于这个设想，卡森已经和多位专家进行了书信交流，包括哈佛大学的爱德华·威尔逊和康奈尔大学的霍华德·施奈德曼（Howard Schneiderman）。施奈德曼后来担任孟山都公司的科研主管，一手开拓了转基因作物研究。科学家看好激素杀虫剂的应用前景，认为从理论上说，针对目标物种的激素杀虫剂可以调制出来，但同时他们也提醒，要谨慎再谨慎、小心加小心。

施奈德曼说，尚不知“高等动物”在接触了昆虫界之外看似无效的激素后会有怎样的反应，要回答这个问题是需要时间的。他认为开发出一种安全有效的激素杀虫剂需要5到10年。卡森对斯波克说，《生活》杂志的文章里有些说法是有夸张之嫌，但它是“一根风标，说明风向开始偏转，化学药剂要走下坡路了”。她还说，得知美国农业部正着手研究这类生物控制法，甚感欣喜，不过，她怀疑农业部部长埃兹拉·塔夫脱·本森的“右手是否知道自己的左手在做甚”。长岛诉讼案的被告就是本森。

说卡森为了扼住斯波克所说的“无处不喷药的世界”而自苦劳神、尽心竭力一点不为过。她研究考据的办法，一是到图书馆查阅，二是与许多专家长期书信交流，最后收集的文档如恒河沙数。有时候，她会雇来一个秘书帮她处理信件，而即便如此，也是线索万千，令人眼花缭乱。她把科研结果和报告装在档案袋里，做卡片目录，将数百项最新发现逐一列单登记。

杀虫剂污染食品和环境，同放射性沉降物和化学品及药物的爆炸式研发带来的问题有诸多相似之处——人们追捧新药，就像追捧杀虫剂一样，称它们安全、有效、实惠，是科技创新的最新成果。有句营销口号“化学让生活更美好”似乎无处不在，大概是从杜邦公司那句常用不衰的吸睛广告词“妙品化学造，生活更美好”借鉴来的。有一种常见的化合物，已经渗透到环境的角角落落，它就是青霉素。这种抗生素因为具有广谱治疗能力,引发使用热潮。

1942年,青霉素首次在美国使用,那年美国生产了约29磅青霉素。1956年前夕,美国年产青霉素接近500吨。青霉素很像DDT,可以一药多用,临床广泛用于治疗人类疾病和抗感染。它能配制成多种剂型——软膏、粉剂、雾剂、片剂和注射液,拯救过无数性命,治愈了数以百万计的无生命之虞的疾患。不过,也有问题。约有10%的人对青霉素过敏,不管是初次接触,还是重复用药的过程中都可能出现过敏。另外,细菌会对抗生素产生耐药性,抗生素使用越是广泛,效力就越低,这一现象当时的人们还未充分认识到。不过,在防控家畜和植物病害方面,青霉素等抗生素又找到了新用途,它还被当作畜禽和鱼类加工后的防腐剂。这一下,人类又多了一条密切接触青霉素的蹊径——吃东西。1957年,美国食品及药物管理局发布一份报告,把食品供应环节的抗生素污染风险说得小之又小——只是它大化小、小化无的方式让人不舒服:

> 应该强调一点:当前的食品安全问题很大一部分是由于食品生产、加工、销售的技术进步造成的。同这些问题相比,食品中——特别是牛奶中的抗生素污染是小问题。食品加工要用到防腐剂、抗氧化剂、色素、漂白剂、增香剂、包衣、干燥剂、增湿剂、增稠剂、掩蔽剂、"老化"剂、稳定剂、乳化剂、中和剂、酸化剂、甜味剂,等等。

食品及药物管理局把DDT和其他农药的残留排除在外——可这些也是已知的食品污染物啊。《时代》杂志报道说,人们认为食品污染是受管控的,但是,美国食品里"微量的新污染物"越来越多,威胁人的健康。《时代》还说,"不管是有意还是无意",食品里的DDT、青霉素和激素达到了"违法含量"。报道举牛奶为例,乳牛用过青霉素或其他抗生素之后连续三天挤的奶都应该倒掉，可是，青霉素却在牛奶中频频现身，这怎不叫人担忧。

1958年初，卡森获悉《读者文摘》正在编辑一篇为杀虫剂叫好的稿子。她马上给编辑写了一封长信，正告他：合成农药不安全是科学共识，“《读者文摘》影响力巨大，足以左右举国民众的思想，在这样的刊物上登载这样的文章，难道是期望为极有可能危害公共福祉的东西叫好点赞吗！”《读者文摘》曾多次回绝卡森的写作选题——包括1945年她想写的那篇关于DDT的文章，所以，卡森与其说是意在保护该杂志的声誉，不如说是想把自己对农药的看法和盘托出。

此信还真起了作用。卡森很快收到了《读者文摘》的回信，感谢她目光深远，并向她保证，杂志在编辑过程中一定会“兼顾事实，斟酌损益”——想必背后一定懊恼得不行：这位备受尊敬的蕾切尔·卡森竟会给一篇没发表的稿子作预测。看来，卡森所述事实让这篇文稿转换了立场，1959年6月刊出时，文章的标题是《灭虫之战，反受其累》(Backfire in the War Against Insects)，卡森认为写得好。她给作者罗伯特·斯特罗瑟(Robert Strother)写信，又如是这般地称道了一遍，还告诉他，自己正在写一本关于农药的书。这时候，斯特罗瑟已经收到了多如雪片的信件，述说农药之害。卡森问他可否把读者的反馈寄一部分给她看，斯特罗瑟慷慨应允。

1959年春，美国国防部和原子能委员会承认，他们对核试验后的放射性核素在大气中飘浮的时间估计过长。最初的计算预计，放射性碎片会浮在平流层长达7年，在此期间，碎片会衰变、散开，最后化为放射性极弱的粒子逐渐下落，均匀地分布在地面。现在看来，落到地面的周期是比较短的，但究竟有多短，官员们的意见并不一致，据说可能只有两年。这意味着核试验的碎片不仅下落快，粒子的放射性更强，而且落地也更集中。就拿大家特别关注的锶-90这种放射性核素为例,地球上受污染最重的当是美国。核试验在美国西部稳步展开,天气走向一般又是由西向东,稍有头脑的人就会想:大量的放射性碎片是不是一连多少天都飘在空气中?先不说一连几年了。

锶-90和钙的化学性质相似,可以被吸收进骨质,诱发白血病。政府官员现在担心了,就算核试验对人造成的直接危害比较轻微,那还有长期影响呢!让人担忧的放射性核素有一批,碘-131就在其列。此物和平常的碘一样,容易被甲状腺摄取。所有这些核素已经进入人类的食物来源——主要是牛奶,不管它们寄存在人体的哪个地方,都会发出辐射,轰击周围的组织。

有些核素寿命短,有些寿命长。碘-131的半衰期只有8天,就是说它发出的辐射量每8天减少50%。可是,每当一枚核弹爆炸,就会把一大朵放射性云团送入天空,碘-131源源不断。锶-90的半衰期长逾28年,降沉过程中它的放射性强度几乎与核爆时持平,而且能长期保持这个强度。科学家认为,暴露于持续性低水平核辐射,必然提升罹患癌症的风险;另外,这种辐射能诱使基因发生微妙突变,在今后很长时间造成的出生缺陷会越来越多。

1958年,一个名叫“大圣路易斯核资讯公民委员会”的团体自发开展了一个研究项目:收集婴幼儿牙齿,测量核辐射暴露造成的危害。锶-90和钙的生化特点很像,也常在牙齿里富集。该项目先汇集在大气核试验期间生长的儿童的乳牙中锶-90含量的数据,建立数据与个体多年后健康情况的关联。半个世纪过去,即在2010年,他们发布了一份对中年死于癌症的男性的初步研究,结果显示:死者幼儿期牙齿中的锶-90含量比同一地区在世男性的锶-90含量测值高一倍。

政府采取的立场是:放射性沉降物的辐射强度远低于天然辐射源(如宇宙射线,地壳里的放射性元素等)发出的正常背景辐射强度,而且,暴露于如此微量辐射的直接影响也难以确证。不过,政府承认:已有证据表明,**任何剂量**的辐射都有可能造成伤害;"基本可以肯定,即便剂量极低,也会影响遗传。沾染过辐射的父母,其子女所受影响各有不同,小到微恙,微不足察,大至重疾,甚至死亡。"

1958年,加州理工学院的化学教授莱纳斯·鲍林向联合国呈递了一份由49个国家的11 000余位科学家签名的请愿书,要求终止核武器试验。鲍林对化学键及复杂生物结构的性质研究作出了突出贡献,因而荣获1954年诺贝尔化学奖;后因致力于反对核战争,又在1962年荣获诺贝尔和平奖。请愿的科学家指出,天然辐射**本来就**常引起人类基因突变,有些变异造成出生缺陷,要是再有哪怕是极少量的其他辐射暴露,只会乱上添乱。

有一种放射性核素最让鲍林担心,它就是碳-14,半衰期为8000年,所以在许多个千年的漫长岁月里,它始终在一点点改变着人类基因组。鲍林和联名的请愿者正告联合国,只有立即停止核试验,才能最大限度地减轻已经造成的损害:"每试验一次核弹,会把更多的放射性元素扩散到世界的每一个地方。辐射量的每一次增加,都会损害全世界人类的健康,损伤人类种质库,致使后代出现严重缺陷的人数越来越多。"

1958年3月,苏联宣布停止大气层核试验——条件是西方核国家也停止。几个月后,艾森豪威尔总统宣布,美国暂停一年大气层核试验。过了一年,美国将暂停又延长一年。第二个暂停期结束时,艾森豪威尔对苏联说,美国有权相机恢复核试验——不过,会事先打招呼。此事就这么搁下了。

埃德温·韦·蒂尔是一位擅写自然的作家,著述甚丰,深受欢迎。卡森与他是多年的朋友。蒂尔和他夫人曾去绍斯波特岛卡森的小屋访过她。蒂尔说，午夜时分在希普斯科特湾看波平如镜的海水中清晰地映着浩瀚银河，令他难忘。夫妇俩和卡森一样也十分喜欢猫，蒂尔和卡森经常聊起各自宠物的趣事，谈谈写作。卡森催促蒂尔赶紧想办法，把作品弄到杂志上连载。1958年5月，也就是卡森刚开始酝酿《控制自然》这个选题不久，蒂尔写信，鼓动她研究一下农药问题和放射性沉降物问题的相似特点。他提到了一位朋友，此人去了趟拉斯维加斯，回来6个月后，最近发出警报，想阻止走私分子在艾德怀尔德机场走私放射性材料：

> 本人倒不担心拉斯维加斯。好点的城镇不会发生这种事，但是，如不抛弃这种危险材料，就这么任它一直积攒下去，将来会是个什么样子，想必大家看得清楚。
>
> 要不是这世界住着一帮妖魔鬼怪，这错也怨不到那些劈波斩浪、奋力前行的人头上。

布鲁克斯赞同这个看法。他在给霍顿·米夫林出版社其他主管发的内部备忘录里对《控制自然》这个选题作了介绍。他说，杀虫剂使用这一题材可能看似“挺专业”，但很多读者已经在关注化学毒剂越用越多这一问题了，他们担心的是化学毒物无处不在，却又看不见摸不着，“和放射性沉降物十分相像”。他说，不管是核辐射还是杀虫剂，为害风险都会累积增大，很可能扰乱生物的遗传调节——人类也不能幸免。

从开始酝酿构思，卡森就把放射性沉降物和使用农药作了仔细比较，发现两者有一个重要不同。放射性沉降物是战争的副产物，人类是愿意舍弃它的——虽然舍弃的意愿只停留在理论上。让核弹在大气层里轰然爆炸，除了那个早被批得体无完肤的主张之外，还能拿出什么理由吗？有人竟然说，只有在大气层里引爆核弹，才能防止一时激愤之下核弹四处开花的惨事！卡森自感，一概反对使用杀虫剂，她也不大能接受。她认为，有些情况下杀虫剂还是有用且必要的，但必须少用、慎用。这个认识很重要，因为后来有些人硬是拿这一条来抹黑她，说她呼吁彻底禁用杀虫剂，其实，相反的话她说过多次。布鲁克斯就波士顿城外在他居住的地方开展喷药灭蚊计划，征询卡森的意见。布鲁克斯说，波士顿打算用直升机对蚊子滋生场所"定点喷药"。卡森跟他的看法一致：定点喷药比过去搞大范围喷洒要好。

她写道："关于直升机定点洒药问题，我不愿多言。这样喷洒比航喷好，我知道，对喷药一概反对也不现实。我觉得还是得做点妥协，尽管我是很讨厌洒药的。"

1959年初的某个时候，《控制自然》有了一个多了点笼统、少了些优雅的暂拟标题《人类斗地球》（*Man Against the Earth*）。卡森对新标题的态度还是不冷不热，也许她下意识觉得这个标题表情达意仍有些不对劲。前后两个标题都是把人类和自然分开，这和该书的一个大前提正好相反：人本来是自然的一部分，能毒害一种生物的东西，多半也会毒害另一种生物。从科学角度看，兼顾人类利益和自然的想法是荒谬不经的。5月，布鲁克斯对卡森说，想把《人类斗地球》列入霍顿·米夫林的出版时间表，1960年2月发行；也就是说，卡森的书要基本完稿，出版社方面还要能联系好《纽约客》连载，赶在书正式出版前按篇刊发。布鲁克斯要卡森如实相告，能否按期完成。卡森回信说，书稿很快就写完，2月份出版没问题，另外，她对新标题有了点感觉。

6月，霍顿·米夫林公布了出版书目，随即跟来的一波新闻报道，令卡森和罗德尔吃了一惊，报道竟然这样介绍：曾出版过几部描写海洋的书的作者，很快要出一本谈农药的书；海洋书让人欣喜，农药书令人沉重。卡森写信提醒霍顿·米夫林出版社广告部，将来再写这本书的新闻稿，一定要斟词酌句，煽情的成分一点不要，因为这个题材已经深陷"争议"，而且是争得"不可开交"。她希望出版社保证，书正式出版之前，凡事她都有发言权。她还答应给广告部寄去一份内容简介,好让他们准备得充分些,需要讲时就讲一下。卡森承认,这本书的特点很难总结。"连我都觉得是这样。"她说。

其实,卡森做了大量查考研究后,整理出了一页笔记——基本全是手写,里面列有此书的"基本主题",有好几个。她认为,喷洒杀虫剂是应用昆虫学的一个实例,应用昆虫学是无意中损害了环境,却置这种损害于不顾,十分愚蠢,故而必然变成"石器时代科学",不巧的是,应用昆虫学掌握着一座威力可怖的化学武器库,"拥有原子时代的所有致命手段"。卡森写道,与大自然作对,而不是同它和谐与共,让整个洒药理念变成了"负面力量"。她认为,拿经济利益替使用农药辩护是站不住脚的,声言化学毒剂安全,不仅仅是"弥天大谎",还利用了公众的轻信,十分可恶。另外,她觉得,科学自身已经步入歧途,技术在尚未充分研究其后果的情况下就开发推广,化学杀虫剂仅是其中一例。这些看法她早就有了。她说,工程师是"实用型技术人员",他们想办却办不到的事几乎没有,但他们从未停下手扪心自问:某某事是否应该做?信的最后,卡森撇开其他见解、观点,表达她的期望:要让人们认识清楚,杀虫剂和核辐射是同一问题的两个方面。

1959年整个夏天,卡森著书的进度并不像当初她让布鲁克斯宣布1960年2月份出书时所设想的那么快。在绍斯波特岛久居期间,她和罗杰都病倒了,罗杰呼吸道感染,还在医院住了一个星期。卡森特地抽时间让霍顿·米夫林出版社知道她不高兴,因为《海边》已经在布斯贝港的书店里脱销了。一连几个月的挫折、失意最后由一场车祸收了尾。9月,卡森和罗杰驾车从缅因州回银泉,行至巴尔的摩附近,被一辆卡车撞了。好在无人受伤,不过,保险理赔、安排修车也让人费神,无法好好干活儿。

1959年12月,卡森给布鲁克斯写去一封长信,满纸悲伤,一半是道歉,一半是保证:好事就在前面。她说,非常感激布鲁克斯的耐心——她心里清楚自己把这耐心伤得有多厉害。她说,尽管没能兑现承诺,按时(年终左右)交稿,但她一直在努力做,之所以坚持不懈,是因为她确信所做的事情是必要的,努力不会白费,一定会让本书有一个"牢固的基础"。她觉得,有些人在并不十分通晓科学的情况下就大批杀虫剂,利少而弊多,最后沦为那些为谋取私益继续使用化学毒剂的人的"靶子"。她叫布鲁克斯放心,有人可能因为她写的东西来攻讦她,但她手边有磊磊证据。她说她自知布鲁克斯能理解这一切,但是最终只有她知道她为自己定的任务有多么艰巨。此事耗时太长,让人生出一种几乎不堪忍受的挫折感。接下去语锋一转,语气也积极起来,她对布鲁克斯说,最近新雇了一名能力非凡的助理,名叫珍妮·戴维斯(Jeanne Davis),大学毕业,嫁给了一位医生,曾经在几所医科院校工作,阅读经验丰富,能看卡森书房里堆成小山的各类科学文献。

卡森还为自己零敲碎打式的写作方式道歉:她有时成章写,有时又只做某些章节的一部分,给人的感觉是不按顺序,而是随机选做。她的确不能解释这样做的理由,但她处理资料只用这个办法,以后也不会改变。她答应不久会把另一个快完成的章节寄给他。虽然布鲁克斯对她所说的这一切都感兴趣,但卡森清楚,对方最需要了解的是她什么时候可以完成书稿。卡森也说不准什么时候,要是事情进展得"比较顺利",2月份可以完成吧——希望闪现,但太不靠谱,大概布鲁克斯当即就把它抛到了脑后。卡森说,她和罗杰最近感觉好一些,不过,她的甲状腺有问题,引起剧烈头痛,时常一痛几个小时,甚至一整天,叫她无法工作。

布鲁克斯在新年假期前夕给卡森回信,祝她新年快乐,创意无限;他还说,这祝愿不是没掺私心啊。

卡森注意到，别的作者也在追踪杀虫剂问题，而且，在化学杀虫剂研制出来之前相当长一段时间，食品供应遭污染已经受到普遍关注。追溯到1933年，阿瑟·卡莱特(Arthur Kallet)和F·J·施林克(F. J. Schlink)两位学者出版了一本名为《一亿豚鼠》(*100000000 Guinea Pigs*)的书，认为美国人无意间参与了一场不加控制的大范围实验，这场实验就是把花样众多的化学添加剂掺入食品、药物和化妆品。卡莱特和施林克指责美国食品及药物管理局是实验同谋，最终造成群体中毒。他们特别提到把砷酸铅用作杀虫剂洒在水果蔬菜上。

书中解释说，砷酸铅常在农产品上留下有毒残留物，种植者用稀盐酸溶液可轻松去除，但就着厨房的水龙头冲洗是洗不掉的。人摄入砷酸铅等于摄入了两种有毒物质——铅和砷。政府对食品的砷残留设置的容许限比较低，并且不允许有**任何**铅残留，虽说如此，食品及药物管理局却没有认真下功夫去监督管理。农民，或因了解不够，或因粗心大意，或因无知加粗心，难免过量施用砷酸铅，在把农产品送往市场销售前，也未能妥善去除上面的砷酸铅。两位学者说，砷酸铅造成的毒害可能超乎所有人的认知，因为低浓度砷毒研究才刚开始。而铅则引起人们另一种担忧：

> 铅是砷酸铅喷雾剂的金属残留，它的危害要远大于砷。但在此，笔者发现了一种新奇的现象。铅是一种累积型毒物，在被吸收进人体后，只有积累到一定量时，它才会显露危害。铅的蓄积量达到多少才会引起显著的症状，这取决于个体的健康状况、耐受性或特殊体质。食品及药物管理局承认铅毒有害，并明确宣布，不允许上市的水果蔬菜有铅残留。但是目前没有丝毫证据说明，政府在采取措施执行这条严格的禁令。

上述议论卡森当然是很熟悉的——近期有一本书《你吃的东西有

毒》(*Poisons in Your Food*),内容更是令人瞠目,里面有不少这样的断语。书是由西蒙-舒斯特出版社在1960年初春出版的,该出版社也曾是卡森著作的出版商。书的作者名叫威廉·朗古德(William Longgood),他同卡莱特和施林克一样,不仅关注化学杀虫剂,还关注食品里各种各样的添加剂,特别是乳制品里添入的东西,"给孩子喝牛奶,是让他们长得结实,筋骨强健",但是,奶里有来自放射性沉降物的锶-90,还有其他毒物、抗生素和杀虫剂,林林总总。朗古德的文章直言不讳,不计工拙。他特别关注毒性检验,因为毒性检验要么是做得不够,要么显现出某种毒残留一旦被毫无戒心的消费者吃进或喝进身体造成的严重后果。有一个检验特别残忍,被检毒剂恰好是卡森的眼中钉:

> 让DDT成为有效杀虫剂的一个因素,也让它成为人类的凶祸,这个因素就是它的持久力。在一次特殊的饲养演示中,研究人员给长在地里的青草施用DDT,后来用干草喂给肉牛吃。肉牛屠宰后,把牛肉喂猪,猪屠宰后再做分析。经过两个完整的消化过程,研究者发现,DDT竟然分毫未减。

朗古德是报纸记者,经验丰富,以前报道国际时事,写过一本关于苏伊士运河的书。因为出版了《你吃的东西有毒》,报刊把他批得一塌糊涂。约翰·奥斯曼德森(John Osmundsen)为《纽约时报》撰写书评,恰与批判的锋芒契合,他指责朗古德无视现代农业需要,现代农业怎离得了化肥和农药!朗古德对研究结果视而不见,研究表明,许多食品添加剂只要浓度低,都是安全的。奥斯曼德森写道:更有甚者,一个久经磨练的记者,按理说做到有权衡、有眼光是很自然的事,可朗古德恰恰没做到。奥斯曼德森说,此书是一本"话挑捡着说,时不时搞出点不准确,只要见食品使用了化学制剂便咆哮疾呼的小册子",可以说"毫无科学根据"。不过他又承认,朗古德可能提出了一些好的见解,值得进一步思考探讨，比如，对农作物和牲畜使用杀虫剂的担忧——看似是十分要紧的问题，奥斯曼德森却选择附带一提。

卡森明知《你吃的东西有毒》一书受到热议，却横下心就是不读，怕影响到自己的书。她在给多萝西的一封信里把她的书称作"十字军"，但她还是担心也遇到朗古德遭遇的情况。她对斯波克说，认真细致做好研究才是希望所在，只有这样才能使论据有说服力，论点立得端，无须她作解释说明。这个工作很艰巨，使她内心频发怀疑和焦虑，似乎跟以前做过的事情都不一样。她写道：

> 有些事情是令人不快的，但既然知道它们存在，就必须去面对。可是，公众对这些事漠不关心，也不愿意正视。怎么才能破除他们的漠然和不情愿这道障碍，这是一个大难题。我有没有这个本事，我不知道，但我知道自己在做什么，我别无选择，只能把它记述下来，让愿意读的人去读。我想，我的主要办法就是把所有的事实汇集在一起，让事实说话。

不知道卡森为什么认定公众对农药使用的危害漠不关心，其实，不久前发生的"蔓越莓恐慌"恰恰证明情况正相反：公众对此十分关心。1959年11月初，有人证实，华盛顿州和俄勒冈州种植的蔓越莓受到了一种叫氨基三唑的除草剂的污染。研究观察证明，这种除草剂在实验用的大鼠身上引发了甲状腺癌。虽然还不知道它对人类构成的健康风险如何，虽然蔓越莓主产区威斯康星州、马萨诸塞州和新泽西州的蔓越莓苗经过验证并没受到污染，但是政府还是建议消费者在未弄清蔓越莓产地时不要购买食用。随后爆发了恐慌。全国各地的杂货店都把蔓越莓下了架，餐馆不再烹制含蔓越莓的菜肴，数百万家庭为感恩节准备大餐时，也把这味底料去掉了。蔓越莓种植户十分气愤，担心价值5000万美元的果实很可能变成巨大损失，要求卫生教育及福利部部长阿瑟·

弗莱明(Arthur Fleming)下台,因为最早宣称蔓越莓被污染的就是他。优鲜沛蔓越莓公司(Ocean Spray Cranberries, Inc)是一家合作社,美国市场上销售的蔓越莓约有四分之三都是这家公司提供的。该公司的总经理批评政府热情澎湃得过了头,还说应该告诉群众,现在"没有一丝一毫证据"证明哪个人因为吃了被污染的蔓越莓得了病。

1957年,有人开始试用氨基三唑为蔓越莓园除草,那时这种药剂还没有获得美国农业部的批准。除草试验后,约有300万磅受试蔓越莓被销毁。第二年,政府规定,只有等到蔓越莓收获后,才可以在种植蔓越莓的泥炭地里使用氨基三唑。但是,1959年初,生产氨基三唑的一家主要厂商提交了一份氨基三唑安全性测试结果,其中包括该物质和大鼠患癌的关系。该公司认为,检测结果并不适用于解释人类承担的健康风险,但是,美国食品及药物管理局还是下令,禁止对食用作物使用氨基三唑。

蔓越莓安全无害,让公众放心;各地加大力度,做了宣传。在马萨诸塞州,当地一家广播电台组织了一场噱头式表演:近10 000人狂喝1000加仑蔓越莓汁。蔓越莓还在总统竞选活动上亮相。在威斯康星州的马什菲尔德镇上,约翰·肯尼迪参议员干了一杯蔓越莓汁。几天后,30英里外的威斯康星州拉皮兹,副总统理查德·尼克松(Richard Nixon)吃了四份蔓越莓料理——阿瑟·弗莱明劝他不要吃,他还是吃了。又过两天,芝加哥卫生局查获一批从威斯康星州运来的蔓越莓,经测试,蔓越莓已被氨基三唑污染。芝加哥开始禁售蔓越莓。禁售令很快通达全国各地的每一个社区。而种植户们仍然认为,此果并无安全隐患,政府的主张太歇斯底里。

1959年,就像现在一样,对农药及其他有潜在危害的化学品的监管,在一个重要方面做得违悖常理:化学品安全性检测不是由监管机构实施,而是由化学品制造商实施。政府具体规定哪些测试必须做、怎么做,而后就仔细评审制造商们提交的检测结果。也就是说,数据中的利益方和数据提供方为同一家实体,既当运动员,又当裁判员。要是广大群众知道安全检测结果是这么做出来的,恐怕会神乱心慌。

农用化工公司对"蔓越莓恐慌"作出激烈回应,也不奇怪。一位资深化工经理发牢骚说,一种新产品推向市场需要5年时间,花费可高达200万美元。他说,在售的所有农药都是经过严格检验的,所以它们的安全性大可放心,如果再进一步设限,必然会使新产品研发成本过高,影响新品研发。农药行业1959年销售额约为2.78亿美元,产业价值很高,有目共睹,那些大口小口吞下沾了药的农产品的政界人士也看得见。11月下旬,《纽约时报》报道说:蔓越莓恐慌只是农用化工行业面临的一个问题。和恐慌一道涌来的还有"野生生物和环境保护团体以及纯净食物爱好者发出的批评,他们认为,农产品的化学残留对健康构成了威胁"。不过,《纽约时报》也只是这么简单地提了几句,对此类担忧未作深究。

在卡森看来,蔓越莓恐慌其实是对未来热点作了预告,人们借此可以窥见一场战斗将如何打响,焦点是这渐渐成势的对整个环境的普遍忧虑。环境保护主义者早就和企业等既得利益者龃龉不合,在资源和土地分配上的矛盾更是常见。但这次与以往不同。质疑农药的安全性,直逼某些人的底线。整个行业,包括与之相关的业务联系、股东、科研部门,还有政治盟友,靠的就是化学毒剂销售不断增长,使用不断扩大。说某公司要把自利和赚钱凌驾于公共安全之上,这种话字面上就带着强烈的谴责,所以将两派都惹得激情满怀。

不过,一场围绕农药的斗争不只关系安全和经济,还牵涉到爱国。"野生生物和环境保护团体,纯净食物爱好者"无疑可以划归"热爱自然和追捧有机"一类,因此,也比较容易认为他们一定和政治极端分子沆瀣一气。政治极端分子是什么人?骨子里都带点反美苗头的。

1960年的2月到了，又很快过去了。卡森的著书进度有所放缓，至少在某个阶段是这样，原因是她一直在钻研农药与癌症的复杂关联——她曾打算把这个主题用作一章的一小部分内容，但是现在，她打算把它写成两个整章。就在此时，她的身体又接二连三出了问题。这年年初，她得了十二指肠溃疡。她对玛丽·罗德尔说，无奈之下，她吃了一段时间的婴儿食品。溃疡尚在治疗时，她又得了流行性感冒，继发感染为肺炎，后来又患上了鼻窦炎——卡森还特别容易得鼻窦炎。

3月，她致信布鲁克斯，把上述情况作了报告。她说，书还在写，但她不得不给写作定时定量，因为其余时间要用来彻底治好溃疡病。她对病症轻描淡写，有意表现得满不在乎。她对布鲁克斯说，也许有人会想，是这本书害她得了溃疡病，而实情并非如此。她觉得，农药问题——虽说极令人忧虑——非常让人着迷。她忿忿然抱怨道，溃疡病也真是，怎么不等到她把书写完了再来找茬儿啊。虽然对当前的进度不满意，但她真心觉得书最难写的几个部分已经写完。

不过，有一个情况卡森没告诉布鲁克斯——或是因为她不想让对方再多一分担心，或是因为写信几天后，她才发现问题：她的左侧乳房里长了两个疙瘩。就在给布鲁克斯写信的那一周，她和医院订好了手术时间，她想要确诊一下这俩疙瘩到底是什么。布鲁克斯对她的健康状况表示同情，还叫她不必为写书进展缓慢烦恼。卡森再次致信布鲁克斯，隐约提到自己得了重病，说她要做个手术，但愿不会“太复杂”，又说手术也不一定行。随着这封报忧信，卡森还寄去了《人类斗地球》一书写癌症那两章的草稿。

布鲁克斯对卡森为构思这本书所调用资料的广度已有所了解。他对卡森说，历史学家可以用多卷本叙述一段故事，而她的做法不一样，她是把材料去粗取精，浓缩在一本书里，“有宏大的背景作为底衬”，《人类斗地球》就好比一座冰山,待其出版后,霍顿·米夫林出版社一定竭尽全力,让读者知道它在水面以下的部分有多么宏大。卡森回信说这个比喻她很喜欢,也让她想起一事,想同他商议。

她一直在考虑如何列举她所使用的资料来源才更完美,如果"脚注挂得到处都是",这种书没人愿意看。她想做一个附录,把每章的参考资料择要列表——这样既方便那些想作深入探究的读者按图索骥,还可以对认为此书"缺乏根据",系抒发个人意气的妄评予以回击。她认为多数读者并不关注这些细节,参考书目一概忽略不看;她的看法基本是对的。

另外她告诉布鲁克斯,最近拟定的暂用标题她觉得别扭,玛丽·罗德尔对它尤其没好感,认为读者会被误导。卡森说,标题里的"earth"不按常用义(意指"土地")使用,而包罗了整个互相依存的生态系统,她感觉这是有问题的,"没有一点生态观念的人"会被它搞糊涂。她认为,用"against"这个词也不对,因为它隐含了人即一方霸主这个"可怕观念",这种观念恰是本书有意指明的问题思维。好标题她暂时也想不出来,不过,感觉最好的办法是大家保持开放心态,"祈求灵光绽现"的一刻。农药和核辐射在哪些方面相似,这是她一直在思考的问题,也许有一天会想出个眉目:

> 我在苦思中不断问自己,如果写作的主题是核辐射,我会给它取个什么标题?我感觉这个会比较容易,也不太合逻辑吧。您在谈癌症的那两章里可以看到,我是照猫画虎,推此及彼。不论是核辐射,还是化学品,根本问题是环境污染。"毒害"一词当然是十分准确的,但我觉得还是应避开不用:本来主题就够肃杀悲惨的,不要再加渲染了。

卡森说,她还想考虑一下是不是插入一些白描或照片——或两者兼用,这样可以直观形象地说明书里的技术概念。这封信的结尾谈到她马上要动手术,语气有些忧郁。她对布鲁克斯说:已经约定她下个周日去医院,“运气好的话”,下周三之前就回家了。继而她又吉凶叵测似地补充了一句:“不然的话,得等周末回来。”

手术已推迟了一周,这期间卡森彻底治愈了鼻窦炎。1960年4月1日,她写信给斯波克,说她很快要去医院住上“几天”。过了一两个星期,卡森再次致信斯波克,说她“到医院走这一遭”遇到了“相当大的挫折”,原想着春天“严格按照工作时间表”行事,现在这希望化作了泡影。她解释说,左乳房里查出了两个肿块,一个良性,一个“高度可疑”,为绝后患,她干脆做了乳房切除术。

卡森操心罗杰,所以只在医院待了一周,便“软磨硬泡说服医生”,出了院回家休养。管她的外科医生跟她讲了情况,大致意思是乳房切除术是预防性的,还告诉她目前不必另做治疗。卡森在给斯波克的信里清楚地写道:她相信病已痊愈,幸好这癌发现得早,“未来无须忧虑”。

卡森平素好匿隐私,此时表现得更甚。她能想见一纸癌症诊断会让那些批评者对她的著书动机产生怎样的联想,这书不是暗示农药诱发癌症么!她对斯波克说,打算只把患病的详情告诉几个关系不一般的朋友,比如她,但想让天下不知道也难。她说:“我看要让私事私密是白费功夫,不管怎的,我可不愿意在文艺杂谈专栏里读到我的病如何如何。化工公司要是知道了,那该多舒坦啊!”

斯波克极想帮卡森一把,有好些主意在她头脑里萦绕。她催促卡森去找一位名叫法伊弗(Pfeiffer)的大夫看看,她说这位法伊弗大夫找到了一种非同寻常的治疗方法,用槲寄生来阻抗引发癌症的“牵引力”。卡森委婉作答,不置可否。而后她提出请法伊弗大夫帮她分析检测几种杀虫剂,无果,于是卡森就把此事撂下了。

布鲁克斯看来是不知道卡森手术的性质，也不知道手术结果。他写信说，感觉癌症那两章写得不错；还说，核辐射和杀虫剂有不少相似可比之处，卡森给予突出强调是恰当的，当前的时情对他们出这本书是有利的。他写道："某种意义上讲，所有这些关于放射性沉降物的舆论宣传，恰好让您占得先机去唤醒民众，警惕化学品的危害。"他同意继续斟酌书名，盼卡森早日出院。

1960年6月，卡森不顾病痛体弱，带着罗杰一起去了绍斯波特岛。她指望把罗杰送到一个日间营待着，自己可以写上几笔书稿，但实际很难办到。她和布鲁克斯商量好，布鲁克斯8月底去缅因找她。两人约会的时间将至，卡森显然把这次见面当成了书稿编辑事宜的讨论会，不是随兴探访。这年夏天，她又给布鲁克斯寄去了一批书稿，还有书的提纲，想让他看一看整书的结构布局，同时又多次表示需要布鲁克斯帮助。

她想好了，把写癌症的两章合并为一章，并且已经写完了她所说的"禽鸟章"，这一章主要写华莱士等科研人员观察到的密歇根州喷洒农药后的情况。这些就是进展，但卡森好像还未走出迷雾。9月，她提出了一个笨拙得出奇的新标题——《为了人类不答应》(*Dissent in Favor of Man*)。她说是受了一篇杂志报道的启发，报道讲的是威廉·道格拉斯大法官对最高法院决定不受理长岛喷药案的申诉提出异议。布鲁克斯回信说理解卡森的用意，但是觉得"为了人类不答应"不合适。接着，好似随口一提，布鲁克斯说他为禽鸟章想了一个标题"寂静的春天"(Silent Spring)，感觉不错。卡森答：这个提议甚妙。玛丽·罗德尔得知此事后说，"寂静的春天"用作书名也很好啊。

卡森认为农药危害鸟类是使用化学毒剂最引人注目的问题之一，与道格拉斯大法官的看法十分吻合，他在提出异议时就援引了卡森1959年春为《华盛顿邮报》撰写的一篇文章。道格拉斯——从未提及宪法问题——强调说：审理期间，对于原告所提实施喷药计划对野生动物和人类健康带来的危害，原审法官并未进行充分的评估。他写道：对这些主张的是非曲直，他本人不予表态，但是，对广泛使用农药提出的质疑，最高法院理当予以审查。道格拉斯是在一个很长的脚注里引用了卡森登在《邮报》的文章，要是布鲁克斯看了这篇文章，也许会知道原来卡森本人也在为这本书寻觅好书名：

> 过去15年，剧毒的碳氢化合物，还有和化学战的神经毒气沾亲带故的有机磷酸盐，逐步从少施小用到大用特用，诚如英国一位著名的生态学家最近所说，"给大地降下一场骇人的死亡雨"。这些化学制剂多半会长期残留在植物、土壤中，甚至残留在蚯蚓等鸟类赖以取食的生物体内……
>
> 鸟儿的欢歌倏然沉寂，鸟儿的色彩、美丽、趣味荡然无存，这足以让我们当中的许多人痛悔不已。至于那些从来不懂得自然回报的愉悦为何物的人，有一个恼人缠人的问题还是要问的："死亡雨"已经给鸟儿带来如此灾难，那其他生命，包括人类自己，又会是何下场？

鸟儿"突然沉寂"要成为卡森这本书的主题。但书名易得，书稿却迟迟不见收尾，弄得人好沮丧。11月中旬，布鲁克斯好像(在他看来)对卡森失去了耐心。根据她最近在信里吐露的情况，布鲁克斯表示，不会在1961年上半年宣布书的出版日期，但他又说，假如卡森能向他说个准话，书已经差不多完稿了，他还可以更改决定。他想要一个进度报告，还说盼着在剩余章节完成之际能看到它们，为它们做做编辑加工。他提议在纽约或华盛顿见个面，如果这对写书有益的话。卡森表示愿意去纽约见面，于是两人打算去玛丽·罗德尔的公寓谈谈这本书。卡森说，去罗德尔处谈，方便她操持行程。可是临了，她取消了约会，并告诉布鲁克斯,自己又有病了。

她的胸骨附近发现了一个肿块。经X射线检查,几个医生认为,赶快做放疗才是上策。卡森同意。她对多萝西说,能比较确切地了解病情,也算是一点安慰吧。她认定,放疗一定有效。但她也承认,春天那会儿,她还坚信外科手术把所有病灶都解决掉了,现在竟遭遇了这一场,实在有些不堪面对。现在看来,康复是指望不上了。书稿没做完,时间那么紧,恰在这时候,却要再次停工,真让人丧气啊,但是也没别的办法。

她向布鲁克斯依稀表露出这样的意思:她其实是为护理的事很生气,但跟多萝西没表现出那么大的气性。她说,把原发性肿瘤说成"疑似"是不对的,它本来就是恶性瘤,而且有证据证明已经转移了;"尽管我问得很直接",但还是受了蒙蔽,信以为真。

做乳房切除术的时候,卡森不满53周岁——按说还年轻,就算是癌症,也是有机会扛一扛、斗一斗的。倘若她非常了解这种病的病理知识,几乎可以肯定地说,她会马上进行放疗或化疗,那样的话,结果也许不是后来的样子。弄懂诊断结果,弄清治疗办法的优劣得失,于她而言完全不在话下,但是,她却被剥夺了机会,未能充分参与对自身疾病的治疗,这想必特别令她苦恼不堪。

待猜出了实情,她就去找克利夫兰诊所的癌症专家小乔治·"巴尼"·克赖尔(George"Barney"Crile, Jr.)大夫咨询,她与他已经认识了。12月,她去见克赖尔。在飞往克利夫兰的飞机上,她给多萝西写了一封信,有意装出轻松随意的口气,把当天上午去机场的路上遇到的麻烦一一道来,讲得挺逗趣。到了诊所,克赖尔确认卡森患的是癌,他制订了一个放疗方案,让她回银泉后照方案治疗。卡森把这个消息发给了多萝西,多萝西简直无法承受,但最后她决心要像卡森那样坚强。斯坦·弗里曼连着几年身体不好——胸痛,还有一次内出血,很吓人,多萝西感到自己就是斯坦和卡森的主要精神支撑。她对卡森说，退缩其实很容易，只想着“所有这些阴暗面”就够了，但只要卡森不愿退缩，她也一定不退缩。

1961年1月，多次放疗造成溃疡复发——卡森告诉多萝西，这是一种常见的副作用。也有好消息：她胸部的肿块好像在缩小。卡森的病搅动了多萝西的思绪，她忆起过去7年她俩在一起的时时刻刻。1月底的一个寒冷傍晚，斯坦在书房里写东西，多萝西坐在床上（卡森头一次来西布里奇沃特时就曾在那床上小睡）给卡森写一封长信，细细回顾两人的友情。她说，记得自己当初因为和一位著名作家交了朋友而心生敬畏，花了好长时间才破除了“敬畏的心结”。当她知道卡森和普通人一样也会多思多虑、心事重重时，那敬畏的心结便不攻自破了，但奇怪的是，当她不再仰视时，反倒对卡森更加崇敬了。她说，收到“风信子信”之后，她一连数月每晚必读；每次重读，就觉得似有所悟。她说她俩是“灵魂姐妹”，心灵和思想有无数共同点，而最重要的是，卡森让她更加深刻地欣赏了文学，品味了音乐与自然，其体会之丰富，无以言表。她说，对卡森的爱就像是无时不在的拥抱，欢乐、苦痛之际都能安抚她的心。

多萝西满怀深情地回顾了两人的交往，这也标志着一次久别的开始，当然那时，她并不这样看。此后，卡森的健康每况愈下，她和多萝西互诉衷肠时，身体状况时不时成为言语的主题——一片渐深的暗影始终在那儿。

就在多萝西写这封长信时，卡森再次病倒，病势很重，而且还是新得的病。1961年1月中旬，卡森先是葡萄球菌感染，继而发展成脓毒性关节炎，病灶在双膝和双踝。1月底，她已无法行走，勉强能站。她告诉布鲁克斯，她要再次住院，看看怎么治，这辈子从没病得这么严重——回想一下卡森的病史，一定会把布鲁克斯急得够呛。2月份住院时，卡森表现得勇气满满——她还拿医院不达标的"便盆服务"跟多萝西打趣,不过,她承认,在被抬上救护车送医院时,看见罗杰一脸颓丧在那儿抽泣,她受了很大刺激。

医院给她做的精细诊断并无定论。她可能得的是类风湿性关节炎早期,但是与不是,只能等一段时间才能看出来。几天后出院回家,她已经可以走上一小段路了,不过,大部分时间,她还得扶着步行器或者坐轮椅行动。后来,身体渐渐好了一些——虽然第二轮加强放疗已经开始。她致信布鲁克斯,说她极不情愿讲自己的病情,让他劳神,但是又觉得只有讲清楚为什么写书工作停滞不前,才不至太对不起人。临近3月底,她报告说又试着开始写了。她认为近时多病带来的唯一好处,就是她在停笔歇息时,对这本书有了一种新的看法,当前重要的是缩紧、简化一切——要删繁就简,之前她极力想填塞的细节太多了。

1961年5月,玛丽·罗德尔去银泉看望卡森,惊讶地发现卡森竟能自己绕着屋子走路了,虽然走起来明显跛足;而且,她又开始写那本书了,不过,还是采取只有她本人能看明白的散乱方式,这儿写几句、那儿写几行。手稿的好些部分就像一幅幅拼贴图,分割后又重新排列,而后再钉在一起。和往常一样,卡森写作时,顺手捡着什么就用什么,一会儿是手写,一会儿又打字——有时用带横格的黄色规格纸写。理清繁杂,于乱麻中看出头绪,这是卡森的特殊天赋。它减慢了写书的速度,迫使她反复斟酌她想表达的内容——费力劳神在自己的笔录里寻找合适的词语。她现在计划写9章,其中3章已经写毕,还有几章已部分写完。罗德尔对布鲁克斯说:要是运气不错,"别再多灾多难",卡森一定能在夏末时写完全书。布鲁克斯收到这个消息十分高兴,计划亲自看望卡森。卡森表示,也特别希望跟他见面,有很多事情需讨论、商议。她知道她写就的东西多半是需要修改的,但是目前,她比较喜欢在新资料上下下功夫。

见过卡森后，布鲁克斯在1961年6月跟老板洛弗尔·汤普森说，真的给人感觉再有几个月她一定能完成书稿。想必他对此事又有了信心，因为，他借机向汤普森提议为这本书雇一名插图画家，直观表达卡森讲到的一些复杂理念和想法。康涅狄格州的路易斯(Louis)和洛伊丝·达林(Lois Darling)是一对夫妻画师，主业是创作插图，间或还为他们自己写的书画插画，霍顿·米夫林出版社对他们的印象不错。7月，出版社把他们的一份作品的样张寄到绍斯波特岛卡森的小屋。路易斯·达林最有名的作品应该是为亨利·哈金斯(Henry Huggins)儿童系列丛书画的插图，这套书由贝弗利·克利里出版社出版。除此之外，他还为罗德里克·黑格-布朗(Roderick Haig-Brown)的那本经典垂钓著作《河流从不睡觉》(*A River Never Sleeps*)画过线描，无论是情调还是景致，这本书都和亨利·威廉森所著《鲑鱼萨拉》的某些章节有相似之处，而《鲑鱼萨拉》正是卡森所有著述的思想甘泉。但卡森一时拿不定主意。她认为达林的画"美丽、细致"，但这种精细的画用到这本当时还叫作"人类斗自然"的书里，她觉得还是不太合适。布鲁克斯和汤普森一致认为，卡森对插图这件事的想法是不对的——达林夫妇的画和卡森的书应该是绝配，至于卡森为何以太过细腻为由反对使用，他们也难解其意。

除了因病重啥也干不了，卡森一直跟许多专家学者保持着通信联系，向他们请教专业技术方面的问题，其往来信件之多，别说是她，就算是一个身强力壮的人也会觉得难以应付，而她不知是哪来的神力，竟把小山一般的信件管理得井井有条。这些信件无不反映出她对农药和野生生物问题的关注面之广。不论在哪儿，卡森很容易跟人交上朋友。

她长期和几位专家通信，讨论除草剂的使用问题。其中一位叫奥劳斯·米里(Olaus Murie)，是卓越的博物学家、作家兼野生生物学者，曾在美国生物调查局工作过，后来加入荒野学会，成为学会的主事之一。

他审阅了卡森写的除草剂那一章，帮她深入了解在美国西部使用除草剂造成的影响。美国西部利用航喷，将山艾丛变成适合放牧牛群的草地，造成了无可避免的附带损害：自然调节的生态系统被摧毁了，许多物种减少了，比如艾草榛鸡、叉角羚和黑尾鹿。

还有一位和卡森频繁书信往来的笔友叫弗兰克·埃格勒(Frank Egler)，是除草剂专家，他对卡森积累资料贡献很多。埃格勒属于另类，不同凡俗(卡森好像很能吸引这类人)，他谈论使用除草剂造成生态危害问题的信总是写得很长，言辞间时不时显露出一点神经质。他所说的除草主要指行道边除草。1955年，埃格勒因为对行道边喷药除草公开发表了一些颇有争议的言论，被美国自然历史博物馆解除了职务。之后，他退隐在康涅狄格州，管理一片私有森林保护区，靠家里的钱和好争论的性情将就过活。

卡森起初认为他们思想相近，但是在1961年秋，她给他写了一封措辞犀利的信，对他在最近出版的一本名为《问答六十题》(*Sixty Questions and Answers*)的小册子里表述的观点提出了异议。这本小册子讲的是行道边的植被清除，埃格勒认为除草剂对人类和动物无毒。卡森对他说，一种广泛使用的除草剂"就在危险化学品之列，它们和核辐射相类，对细胞分裂造成的影响和X射线的很多影响相同"。她还说，鱼类及野生动植物管理局有一些新的尚未公布的数据证明，对动物繁殖造成的影响很可能是除草剂这一特性的"表现"。

埃格勒自感内疚，回信说这一点他并不知道，还有些不太服气地辩称，研究没有公布，叫他如何谈看法？这倒也合情理。"我就**应该**知道吗？"他问。尽管如此，卡森对埃格勒的判断力还是充满了信心。在研修快要做完的时候，她把除草剂那一章寄给了埃格勒，恳请他尽快审阅。8天后，埃格勒寄回一份详细的评阅意见，几乎是逐行逐句点评，一看便知他审读得极为认真，连卡森都没料到。她致信埃格勒，表示一定根据他的建议多做修改增添。

在长期的、最后带有个人目的的书信交流中，卡森还隔三差五给马尔科姆·哈格雷夫斯写信。此君是梅奥诊所的癌症专家，参与过长岛诉讼案，他认定自己经常遇到的白血病和淋巴瘤患者都是因接触了农药致病的。他承认自己的确没有做过严格的调查研究来验证这个看法——在书里谈到农药与癌症问题时，卡森特别注意不过分突出哈格雷夫斯的观察所得，这可能是因为她的主治医生、克利夫兰诊所的巴尼·克赖尔对她有所提醒。克赖尔读了几章草稿后便告诫卡森，切忌断言农药致癌。他认为，卡森所提论点是“鲜明有力的”，但她对证据的读取是带有选择性的。克赖尔说，任何人都能轻易地利用科学文献得出相反的结论。

1961年春天，卡森破了例，不再对自己的身体状况保持缄默。她向哈格雷夫斯询问一种疗法：医生建议她注射金制剂治疗关节炎。其实，金制剂疗法只对一些患者有效，且经常产生令患者难受的副作用，卡森觉得自己正在接受放疗，放疗影响骨髓，很容易造成贫血，倘若这个时候再去试用新疗法，风险很大——病人比医生懂得还多，虑事判断当然精细！哈格雷夫斯同意卡森的意见，并告诉她，金制剂的疗效凭运气，靠不住，遇到她这种情况，肯定更靠不住了。

10月，卡森写信给布鲁克斯，问什么时候把其他插画师的画稿寄来看看。布鲁克斯耐心劝她再考虑一下达林夫妇，并寄来一些画稿让她看。因书稿未竣，原定的交稿日期又成了过去，不过，玛丽·罗德尔一再保证卡森会很快完稿，显然令霍顿·米夫林出版社比较满意。10月下旬，罗德尔又通知布鲁克斯，感恩节前，除了最后一章，其他各章都可以交给他。又过了几天，布鲁克斯和卡森谈妥，请达林夫妇画插图——达林夫妇赶忙答应。布鲁克斯私下跟罗德尔说：“总算能看到头了”，他心里别提多轻松了。

1962年1月初，卡森仍在奋力著书。只剩一章了，其他各章都已交寄给布鲁克斯和《纽约客》杂志，所以，她要尽量加快速度。临近月底，有天晚上，电话响了。卡森接听，电话另一端传来一个柔和的声音："我是威廉·肖恩。"

第十一章

潮涨潮落

肖恩说，卡森把农药使用问题变成了“文学”，华美与深刻并举，这是个“十分了不起的成就”。卡森曾跟多萝西·弗里曼说过，她非常重视肖恩的意见，所以此时此刻她静心细听。这是她头一次允许自己相信，她把意思传达清楚了，她尽其所能做了自己能做的事，现在这则故事很快就将成为独一无二的故事。和肖恩谈罢，卡森把罗杰哄睡，而后走进书房，放了一首贝多芬的小提琴协奏曲，满心幸福地哭了很长时间。

卡森和布鲁克斯敲定了书名《寂静的春天》。事不凑巧，卡森得了虹膜炎，一只眼睛肿痛，无奈又回到了每天只写几个小时的状态。她对布鲁克斯说，点儿太背，简直无法忍受，眼看就要收尾了，现在可好，不能保持进度不说，还要担心以后书稿开始编辑时，视力会不会从中作梗。她说，身体不好耽误了进度——可以说，这本书的写作过程中几乎每走一步都有健康问题来纠缠——就像是被困在一场梦里，自己想跑却迈不开腿。1962年2月至3月，卡森继续修改润色书稿。4月3日，布鲁克斯写来一封信，信上只有3个字：“好姑娘！”

参与出版此书的每个人都不禁想到一个问题：《寂静的春天》经多年辛劳，终于出版面世，反响会怎样？布鲁克斯觉得，这部作品和卡森之前的著述风格迥然不同，它的情绪也悲观许多，另外，书里有让人却步的专业材料，所以需要加大宣传力度，激起人们阅读此书的兴趣。卡森的原著有一章讲述合成杀虫剂的特性，内有多份化学图表。为了增强可读性，布鲁克斯对这章做了大量编辑，篇幅几乎减半。

这期间，卡森询问霍顿·米夫林出版社的律师是不是会在出版前审查这本书，以备农药行业将来告状打官司。玛丽·罗德尔直接问布鲁克斯，卡森能否得到诽谤保险。众人一致认为，应当找一些有地位、有影响，大概会对本书有好感的读者和书评人，先给人家赠送样书。不过，这事能做到哪一步，也很难说。大家想到却拿不准的一个人就是卡森以前的合作者埃德温·戴蒙德，他当时是《新闻周刊》的科学编辑。布鲁克斯难得一时犯浑，对公司广告部的人说，绝对应该送戴蒙德一册样书，因为他没想起来有哪位对戴蒙德退出这个出版选题心存芥蒂。

4月初，卡森把自己的担忧摘要列了几条给布鲁克斯，《寂静的春天》出版后，肯定会引起一片哗然，口诛笔伐，特别是农药制造商，不光是他们，还有美国农业部。她不知道农业部会不会起诉她，因为书里有不少内容一定会让官僚机构的人"大为不悦"，其中包括她对消灭火蚁计划的痛斥。她认为，因为政府官员手里掌握了具有"广谱杀伤力"的化学杀虫剂，就把火蚁当作害虫予以消灭。

《纽约客》已经定好在1962年6月份连载，卡森和玛丽·罗德尔继续跟霍顿·米夫林出版社广告部反复商议怎样提前吹风，透露《寂静的春天》即将出版的消息效果最好。看得出，大家都预感到，此书一出，读者必然要选边站队。霍顿·米夫林出版社担心两件事：一是大量分送样书，二是有人提议为支持卡森投身这项"事业"的名人雅士举行一次餐会（最终，出版社还是放弃了请客吃饭的打算）。出版社担心的是，四处送书有可能惹来一片负面反应，甚至等不到《纽约客》杂志连载，那样的话，送书就是弄巧成拙，非明智之举。若是人们认为卡森要发动一场讨伐，同农药制造商的利益，还有支持农药制造商的决策者作对，那么，《寂静的春天》没等公众有机会读到它，便要遭遇逆境。玛丽·罗德尔对上述担忧视若粪土，嗤之以鼻：风暴迟早要来，还管它什么时候来吗！另外，罗德尔想，很多有影响的人对《寂静的春天》已有所耳闻，给予同情支持的可能性很大，比如像最高法院法官威廉·道格拉斯这样有影响的人，要是一直等到《纽约客》连载才能读到此书，他们会觉得受到了怠慢。

春时渐进，出版社内部的这场争论似乎不再那么重要，因为蕾切尔·卡森写了一本颇有争议的新书这条小道消息已逐渐传开。霍顿·米夫林出版社广告部正在更新卡森的简介，玛丽·罗德尔提醒广告部的人说，《我们周围的海洋》已经售出近200万册。出版面世的时间马上要到了，卡森下一步不管做什么，都不大可能悄然不为人知。1962年4月下旬，布鲁克斯问遍办公室，有谁听说过一个名叫弗雷德·弗兰德利(Fred Friendly)的人，他是哥伦比亚广播公司(CBS)电视网络的制片人。弗兰德利曾打电话给布鲁克斯，表示有兴趣为《寂静的春天》一书做个新闻节目，布鲁克斯把长条校样寄给了CBS。

《寂静的春天》马上要开印了，平时卡森对该书写作和出版的每个细节都是一丝不苟，这会儿，她可以放松一些。她还在做放疗。她认为这个疗程会很快。她跟多萝西说，这种治疗指望不上，而现在也别无办法，只能这样治，杀死肿瘤的同时，连带着毁坏整个身体。她说，她还能早起工作，只是做治疗那几天，整个上午反胃恶心得不行，无法平静下来修改《寂静的春天》。要是能倒回到去年4月份就好了，那时候手术已做完。"那样的话，我得大干一番啊！"她感叹道。她还说，当初选择医生太欠考虑了，现在想来连自己都觉得惊异，她怎么就那么轻易地听从了他们的话，什么做过乳房切除术之后就不需要再做治疗了！明知现在想这些也无济于事，但她还是要想。

4月中旬，她一侧腋下疼痛，用手摸，像新长了一个肿块，靠近手术部位的边缘，正好在放疗区域之外。检查后，卡森感到命途叵测，自己正在最深切的畏惧和脆弱的康复希望之间的某个地方徘徊。腋下疼痛是癌细胞在扩散。不过,近来脖颈感觉不适,似乎是放疗的副作用,不是癌症爆发,而背痛则可能是上了年纪患关节炎所致,X射线透视没有报告脊椎上有恶性肿瘤。她对多萝西说,癌对患者的真正折磨是身体无安全可言。她写道:"得了这个病有一个麻烦,那就是每一个平常得不能再平常的小毛小病都好似鬼怪精灵,人一直活在小小的个人地狱里,待一切查清,才证明啥事没有。"

1962年5月,卡森破例晚上出去了一趟,舒缓一下焦躁不安的心情。她应邀参加为国家公园协会众位理事举办的晚宴。道格拉斯大法官也在来宾之列,他专门找到卡森对她说,《寂静的春天》是一部"力作",不管到哪里,他都不忘"为它摇旗鼓吹"。后来有人请他致辞,道格拉斯撇开稿子,力劝在场的人都读一读蕾切尔·卡森的新作:"化学工程师对这个世界做了什么",读一读想必您会瞠目愕然。卡森把晚会的情况写信告诉了多萝西,她说,听到大家谈论她的"第四个孩子",感觉怪怪的。

道格拉斯的热情支持当然令卡森高兴。不过,晚餐会上听到的其他谈话,也让她苦恼。当时,不少人在议论俄勒冈籍参议员莫琳·纽伯格(Maurine Neuberger)。纽伯格刚做完癌症手术,气色虚弱。卡森听见有人说了句"她撑不了多久了"。一想到别人也会用这话谈论自己,卡森就难过得无法忍受。她对多萝西说,她之所以一直小心谨慎,避免跟任何人谈及自己的身体状况,原因就在此。

卡森说,她知道,多萝西向人提起自己这位作家朋友生病的事是再自然不过的,但病情恶化就不要讲了吧。如果有人问起,多萝西就说是得了虹膜炎,已经完全好了,最近的气色是前所未有的好。卡森说她知道多萝西早就理解这些,但未必能体会卡森想为自己的病保密的迫切心情,多么担心万一走漏风声,会出现怎样的后果。她写道:"关于一个平常人的闲话也许不会传得太远，但是上过新闻的作者不一样，闲话会像野火一样迅速蔓延开。所以，就让大家相信我气色好，身体也好吧。”

卡森的气色有多好？那就莫衷一是了。她身健体泰、活力四射时的照片一张没有，治疗癌症期间，她衰老得很厉害。1962年9月末《寂静的春天》出版时，卡森才55岁，但看面相，像70岁有余。

从1962年6月16日开始，《纽约客》连续数周选载《寂静的春天》的3个长篇节选。虽然有所节略，但杂志选载的那则卡森故事几乎和后来单行本上的一样，一字不差。这则简短、预见式的寓言，后来成了美国文学的精粹。卡森想象在美国的心脏地带有一座无名城镇，这里，“一切生命似乎均与环境和谐相处”。这里如田园诗一般秀美，四周是郁郁葱葱的农田，溪流清冽，鳟鱼畅游，众多野生动物——狐狸、鹿儿，尤其是鸟类——以此为家；鸟儿春迁秋徙，往来不断，因其种类繁多，很多人不远千里来此地观赏。卡森写道，“直到许多年前，第一批定居者在这里立屋凿井，建仓修库。”

但是此后，有一种“怪异的疫病”侵入了这片土地，它像一道“邪恶魔咒”给牲畜带来莫名其妙的疾患和死亡。鸡下了蛋，蛋却孵不出小鸡；牛羊转眼即死；母猪下的猪仔个个先天发育不良，活不过几天。河里的鱼死了，来钓鳟鱼的人走了。人也病了。有些人死去，家人为之哀伤，医生为之困惑。道沿路边，以前灌木郁郁葱葱，野芳似锦，现在一片枯黄，“好似被野火烧过”。一种神秘的白色粉末比比皆是，粘在屋顶，落在房上排水槽里。就在几个星期前，有种东西从天而降，“状似飘雪”，这白色的粉末就是那东西留下的要命印迹。四下寂静，静得可怕，它将这座城镇及其周围的一切和充满生机的世界隔绝开，仿佛这里已经被埋没：

这里静得出奇。鸟儿，鸟儿去哪了？好多人说起鸟儿，都

> 感觉困惑、不安。后院里喂鸟的地方冷冷清清。偶而见到几只鸟,也都是气息奄奄,一副死相,一只只浑身颤抖,无法飞翔。这是一个没有声息的春天。这里早晨曾经飘荡着旅鸫、北美猫鸟、野鸽、松鸦、鹪鹩,还有其他众多鸟儿的黎明合唱,而现在却没有一丝声响,只有静寂笼盖在田野、树林、沼泽上。

卡森用区区10个段落,描绘了世界末日的景象——《纽约客》杂志把10段合编为3段。1962年的读者还有谁从这段描述里想见不出现时代的一切晦暗不祥呢?卡森说的是农药,但她落笔入题,让人不禁想到了核毁灭的景象,以及随之而来的疾病和惨淡,进而再想到那自天而降的毒剂残留。

这是一个似曾相识的画面。一片苍凉,毫无色彩,毫无生气,很多美国人对"铁幕"背后的印象就是这样,"冷战"早把这样的毁灭肃杀的场景预演了无数次。"铁幕"后面压制人性的社会不止是功能死亡,还构成了一种致命的威胁。1961年9月,苏联恢复大气层核试验,到12月初,它已试爆了**31**枚核弹,其中一枚比美国炸毁广岛的"小男孩"的威力大3300倍。这枚巨型核弹虽然不是实战武器,但它创造了人类历史上当量最大的核爆纪录。美国马上启动了一项紧急计划,在南太平洋上重启核试验。1962年4月,美国也试爆了核弹,而那时候的卡森正赶着为《寂静的春天》收尾。核试验一个跟一个,快到近乎颠狂,从春到夏,再到秋。仅在6月一个月,美国就进行了10次大气层核试验。核爆连连时,读者们正在捧着《纽约客》阅读蕾切尔·卡森述说农药为害的连载。那一年每隔几天,世界某个地方就会引爆一枚核弹。

肯尼迪总统并不愿意重启核试验,可是苏联恢复了核试,又叫他别无选择。这是相互保证彻底摧毁对方的病态博弈。人类唯一的希望就是苏联和美国维持核武库数量的对等。阿尔伯特·施魏策尔(Albert Schweitzer)博士曾写信给肯尼迪总统,恳请停止核试验,肯尼迪显然心里很矛盾，他回信说，他也憎恶核试验，称之为“悲剧性的选择”，但这是不得已而为之，因为不这样，就只有一条路可走，而且更险恶：让苏联夺取核优势，颠覆全球力量平衡。肯尼迪认为，那样有可能“给我们的和平自由的全部希望造成灾难性影响”。

恢复大气层核试验——虽说美国的试验远在世界一隅——让人们不禁又为暴露于放射性沉降物焦虑起来。其担忧是不无道理的：最近一轮核试验刚刚进行了数月，地球上的放射性沉降物总量就增加了一倍。美国的核试验在南太平洋，对人口稠密的北半球上空这场新的放射性尘雨影响不大。但是苏联的核试验就不一样了，它的放射性沉降物顺风东移至北美，美国3个城市——明尼阿波利斯、得梅因和堪萨斯城——很快接近了联邦政府设定的辐射量“安全”线。所谓“安全”线是美国政府的《辐射防护指南》(Radiation Protection Guides)定下的。特别让人担心的是放射性核素碘-131。这东西半衰期很短，仅有8天，但受沾染地区的乳品里还检出了它，而且剂量很快高到了必须实施乳品经营限制的程度。政府官员深感之前保守了，作茧自缚：辐射指南规定的安全水平，针对的是和平时期日常工业经营中可能发生的辐射情况，标准定得低。政府职能部门断定，辐射指南里的条条框框，远未把构成健康损害风险的情况框进去——其实，谁都不知道会是这个样子。

大量人口长时间接触放射性物质，必然积小害为大害，对此莱纳斯·鲍林表示担忧。可是联邦辐射委员会对这种担忧置之不理，政府本来对自己制定的政策没有把握，却无理搅三分，为政策矫饰美言，安抚人心：“核试验产生的沉降物对健康构成什么样的危害，我们无法确切地指明。我们估计，会对遗传方面有些影响，至于其他病症，如白血病、癌症等，更多属于推测，也许根本就不会发生。”

实验室使用放射性碘对动物做实验，证明其确能诱发甲状腺癌，但是，人类患甲状腺癌尚无一例被查证是因为接触了放射性物质。美国公共卫生署的官员和政府机构的观点一样：放射性沉降物里的碘-131构成的健康风险很可能是零，但他们坚决主张，应当采取措施，对乳制品污染超标的供应厂家予以关停。肯尼迪总统的科学顾问杰尔姆·威斯纳对肯尼迪总统说：这只是一个办法，还有一个办法就是提高对碘-131的警戒阈值，干脆重写辐射指南。

同时，政府要求追加近200万美元预算，让公共卫生署用于监测放射性沉降物；正巧，公共卫生署也打算研究一下哪些"应对措施"用于重度污染区效果较好。威斯纳提议，在联邦辐射委员会里给美国农业部弄一个席位，此动议意在约束一下该委员会，免得他们把沉降物的安全线定得太低，危害农民利益——其实，农民的利益已经受了影响。1962年7月中旬，明尼苏达籍农业部部长奥维尔·弗里曼命令下属制订方案，以备牛奶生产被叫停。明尼苏达州是放射性沉降物的重灾区之一。

一个月后，弗里曼被任命为联邦辐射委员会委员。他提醒总统说，如果污染水平超过联邦安全指南规定的标准，有可能出现政治混乱。明尼苏达州的牛奶已经涨价，为了减少牛奶的碘-131污染，奶牛由放牧吃鲜草改为吃干草。弗里曼心里不痛快，他对肯尼迪说：联邦辐射委员会没有一人认为明尼苏达的措施是必要的、审慎的——这会把事情弄得更麻烦，让联邦官员左右为难。他说，联邦政府如若作出回应，可以宣布明尼苏达州的方案仅限于当地，是"试验性"的，同时，依据联邦灾害援助的法规条例，向明尼苏达的乳品经营商低价提供干饲料。不过，弗里曼也没把话说得很透，因为出台这样的方案几乎等于开了先例，弄不好就收不住了。他说，要是其他地区的沉降物辐射水平也升高了，联邦政府自会知道手头的新方案"庞大又费钱"——这俩词儿还是留着形容首先造成这一切恶果的核试验为好吧。

那怎么办？弗里曼说他正和杰尔姆·威斯纳商议，想找到一个周全的办法，把"政治、情感等因素"都考虑进去，因为正是这些因素才让放射性沉降物问题变得如此“棘手”。弗里曼认为肯尼迪政府的选择范围很小：如若淡化放射性沉降物对健康的潜在危害，政治对手很可能借机造势，“到处煽风点火”；可要是反应过于激烈，“本来就已经天下注目，世人皆惊，再火上浇油”，有可能减损公众对本届政府的信心，造成“诸多严重后果”。

那边，肯尼迪总统对农业部部长弗里曼含糊其词的建议反复思量斟酌，这边，费里曼在考虑明尼苏达乳品涨价（有几家乳品合作社同时抬价）会不会弄到最后弄成了价格垄断，违反联邦反托拉斯法。明尼苏达州检察长沃尔特·蒙代尔（Walter Mondale）从法律角度向弗里曼作了简要说明。弗里曼当上州长后，就任命蒙代尔担任州检察长。蒙代尔说：民众担忧明尼苏达的牛奶被放射性沉降物污染，乳品供应商却在利用民众的担忧为涨价“打掩护”。

1962年11月前，联邦政府就决定重修它编写的辐射防护指南，以打消指南所列的原则都与公共安全有关系这种认识。现在，这个联邦辐射委员会硬着头皮辩称：即使辐射量比指南的推荐量高出许多倍，放射性沉降物也不会威胁人们的健康。给公众的建议是：今后不要再把指导性意见当作“实际辐射发生的情形中安全与危险的分界线”。超过指南所列的数值，未必需要采取防护措施。指南仅是设定了一些指标，因为有了指标作参照，才能对辐射暴露作“详细评估”。联邦辐射委员会宣称，它已经准备好了，“全国无论哪个地方”万一对放射性沉降物感到担忧——这种情况显然不大可能出现，只要**接到请求**，他们愿意提供“咨询和技术援助”。真是奇哉怪哉！全国各地已经对放射性沉降物忧心忡忡了，联邦辐射委员会竟然还这么讲。

放射性沉降物构成的威胁越来越大，影响面越来越广，而政府却闪烁其词，这和杀虫剂的情况何其相似！于是，卡森决定在《寂静的春天》

一开篇就把这两者联系在一起。人们看不见辐射，甚至也看不见从天落地的放射性沉降物，但他们能理解一种无形的却无处不在的毒剂有多少危害，它的毒效可以持续数年乃至数代。卡森写道：细想一下地球上生命的漫长历史，不过就是一切生物既影响所在的环境，又是环境的产物。演化稳定地维持一个生物圈，与主要环境条件相适应。只是在最近，也就是"本世纪所代表的那一刻"，有一个物种颠倒了这种和谐关系，使之往另一方向偏斜。卡森认为这是辛辣的讽刺：地球上的生命演化已经进行了亿万年，竟然有可能被破坏，前途叵测：

> 在人类对环境的所有侵害中，用危险乃至致命的污染物污染空气、土壤、河流和海洋，最令人惊骇。这样的污染基本是不可逆的。这条污染的毒链不仅会进入生命赖以存在的环境，还会进入生命体内部。可以说这条毒链基本也是无法遏抑的。在当前环境普遍受到污染的过程中，化学物质就是放射性物质的帮凶，它们本性险恶，却鲜有人知，和放射性物质朋比为奸，扭曲着大自然的本性，也扭曲着生命的本性。核爆释放的锶-90，会随雨水和灰尘飘落到地面，藏进土壤，而后钻入野草、谷物和小麦，最后沉积在人的骨骼里，直到肌体衰亡。同样，农田、森林和菜园的化学药剂也会长期寄存于土壤，再进入生物体内，毒剂沿着一根中毒死亡链条，从一个生物体传递给另一生物体。

当年《纽约客》连载《我们周围的海洋》和《海边》，曾引起巨大反响，现在《纽约客》连载《寂静的春天》，同样反响强烈，人们对该书在9月份出版报以热烈的期待。但是这一次也有相当一部分反应是负面的。密歇根州农业部对卡森评论该州喷洒杀虫药艾氏剂防治日本丽金龟的言辞十分不满。1959年，约2.7万英亩的土地，包括底特律郊区，开展了这场灭虫运动。飞机低空飞行，喷洒下艾氏剂。没过几天，就有居民报告发现了已死或垂死的禽鸟，且数量惊人。

卡森写道：日本丽金龟即便有害，下手也无须这么重；艾氏剂属于毒性最强的杀虫剂，选择它主要是因为它便宜。她这么说是有根据的：一是美国农业部就喷药灭虫计划发布了官方信息，二是她握有密歇根著名的博物学家沃尔特·尼克尔(Walter Nickell)的第一手资料。密歇根州农业部的一位官员给《纽约客》写去一封讽刺信，说卡森和尼克尔信口胡言——这当然不奇怪，因为抵制杀虫剂的文章里"科学知识错误、真假参半，似明而晦、无关宏旨的引述，比比皆是，有时完全是一派谬论"。但该作者没有拿出一条例证，证明卡森的确犯有上述错误。

《纽约客》收到几家化学公司主管经理的申斥——一致批评卡森以偏概全，没有考虑使用农药带来的经济效益，特别是给食品生产带来的好处。旧金山的一位市民言辞犀利，认为《寂静的春天》反映出卡森明显"同情共产主义"，这个说法在"那个年代"为许多作者所认同。他说，"没有鸟兽"，人类照样生存，而如果没有商业，人就难活了。他认为，整本书想必是对幽默的某种病态尝试。然而，不可思议的是，他竟认为卡森对消灭昆虫有兴趣：

> 至于昆虫，不就是一个女人被几只小虫子吓得半死嘛！咱们只要有氢弹，一切都不是问题。我想，卡森小姐也是"和平坚果"的一分子吧！
>
> 但愿您在您的杂志里多印些笑话，少印点这无趣乏味、品头论足的玩意儿。《纽约客》就是应该诙谐有趣，给人带去欢笑才对。

另一封信怒气冲冲，责问《纽约客》杂志何时请来一位得力的作者，撰文一篇，同样来个3期连载，对《寂静的春天》选文里的"那些个似真似假,轻重失当,还有彻头彻尾的错误"狠狠地批驳一番——虽然他不抱什么幻想:靠这样一篇后来刊登的连载文章,也不可能抹平原文的错误、疏漏,因为"再怎么纠错指正,原作的失实也是摆弄不好的"。他具体提了一条异议:卡森把杀虫剂的使用者视为没有灵魂的技术人员,他们无视野生动物保护,一点不重视保护人类健康。

上述指责看似有理——喷药人也是人——其实是置充分的证据于不顾:技术人员业已报名参加了全球的核自杀契约,他们在美国的大沙漠里,在东亚的冰冻荒野上,在太平洋偏远岛屿的热带潟湖上空,定期排演着黑暗艺术。卡森写道:在灭绝的边缘生活还能叫生活吗!她引用生态学家保罗·谢波德(Paul Shepard)的话质问:"谁愿意生活在一个会索人性命的世界呢?"

"可是,这样的世界已直逼身前,"卡森用自己的话继续写道,"这场征战是要开辟一个无菌无虫的世界,它似乎点燃了许多专家技士和多数所谓控制机构的万丈激情。各方面都有证据证明,参与喷洒药剂作业的人或机构下手无情,发力凶猛。"

卡森一再说,当务之急不是停用农药,而是停止滥用农药,但她的批评者从一开始就有意不理会她的分辩——自身经济利益同化学防控纠缠在一起的人更是把停用和不滥用当成一回事。但是卡森讲得清楚:"本人并非主张绝对禁止使用化学杀虫剂,而是反对我们把有毒的、对生物构成影响的化学制剂,不加分别地交到对其潜在危害基本无知或完全无知的人手里。"

如果卡森以为给慎用杀虫剂留了条道,别人就不会指摘她讲话不留余地,那她很快便知自己想错了。没等《纽约客》刊载《寂静的春天》的第二篇选文,她已经成了众矢之的,说她破坏了美国国会及艾森豪威尔、肯尼迪两届政府多年来支持的全球性倡议。

自20世纪50年代中期以来,联合国的分支机构——世界卫生组织一直把消灭疟疾列为世界大事、当务之急。疟疾是一种古老的瘟疫，它是由一种蚊子传播的寄生虫引起的，这种寄生虫在非洲作恶50万年，每年害死几十万条性命，另使数百万人染病。1958年，美国国会通过了约翰·肯尼迪和休伯特·汉弗莱（Hubert Humphrey）两位参议员起草的法案，向世界卫生组织疟疾防控计划拨款1亿美元。这场防病抗病运动几乎全靠使用DDT来对付携带病原的蚊子，防控目标是每年给疫区的大小房屋洒药两次。

一个已知的情况是：有些蚊子对DDT已经具有抗药性，其他蚊子也会产生抗药性——也许会衍生出“超级品种”，不仅毒药杀不死，甚至明知有毒偏向毒行，喷过DDT的地方照样敢去。另一个情况也可以想见：喷药队不太可能把疫区的所有居所都找到、喷药，有些地方不通路，或者那儿的人员属游牧人口，居无定所。不过，当时有一种认识：如果大部分疫区扑灭了疟疾，剩下离人群较远的孤立疫点的疟疾就会自然消亡——寄生虫想必也要遵循人类总结的经典规律：先减少，再稀少，最后灭绝。

世卫组织消灭疟疾计划实施的头几年，确实取得了令人鼓舞的成效。到1960年，有11个国家消灭了疟疾，还有十几个国家疟疾发病率大大降低。印度原来每年有不下750万人感染疟疾，现在减少到了10万以下。由于疟疾死亡率下降，一些国家的预期寿命提高了，作物产量和土地价值也增加了。但是，DDT附带的一个影响连卡森都没料到：疟疾渐渐消失，研究疟疾的科学家也跟着减少了。原先为了认识和防控这种难缠的流行病，多学科齐力并举，多维攻关，现在却变成了一件家常小事：哪儿有疟疾，就往哪儿喷喷DDT。

一位读者激愤之下写信给《纽约客》，痛斥卡森说DDT的坏话，称赞有人批她谬错百出：卡森说杀虫剂抗疟疾“成效有限”，长期使用可能适得其反，蚊子对DDT有了抗药性，疟疾会卷土重来，再度爆发。怎么可能！写信人写道，疟疾7至10年内可以消灭干净，但是消灭是要花钱的，经卡森这么"一折腾"可好，钱倒是更难筹了。他还说，《纽约客》一向以讲究绝对准确的用稿标准著称，现在看来这标准是掺了水的，不然，随便找个专家怎会看不出来卡森在这一点上犯了错！这位读者好像没搞清楚研究野生生物学的人和践行裸体主义的人有区别，他称卡森是"天然主义者"。

写信人应该等这本书出版了认真读一读，全面了解一下卡森对DDT和疟疾的立场。的确，《寂静的春天》自始至终对使用杀虫剂是持反对态度的，书里甚至找不到一个表示赞同广泛使用杀虫剂的词语。对杀虫剂，卡森从来没有好话说，但她还是留了余地：有些情况关系到公共福祉，稍加使用也许是明智之选。

她承认，第二次世界大战期间，美军有效地遏制了斑疹伤寒在意大利爆发，DDT功不可没。她也提到战后不久使用DDT对付携带疟疾的蚊子。她说，问题是蚊虫已渐渐形成对DDT的抗药性，使用DDT的地区，常出现蚊虫传播疾病反弹；在同疾病及携带疾病的昆虫——"斑疹伤寒和虱子、瘟疫和鼠疫蚤、昏睡病和采采蝇、各种热病和蜱"——抗争的过程中，必须认真权衡得失。不过她承认，这些都是"重要问题，必须解决"。

《寂静的春天》面世时，世卫组织的官员们正在讨论蚊子对DDT抗药性增强的问题，消灭疟疾的目标会不会因此落空。卡森本来可以在书里探讨一下，但她没有。假如她对此能有所议论，后来有人说她一手造成数百万人死于疟疾的指责也许不会那么喧嚣，那么有市场。卡森专注于使用农药的不利影响——犹如管中窥豹，就像当年她读《洛克斯利府》，独具感悟，未顾及亨利·威廉森同情纳粹一样。对农药的益处，她没有做到一分为二，虽然她承认某些情况下农药可能有益处。

但她决意不再深究疟疾问题，应该不是轻松的决定。1962年，美国邮政发行了一枚纪念邮票，支持消除疟疾计划。肯尼迪总统重申，美国一定要彻底消灭疟疾。肯尼迪说，该计划是一次国际合作，它将证明世界各国人民可以齐心协力实现共同的目标——他号召世界人民团结起来，像他在就职演说里讲的那样："让我们一起探索星星，征服沙漠，消灭疾病吧。"然而事实证明，卡森对时代精神的把握比肯尼迪更准。1963年，鉴于DDT效力减低，安全性也有诸多问题，美国政府停止为消灭疟疾计划提供资金。6年后，世界卫生组织彻底叫停了消除疟疾计划；又过3年，美国禁用DDT，这主要归功于卡森为反杀虫剂执笔呼号。

《寂静的春天》出版几十年后，仍有攻讦者拿世界上还有疟疾来抹黑蕾切尔·卡森，说都是因为她。这是无端的指责，是空穴来风，因为她在《寂静的春天》的任何一处都没反对使用DDT抗击疟疾，倒是表达过这样的意思：为了保护人类健康，使用杀虫剂也许是必要的。但是这丝毫没有减少某些人对《寂静的春天》的敌意。该书还概括介绍了环境问题的派别分歧，这分歧后来就逐渐固化，成了一道浇筑着抵触和不信任的墙。

随着《寂静的春天》的出版，舆情转到了环境问题和人在保护环境中的作用上。延续了半个世纪的对自然保护的热情，已经在冷战中消退，人们的新忧是人好像既可能保护地球，也可能摧毁它。卡森对习惯了核时代悲观论的人们发出犀利的警告：要么力挽危局，要么直蹈险境。核辐射和杀虫剂是一对恶煞，《寂静的春天》将它们十分巧妙地联系在一起，对人类可以选择保护或不保护的"整体环境"概念作了生动的阐述。自然保护和环境保护主义之间的裂隙已经弥合。

至今也有一条客观理由说明环境保护主义必是某个政党的独家专利，或专属于某种意识形态——环境保护主义就是发端于《寂静的春天》的环境运动的历史。送给卡森的标签就像放射性沉降物潇潇而下，说她要颠覆国家，说她忌恨商业，同情共产主义，说她痴迷养生，说她是绥靖派，当然，更有人变着法儿骂她是没嫁出去的“老姑娘”。猛批《寂静的春天》的主要是化工企业、农业利益集团，还有他们在政府内部的同盟——也就是在艾森豪威尔总统所说的“军工综合体”内部的那些个山头飞地。他们激烈反对《寂静的春天》，俨然把蕾切尔·卡森和她所坚信的一切环境理念推到了政治光谱的左翼。于是，两样东西——环境保护主义及其追随者被彻底定了性。

离《纽约客》刊登《寂静的春天》的首篇连载还有几天，卡森乘飞机去加利福尼亚州克莱尔蒙特市斯克里普斯女子学院作毕业致辞。她对多萝西·弗里曼说，远离电话真是**太舒心了**，她很累，但这次横跨东西的飞行乘坐的是喷气式飞机——她是头一回坐——特别令人兴奋，她自始至终就着舷窗往外看，看大地远在下面慢慢移远。

斯克里普斯女子学院十分期待卡森的演讲，校方多年来一直央求她到校访问。对卡森来说，这次演讲也很有意义。无论她是想借机为《寂静的春天》做铺垫，还是想向毕业生们传递重托，这次演讲都算是对她所了解的继而笃信的关于人类在自然中位置的全部思想、理念做一个总结。演讲的题目是“人与如流的时光”(Of Man and the Stream of Time)。不知是有意还是无意，整个演讲听起来像是在道别。

卡森首先对同学们说，生活得越久，思考得越多，她就越发感到在“当今向我们逼拢过来的”所有的麻烦和问题中，最险恶的麻烦和问题是我们同自然的关系变了。自然本身就是个很棘手的概念，而她则倾向于化繁就简，把自然定义为“这个世界非人类创造的部分”。人类并未游离于自然秩序之外——但是，因传统所致，又加上素有的傲慢，人一直以为自然是在人类的治下，人类是自然的主人，是栖居在自然世界里的一切生物的主人。卡森说，当她向人们展示潮池里缤纷繁盛的生命时，人们的反应常令她困惑：这些活物能吃吗？可否做成实用的产品？她简直无法理解这样的问题，如此精致的生命形态怎么可以"谈值论价"！仅有它们存在，我们就应当对这个无与伦比的世界感到满足才是啊！

她说，广岛遭核攻击之前，她也不大相信自然会需要人类保护。世界在变——当然是慢变渐变，但是，某些东西似乎是永恒不变的：大洋的进退亘古未变，潮涨潮落，鸟儿和游鱼无数次的迁徙也不会变。这些自然现象，还有更多其他现象，好像都不会受人类的影响。可是，终于有一天，人类的影响改变了它们。地球绝对是个水世界，而今却在变干变燥：

> 曾经润泽土地的雨水，如今变成了运载工具，把飘在大气中的核爆产生的致命物质送到地面。水可能是人类最宝贵的自然资源，而人类却在毫无顾忌地狂用、滥用。溪流雍塞了各种废物——有生活垃圾、有化学品、有放射性物质。休说海洋占地球表面的四分之三，有这些废物在，我们的星球很快会变成干渴的世界。

卡森说，生命仍是生命——能适应，也顽强；即便遭受了现时代的种种粗暴，自然还可以挺过去，只要这粗暴别来得太迅疾。生物应对有利和不利的境况，一个办法就是进化，而进化最需要的是时间，但现在时间不够了：

> 我们要在辐射下生存，就必须调整自身去适应它，但现在的辐射决非只是岩石和阳光散发的背景辐射，而是人类摆弄原子产生的结果。同样，全新的化学物质正从实验室里源源不断地产出，种类多得惊人、多得眩目。这些东西全都在急速涌进我们的环境。细胞里的原生质哪来得及去适应它们。

卡森说，放在"地质时间的大背景"来衡量，人类生活在这世界的时间只是一瞬而已，但这一瞬却非同寻常，人类不得不考虑自己对地球的影响，甚至对地外世界的影响。想想看，人类只用了短短几个世纪，便走离了放眼凝视海洋，思考地平线那边有何物的时代。而今，"整个地球已经变作另一个海岸，人类正站在这岸上举目望向大洋般幽暗的太空，猜想星际间远航会有什么发现。"她这一代人把世界带到了一个危险的十字路口，鉴于这代人的经历，卡森对晚辈们说：你们继承了这个星球，也接过了它的众多麻烦和问题，最终要靠你们去证明人类不是要控制自然，而是要管住自己："你们这代人一定要去适应自然环境。"

卡森自感演讲很顺利。第二天休息放松时，她又得了消息：《寂静的春天》将成为月读书友会的10月佳选，她的铁杆追随者道格拉斯大法官要亲笔写推荐书单。卡森自然高兴，但又觉得乏味。她写信对多萝西说，这事好就好在书可以"走进农场、小村子了，那些地方连书店是什么样都没见过，更别说《纽约客》杂志了"。听她语气，好像不止是有一点寡趣："出过3本畅销书之后，再接到这类消息，不会有喜不自胜的感觉，我讲这话该不算大言不惭吧！这种感觉固然不好，不过内心深处还是很满足的。"

1962年6月底，卡森带罗杰离开银泉去了缅因，那时，对《寂静的春天》的反应刚开始泛起。最早发表评论的是《纽约时报》，它在7月2日刊登了一篇社评，对卡森评化学农药问题的言论表示支持，认为"灭虫之举总体是失败的：灭虫污染了环境，可以说，现在要被迫承受环境污染造成的慢性中毒的危害"。《纽约时报》预感要有一场疾风暴雨，甚至想到有人会指责卡森危言耸听，只讲使用杀虫剂如何不利，无视杀虫剂的好处。不过，《纽约时报》还算谨慎，它说：卡森在《寂静的春天》里讲得很清楚，某些情况下，慎用巧用杀虫剂还是可行的；"卡森小姐并不同意禁用化学杀虫剂，但她有丑话在前，指出广大群众已经被一种认识所迷惑:以为化学家拥有的智慧高不可测,试管里的生成物都是有益无害的。公众因为受了蛊惑而错用滥用杀虫剂,其危害大矣。”

不知道肯尼迪总统是否读过6月份一连3周刊出的《寂静的春天》连载。7月初,倒是有纽约市普拉茨堡镇的地方法官欧文·戈德曼(Irving Goldman)提请他留心那几篇文摘。戈德曼以前就读于耶鲁大学法学院,身为“常春藤名校联盟”的一分子,他特意给总统写信,要求肯尼迪责令联邦政府加大力度,严格监管农药使用。戈德曼说,他关心的就是保护公众的健康,保护子孙后代,因为杀虫剂太危险了,辐射的影响与之相比,“似乎是小巫见大巫”。戈德曼还将这封信的副本寄送给美国农业部、美国食品及药物管理局、他的两个美国参议员,还有他在众议院的代表。

白宫十分重视这封信,把它呈递给总统,还在戈德曼的具体建议下画线作了强调——“应当立即采取一些措施,对此类化学品的制造和销售进行监管”,并提请负责卫生、教育和福利的部长对戈德曼的信作出批示。依据《联邦杀虫剂、杀菌剂和杀鼠剂法》等联邦法规,农药已划归美国农业部监管,但显然戈德曼认为监管很不得力。

没过几天,肯尼迪总统的特别助理小里尔登(T. J. Reardon Jr.)就收到了农业部部长奥维尔·弗里曼办公室发来的复函草稿。复函措辞谨慎,基调和几个星期后总统在新闻发布会上发言的调子相比,更乐观一些。总统对全国人民说,他很快要下令对农药使用进行全面审查,作为对卡森文章的回应。小里尔登告诉戈德曼,政府对农药监管了近一个世纪;新农药的开发和商品化十分迅速,令卡森小姐担忧,针对这一状况,已出台了严格的限控措施,“切实保障公众安全”。小里尔登举了一个例子,最近刚成立了联邦病虫害控制审查委员会——类似于那个有名无权的联邦辐射委员会,说明政府在努力作为。他还不清不楚地补充说,农药从“制造到销售再到使用,方方面面”,什么时候“也没断了审查”。末了,他把调门提高了一度,带着一种“休得多言”的口气,告诉戈德曼:农药对这个国家“裨益浩荡”,却“没有对百姓造成严重的危害”。还说:“您的政府会竭尽努力,继续把控这些有利于人民丰裕富足的东西,使之符合整个国家的最大利益。”

换句话说吧,仲夏之时,肯尼迪政府的官方立场是:卡森无中生有,夸大其词。

再看看美国农业部,一向摇摆不定的奥维尔·弗里曼因牛奶沾染放射性物质被口诛笔伐。农业部的人似乎都明白,戈德曼法官表达的忧虑也是广大民众的心病,一场风暴迫在眉睫。雪莉·布里格斯提醒卡森,据传农业部正在梳理《纽约客》的文章,查找恶意宣传因何而起——甚至只要找出个错就行——好在到目前为止,还没查出来。弗里曼对手下的资深幕僚说,他不知道跟卡森“斗”算不算是官方政策,但他希望每个人都开动脑筋,想办法批判她,同时还需斟酌词句,使回应话语少些针锋相对,比如,只说农药是有益的,而且是被严格管理的。弗里曼说,不论哪种方式,只要操作性强,都有可能成为官方政策。

弗里曼没有提及——也可能是因为没必要提及——农场利益集团(他的主选区)打算等《寂静的春天》出版后再提出异议,表达反对,《纽约客》的连载文章已经让他们坐立不安了。弗里曼想,大家对卡森尚未出版的书争议越大,后续的文章会越多,但他不大可能想到会出现长岛日报《每日新闻》(*Newsday*)从1962年8月20日开始分5期刊登系列报道这样的事。

这5个报道都是一位名叫罗伯特·A·卡罗(Robert A. Caro)的青年记者写的。此人颇有才华,专做深入采访。后来,他为纽约市的规划师罗伯特·摩西(Robert Moses)立传,著有《权力经纪人》(*The Power Broker*)一书,为林登·约翰逊(Lyndon Johnson)立传,写下皇皇多卷本传记,享誉一时。奥维尔·弗里曼和政府机构的其他人都想平和回应《寂静的春天》，不料，这个打算和卡罗的开篇话锋撞了个满怀：

> 这顶盖子马上要揭开了，幕后之争将大白于天下。争论的焦点就是科学实据越来越多，证明美国农业部置16年的提醒警告于不顾，极力推广化学杀虫剂，结果，杀虫剂大量毒害野生物种，引发癌症、白血病、基因变异，危害人类。

卡罗写道：在冷静回复了戈德曼法官之后，肯尼迪总统全然转变了立场；现在，他亲自过问农药问题，还在此前责令科学顾问杰尔姆·威斯纳开展调查。他是这样谈农药问题的：越来越多的证据表明，广泛使用化学杀虫剂，与野生动物和人群中的疾病发病率上升有关联。卡罗说，科学家对农药的担忧，不亚于对萨立多胺在英国造成可怕的新生儿缺陷的担忧，其实，杀虫剂的危害比萨立多胺更严重，因为它对基因的影响可能持续许多代。卡罗没有把农药和放射相提并论，尽管他重视农药对后代的危害，同鲍林等科学家关注放射性沉降物的危害如出一辙。

卡罗说，农药制造商联手搞了一场大规模的公关活动，宣传农药安全、有效，掩盖了农药真相。他们为何这样做呢？因为农药行业每年有8亿美元的产值。这场公关活动得到了美国农业部的协助，“DDT甫一使用，农业部就为农药呐喊助阵”，现在，它一面自己搞“大范围”喷施农药计划，一面鼓动农民广泛使用农药。卡罗写道：有多份内部报告批评农业部的政策不妥，但全部被压制，参与农药项目的工作人员很少敢说三道四，担心自己被解雇。

卡罗提到了使用农药的益处——农场的生产率提高了，昆虫传播的疾病大量减少。但他又说，很多科学家一直在悄声低语地提醒人们，农药是有副作用的。现在，因为有“著名生物学者、作家蕾切尔·卡森”挺身而出，这悄声低语已然变成了高呼尖叫。卡罗说，《纽约客》的连载引发了强烈反响，杂志社收到的信函如雪片一般，这是杂志社历史上收到反响邮件最多的一次；与此同时，表达愤怒的信件也像雪片一般飞向了美国农业部。卡罗曾去农业部，就农药问题首次采访奥维尔·弗里曼，颇有收获。弗里曼对他说：农药"总体而言"利大于弊，根本无须"恐慌、歇斯底里"。卡罗报道说：最近，负责农药计划的部门官员已经接到指示，不要对农药使用存在的问题一概否认。

他在随后4天的报道里继续狠批官方的农药使用政策——确切地说，是批官无对策，另外指出科学界在这个问题上意见不一。他认为，农业部和农药行业串通结伙，形成了一个庞大的、自我鼓噪的集团，两者都无意顾及农药可能对野生动物和人类健康造成的附带损害。卡罗探讨了农药与癌症可能存在的因果联系，还驾轻就熟地解释了DDT等有机氯农药如何在脂肪里蓄积，体内的农药蓄积怎样通过一个个食物链增量翻倍。

那么，农业部是否过度宣传了农药的好处呢？卡罗想让奥维尔·弗里曼对这个看似简单的问题给出一个前后一致的回答，但弗里曼不应。显然，卡罗见到弗里曼的时候，这位农业部部长已经想好了，决不公开指摘卡森和《寂静的春天》。令人感到好笑的是，他竟对卡罗说，他领导的农业部把卡森当作"盟友"：好歹让美国人民重视起农药问题了——好奇怪的话！谁不知道农业部长期一贯坚称农药危险不是问题。

弗里曼还告诉卡罗，农业部对使用农药给野生动物及人类健康(健康比什么都重要)造成的影响了解得不够深入，这一点令他不满意，今后，他们会对此问题给予"高度重视"。卡罗问：高度重视是不是要暂停大规模喷洒农药，先弄清楚喷洒效果再说？弗里曼没有回答，只说他认为他刚才已经把话说到了。他选择了骑墙，进退两可，轻松自在。他提醒卡罗说，农药安全与否，科学界也莫衷一是。

卡罗在《每日新闻》的系列文章刊发完了。5天后，有人在肯尼迪总统的新闻发布会上问到了杀虫剂问题。肯尼迪答：有几个政府机构正在研究此事，这是“卡森小姐的书”带来的直接影响。也许从技术角度看，总统的回话是正确的——假如惶惑不安、扭绞双手也可以算作对某事进行调查的话。总统的科学顾问威斯纳在肯尼迪与新闻界见面的第二天就接到了更直截的命令：马上调查。

第二年春天，威斯纳着手组建一个小组，负责向总统汇报农药问题。大约在同时，肯尼迪总统忘了提及的机构联邦调查局(FBI)，正在对有关《寂静的春天》一书的争议开展调查，力度很大。FBI已经调查了卡森——但，应谁的要求、出于什么理由对她进行调查，不得而知。显然，FBI是与美国移民归化局联合开展调查的，调查的内容是卡森最近在电话里都说些什么——这说明FBI很想知道卡森是否跟外国人有可疑接触——当然，她没有，所以啥也没查出来不足为怪。12月中旬，FBI写好了关于卡森的调查报告，仅有两页，盖上“机密”的戳儿归档，束之高阁，最后销毁。

卡森相信联邦政府内有家机构一定会支持自己在《寂静的春天》里表述的立场。这家机构就是美国内政部——以前是她的娘家单位，这是她相信的理由。甚至，那几篇选文还没刊在《纽约客》时，卡森就收到了一位名叫保罗·奈特(Paul Knight)的人士寄来的信。奈特是内政部部长斯图尔特·尤德尔(Stewart Udall)的助理。尤德尔是一个坚定的自然保护主义者，他本人正在写一本有关环境问题的著作——《无声的危机》(*The Quiet Crisis*)，预计来年出版。

奈特告诉卡森，他比较感兴趣的是向公众传播科学理念，还说关于杀虫剂及其对野生动物和人类健康影响的问题，美国必然会有“无数的争论”。1962年7月，也就是《纽约客》连载了卡森的选文之后，奈特又致信给她，称赞她把杀虫剂问题弄进了国事议程，还说他和不止一位国会议员谈过，政府该如何应对这一问题。他说，他讲的话属于“私下发言”，言下之意：卡森为一件事情开了头，这件事将会公开地、堂皇地进行下去。他说："这些评论都是个人见解，非官方意见，虽说我盼望我们直接参与其中，不要等它结束。"

10月，《每日新闻》记者罗伯特·卡罗报道：威斯纳委员会了解到，蕾切尔·卡森在《寂静的春天》一书中的许多表述是真实的，委员们希望彻底改变联邦政府对农药的研究现状，并提议立法来遏制农药滥用。谈及卡森的书，卡罗写道：该书首印10万册，已经在两周内售罄。

从一开始，卡森、布鲁克斯，还有霍顿·米夫林出版社上下，都担心《寂静的春天》基调悲观、压抑，会让一大批读者扫兴。但卡森心思机敏，她知道避开不利的办法就是要着重证明"用化学手段防虫治虫一是徒劳，二是根本错误——这比狂呼吼叫要好，不过我是一定要吼几声的"。这招很妙，也彰显了卡森对自己和作品信心满满，说白了，这是一种信念：相信自己能够担当得了一个有难度的题材，可以跟强势利益斗一斗。作为美国文坛的奇女子，卡森面对周遭，表现出了一种自如从容。

《纽约客》刚连载完，农药制造商便作出了回应，动作奇快。1962年7月，杜邦公司提出要几册《寂静的春天》的样书，在霍顿·米夫林出版社内部引起了争议，连卡森和玛丽·罗德尔也不得不考虑如何应对。大家怀疑杜邦在盘算打官司。霍顿·米夫林出版社老板洛弗尔·汤普森的意见是：应该答应对方的要求，把书送去；如有官司要打，那早点知道比晚知道要好。另外，要是杜邦拿到了样书，拖了一段时间后又告状打官司，霍顿·米夫林出版社可以这样回应：该书出版前，已经给杜邦留了充裕的时间审读。汤普森只有一点担心：杜邦如果打赢了官司，法院会颁布禁令，不允许该书出版。但他认为，这种可能性很小。他说，果真是那样，就"倒大霉了"。

杜邦没有起诉。总部在芝加哥的农药制造厂商维尔斯科尔化学公司也没有起诉，虽然它气势汹汹地威胁要打官司。8月初，维尔斯科尔的法律总顾问写信给霍顿·米夫林出版社，要求停止出版《寂静的春天》，或者，至少要消除该书对其产品带来的负面影响，这些产品包括艾氏剂、氯丹、狄氏剂、七氯和异狄氏剂（一水儿的有机氯毒药，只有DDT不在其列）。维尔斯科尔公司反对卡森给这些专利产品全扣上危险有害的帽子，特别为氯丹和七氯作了辩护，因为只有维尔斯科尔公司一家生产这两种产品。维尔斯科尔提醒霍顿·米夫林出版社："贵社想必知悉：如诋毁一家公司独造的产品，该公司有权提起法律控诉。"

同一封信里还有一段暗带恫吓之意的话，只是措辞相当蠢笨：诋毁杀虫剂是国际共产主义在作祟，是冷战妖孽：

> 无奈的是，本国和西欧的化学行业厂家，除了要应付偏爱自然食品的人士、奥杜邦大小社团，以及其他人士和团体的真诚意见，还要对付险恶势力，它们挞伐化工行业有两个目的：一是让公众形成错误印象，认为所有商业企业都贪得无厌，不讲道德；二是减少在本国和西欧使用农药，这样，我们的粮食供应就会减少到和东方铁幕背后的国家相当。险恶势力还给许多不明真相的社会团体提供资金，诱使它们攻击化工行业。

"东方铁幕"指的是苏联及其东欧卫星国。既散布冷战恐惧，又不阴不阳地指责卡森污蔑维尔斯科尔公司的产品，两招并用，这在商业利益和环保意旨火热交锋以来还是头一次。如化工行业所说，一边是正派、勤奋的企业法人，以及他们制造的既能改善世界又能让股东致富的产品，另一边是怪客异士、自然爱好者，他们不是共产党，就是被共产主义攫住的不幸小卒。站在农药制造商的角度看，卡森的新理念——环境保护主义根本上是反美的。

霍顿·米夫林出版社把维尔斯科尔公司的信转给了正在缅因的卡

森。卡森给布鲁克斯回了封短信，表示对所写事实是有把握的，对霍顿·米夫林的法律部门有信心。她还为维尔斯科尔公司指责的几个陈述列出了资料来源。这是她早就料到的，她之所以不辞劳苦为写进《寂静的春天》的所有内容做考据，原因也在此。不过，她反对让维尔斯科尔公司参与审查本书内容的准确性，建议霍顿·米夫林出版社只"依例确认收悉"该公司的来函即可——出版社也是这么做的。

维尔斯科尔公司不甘心，再次致信霍顿·米夫林出版社，为其产品的安全性提供"佐证"，要求和出版社碰头会商，处理他们对卡森的书提出的异议。霍顿·米夫林出版社没答应，这次维尔斯科尔公司倒没再追究——不过，几个月后，轮到维尔斯科尔被追究了。1963年6月，田纳西州孟菲斯市有20人病倒，病人认为是被维尔斯科尔运营的一家农药厂附近的一条小溪里冒出的蒸气熏的。过了几天，又有一二十个工人住进了医院，因为他们吸入了据信是从维尔斯科尔公司的生产设备里散发的氯气。维尔斯科尔公司惹来一身官司。

1964年4月，美国农业部和公共卫生署的官员调查了密西西比河下游鱼类大量死亡现象，确认鱼是中了异狄氏剂的毒。异狄氏剂在有机氯杀虫剂中毒性最强，维尔斯科尔公司在孟菲斯的工厂把异狄氏剂等强力农药排放到河水里。该公司还不许调查人员进入厂区，但是，调查人员在河里——还有那条小溪里——检出了异狄氏剂，一年前，首批农药中毒案就发生在小溪。密西西比河直到新奥尔良这一河段都检出了异狄氏剂，而新奥尔良还把密西西比河作为供水源地。对城市自来水的检测表明，常规的净化处理方法并不能去除异狄氏剂。现在，城市的饮用水就含有异狄氏剂。负责公共卫生的官员说，饮用水里的异狄氏剂残留很少，但无论多少，都没有被认定是安全的。1965年初，公共卫生署发现了一个更令人惊骇的情况：孟菲斯市的一段下水道内沉积了3英尺厚的异狄氏剂，重达4吨，而下水道的污水是直接排入密西西比河的。孟菲斯市政府官员赶忙关闭了下水道,而维尔斯科尔工厂的异狄氏剂却照常生产。

按理说,像这样使用农药无所顾忌地污染大片区域是不可能发生的——联邦政府在静等《寂静的春天》出版时讲过这么一句话。1962年9月,卫生、教育和福利部发表了一个长篇声明,辩称政府对农药的使用实施了监督,仅该部一家1962年用于监察农药使用的经费就达270万美元。该部坚持认为,农药既有裨益,也有"危害",这就是政府对农药行业实施严格监管的原因:

> [农药]是毒剂,会危害人类和野生动物,所以必须重视。正是由于重视,联邦政府为此类化学品的制造、运输和使用制定了防护性条例,并且持续开展研究项目,深入研究农药对人及人所在环境造成的直接影响和长期影响。

该部说,它还对各种作物的州际运输实施了监控,确保其符合1954年颁布实行的一项法规,该法规对农产品的农药残留设定了上限。1958年又出台了一项法律,将这一监管权拓展到了加工类食品。该部说,其下辖的公共卫生署已对"环境污染物"开展"全国范围的监测"。另外,政府自己也在监控——主要是通过联邦病虫害控制审查委员会做这项工作,该委员会对联邦一级运行的防控计划中的农药使用情况作出评估,"确保这些计划不会对人和野生动物构成危害"。

但是刚过一个月,杰尔姆·威斯纳便向总统汇报:一个市民咨询委员会因为农药监管问题,把卫生、教育和福利部下属的美国食品及药物管理局(FDA)痛斥了一番。委员会指出:农药产品已经暴增到45 000种,FDA不可能做到设定食品的农药残留限制与农药生产同步;FDA工作不力的一个原因是,它的外勤人员懂有机化学的没有几个;另外,FDA必须改进、扩展对农药影响的独立研究。

《寂静的春天》的正式出版日期是1962年9月27日，在此之前，一些印本已经在传阅。在美国化学学会于新泽西州大西洋城召开的一次会议上，卡森的新书成为热门话题，遭到了尖刻的批评。《纽约时报》报道，这本书在化工界引起"震恐"。业内人士向《纽约时报》控诉，《寂静的春天》一出，很可能妨碍对研发、生产新农药的投资，诱使公众反对使用现有农药——后果是灾难性的。美国农业部的一位官员在一次化工贸易会议上主持一场小会，自感无甚拘束，称卡森的书是"一面之词"，书中无一处提到国家的粮食供应对化学农药的依赖程度，也不承认政府在管制农药使用方面的作为。《纽约时报》的记者走访了几个行业代表，代表们认可《寂静的春天》所述事实基本是准确的，但不同意卡森的结论，即：使用农药如同接触放射性物质，威胁到人类生存。

《纽约客》只连载了《寂静的春天》的三分之一。书出版后，成千上万的读者，包括大部分书评人以及专栏作者、社论作者很快认识到，农药的的确确威胁着人类福祉。不少读者喜爱达林夫妇漂亮的钢笔插图——尽管和文字配起来，这黑白画素净得有些诡异，让人过目难忘。撇开卷头的寓言，《寂静的春天》其实是一部思想深沉、条理清晰的著作，它像一堵高墙，每个语句即是一块砖石，彼此搭靠，协力支撑。核心命题只有一个：地球上的一切生命经历了共同的生化演进；认为化学毒剂能专瞄专治某一种类的生物，不会伤害其他生物，是愚蠢的。称一种化学品是一种"杀虫剂"，实质上是否认一切生物的生物学共性：

> 现在，农场、果园、菜园、林地和住宅，几乎普遍使用这些喷雾、粉剂、气雾剂。化学毒剂无所谓选择，见一杀一，不论"好虫"、"坏虫"，全部毒杀。鸟儿再不歌唱，河里再无鱼儿翻波，草树的枝叶上覆盖着一层毒膜，土壤里长留余毒，凡此种种，只为了消灭几棵杂草，几样昆虫。谁能相信，将这样一层弹幕似的毒剂撒落在大地之上或许无害于生命？称它们是

“杀虫剂”吗，不，应该叫它们“杀生剂”！

很多批评《寂静的春天》的人忽视了这段话里有一个关键词——**弹幕**。在卡森看来，杀虫剂的主要问题是使用过于随意，一用即造成滥杀。她在这本书以及她多次谈杀虫剂的公开意见里一再说：化学毒剂要谨慎使用，限制使用，这是合理的、正确的做法；有些情况事关保护人的健康，慎用限用就是在道义上负责。《寂静的春天》开篇不久，她便承认，虫害是需要控制的，但条件是控制要“适合实际情况”，不要大刀阔斧，搞得“人虫同归于尽”。她认为要凭常识确定何时用化学手段防虫治虫，尤其是对付昆虫传播的疾病。她写道，人口密集的地方，“在发生自然灾害、战争时，或者在极端贫困的情况下”，这类疾病为害特别严重。“这时候，就必须采用某种防控手段。”

卡森挑战读者也不含糊。靠前有一章——就是害得保罗·布鲁克斯一边压减篇幅，一边生气的那章——名为“夺命灵丹”（Elixirs of Death）。卡森在这章讲解了有机氯和有机磷杀虫剂的毒性原理。她知道这个话题必是沉重的，但她说，“现在，每一个人从孕育直到死亡，每时每刻都会接触危险的化学物质”，所以应该讲明白。从生到死都和危险的化学物质贴身接触，这是前所未有的。杀虫剂在周围环境里有，在一切生物体内有，可以说它“无处不在”。卡森认为，既如此，倘若还不愿意弄清这些物质是什么，了解其可能造成的危害，那就太不可思议了：“如果我们要亲密无间地伴着这些化学物质生活，要吃它们，喝它们，将它们融入骨髓，那最好还是先了解一下它们的本性和厉害吧。”

《寂静的春天》的大部分章节都是这样灰暗低沉，但较少专业色彩。卡森探讨的情形是：在没必要施加控制的情况下，或者，在施加控制给其他物种和环境带来的风险太高，很可能得不偿失的情况下，使用农药会造成难以意料的后果。所以，这本书并非以偏概全，只讲一面。卡森讲解了农药污染土壤和水的过程，人和动物直接接触微量毒剂后，毒物如何在其组织里蓄积，农药残留是怎么钻进牛奶和人乳里的，农药又是如何让具有抗药性的昆虫种群实现爆炸式增长的。

卡森对农药与人类癌症的关系的叙述（巴尼·克赖尔之前提醒过她，扯得太远了）令人生畏，有推测的成分，却也可信，因为它的依据源自当时尚属于初创的细胞生物学理论，源自像梅奥诊所的哈格雷夫斯等医生的临床观察。哈格雷夫斯曾举证，长岛事件中，农药的使用与白血病是有关联的，给卡森留下了深刻印象。

卡森的致癌说的部分依据，还来自一位著名的德国生化学家提出的理论。他叫奥托·海因里希·瓦尔堡（Otto Heinrich Warburg），在马克斯·普朗克细胞生理学研究所搞研究，曾在1931年获得诺贝尔奖。他专注于细胞呼吸研究——食物经过细胞呼吸过程转化为化学能。他确信，放射和化学致癌物质都能破坏细胞的正常呼吸，造成流氓细胞簇集成块，引发癌症。卡森还另有一个解释：她认为，致癌物直接损害了染色体，造成基因突变，干扰了正常的细胞分裂，这种影响由一代细胞级联反应传递给下一代细胞，变异细胞增殖，最终产生癌细胞。她的解释更接近真理。虽说分析得并不完善，但结论意义重大：致癌物把我们包围了，处在这样的境地，如果只注重疗疾治病的方法，便会错失消除病根，防病于未然的机会。

卡森写道：接触DDT等杀虫剂，就像暴露于辐射之下，对儿童构成的危害尤其令人担忧。1962年，许多读者就已知道给孩子喂的牛奶沾染了来自放射性沉降物的放射性核素。现在可好，经卡森一说，从乳品箱取出的本来就加入了坏料的鸡尾酒式牛奶，又多了DDT添加！在《寂静的春天》里，卡森动辄把农药和放射性相提并论。在讲述癌症的章节里，她举了一起农药中毒的例子，正好同被报道的那起恶名昭彰的放射性中毒案遥相呼应：一个瑞典农夫把DDT和六氯化苯掺在一起喷洒在60英亩地里。那天有微风，这个农夫就在这重杀虫粉雾的包裹下干活。当晚，他感觉不适，约一周后进了医院，高烧、血相异常，两个半月后病死。

卡森写道，这不禁让人想起"福龙丸"渔船上那位无线报务员久保山的遭遇："农夫曾经和久保山一样，健健康康。日本久保山在海上捕鱼为生，瑞典农夫从土地里刨食过活。对两人而言，天上飘下的毒剂自是带着死亡判决：一个碰到的是放射性毒灰，另一个遭遇的是化学烟尘。"

有人说：有了技术，人就会糟踏环境，因为人类欲想顺应自己的利益来管束它。卡森不同意这个观点，她希望有精妙的生物防治手段，能够采用化学毒剂做不到的方式精准打杀害虫。她坚定地认为，杀虫剂决非科学上高妙的害虫防治手段，而是人类进步中的一次倒退：

> 化学毒剂构成的弹幕，就像远古穴居人使用的棍棒，是武器，但粗陋不堪。它射向生命织成的网布，这块网布说薄弱也薄弱，一触即破，说结实也结实，坚韧和恢复力惊人，它能用出人意料的方式作出反击。生命有这等奇异能力，却一直被使用化学药剂防控的人所忽视。在他们随意摆弄的这股强大的力量面前，他们没有为工作"高瞻远瞩，把握方向"，不怀一点谦卑之心。

卡森的结论是，"控制自然"这个词语体现了一种可憎可恶的理念，它"在妄自尊大中珠胎暗结，降生于生物学和哲学的粗陋时期，人们以为大自然就是为了惠于人、利于人而存在的"。但是现在，卡森说了，人类面临着"大不幸"：如此原始、粗陋的科学"却装备了最现代化、最可怕的武器"。

1962年9月25日，离出版还剩两天。这天，霍顿·米夫林出版社在纽约的麦迪逊大街嘉登公馆为卡森办了派对。《寂静的春天》面世几天后,《生活》杂志给卡森打来电话,说他们打算调整编发时间,马上刊登她的事迹。卡森并不介意《生活》杂志搜罗"无聊的私人琐事",她对多萝西说:读到"不一样的我",一定要承受得住啊。

文章发表在10月12日这一期,《生活》称卡森"尚未成家,却不是个女权主义者"——这个表述显然是经过慎重考虑的——接下去,又说她是个"性格腼腆,说起话来软语细声的女子,竟扛旗做了虎贲先锋",而后描述她的鲜明特点:"蕾切尔·卡森,和完美无缺、满腔义愤的运动领袖一样,她只讲述一种情形。她在《寂静的春天》中生动描述的世界是一个梦幻世界,或者更准确地说,是一个噩梦世界。"

文章还附了几幅卡森的照片,十分醒目。有一张拍的是她在家里,身旁放着显微镜,脸色苍白,一副病态。报道写得有些前言不搭后语,说明杂志社的编辑们也是两头下注两边赌,免得以后在一个有争议的事情上站错了队。《生活》杂志说:这本书既有"深厚的科研底蕴",又有"卡森小姐平素的文采"。而后它又加了一句:卡森对"杀虫剂提出了无可辩驳的控诉",但"她的指控有点言过其实"。《生活》昭示读者:一个皆大欢喜的共同之所一定是存在的,"化学、生物学、野生生物和人类可以在其中和平相处"。

《寂静的春天》广受评议。70余份报纸专门刊发了社评,许多家报纸登载了节选。为该书叫好的报刊新闻占压倒性多数。化工行业发表的文章和小册子则相反,喝倒彩声的音浪一点不逊于新闻报道,对卡森以及她的研究方法提出了严厉批评。

离书出版还有半个月,布鲁克斯·阿特金森(Brooks Atkinson)在《纽约时报》撰文说:该书的引文来源和参考文献就有55页之多,值得肯定。他称卡森是"一位现实主义者,一位生物学家兼作家",她认识到化学杀虫剂已经是现代生活的一件事实,不可能让它全然消失;她发出呼吁，目的是让人们了解化学杀虫剂会对自然平衡造成“极其严重的附带损害”，进而理智地使用它们。阿特金森尤其注意到了卡森的那句断言：用化学方法控制虫害，乃傲慢不逊之举，傲慢不逊中，我们骗自己相信人类在生命之网中的位置。阿特金森写道：“这个根本性谬误——或者说原罪——即是认为人类能够控制自然，而自然就从一个人类意想不到的地方发起大反击。因为自然耗费了亿万年才打造出一种生命秩序，这个秩序中，寄生虫和食肉动物是彼此制约的。”

阿特金森说：卡森以一种朴素严谨的方式表述“令人惊异的事实”，使之更为可信。她对生态学的认识，实际上也是对人类的认识。阿特金森关于《寂静的春天》的预评文章刚发表几天，两篇整本书评就紧跟上来——一篇是《星期日书评》的封面文章，笔调热情洋溢，另一篇是科技记者兼编辑沃尔特·沙利文(Walter Sullivan)写的，赞美中夹杂着别样情感。

沙利文开篇落笔饱含激赏。他说，应当感谢这位“天才的作者”为万千读者展现了海洋的奇妙和美丽。但是对卡森而言，《寂静的春天》是一次别离，很可能要让她的许多书迷大跌眼镜了——沙利文将该书和早期的一部美国文学经典相提并论。他说：“在这本新书里，她[卡森]想把我等众人吓个真魂出窍，可以说她基本做到了！读这本书，感到的是愤懑、是抗争。它是20世纪的《汤姆叔叔的小屋》。”

不只是沙利文一人作此品评，也不只他一人说：《寂静的春天》失于片面，难免招来非议，批评者会说卡森说一半、掖一半。但沙利文认为，书的“缺点”恰是它的引人入胜之处；“《汤姆叔叔的小屋》若是写得四平八稳，‘不偏不倚’，决不可能把一个国家闹得天翻地覆”；鉴于世界大事件不断，《寂静的春天》真是来得太及时了。“人类这个物种如果不能自我约束，放任人口过剩、核武器、污染，它有可能走向灭绝。”

不久，农药制造厂商纷纷作出回应，词锋咄咄逼人。沙利文还预评了其中的一则回应。这则回应仿写卡森书里的开篇寓言,题为《荒年》(The Desolate Year),照沙利文的说法,这是"化工行业的某位无名英雄"写的,发表在10月号的《孟山都杂志》(*Monsanto Magazine*)上。这期杂志在商业领袖、教育家和政府官员中间传看,发行量竟高达14万份。估计连卡森都不得不承认这期杂志做得好。《荒年》将卡森笔下那个被毒剂肃杀得毫无生气的枯黄世界来了个大反转,它描绘了一个没有杀虫剂治虫的世界。春天不是万象更新,而是万象萧条,只因虫害肆虐,乡村荒凉一片。天气渐暖,病害由南向北蔓延,毁坏作物,还把疾病传染给人类,人类突然间对一些古老可怕的敌害毫无抵御力:

> 昆虫出现了,一属跟一属,一种接一种,亚种之后又是无数亚种。它们爬的爬,飞的飞,全都出来了。最初兴起于南部各州,而后一路向北推进。它们善咀嚼、善钻孔又善抽吸,似海绵,能虹吸,能咬嚼,会研磨。它们的后代无数,全都是能咀会嚼、锉锯啃兼善的蛆虫、蠕虫和毛毛虫。有些会叮人,有些会放毒,许多能索命。

沙利文认为《荒年》一文以渲染造势,几乎是"在模仿卡森小姐的诗意风格"。这个观点值得商榷。《荒年》的目的当然不是文学创作。它比卡森的开篇长几倍,对昆虫王国如何向人类发动离奇怪异的攻击作了细致的描述。最终,庄稼被毁,饥荒迫近,千百万人死于疟疾和黄热病。有谁希望世界是这个样子?该文后面还有一份附录列举实事调查结果,为文章立意提供佐证。另外,它还汇集一些政府专家和学界专家发表的公开言论,证明使用农药是必要的,只要用得恰当,农药就是安全的。

总部在纽约的营养基金会是批卡森批得最坚决者之一。该会发表了一份正式文书驳斥《寂静的春天》,还把此文收录在基金会专门汇编的批判文集里，广泛分发。基金会总裁C·G·金(C. G. King)说：多数科学家认为，美国人从前哪有今天安全，哪有今天吃得好，哪有今天强健——这些事实足以驳倒使用农药致使普遍中毒、健康下降的谬论。他认为，政府和企业界都在不懈努力，保证农药安全，教使用者如何使用。他还补充说，《寂静的春天》所作的控诉就是一个孤陋寡闻、精神有点混乱的人在胡言乱语。

> 问题被夸大了，原因是搞宣传推介的、作者的书迷以及食疗爱好者、江湖保健郎中和特殊利益集团，把她的书捧得很高，似乎它在科学上无懈可击，还是出自一位科学家的手笔。
>
> 全错！这本书基本上是一面之词，内容绝对负面。它在一段漫长的时间跨度里仅撷取星星点点的坏事，勾勒出一幅扭曲得不成样子的画面。作者的本职是一名记者，并非她所谈论的那一领域的科学家，她不懂科学的精髓，无论引证还是解释证据，立场都不客观。

卡森读到这儿，不由得感觉这大致代表了官方对《寂静的春天》的反应，企业界、学界、政府机构的所有支持使用农药的人就是这么看的。营养基金会董事会成员有全国饼干公司(National Biscuit Company)、亨氏(H. J. Heinz)、通用食品(General Foods)、通用磨坊食品公司(General Mills)、标准品牌公司(Standard Brands)、博登公司(Borden)等大企业的总裁和高管，另外还有美国公共卫生署的主管，哥伦比亚大学、约翰斯·霍普金斯大学、圣母大学和麻省理工学院的校长。

《寂静的春天》出版后，有人爱，有人恨，各表反响，一连持续数月，而书则渐渐挤进了多个畅销书榜。一些书评人纷纷走入爱恨阵营。威斯康星大学农学教授I·L·鲍德温(I. L. Baldwin)在《科学》杂志上撰文称，《寂静的春天》“文笔秀丽”，还说卡森像一名检察官，注重立案的证据，无关事实一律放过。鲍德温立场公允，他认为，广泛使用化学杀虫剂的主要动因是它带来了“明显的益处”，而恰恰是在农业生产和公共卫生两方面都有好处，可能让人们产生了自得自满态度，忽视了杀虫剂也是毒药，能造成严重危害这个事实。他主张，安全测试和杀虫剂使用要更加认真小心，这才是正道，一点不用也不是办法：

> 现代农业生产高质量的粮食和纤维，不用农药就没有现代农业。不用农药，杂草、疾病、昆虫就会造成严重损失。不用农药，每英亩产量、每工时产量和产品质量，都会受严重影响。如果禁用农药，美国社会就得做出变化，怎么变化人们只能去猜测。想必要有数百万人必须马上返乡务农吧。希望哪一位有卡森的本事，写出一部姊妹篇来，好好讲一讲使用杀虫剂之后人类健康和福祉的改善情况。

《化学周刊》(*Chemical Week*)编辑部判断得很准：报刊新闻对《寂静的春天》的反应很可能“完全站在卡森小姐一边”，但远不如鲍德温在《科学》杂志上的文章审慎明智、学识渊博。《化学周刊》是行业杂志，它报道说化学制造商协会和全国农业化学品协会已经设计好了业界回应，与营养基金会的回应不大一样，业界的策略是不直接批判卡森的书，而是强调使用农药的好处。保罗·布鲁克斯听说这场宣传攻势还有25万美元的专款。

不过《化学周刊》也提到，孟山都公司已经单枪匹马杀出行阵，用《荒年》一文直接跟卡森顶牛较劲。孟山都公司把该文的重印件寄往全国各地的报纸、广播电台和电视台。农药制造商认为，销售用于家居和庭园的农药产品可能不会受《寂静的春天》的影响，因为这本书是秋天出版，春天一来，农药市场兴旺，到时消费者可能就忘了这回事了。但是，有大宗产品销往农林行业的公司，纷纷开始筹措谋划防备销量低迷，一蹶不振。更叫农药行业担忧的还不是《寂静的春天》，而是肯尼迪总统的农药委员会。《化学周刊》质疑：委员会里有科学功底扎实、能对农药安全性作出恰当评估的人吗？

化工行业批判卡森的人指出，“有毒化学品”一词有失偏颇，极易误导民众，因为几乎任何化学品弄对了剂量，有足够的暴露，都会有毒。当然，有人会反驳说，杀虫剂是专门配成的毒药，和其他化合物不一样，其使用目的就是达到致死效果。对《寂静的春天》表达不满的另一个常见的意见是，卡森仅凭着杀虫剂为害环境的个别的、孤立的事例，就描画出一幅环境被普遍污染的景象——土壤、水及一切生物无不深受其害。《经济学人》(*The Economist*)杂志发表一篇剖析长文，认为杀虫剂行业捱过了《寂静的春天》这道坎，基本上毫发无损，理由是：美国农民不会在意这本书。该杂志说，卡森“大概已经把自己作为一位可信的科学记者的专业声誉给败坏掉了”。

《金融世界》(*Financial World*)也发表一篇评论，立场大体相同。文章深入分析了美国杀虫剂制造厂商面临的高风险，还有它们为反击《寂静的春天》所采取的措施。据该杂志说，孟山都公司农用化工部门连续10年年增长速度达20%，难怪该公司眼里的世界不能没有杀虫剂，缺了杀虫剂，世界即“荒凉”。其他大部分制造商销售增长率比较低，而杀虫剂仍然是不少企业的生意中比较兴旺稳定的一块。对这些制造商而言，杀虫剂是大宗业务，应当加以保护。例如，美国氨基氰公司总收入的近五分之一来自杀虫剂销售。所以，当一个名叫罗伯特·H·怀特-史蒂文斯(Robert H. White-Stevens)的傲气十足的家伙，在全国巡回演讲，座谈，跟卡森的支持者辩论，鼓吹化学防虫治虫有多少好处、有多么必要时，自然也不足为怪，因为此君就在美国氨基氰公司农化部研发处工作，怎能不替农药说话！

怀特-史蒂文斯一夜间成了反卡森派。他梳背头，留着短髭，戴黑色角质框眼镜，酷似恐怖电影演员文森特·普赖斯(Vincent Price)。他似乎无处不在，一副油滑讨嫌相，讲起话来，逢着r音就打个卷舌，嗓音故作洪钟，一板一眼，跟莎剧念白似的。他替农药辩护总是围绕两句话，一句是：你要是不带偏见地看世界的话，就会看到无杀虫剂可用的地方常发生饥饿和疾病，现代社会离了杀虫剂，营养不良、疾病不请自来；另一句是：在发放杀虫剂许可，告诫用户安全使用方面，政府和化工行业已经做到了小心小心再小心。

报刊上，几乎没有评论者赞同杀虫剂行业对《寂静的春天》的看法。不过，个别赞同其观点的评论者实际是感到困惑的，他们认为，杀虫剂为改善世界立了大功，而卡森却声色俱厉，把它们说得一无是处。《时代》杂志刊发了一篇值得注意的批评文章，称这本书是"一次情感的爆发，也是一次失当的爆发"。文章不仅出奇地长，而且词锋锐利，发表在杂志的科学栏目里。《时代》表示，《寂静的春天》戏剧色彩很浓，但它源于对现实的扭曲：

> 《寂静的春天》带来的冲击是毋庸置疑的，可以说它是一部醒世大作。许多读者不加细究，读过之后便坚信美国大部分地方已经带毒，动物、植物、土壤、水，还有人都带毒，而且毒性不久就会发作，唯一的希望是停止使用化学杀虫剂，请古老的"自然平衡"来对付讨厌的虫子。
>
> 科学工作者、医生，还有有技术知识的人，也都被《寂静的春天》给震住了，但被震住的原因不一样。他们承认卡森小姐在打造骇人的证据方面很是在行，但他们认为这样的证据是不客观的、片面的，近乎歇斯底里式的夸大。好多耸人听闻的概括(例子很多)显然不足为信。

美国公共卫生署的韦兰·J·海斯博士曾在囚犯志愿者身上研究DDT的影响，历时数年。《时代》杂志根据海斯博士的研究成果，称DDT“无害”。杂志承认其他毒性更强的杀虫剂对人类健康构成潜在威胁，同时又指出，迄今为止，尚无任何证据证明发生了这样的影响。没错，DDT是能危害鱼类，为防治荷兰榆树病喷洒了DDT，结果知更鸟中毒死亡了，但是这类对自然环境的影响无一是“全局性的”。《时代》杂志说，甚至连卡森小姐也无法具体指出哪个地方用了农药后，“再无鸟儿欢歌”。

对《寂静的春天》的评论停息后又过了好几个月——确切地说，是在此书出版了整一年后，《星期六晚邮报》刊出一篇讽刺长文痛批卡森，作者竟是差点成为她的合作者的埃德温·戴蒙德。保罗·布鲁克斯一时随意，把一册样书寄给了戴蒙德。戴蒙德认为批《寂静的春天》的人批得对，书写得很不客观；还说卡森过度夸大了农药使用的风险——但是他认为最关键的是要研究一下此书为什么大获成功，言下之意：一本坏书还这么畅销，不合情理嘛。

戴蒙德的结论是一靠卡森的声誉，二靠文笔高雅——这都是显而易见的。但戴蒙德说了，《寂静的春天》除了“浮语虚辞”，毫无卡森前几本书的谨细美妙。另外他认为，萨立多胺丑闻也让公众对化学品产生了先入为主的印象，所以他们容易接受化学品的可怕传闻——情节越夸张，收效越好。维尔斯科尔公司曾宣称：卡森和共产主义势力沆瀣一气，而戴蒙德则说，他感觉喜欢《寂静的春天》的人，可能认为杀虫剂推销员全是共产主义分子——这跟维尔斯科尔公司的说法正好倒了个个儿。维尔斯科尔公司说卡森思想近乎偏执，而戴蒙德干脆说她就是疯癫。要喜欢上这本书，脑子至少也得有点毛病才行：

> 无论男女，很多人一辈子都要扼抑妄想狂魔，而某以为，《寂静的春天》把这个潜伏在渊的狂魔给搅动起来了。无论谁，都会在人生的某个时刻感觉某个邪恶的“他们”跳将出来，

> 攫住"我们"。近年来，在一些执迷不悟的人中常能看到妄想狂的身影，比如反氟化饮水义士、有机果蔬园迷，还有其他走火入魔、半痴半癫的群体。有意毒害欺骗"我们"的"他们"究竟是谁？反氟化饮水义士在街头散发粗制滥造的传单，按传单上的说法，搞阴谋的肯定是共产主义分子——科研工作者、牙科医生都算，他们企图柔化美国人民的思想，准备让俄国人来接管，于是就往饮水里加了化学调料。

戴蒙德不只展示了自己的阐释解说天分，也提出了疑问：农药制造商以赚钱营利为目的，所以他们不管不顾要挣百万千万，那卡森的畅销书会不会也是出于赚钱的目的呢？

> 最后一点，《寂静的春天》追求的是什么？如果大家相信卡森小姐本人对这个时代的描述——具体说，就是赚美元却不负责的权利几乎不被质疑、无人提出异议的时代，那么，回答上述问题就很容易了。

批评并没有削弱《寂静的春天》走红的势头。1963年2月它在英国出版，成效辉煌；接着，又很快在法国、德国、意大利、瑞典等许多国家出版。在伦敦，上院议员沙克尔顿勋爵(Lord Shackleton)——著名的南极探险家欧内斯特·沙克尔顿(Ernest Shackleton)的儿子——为这部书写了介绍。英文版出版几个月后，沙克尔顿向上院报告说：南太平洋的食人族现在喜欢英国人的肉，不喜欢美国人的肉，因为美国人体内的DDT含量高。沙克尔顿不动声色地加了一句：他的言论严格地说是在为"出口贸易的利益"着想呢。

1962年圣诞节前夕，《寂静的春天》升至《纽约时报》畅销书榜第一名，接着稍稍退后，而后重回首位。霍顿·米夫林出版社专门制作了一本10页共计5500字的小册子，回击对卡森的批评，并且一如继往，定期发布新闻稿，更新图书销售行情以及重要人物的认可和褒奖。同月，卡森收到了一个名叫埃尔西·贝尔(Elsie Baier)的女孩的来信。女孩住在罗德岛北金斯敦，是个高中生。她说，学校马上要搞辩论，派给她的任务是为《寂静的春天》的“论点”作辩护。女孩很认真，担心对手很可能握有一堆从批判《寂静的春天》的人那里弄来的材料。她问卡森，能否给她寄一些“有名望的权威”支持、赞成这本书的实例。

卡森习惯对请她拨冗、要她协助的名人和大牌机构说“不”。面对贝尔稍嫌稚气的恳求，她认真思考了一番，而后写了一封非常详尽的回信，随信还寄去了贝尔参加辩论可能用得着的资料。她给这位女生的建议，罕有地表白了她本人如何看待针对《寂静的春天》的大部分批评：

> 有一事令我特别感兴趣：辩论之前，是不是已经对“蕾切尔·卡森命题”作了精确的界定呢？如果没有，很可能你和你的对手都是在讨论别的东西。我这样说是因为很多人谈论这本书却从没有读过它。他们围绕争论的东西不是我所说的，而是农药行业希望人们相信是我说的东西。所以呢，如果你听到你的对手说我的“命题”就是要放弃控制手段、“由自然接管”，希望你从该书结尾的那一章找一些话，把他的思想带回到现实来。

也许卡森感觉和贝尔通信是一件惬意的事，让她暂时躲开了围攻《寂静的春天》的鼓噪，暂时忘却了迁延不愈的病痛。1962年10月下旬，她揣着两个目的去了克利夫兰，一是参加自然历史博物馆的招待会，二是到克利夫兰诊所做个检查。大夫认为她的癌症目前尚可控制——几周后，她又做了X射线透视，透视结果似乎也证实了这一点，但卡森却对多萝西·弗里曼说自己有一种不祥的预感。她说，她可以专心写信，就当“鬼影”不存在吧，可是就在动身去克利夫兰前，她瞬间有时间停滞了的感觉,心里忽然冒出一念:“可能没有明天了。”

12月,卡森针对《寂静的春天》的批评指摘作了公开全面的回应。她在全国女性新闻俱乐部演讲,把她对书评者歪曲、无视其本意的忿忿之情,对那些连书都不曾读过就信口雌黄者的谑笑,一并表达出来。主持人在作介绍时称她是“银泉的圣女贞德”。卡森对听众们说,化工行业对《寂静的春天》的反应,她和霍顿·米夫林出版社早就料到了——她称这个秋天是“喧嚣的秋天”,为了削弱一项事业,化工行业已经把“人们熟知的所有手段”全用上了,包括把书里原本没说的话安在这部书头上。

她举佛蒙特州《本宁顿旗帜报》(*Bennington Banner*)的一篇社论为例,社论说:“读罢《寂静的春天》,比较痛苦的反应就是驳斥没有说出的话。”另一路攻击就是使劲抹黑著书人。卡森既惊讶又困惑,她说:有人说她爱鸟,有人说她爱猫,有人说她爱鱼,还有人说她是“大自然的女教主”,天啊,竟有这样的说法!在诋毁者眼里,卡森属于“一支神秘的异教,摆弄着批评者自以为奈何不了他们的宇宙法则”。

她举了好些例子说明杀虫剂问题的长期性,特别质疑了《时代》的杀虫剂意外中毒情况很罕见这一说法。她说:加利福尼亚州是少数几个有准确记录的州之一,每年报告的杀虫剂中毒案例多达1000起。她还提醒听众注意:化工行业通过学术研究人员和政府监管机构来保护自己的利益,其手段和途径通常不为公众所知。她说:哪项研究为农药的安全性说了好话,农药制造商就出钱为研究花费埋单。连赫赫有名的美国科学院也没有避嫌,科学院最近刚刚审查了农药问题,那份最新报告的主笔是美国科学院委员会,而该委员会的化学公司会员不少于19家,它们代表了农药行业的利益。

演讲那天,卡森的声音坚定而清晰。不料刚过去几天,她就背痛得直不起身来。医生安慰她,说是关节炎造成的关节退化引起的,属于

“正常”。多萝西写信告诉她一些专门缓解背痛的方法。卡森回信给多萝西说,她一直想休息几个星期。她说,才观看过罗杰的学校每年一度的圣诞节表演,十分快乐,以前罗杰都是扮演小角色,这回演的是国王。她还说,一年将尽,要是没有多萝西的不懈支持,她怎会有机会品味《寂静的春天》造成如此巨大的影响,怎会忍受得了日益沉重的病势。

1963年新年这天,卡森又致信多萝西,告诉她病情严峻。原本两人怀揣的许多期望,这一下被浇灭了许多。卡森承认她对多萝西“隐瞒了一点”,忽而记起两人曾相约,凡事绝不向对方隐瞒的。

卡森说,离圣诞节还差一个星期,她又向医生反映背痛得厉害,有没有办法再治一治。医生重新查看了她的X光片,建议马上对脊椎部位做放疗,大大出乎卡森意料。卡森去找克利夫兰的巴尼·克赖尔,克赖尔告诉她,放疗是明智之举,癌症侵入脊椎时,患者会有疼痛感,但X射线检查却查不出什么。早做放疗,才有可能阻止癌症扩散,如果疼痛就是扩散引起的话。好在这次放疗用的机器比较小,不那么吓人,治疗过程也能忍受。放疗再度引起强烈的恶心感,但是现在,治疗结束了,难熬的时刻已经过去。医生告诉卡森,估计要几个星期,背痛才会消退,但卡森对多萝西说,好像没什么变化。

她不想让多萝西担心,她说没确诊背痛就是癌症引起的,也许根本没有恶性肿瘤呢。她特别希望就是这么回事。即便真是癌症引起的,提早逮到它,也算是好事。“所以,有充分理由乐观一下。”卡森说。

其实麻烦的不只是背痛。在同一封信里她还告诉多萝西,有一天她出去为小活宝罗杰买圣诞节礼物,突然眼前一黑,啥也不知道了。醒来时,她发觉自己摔倒在地,还砸翻了一个记录牌。等头脑清醒一些,她想起离平常看病的诊所不远,于是去诊所让大夫给诊断一下怎么会昏厥过去。检查结果:除了心如脱兔,其他好像没什么问题。现在,几个负责为她诊治的大夫都建议她找个心脏病专家看看,因为她最近常说心口疼。除了癌症，其症状很像是心绞痛。卡森怕多萝西担心，想轻描淡写一下："那好吧，近几天我找个时间去看一看。如果真的是心绞痛，也一定比较轻微，我不上山爬坡就是了。"可是，等4个星期后，她去看一个心脏病专家，专家说就是心绞痛，"症状很典型"。

这个病对卡森的影响很大。医院把病床直接安在她银泉的家里，叮嘱她只能待在屋里，不能爬楼梯。卡森告诉多萝西，今后凡是别人能替她做的事，一律不准她做。之所以限制得这么严，是因为她得的这种心绞痛很罕见，尽管医生对发病机理了解得很透彻；而且，这病经常在她睡眠时发作，并非劳累所致。医生说了，运动不大可能改善状况。她预料今后的生活会"很乏味的"。

1963年2月初，卡森致信多萝西说，她现在的作息是每天罗杰一上学，她就回床睡觉——经常是躺在床上，连衣服都懒得穿，但这只会让她越加倦怠乏力。多萝西回信，问卡森如何忍受下这一切。卡森答，有多萝西在，生活才变得轻松，但她隐约提及今后的日子会很艰难："因为有你，快乐的事又平添了许多快乐，艰难之时才不至于不堪忍受。我想，以后还会是这样吧。"

卡森难免要考虑后事，目前看来，她的时间确实不多了。她和其他作家一样，希望人不在了，著述还在。她对多萝西说，过去这10年她们彼此相识相知，这10年满载了悲伤和病痛，也满载了"让人们能记住我的一切"。

未及半月，卡森又收到了坏消息：她的身上又长了两个肿瘤，一个在锁骨，一个在脖颈。她劝多萝西放心，说放疗会拿掉这两个肿瘤，又料想到病势还会进一步加重，不可能就此罢了。她说，面对这种情况，她装不出"云淡风轻"，只是竭力不去多想。但这又谈何容易！那两个新生的肿瘤被发现时，她的胸痛得越来越厉害。终日卧病在床实在是

“不习惯”。她担心自己连拉开百叶窗、抱抱猫这些琐事做起来都困难。病重的事她几乎没跟其他人提起过，于是也就没有人关注她，和住院治疗的情形不一样。她就这样抱病待在家里，又不知道如何节省些体力，真是太孤苦了。

仅仅过了几天，卡森再度提笔给多萝西写信，说她这两个月一直为左肩的“关节炎”叫苦，最近做了X射线检查，很像是癌。再做放疗时，要连左肩一块做。医生叮嘱她，其他关节若是出现类似疼痛，一定要及时就医。

卡森努力保持乐观，她写道：“亲爱的，我的主要意思是说，我们不要陷入对这一切的不快不满之中而不能自拔，要快乐起来，继续享受赋予生命意义的一切可爱的东西——日出日落，海湾的月光，音乐和好书，鸫鸟的吟唱，掠空的大雁苍凉的鸣叫。”

霍顿·米夫林出版社和卡森已经把她上《CBS报道》的事安排好了。广告部的人给卡森提了好多建议和注意事项，教她如何在电视上出镜。比如，拍摄角度不能低过“膝盖以下”，要化淡妆或者不化妆，口红不用为好，因为在黑白影片里，口红常显示为黑色。不过，出版商主要关心的是，卡森的面相尽量不要“太严厉”。访谈的主题是严肃的，但她应当带一点微笑，微笑可以使表情“放松”，不要搞得谈话内容冷峻，脸色也冷峻。霍顿·米夫林出版社最看重的当然还是传达的内容，但他们也希望深受读者喜爱的作家表露出一点温和的天性。她的科学家气质自会显现。

可是，CBS在采访卡森过去数月后，反复调整计划，弄得大家又有些不安起来，不知道CBS是不是有意让这个节目偏向杀虫剂制造业一方，因为他们不光采访了卡森，还采访了批卡森的人。1962年11月，霍顿·米夫林出版社广告部特别提醒卡森思想上要有所准备，上电视节目可能遭遇很难堪的场面。节目的制片人叫杰伊·麦克马伦(Jay McMullen)，素以慢条斯理闻名。霍顿·米夫林出版社考虑,那样一来,"做化学生意的朋友们"反倒有可能把农药说得让人信服。

私底下,卡森觉得CBS的记者埃里克·塞瓦赖德对《寂静的春天》批评滥用杀虫剂是持赞同态度的,她相信自己所谓人类进步常犯粗心大意的错误这一观点,塞瓦赖德也是认同的。卡森保存着一份剪报,那是1958年塞瓦赖德为CBS广播新闻写的一篇稿子,谈的是向月球发射火箭,甚至将来某一天送人登月的设想。塞瓦赖德认为,"赢得了"月亮,意味着丧失人类与月球素来保持的奇妙关系,虽然他理解许多比他年轻的人不会有他这样的感受。他写道:"想必每一代都会有这么一个时刻:年长的人悄然走下进步的列车,他们愿意走回到他们走出的地方,如果能找到路的话。"

病怏怏的卡森等着《CBS报道》播放。时间终于定下了,是在1963年4月3日晚上。等待期间,荣誉纷至沓来:美国花园俱乐部的奖、美国地理学会的奖,还有美国奥杜邦协会的奖。地理学会的奖叫作"卡勒姆奖章"(Cullum Medal),之前这一奖项从未授予过女性。卡森还被选为美国艺术文学院院士。不过,她向保罗·布鲁克斯吐露过心迹:所有这些荣誉中,最打动她的是入选为她的母校宾夕法尼亚女子学院(此时已更名为查塔姆学院)新成立的"全美大学优等生协会"(Phi Beta Kappa)分会的首位会员。

1963年3月初,卡森和多萝西不约而同地感到能在一起的时间不多了。卡森说,她活得一天比一天艰难。稍稍一动就引发疼痛,主要是背痛和双肋痛。另外,从早到晚恶心,恶心得她根本干不了活儿。她既想让多萝西知悉情况,又不想把最糟糕的消息告诉她,内心很矛盾、很撕扯。她说,有一封信是一个月前写的,一个月前的一天夜里,她胸痛难忍,感觉活不到早晨。一想起多萝西,想到就此分别,连说声"再见"的机会都没有,于是她提笔把"我心里想到的"写下来,为的是万一自己突然走了,给多萝西留下点什么。

自那以后又过去几星期,卡森感觉心绞痛缓解了许多,一下子走掉的可能性不大。她觉得她与多萝西一定要以诚相见:“我们的友情之所以奇丽,是因为彼此能畅叙心扉,无拘无束。既然知道我余下的时间不多了,那我们何不潇潇洒洒共同面对呢?”

卡森说,好多荣誉本来是授予她的,现在却要劳他人代领,本来有机会去有趣的地方走走看看,现在不得不一律谢绝,真有点嘲弄意味。她幻想过是不是去一趟默特尔海滩——罗杰一定喜欢,不过,要去就得先飞过去,再租一辆车;从银泉开车去,似乎太不现实。她的情绪越来越怪异,今天一个样,没等到第二天就换了样。不过,只要她能稍微有点事做,她还是可以把控得往,也许还会恢复如常。

她在信里写道:“我很快会好起来的,我敢说。现在极度疲乏,肯定是因为放疗的剂量太大了。我‘遭的罪’一定会过去的。有时候,我真希望自己无所事事,不过,心里有事也许还是好些吧。”

卡森时时追踪科技和环境资讯,不愿落下。1962年12月,她卷入了一场有关杀虫剂的争议:弗吉尼亚州的诺福克地区使用狄氏剂防治白缘象甲。当年初秋,诺福克发现白缘象甲的幼虫,这种幼虫食性贪婪,什么植物都吃。弗吉尼亚农业部马上采取对策,启动了一项治虫计划,在3000英亩地面撒9000磅颗粒型狄氏剂,撒药区域多半是住宅草坪和花园。《弗吉尼亚导报》(*Virginian-Pilot*)对此举作了报道,引起公愤。有消息说,狄氏剂正被大量用于诺福克的高尔夫球场和私人草坪灭虫,使那一带的居民中间的争议越发激烈。

诺福克的新城图书馆表示,馆藏的《寂静的春天》已经满足不了读者的需求。弗吉尼亚州州长小阿尔贝蒂斯·S·哈里森(Albertis S. Harrison Jr.)也卷进了争论。他说他读过《寂静的春天》,但是,如果虫害得不到控制,经济损失就大了。用狄氏剂防治当然有风险,但权衡风险和经济损失，打药治虫还是应该继续下去。连卡森曾经工作过的老单位——美国鱼类及野生动植物管理局也赞同打药，管理局对《弗吉尼亚导报》说：狄氏剂"对野生动物具有极强的杀伤力"，但是，现在防治白缘象甲是当务之急，除此之外，也无计可施。

为此事还打了官司，却没能争取到官方的禁药令，灭虫计划还是于3月正式铺开了。一辆吉普车拖着一台涡轮风机，走街串巷，在全城撒药。卡森接受《弗吉尼亚导报》采访，她说，每英亩用3磅狄氏剂"太多"。官方声称，这样用药是安全的，而且撒药过程会进行认真监控。卡森对这种说法表示不屑，她说："他们老是这一套。"她告诉读者，她在为撰写《寂静的春天》研读资料时，找到了很多滥用杀虫剂的事例，这些事例恰恰都发生在政府主管计划的执行过程中。

1963年初，卡森对另一个几乎不为人所知的环境问题投入了更多的研究。这个问题就是温度升高与海平面上升的关系，她已经关注了多年。3月，一个名为"环境保护基金"的组织召开了一次民间性质的小型科学会议，研讨化石燃料燃烧使大气中二氧化碳含量增加，吸收热量的可能性。会议报告颇有示警之意，对以后的事情作了预报。

报告说："大概可以肯定的是，大气中的二氧化碳含量持续增加的同时，很可能出现地表显著变暖现象，地表温度升高，会融化极地的冰盖，使海平面提升；另外它还可以使海洋变暖，大大改变海洋物种的分布，影响商业捕捞。"

报告还说，"生物化学"对地球气候的调节作用尚未得到充分认识，但是总体而言，气候是长期稳定的。是大自然的"缓冲机制"维持了气候稳定，可是现在，这个机制似乎不足以抵消人类活动致使大气变化带来的影响。这一点值得重视，也许现在可以不重视，但若干年后就必须重视了："大气的二氧化碳含量增加，造成的影响是世界性的。这种影响对我们这一代人而言并不显著，但对子孙后代会很明显。在过去的半个世纪，化石燃料消费已经上升到一个高峰，给大气造成的整体冲击值得全世界重视。”

《CBS报道》的“蕾切尔·卡森的寂静的春天”于1963年4月3日播出。肯尼迪总统也是观众，他的科学顾问杰尔姆·威斯纳恳请他一定看看这个节目。农业部部长奥维尔·弗里曼经常左右摇摆，毫无疑问，肯尼迪和威斯纳十分关心他如何表现，如何亮明政府对《寂静的春天》的态度。卡森呢，也很想了解自己在电视节目里的表现。她对多萝西说，希望自己不要像个“白痴”。她说，在银泉拍摄那两天，她疲惫不堪，嗓音也沙哑，很不自然。

卡森看上去体弱气虚，但她淡定的、波澜不惊的谈话风格十分出彩，与这个观点交锋节目里的主要对手——傲气十足的罗伯特·H·怀特-史蒂文斯的表现，形成了鲜明对比。节目一开始播放了一组镜头：农药喷淋在树木和农作物上，喷淋在居民区，小孩子跟在卡车释放的汽雾里走着，卡森朗读《寂静的春天》里的一段文字，称杀虫剂是“杀生剂”。接下来，怀特-史蒂文斯上场：

> 蕾切尔·卡森小姐的《寂静的春天》一书所作的主要陈述严重歪曲事实，根本没有科学实验证据来佐证，也没有相关领域的普遍实践经验予以证明。她说，杀虫剂就是杀生剂，摧毁一切生命，这显然是荒谬的，因为如果没有选择性的生物活性，这些化合物毫无用处。其实，对人类生存构成真正威胁的不是化学威胁，而是生物威胁，是一群群虫子，它们吃光森林，扫荡田野，糟踏我们的粮食，所过之处，留下贫困和饥饿，把人间的大疾大患传播给本来就营养不良的人们。
>
> 如果信了卡森小姐的说教，我们就会回到黑暗时代，害虫和疾病会再度在地球上兴风作浪。

显然,怀特-史蒂文斯想以这种口气一直说下去。他专门穿了一件实验室的白大褂,意在强调他掌握了专业知识,岂是"卡森小姐"歇斯底里式的愚蠢可比。但是,CBS在怀特-史蒂文斯发言时切进了几个镜头——冒泡的烧杯和化工公司的大烟囱,这么一搞,让观者也不好分辨他是清醒的科研工作者,还是科学疯子。怀特-史蒂文斯说,已注册的杀虫剂只要按说明书使用,**决不会**对人和野生动物造成危害。这种话,就像他说的,是严重歪曲事实。他说得越多,他为杀虫剂所作的辩解越像是华而不实的封面故事。这边说,那边塞瓦赖德把杀虫剂使用的统计数据一一列出来,将农作物损失、农药用量,还有产自农场、家庭和果蔬园的带毒产品的数量作了总计。那些数据听一会儿便听得人发木,不过,看样子那数据是**够多的**。

支持杀虫剂的不只是怀特-史蒂文斯。美国外科医生卢瑟·特里(Luther Terry)说,杀虫剂对防控疟疾等恶性疾病十分重要——不仅在美国是这样,在国外更是这样。美国食品及药物管理局局长乔治·拉里克(George Larrick)认为,食品里的农药残留不算问题。他的看法是,农药小到一定剂量就是无毒的。这个观点得到了杰伊·麦克马伦的支持,大部分访谈是他做的。美国公共卫生署的韦兰·海斯一向为杀虫剂辩护,态度坚决,他认为,没有任何证据证明美国人平常使用杀虫剂的剂量构成了危害——但他也承认,人的脂肪组织里的DDT蓄积量是可以测出的。他说,DDT蓄积量"尚未造成可检测到的伤害"。

这套辩词卡森是再熟悉不过了。她回应道:"杀虫剂的好处,我们听了很多,杀虫剂如何安全,我们也听了很多,但对杀虫剂的危害、杀虫剂事故、杀虫剂低效却知之甚少。而民众却被要求接受这类化学品,默认其使用,他们并不了解问题的全貌。所以,我打算把缺失的这部分补上。"

CBS让卡森朗读几段《寂静的春天》,包括那段极为重要的免责声明。免责声明说:她在书中所述都不应解释为号召停用所有杀虫剂。选读的段落概括了卡森揭示的几个最骇人的事实——杀虫剂借食物链放大了影响,附带伤害了非目标物种,让鸟类销声匿迹,另外还亮出了一个犯众怒的看法:现在不论什么人,不管是什么目的,有毒物随处可以买到,要说毒性,它们比处方药物厉害多了。人无法逃离这个处处有毒的新环境。她说:“我们一定得记着,今天出生的孩子,从出生那刻起就接触这类化学物质,甚至出生之前就接触了。他们成年之后,接触毒质又会给他们的生活带来什么影响呢?我们无从知晓,因为我们从未经历过这个。”

做到兼听而不偏信是很难的,但是,兼听则明只要存在,就很容易觉察到。辩论以卡森获胜告终,她泰然自若的仪态、理性的话语、深切的思考,无论如何也不像是一个偏激分子或共产主义鼓动者。

卡森比联邦政府发言人表现得要好,这个不难想见,一个原因是政府发言人无权决定采取何种立场、姿态。说完食品的农药残留不是个问题,食品及药物管理局的乔治·拉里克又不清不楚地补充了一句:《寂静的春天》让食品及药物管理局“用新的眼光来看待我们对公众承担的责任”。拉里克对政府的杀虫剂监管能力表示怀疑,因为创新速度太快,新产品大量涌向市场。另外他承认,使用飞机大面积喷洒农药,不可能就局限在预定的喷洒区域内,而且,药效也很难做到只针对目标物种。

怀特-史蒂文斯也承认大规模喷药对野生动物造成了一些负面影响,但坚持说,“一般情况下”,野生动物的数量很快就恢复了。食品及药物管理局的一位发言人说,在饮用水中的确发现了农药残留。拉里克证实,牛奶里也有。他说,还没有为牛奶设定DDT和其他农药含量的上限,但目标是不允许牛奶里有杀虫剂,因为牛奶在婴幼儿饮食中具有“非常特殊”的重要性。

鱼类及野生动植物管理局的一位人士对杀虫剂的态度极其严厉，这也不足为怪，因为该管理局很早就做杀虫剂检测。他说，杀虫剂伤害野生动物的现象十分普遍，现已证明，亚致死剂量的DDT能造成鸟类生殖发育障碍；人们对整个环境被杀虫剂污染的情况还了解得不够，但是，体内无杀虫剂蓄积的动物现在已基本找不到了。外科医生卢瑟·特里替人类说话，他认为主要问题是长期暴露于低剂量杀虫剂的后果是什么。众所周知，人和野生动物一样，体内也有杀虫剂残留，而是否造成危害却没有定论。

搁在平时，奥维尔·弗里曼属于那种谁都不敢不把他当回事的人，可这会儿，面对卡森对官府不是无能就是不作为的指责，恰恰是弗里曼将政府思路不清、绵软无力的回应拿捏得最到家。他竭力想说明《寂静的春天》给官方政策带来了冲击，镜头前的他有些晕头转向：

> 这么说吧，我是相信，这本书呢，会让美国人民了解到，我们还有更多的工作要做，但是呢，个人也必须有意识——这跟别的事情是一样的。政府不会替你弄这个，别人也不会替你弄这个。可以说，你自己得亲自去弄。也就是说去保护自己，就是说，当你自己保护不了自己的时候，就让政府来保护你。

弗里曼说的“弄这个”是什么意思，并不清楚，好像是在说杀虫剂的监管及正确使用——可是政府在大小场合中不是早就让公众放宽心吗：一切尽在政府的掌控中，有条不紊。有人问弗里曼，他很有把握，那他是否认为公众已经充分了解了杀虫剂的潜在危害呢？“答案我可以说得很干脆，就是没有。”问他为什么，他答，他认为公众是“不接受”这类信息的。某一刻，他竟不合时宜地微笑着说，打药灭虫计划伤害了野生动物这个话题，他可以“怎么说呢，用一种置身事外的态度”来谈，因为，卡森提及的所有事例全是在他担任农业部部长之前发生的。有人问，美国农业部花费多少钱研究生物治虫办法？弗里曼答，每年大概150万美元——杰伊·麦克马伦说，化工行业仅研发一种合成杀虫剂就投资了200万美元。

节目进行中，塞瓦赖德和麦克马伦都说谈论的主题是“农药问题”。节目快结束时，麦克马伦对着摄像机作了一段长篇演讲。他采访的大部分专家对这个问题缺乏深度了解，他不禁为此喟叹。肯尼迪总统的农药委员会说好要发布一份报告的，却一拖再拖，麦克马伦对此提出了质疑。他说，CBS了解到一个情况：该委员会内部分歧很多，如果对杀虫剂采取了措施，会出现何种局面？政府机构对这个问题各有一套推想，致使委员会的报告写写停停。

塞瓦赖德最后用一段哲思式的评语为这档电视节目收尾。他说：蕾切尔·卡森及其批评者的真正分歧，与其说是杀虫剂之争，不如说是两种截然相反的自然观之间的对立，不如说是有关人类在自然中的地位的两种认识的对立。怀特-史蒂文斯马上接过话茬：人建了城市，铺了道路，修了机场，人口在爆炸式增长，可以说，人类已经打破了所谓的自然平衡，人之所以生存下去，靠的是不断控制损害人类利益的自然进程。卡森闻听此言差点失笑，她稍稍坐直身子，说道：

> 在这些人看来，人类刚一出场，自然平衡就被废掉了。这样吗，你也可以认为自己能把重力定律给废掉。自然平衡的基础是生物与生物之间、生物与环境之间的一系列关系。不能凭蛮力介入，也不可能只改变一种关系，不改变其他众多关系。这不是说人绝对不能介入，绝对不能让自然平衡向有利于人类的方向偏侧。不过，在做这种尝试的时候，一定要弄清楚我们在干什么，一定要知道有哪些后果。

这就是生态学的现代定义，简洁、明了。电视节目组让卡森讲下去,详细表述她的思考。卡森说,人类已经拥有了毁灭自然的能力,在这种情况下,认识和尊重自然平衡就显得格外重要。现在,我们隔几天就让"核爆的致命产物"如乱雨般落在地球上,人类离悉数灭绝还远吗!人是大自然的一部分,不是自然的主宰,不懂得这个道理,人免不了犯傻犯浑,向自然开战。

她最后说:"我真的认为我们这代人一定要和自然和谐共处。以前人类未曾受到过挑战,现在挑战在即,人类要证明自己的成熟,证明人不是自然的主人,而是自己的主人。"

对卡森和出版商而言,这期电视节目是个胜利。霍顿·米夫林出版社特意为马萨诸塞州渔猎部的一个工作人员买了一份节目拷贝,那人想在会议上播放。节目这么顺利,卡森挺开心,回过头来她又开始考虑健康和今后的事。她收到了《CBS报道》的一家赞助商——奇伟鞋油公司(Kiwi shoe polish company)的来信,她很高兴。鞋油公司美国分公司的老板直接写信告诉她,公司收到的信件如雪片一般,称赞他们为公众贡献了"一期具有重要意义的节目"。公司在美国播发广告15年了,赞助的节目还从未收到过"这么好的反响"。

《寂静的春天》让卡森备受鼓舞,保罗·奈特预计得没错,美国内政部在现在的帕塔克森野生动物研究中心新建了一个杀虫剂实验室,切实加强对杀虫剂问题的研究。卡森受邀参加实验室的揭幕仪式,却未能成行——内政部部长斯图尔特·尤德尔发了话:她到场要隆重接待。尤德尔在致辞中说:这是政府下属的第一个专门研究杀虫剂和野生动物的实验机构,但它研究的问题决不限于化学品和动物:

> 实验室关注的是人——是人类对周围自然世界的认知,是人类如何明智地利用工具去掌控世界。这里所做的研究,可以防范和终止"寂静的春天"那样的威胁弥漫全球,因为这

个实验室标示着一种新国民意识的发端，即意识到我们曾几乎不假思索地带给我们赖以生存的这个世界种种现时的和潜在的危险。

蕾切尔·卡森，一位伟大的女性，指出了我们身旁的危险，振聋发聩，唤醒了整个国民。我们应当向她表达由衷的感谢。

其实，内政部委托美国鱼类及野生动植物管理局正在对杀虫剂数据进行为期两年的审查。几个月后，一篇厚重的报告公布了审查结果，包括在距离使用农药地区数百甚至数千英里之外的野生动物受杀虫剂污染的证据。研究人员认为：美国有75%的土地从未施用过杀虫剂——而且任意一年内，仅有约5%的国土施用过，但是，在美国北方的广大地域里采集的飞禽走兽，每4只中有3只体内检出了DDT等杀虫剂。有些物种——特别是秃鹰——体内组织基本全都检出了DDT。

1963年春，总统农药委员会的报告还没影儿，一直等到5月15日总算发布了。全文43页，几乎所有人都认为这份报告是替《寂静的春天》说话的。CBS受到鼓舞，播出了“蕾切尔·卡森的寂静的春天”的后续节目，为该书美言。塞瓦赖德报道说：“今年最具争议的书”《寂静的春天》已经售出50余万册，“举国为之争吵”。CBS报道说：杀虫剂如果使用得当，对防病抗病具有重要作用，尤其是1962年秋，佛罗里达州圣彼得斯堡地区爆发了蚊子传播的脑炎，用杀虫剂效果显著。但该报道也承认，使用杀虫剂有诸多风险。

塞瓦赖德采访卡森，让她谈谈对农药委员会报告的看法。卡森说：报告说农药虽然施用面积很小，却污染了大片景观，这比她的观点更进一步。塞瓦赖德在报道收尾时说：《寂静的春天》和总统农药委员会都确认“空气里有危险，水和土壤里有危险，树叶和草里也有危险”。他说，《寂静的春天》想达成两个目标，一个是提醒广大公众注意杀虫剂滥用的危害——这个卡森已经做到了，另一个是在政府治下“点一把火”。塞瓦赖德说，她达成了第二个目标的“证据”就是肯尼迪总统的农药委员会出具的调查结果。

这篇报告发布两天后，《纽约时报》登了一篇社论，考虑到对使用DDT、七氯、艾氏剂、狄氏剂等杀虫剂的公共管控不够，呼吁“严格复检”这类“烈性物质”。《纽约时报》没有提卡森的名字，它说：农药委员会的报告证实了合成杀虫剂“如不加限制，随意扩大使用”必然带来诸多危害——她早就发出过这样的警告。《纽约时报》说：“这类化学物质即便使用得当，也毒杀了大量的鸟类、鱼类及其他有益生物，破坏了生态平衡”，这点是毋庸置疑的。

“另外，”《纽约时报》写道，“农药委员会明确指出，这类化学毒物均能通过吃进的食物、吸入的空气，甚至透过皮肤进入人体。持续少量摄入究竟会对人造成何种长期影响，目前还不清楚。但大量摄入造成的可怕后果早已毋庸置疑。”这期《纽约时报》还报道了这样一则消息：总统的科学顾问兼农药委员会主任杰尔姆·威斯纳已敦促国会设立一个“大型环境健康中心”，研究杀虫剂对野生生物和人类健康造成的影响。威斯纳说，我们对危害的广度还不了解，但杀虫剂很可能比放射性沉降物的危害大。

多萝西写信给卡森说她一定“非常高兴”，1963年5月15日将“作为蕾切尔的胜利日永载史册”。多萝西再次为《寂静的春天》奏响了那完美的音符而惊奇，同时她也为一位女性写出这样的力作感到满意。她说，世人将铭记蕾切尔·卡森的名字，比记住当时正乘坐“水星”号飞船绕地球轨道飞行的宇航员戈登·库珀(Gordon Cooper)的名字更长久。

农药委员会的报告就农药影响研究、农药污染环境评估等问题提出了多项建议。报告说，依据《联邦杀虫剂、杀菌剂和杀鼠剂法》登记农药时，应当考虑对野生生物造成的危害。报告明确要求提供经费，查明政府的喷药计划会造成何种损害。还指出，1962年喷药计划获得了约

2000万美元的经费,却没有一分钱被用来同步开展农药影响环境的田野研究。该报告在结尾处特别提到了蕾切尔·卡森,它说:涉及农药管理和使用的联邦各政府机构,应当发起公众教育计划,让普通百姓了解、认识农药的潜在危险及农药的"有毒本性"。本来,这是不证自明的,但是现在,随着《寂静的春天》这部著作的出版,显然有必要进行教育强化。肯尼迪总统为该报告签发了一则批示:责令"负责的机构"按报告的建议执行,还要着手为立法作准备,以保障建议的实施。

但是,仔细推敲报告不难发现,农药委员会内部仍有分歧,这份报告杂合了多方意见,根本无法执行。报告中无一处要求马上减少农药用量,甚至连提议都没有,反倒直白地说:"本委员会认为,有相关知识的产粮户和负责疾病防控的机构的实际工作造成了当前的有利条件,而要想维持这种有利条件,必须继续使用农药。"有这个大前提在,所有关于加强农药研究的建议(它们总归是必要的)都隐含了一个意思,那就是:没证明农药有害,它就没害。这才是官方的真实看法。

《纽约先驱论坛报》的专栏作家约瑟夫·艾尔索普(Joseph Alsop)认为,这份报告是动口不动手。他写道:"如果蕾切尔·卡森是对的——我看她基本都是对的,那就应该有所作为,有所行动啊。而且,这个作为或行动一定要比总统的科学顾问们写的那报告有棱角、有力量,看看那报告,好似一位老太给一个结结实实的醉汉讲思想品德课,差着劲呢。"

卡森把买新车的事告诉了多萝西。车子开起来很顺手、很畅快,坐在里面就像顺水行船,乘风飘飞。车里还有安全带,带罗杰方便了,还有收音机。1963年5月初,她说很想和多萝西见个面,说说话,"有些事我必须跟你说一说,而且还要搂着你说。"这事不太好办,因为多萝西的丈夫斯坦·弗里曼近几年身体每况愈下,现在又病了。卡森心里直念叨,看来多萝西一时半会儿不大可能过来看她了。她说:"我想,我们现在就得顺其自然，随遇而安。”最严酷的真相是卡森不敢说自己夏天还能不能去缅因。有传言（多萝西说她不知道这传言是怎么传起来的）说：卡森那年有可能把她的小屋租出去。

不过在5月末，卡森和罗杰乘飞机去了缅因，在弗里曼家待了5天。卡森早就定好了这年夏天在绍斯波特岛过，但她得先回趟家，和国会议员照个面：康涅狄格籍参议员亚伯拉罕·里比科夫（Abraham Ribicoff）的政府工作委员会召她参加听证会，讨论如何协调联邦政府的措施，应对农药给环境造成的危害。1963年6月4日，卡森出场了，里比科夫显然是站在她这边的，他按捺不住要为农药之争策马抡刀。

总统的农药问题小组曾经提出过一个建议，要美国农业部停止“异议登记制”。所谓“异议登记制”就是：一种农药虽然农业部认定不安全，却仍然可以在市场上销售一段时间，且不通告任何人该农药未获得批准。农业部部长奥维尔·弗里曼已经告诉过里比科夫委员会，赞成废除异议登记制——可是，当新闻界索要未获得批准、目前却仍在市场上销售的农药的名录时，弗里曼手下的机构却说不行。里比科夫大怒，他说，农业部必须当天公布名录，不然的话，第二天他就在参议院当众把它念一遍。

卡森将一份很长的、事先准备好的声明提交备案，把农药造成广泛的环境污染的情况叙述了一遍，特别指出农药不断在世界各地的生物体内蓄积，这样的例证越来越多。她提出了一些具体建议，比如支持农药委员会加大研究力度的呼吁。另外，她认为：民众应当申诉求助，尤其是在违背其愿望，在其居住生活的地方喷药的情况下，农药的销售和使用也要严格限制。里比科夫特意问卡森，是否主张禁用农药。卡森回答不是，她同意里比科夫的看法：有人说《寂静的春天》主张禁用农药，那是无端的指摘。

卡森还接受了阿拉斯加籍参议员欧内斯特·格里宁（Ernest Gruening)的提问。(一年后,格里宁脱颖而出:美国进一步介入越南战争的《东京湾决议》只有两个参议员投票反对,格里宁是其中一位。)格里宁想知道卡森是否支持设立一个新的联邦机构——他想该机构可以叫作生态部(Department of Ecology),专门负责农药监管及其他环境事务。卡森说这应该是件好事。

1963年6月25日,卡森和罗杰在卡森的助手珍妮·戴维斯陪同下到达绍斯波特岛,罗杰刚好可以开始为期一个月的夏令营。卡森对多萝西说,她之所以决定这年夏天去缅因,一个原因是她不想当个废人。她觉得,只要细心些,自己还是能自理的。心脏病是个问题。脊背也是问题:她最近有过一次压缩性骨折。医生们警告说,只要跌倒,后果都可能很严重。但即便这样,卡森还是给多萝西发去一封短信,上写:"中秋月高、潮水低平之时,可否帮我找一处仙洞?很想再去一探,重温珍贵的记忆。"

1963年9月初的一天,卡森和多萝西开车来到绍斯波特岛南端的尼瓦根村。尼瓦根海滨小栈周围是郁郁葱葱的花园,朝西有一片宽阔的草坪,面向希普斯科特湾对岸的格里菲斯角。吃过午饭,两人步出小栈,四周景致尽收眼底。天空澄碧,宁静如夏日;侧耳听风,风过云杉,丝丝如缕;侧耳听浪,浪拍岸石,锵锵作响。地上有几只黑脉金斑蝶翩翩飘过,迁徙本能产生的那股无形的力拽着它们向前,一只跟着一只,朝同一个方向飞去。卡森和多萝西细说起黑脉金斑蝶,谈到它们复杂的生命周期:一年之内,黑脉金斑蝶在数千英里的旅程中生生死死,更替几代。

几天后,卡森回到银泉的家。她写信给多萝西,提及黑脉金斑蝶,说它们是一则幸福的记忆。在那个晴好温暖的日子里,两人均知,所见的黑脉金斑蝶再不会回返。说也奇怪,这在当时似乎并未令人生出感伤。卡森想，大概是因为她和多萝西都晓得一切生命必有生死始终，这是自然之理。黑脉金斑蝶的生命周期只能按月计算，卡森说："对我们自己而言，度量的尺度是另一回事，我们不知道会延续多久。但是，其中的哲理却是一样的：无形的生命圆圈走满一周时，生命便告终止，这是很自然的事，没什么不快乐。"

卡森的癌症迅速扩散。她在医院捱过了漫长的一天，X射线检查发现，肿瘤已侵入骨盆左侧——夏天，她身痛、跛行，都和这有直接关系。还在缅因的多萝西很想安慰鼓励卡森，于是一封接一封写信，说她在绍斯波特岛的生活，她和卡森聊鸟儿和植物，有时想象两人趁着月光在希普斯科特湾边散步的情景。多萝西记得，很久以前，在海湾边散步过后，她对卡森说，她的皮肤像雪花石膏般光洁。

1963年10月，医生们开始用睾酮和磷制剂为卡森治疗，他们认为这样治可以缓解不适感，减轻行走困难。这对卡森来说太重要了，因为当月下旬已有安排，她要赴旧金山的凯泽医疗中心作一次演讲。但她的信心却在一点点流失，肉体的苦痛每天都在加剧，一会儿这痛，一会儿那痛，也没个确切地方，她怀疑自己难以成行。有时，她根本走不了路。多萝西深为怜惜，她说，她多么希望卡森能够不带病痛、毫无畏惧地去加州。她提起她和卡森最初相识时一同看到的一些东西，一块做的几件事。现在，她知道，她俩再也看不到那些东西了，再也做不了那些事了，不过，就算是这样，她也心满意足。

旧金山之行颇为艰难，尽管有玛丽·罗德尔一直帮助卡森料理。当地一家报纸刊登了一篇报道，说卡森是一个"害关节炎害得瘸腿的中年老闺女"，她那本控诉农药危害的书撼天动地，已经搞得费尔蒙特酒店人满为患了。

卡森对多萝西说，飞越大峡谷太令人兴奋了。她喜欢旧金山，要是还有来世，一定要在那儿快快乐乐地生活几年。演讲前一天的上午，她抽空去了趟缪尔森林看红杉。坐在轮椅里观看那样壮美的景观，多少让人有些失意、沮丧。观光很耗人体力，但是想想她要出席几个场合，讲话，一坐一整天，观光的辛苦与之相比，简直不算什么。她跟多萝西说，去旧金山她不后悔，但是自己的身体太差了，赶在这时候迢迢远行，横贯东西，实在是犯傻。回到家，她又致信多萝西说，现在她没有义务、责任压身，“犯傻也无碍”。她已经开始定时服用安眠药，多半时间卧床。她说，想让清醒的时间长一些，这样她可以拜读一下斯图尔特·尤德尔寄赠的签名本《无声的危机》。

有些日子舒服，有些则不然，但卡森说，她的日常作息很少变化。有时候她也下床，下与不下要看感觉好坏，看能否扶着东西在屋里走一走。她说，她并不是一直忍痛受苦，叫多萝西放心，有时候自感好一些，不过，她在一封信里写道：那天，手一点不听使唤，她不得不搁笔。

卡森同意将个人文档捐赠给耶鲁大学。1963年11月，她开始整理以前的手稿，整理与出版商的往来书信。她说，这是一种特别的体验——那幸福惬意的感觉是她未曾想到的。她对多萝西说，要是能和她一块做这件事就好了，那氛围如“朝露般清新，洋溢着圣洁、神奇”，令她回想起自己最初投身文学创作的点点滴滴，忆起她和多萝西早先在缅因的时光。当月晚些时候，也就是在1963年11月22日肯尼迪总统被刺杀后，卡森一连数天难过得无法提笔给多萝西写信。她说，像是失去了一位亲人，总统遇害让她“对国内生活的积弊——被这么多人鼓吹、宣扬的偏执、狭隘、仇恨——深感震惊、沮丧和厌恶”。

现在，她的颈项常持续剧疼，双手也不听使唤了。12月初，她去纽约接受美国地理学会颁发的卡勒姆奖章。她不放心把部分文档寄到纽黑文，于是直接带着文档到纽约，由玛丽·罗德尔过后转交给耶鲁。斯坦和多萝西夫妇去纽约参加了这次活动。他们和卡森待了几个小时。事后，多萝西写信给卡森，说她没想到秋天离开缅因之后，还能再看见卡森离开病榻；仰望卡森站在讲台上，"是那样清新、那样可爱"，她差点落泪。

1963年离圣诞节还有一个星期，卡森心爱的猫杰菲(Jeffie)死了，她悲伤不已，不过她说，自己也感到一些释然：为杰菲和罗杰的事，她发愁了好一阵：她要是不在了，他们该怎么办？她想过：不管谁来抚养罗杰(对这个问题，她没有具体的办法)，也不大可能连猫一起带走。她对多萝西说，现在猫死了，她少了一件心事。几天后，她说特别期待多萝西能趁假期过来看一看，夏至已到，白天更长，也许她俩还能一起在绍斯波特岛过一夏。

多萝西来银泉待了4天。两人直说美好、惬意——卡森达观地谈了自己的未来。她觉得以前说疾病说得太多了，留下的时间太少太少。现在，她身上几乎无一处不痛。一位医生最近才告诉她，她已经带癌症生活了3年。卡森说，本以为那医生会加上一句"来日无多，勿须多想"，可医生没说。就在卡森把这话告诉多萝西后没几天，斯坦·弗里曼突发心脏病去世了。死前，他坐在西布里奇沃特的厨房餐桌旁，看几只小鸟飞到他刚添了食的饲料盒边吃东西。

闻听此讯，卡森悲痛欲绝。她后悔老是拿自己的健康烦恼给多萝西添乱，她说她"一时半会儿还会活在世上"，打算尽量分出时间去照顾多萝西。她赶赴西布里奇沃特参加了葬礼。这次心境沉重的访问中尚有一缕快意，那就是跟小斯坦利及其妻马德琳(Madeleine)熟识了一些。她对多萝西说，小斯坦利继承了父亲的"可爱、温柔"的性格，令她难忘。小斯坦利送卡森去机场，他对卡森说，父亲当初会怎样待她、帮她，他也随时准备照做，替父尽心。她对多萝西说，有这样一个好儿子，真是她的福气。

又过两个月，马里兰州正值早春。这天，一名为卡森治疗的大夫顺路来她家里看看，说“只是走动一下”。卡森想最近就去克利夫兰诊所找巴尼·克赖尔看看，大夫表示赞同。癌症已经扩散到了肝脏。在克利夫兰住院几周，她危在旦夕。她对多萝西说起自己曾有一次灵魂出窍的体验，感觉很愉悦。4月初，她体力有所恢复，可以回家了，但病情却没什么好转。多萝西特地来看望她。回到家几天后，她告诉卡森，看见她还能描述那些天的感受，她很高兴。1964年4月14日上午，她写信给卡森，说她体验到了“一种美好的平和感”，每天早上，跳入脑际的第一个念头就是想知道卡森前一天晚上睡得怎样。每天早晨都有小鸟在银泉的房子外面唱歌，这是多么美妙啊。当天傍晚，卡森的心脏停止了跳动。夕阳西下时，她去世了，享年56岁。

卡森的遗物里有一封给多萝西的信，是一年前花了好几天写的。信中满是离别的话，还有卡森的心愿：希望多萝西不要把最后几次在一起的悲伤记在心里，而要把以前的无数快乐记在心里。“我想，你一定不要为我感到惋惜，”卡森写道，“我的生活丰富多彩，得到的回报和满足很多很多，非常人能及。假如生命现在就结束，我自感大部分愿望已经实现了。”

卡森被火化了。她的哥哥罗伯特坚持取回一些骨灰埋在母亲的墓旁，不太情愿地同意多萝西把剩下的骨灰撒入绍斯波特岛的大海。

1964年5月4日，凌晨5点，尼瓦根正值涨潮。为了赶上退潮，6点30分，多萝西驾车来到岛的另一端。天空平静而清澈，浪涌扑击着岩石，犹如大海的脉搏。多萝西在花岗岩上找到一条裂缝，缝里的海水随着每一股波浪涌起。她把骨灰倒入海中，再抛下一枝白色的风信子花。而后茫然不知下边该如何。天气这般美好。她坐下，坐了很长时间，看着鸟儿和蔚蓝的海洋，直到潮水再度涌来。

尾 声

《寂静的春天》出版已逾半个世纪,而美国人对这本书的核心要义一直没有完全接受,因为这个国家为保护自然环境的努力中,总是掺杂了进步、派性,还有蕾切尔·卡森所熟悉的执拗。很难想象她生活在现在会是什么状况。也许她喜欢用电脑写东西——对于一个爱反复修改的作者而言,还有什么比Microsoft Word更给力呢;也许她觉得在互联网上什么信息基本都能查到,实在是件美事。生物学领域的一个个重大突破,在分子层级揭开了细胞和基因组的内部运作机制,会让她惊喜不已。而其他变化她可能不太适应。电子书、智能手机、社交网络可能会令她惊愕,在她那个时代占据文化半壁江山的名刊大报逐渐衰亡,可能会让她伤感。她会努力弄清楚为什么新近会出现激烈的反科学现象:进化和气候变化等问题竟被弄得云遮雾罩——换了她,一定不会把这些问题视作"问题",只能当作事实,不容怀疑。

时任霍顿·米夫林出版社广告部主任的安妮·福特(Anne Ford)在为卡森的讣告整理材料时,写下了她对著者的回忆。她记得有人说卡森是"自然的修女"。多么怪异的看法!不过,这看法和福特对卡森卧房的印象十分相称。那卧房就像是一间"森严的"修道院密室,一望便知居住在里面的人崇尚简约和秩序——还有平和与宁静。

环境保护运动肇始于冷战,冷战结束后得以延续,这应当归功于卡森，她不仅缔造了运动，更让它最终能够自力自行。《寂静的春天》包含了很多东西，有祈求，有辩论，有祷告，而最关键的是它思想正确，这一点连前期有些持怀疑立场的人也不得不承认。吉福德·平肖（Gifford Pinchot）的老家宾夕法尼亚州米尔福德市建有平肖自然保护研究所。1963年秋天，农业部部长奥维尔·弗里曼邀请卡森和肯尼迪总统一起为研究所揭牌剪彩。

卡森谢绝了。

平肖研究所1963年开张的第一年，另一家研究机构——帕塔克森新建的野生动物病理实验室做了多次实验，结果表明，水禽和山地猎鸟的食物来源所含的农药剂量虽不足以立即致命，但是能造成动物繁殖能力下降，最后难逃灭亡。帕塔克森的研究人员对农药在鱼类体内的长期多代影响进行了研究，监测到鸭、鹅、秃鹰、鹿等野生动物肌体内农药残留积蓄“严重”。

1964年春，也就是蕾切尔·卡森去世的前几天，内政部部长斯图尔特·尤德尔对里比科夫参议员的委员会说：农药如此大范围的污染，证据确凿，不能不服，必须启动全国性农药监测计划。他还说，当务之急是立刻停止使用烈性化学杀虫剂，是时候了！这番话等于承认，有些农药即便按照说明书使用也是不安全的，不管农药制造商和政府监管机构如何申明、举证。尤德尔指出，他领导的内政部手里掌握的杀虫剂毒害野生动物的证据越来越多，许多事例，比如密西西比河下游鱼类大量死亡，令人瞠目，却都是“正常”使用杀虫剂的后果。他说，一定要想办法控制毒性残留时间长的杀虫剂在环境中四处流动，倘使别无选择，那就干脆停用。

这当然也是卡森在《寂静的春天》里亮明的观点：毒害环境某个边角，很可能会毒害整个环境。1964年秋，尤德尔对大部分国有土地行使权力，出台新规，对美国内政部管辖的5.5亿多英亩土地使用杀虫剂实行严格管控。新规把使用农药控制病虫害列为最下策,即便使用,也要尽量限制范围和剂量。他指示,有关机构或部门不要使用已知能在生物体内蓄积的杀虫剂,如DDT、氯丹、狄氏剂和异狄氏剂。两个月后,鱼类及野生动植物管理局发布通告,明确表示严重关注秃鹰的状态,因为研究发现秃鹰体内的DDT蓄积量达到了骇人的水平。

十几年来,杀虫剂的危害一直是不断壮大的环保运动的聚焦点,最终,美国通过了《清洁空气法》(1963年)、《清洁水法》(1972年)和《濒危物种法》(1973年)。1970年4月22日,威斯康星籍参议员盖洛德·纳尔逊(Gaylord Nelson)组织环保人士举办了第一个"地球日"(Earth Day)活动,全国各地有数百万人参加集会。纳尔逊酷爱奥尔多·利奥波德的《沙乡年鉴》和卡森的《寂静的春天》。当年春天,内政部部长沃尔特·希克尔(Walter Hickel)把尤德尔之前制定的有关在联邦国有土地上使用农药问题的政策变成律令,正式禁止使用DDT、艾氏剂、狄氏剂、七氯、林丹等杀虫剂。

理查德·尼克松在1969年就任总统后不久,便在他的执政班子里设立了环境质量委员会。1970年4月,全国各地举办"地球日"活动,有人向尼克松建议,设立一个新机构,专职监管环境事务,包括依照《联邦杀虫剂、杀菌剂和杀鼠剂法》登记和使用农药。7月,尼克松要求国会批准成立环境保护局。12月,环保局正式办公。新机关的首批工作就是将好多农药禁用,先从DDT下手。一群热情满怀的年轻的法律工作者承担了注销农药登记的任务。20世纪70年代,美国环保局禁止在国内使用DDT、艾氏剂、狄氏剂、氯丹、七氯和异狄氏剂,但没禁止制造商出口。于是,美国和瑞典成为首批禁用DDT的国家——别忘了,发现DDT妙用的保罗·米勒可是在瑞典拿的诺贝尔奖啊!

早期的反环境污染行动是强烈而迅疾的,但从那之后,无论是民主党上台,还是共和党执政,雷厉风行演变成了环保局的迟缓和绵软。化学和生物测定技术越搞越复杂，杀虫剂制造商一份接一份地拿出研究结果，弄得环保局目不暇接，这样，一些本来可疑的农药连续多年滞留在市场上，拖着耗着就是不重新办理登记注册。现在，这种状况可能要有所改变了，因为环保局已经开始关注干扰激素或模拟激素的化学品，对它们盯得比较紧。

1996年，毒理学领域经历了一次乾坤震荡，地动山摇，原因是一本名为《被盗的未来》(*Our Stolen Future*)的书出版面世。书中描述了新近出现的现象：有些化学品，比如DDT及其副产品等杀虫剂，常与细胞内的专门受体相结合，这些受体的任务就是识别雌激素等激素，但它们会被化学模拟物欺骗，结果造成患病、生殖障碍及出生缺陷——对生活在接触农药较多地区的人口开展流行病学调研，也显现出同样的问题。在许多人看来，《被盗的未来》就是《寂静的春天》的姊妹篇。该书出版发行当年，国会指示环保局研发新的检测方法，检测化学品是否会扰乱内分泌。

直到2009年秋季，首批新的检验方法才获得批准；获批后，首批被检测为能扰乱内分泌的化学物质里就包括莠去津。莠去津是一种除草剂，多年来世界各地数它用得最多。2003年，欧盟禁用了莠去津，而美国却还在用，而且又用了很长时间，原因是在莠去津是否安全这个问题上，环保局跟制造商们缠来绕去，没个定论。1988年，国会命令环保局对老牌农药重新造册登记，包括莠去津。1994年，莠去津被指定接受“特别审查”。在历经12年，做了100万页的文案之后，环保局竟然不顾莠去津是内分泌干扰素的事实证据，重新予以登记注册。又过了3年，环保局用自己研发的新检测法证实了莠去津确有问题，于是再度予以立案。

2006年，世界卫生组织宣布，支持(主要是在非洲)使用DDT防治疟疾。在此之前，世卫组织从未同意用DDT防治疟疾，而就在这年，它却决定对DDT的功效给予肯定。这一动议得到了大多数环保组织的支持——倘若卡森在世,也一定会支持。但不管怎么,卡森想彻底停止使用化学杀虫剂的神圣理想依然存在。

眼见使用化石燃料造成全球变暖,却无所作为去扭转或减缓这一趋势,这是卡森不能容忍的。乔治·W·布什(George W. Bush)在2000年竞选总统时曾承诺,要让环保局把二氧化碳排放列为温室气体污染物。可是,2001年刚上任几个星期,他就来了个180度大转弯。他还宣布,美国不签署限制温室气体的国际协议《京都议定书》。美国科学院应布什之约,调查全球变暖问题。2001年6月,科学院向这位总统报告说:全球变暖真实存在,人类活动是主要原因,而且情况越来越糟。但布什毫无作为,自那以来,除了汽车燃料消耗小有改善之外,几乎没有全局性的改变。面对这样的问题却无意奋起应对,倘若蕾切尔·卡森在世,一定不会觉得诧异:人类所作所为损害了环境,人类却对此摆出一副傲慢不屑的样子,这情形她太熟悉了。

罗杰·克里斯蒂随布鲁克斯夫妇(卡森早在遗嘱里指定他们作为罗杰的监护人)还有弗里曼夫妇一起生活。不知什么原因,她从未和这两个家庭讨论过此事。

1968年,多萝西·弗里曼嫁给了一位老朋友,这位老友一年到头住在绍斯波特岛。两年后,丈夫去世,多萝西留在绍斯波特,时而住在老屋,时而住在狗鲨头的小屋。1975年,她在南缅因大学戈勒姆校区作过一次报告,讲卡森的事迹。她告诉听众:卡森是她"最亲近的朋友",卡森对她就如她对卡森。她说,"与她相识11载,我感到自己的人生无限的丰富、充盈。"多萝西·弗里曼于1978年去世,享年80岁。

鸣 谢

万分感谢小斯坦利·弗里曼(Stanley Freeman, Jr.)和马莎·弗里曼(Martha Freeman)及他们的配偶——已故的马德琳·弗里曼(Madeleine Freeman)和理查德·巴林杰(Richard Barringer)。这家人学艺精深,和蔼可亲,特意在一个明媚的夏日上午,带领笔者参观了位于缅因州绍斯波特岛狗鲨角的弗里曼小屋。笔者和他们坐在露台上,俯瞰希普斯科特湾,听他们讲述蕾切尔和多萝西的故事。其后数月,笔者同小斯坦利和马莎多次交谈。对他们的帮助、坦诚和鼓励,笔者十分感激,不胜言表。

还要感谢罗杰·克里斯蒂和温迪·西森(Wendy Sisson),允许笔者在绍斯波特岛上的卡森小屋住了一星期。临窗坐在蕾切尔的书桌前,伴着大海的声响和气息,笔者写出了第七章的部分内容。

笔者着手写这本书的时候,曾请教过琳达·利尔(Linda Lear)该不该写。现在,笔者对她当初给予的鼓励深怀感激。琳达所著的传记力作《见证自然——蕾切尔·卡森传》(*Rachel Carson: Witness for Nature*),还有她在康涅狄格学院收集的研究资料,都是极其宝贵的资料来源、灵感来源。还要感谢笔者的朋友、印第安纳大学医学院的迈克·兰诺(Mike Lannoo):他仔细审读了本书的手稿,提出了不少宝贵的意见和建议。迈克本人的大作《利奥波德的小屋和里基茨的实验室》(*Leopold's Shack and Ricketts's Lab*),成为笔者了解认识这两个人物的关键资料。万分感谢美国鱼类及野生动植物管理局国家自然保护培训中心的马克·麦迪逊(Mark Madison)、戴维·克林格(David Klinger)、安妮·波斯特(Anne Post)。马克一开始就是本书的热情高参,他让笔者翻阅了鱼类及野生动植物管理局的档案资料;戴维和安妮则帮助笔者查阅了卡森在单位任职的人事记录和著述发表记录。

特别感谢笔者的老朋友、散文良师丹·凯利(Dan Kelly),他审读了书稿，并指点笔者加以修改、完善。

感谢卡森文学遗产的受委托方弗朗西丝·科林氏文学代理的弗兰·科林(Fran Collin)和萨拉·雅克(Sarah Yake)，他们审阅了本书援引的卡森文稿的片断，并给予了使用许可。感谢明尼苏达大学英语系的布赖恩·戈德堡(Brian Goldberg)对《洛克斯利府》诗句的解释，感谢圣克罗伊流域研究站的马克·埃德隆德(Mark Edlund)细心讲解硅藻知识。还要感谢英国的西蒙·拉齐(Simon Ratsey)和格威妮丝·坎普林(Gwyneth Campling)讲解德文郡乡村和水道的专用术语。感谢威廉·H·卡尔弗特(William H. Calvert)讲解黑脉金斑蝶迁徙和生命周期的知识。

感谢帕塔克森生物研究保护区的内尔·巴尔达基诺(Nell Baldacchino)陪同笔者参观了绵延广阔的保护区辖地，感谢博福特沿海渔业与栖息地研究中心的格雷格·皮尼尔克(Greg Piniak)同样陪笔者参观了研究中心的辖地。还要感谢实验室主任戴维·约翰逊(David Johnson)从历史角度讲述了他对博福特站和那一带地区的看法。感谢绍斯波特历史学会和亨德里克斯·希尔博物馆的罗恩·奥查德(Ron Orchard)介绍了有关卡森的夏令时目的地的真实情况。感谢蕾切尔·卡森故居协会前主任帕特里夏·M·德马科(Patricia M. DeMarco)陪同笔者参观了卡森童年在斯普林代尔的家。还要感谢蕾切尔·卡森理事会会长戴安娜·波斯特(Diana Post)及其夫君克利福德·C·霍尔(Clifford C. Hall)，带笔者参观了卡森在银泉市的最后一幢房子。

特别感谢笔者的好友波士顿的保罗·隆比诺(Paul Lombino)和莱斯利·舒尔茨(Leslie Schultz)，纽约的卡尔·维克(Karl Vick)和斯泰西·沙利文(Stacy Sullivan)，感谢他们在笔者前往这两座城市做调研的时候给予接待和照顾。

倘若没有图书馆馆员、档案管理员得力友善的协助，指引笔者在记述卡森的生活、工作的文山书海间穿行，想必笔者早就迷失了方向，不知所终。在此，笔者向其表达最诚挚的谢意，他们是：贝茨学院埃德蒙·马斯基档案及特藏本图书馆的伊莱恩·阿尔迪亚(Elaine Ardia)，查塔姆大学珍妮·金·梅隆图书馆档案管理员蕾切尔·M·格罗夫·罗尔博

(Rachel M. Grove Rohrbaugh),康涅狄格学院琳达·利尔特藏本及档案中心的本杰明·潘切拉(Benjamin Panciera)和诺娃·M·西尔斯(Nova M. Seals),帕塔克森野生动物研究中心图书馆的琳达·加勒特(Lynda Garrett),纽约公共图书馆手稿及档案部的托马斯·兰农(Thomas Lannon),约翰·肯尼迪总统图书馆参考档案管理员斯蒂芬·普洛特金(Stephen Plotkin),美国内政部图书馆法律图书管理员莫琳·布思(Maureen Booth),以及绍斯波特纪念图书馆的安·罗奇(Ann Roche)。还要感谢马里兰大学帕克分校的国家档案记录管理处、华盛顿历史学会、旧纽伯里历史学会,以及笔者家乡的亨内平县中心图书馆的工作人员(笔者常去那里查阅奇书异文),感谢他们的认真敬业。

多萝西·弗里曼的早期书信虽有少量遗失,是为憾事,幸而卡森从不丢弃多萝西写给她的或她写给多萝西的只言片语,她的个人文档最终收藏于纽黑文。耶鲁大学贝内克珍本及手稿图书馆有一座世上最壮丽的馆舍,馆内藏有世上最伟大的文学典籍。离家在外的日日夜夜,笔者常以这里为家。向图书馆的全体工作人员,特别是前台的工作人员,表示深深的感谢,感谢他们帮忙提取资料,解答问题,让笔者的研究工作自始至终满载愉悦。特别要感谢卡伦·南格尔(Karen Nangle),他付出的辛劳最多。

衷心感谢皇冠出版集团的多梅尼卡·阿利奥托(Domenica Alioto),感谢她提出许多中肯的建议,关注书稿的每个细节,帮助笔者取得了文献资料的使用许可,处理了关键细务。还有皇冠出版集团的蕾切尔·克莱曼(Rachel Klayman)和查克·维里尔(Chuck Verrill),前者是笔者的责任编辑,后者是笔者的经纪人。他们全身心地参与了本书的编辑出版工作。对他们睿智的建议和不懈的支持,笔者感激不尽。还感谢约翰·格拉斯曼(John Glusman)最初的热情相助,为笔者在皇冠出版集团找到了一个家。

最后,感谢爱妻苏珊(Susan)和我们的孩子们——乔(Joe)、马莎(Martha)、汤姆(Tom)和利兹(Liz),感谢他们让我再度执笔。

注 释

蕾切尔·卡森生活在文字与印刷的时代。说她提笔便是专业创作,并不是实情。卡森笔耕不辍,身后留下了4部著作及大量的报刊文章,另外,还有成千上万封书信叙述她的工作和生活,它们同样具有很高的价值。她生前与许多人保持书信往来,有科学家、医生、同事、出版商、编辑、广告人、代理、朋友、学生、政治人士,还有她的大批崇拜者。卡森的书信堪为简约散文的典范,展现了作者言简意赅的卓越能力。

卡森和多萝西·弗里曼的通信,现存于贝茨学院埃德蒙·马斯基档案及特藏本图书馆的多萝西·弗里曼专集。卡森其余的大部分信件,连同她的个人文档和记录——包括笔记、手稿、研究材料、演讲和未发表的作品等——集成了蕾切尔·卡森文存,保存于耶鲁大学贝内克珍本及手稿图书馆的耶鲁美国文学专藏。这两份馆藏的原始文档(有些是原始文档的传真件),就是本书参考资料的主要来源。

此外,笔者还在其他档案馆藏中找到了一些重要资料,这些档案馆藏是:肯尼迪总统图书馆和博物馆;蕾切尔·卡森著述文献琳达·利尔藏品集(存于康涅狄格学院琳达·利尔特藏本及档案中心);查塔姆大学珍妮·金·梅隆图书馆档案部蕾切尔·卡森专集;纽约公共图书馆手稿及档案部的《纽约客》记录与美国奥杜邦协会记录;国家保护培训中心博物馆所藏的鱼类及野生动植物管理局档案;旧纽伯里历史学会;马里兰大学帕克分校的国家档案记录管理处;美国地质调查局帕塔克森野生动物研究中心图书馆;华盛顿历史学会;绍斯波特历史学会和亨德里克斯·希尔博物馆;以及绍斯波特纪念图书馆。

笔者也参考了许多公开出版的资料,有报刊杂志文章,公开发布的工业与贸易方面的资料,以及科学期刊上经过同行评议的论文。随附的参考文献里,有些书作了详细征引,这些书也是极为重要的资料来源。特别要提及3本书:一本是《见证自然——蕾切尔·卡森传》,它是琳达·利尔所著的精华传记,勾勒了卡森治学生涯的基本路线图;一本是《永远的蕾切尔——蕾切尔·卡森与多萝西·弗里曼书信集(1952—1964)》(*Always, Rachel: The Letters of Rachel Carson and Dorothy Freeman 1952—1964*),该书由多萝西的孙女马莎·弗里曼编辑、注释,内有马斯基馆藏的多数信件;第三本是《福龙丸号》(*The Voyage of the Lucky Dragon*),作者拉尔夫·E·拉普(Ralph E. Lapp)对"欢乐城堡"核试验及其后续影响作了精彩的叙述。

为节省篇幅,笔者略去了比较容易检索到的一般性资料来源,比如地理信息、人名地名拼写、主要活动日期、名人生平简记等等。有些是笔者自己依据所阅资料得出的结论,系泛泛而言,故也不注明出处。其他所有事实陈述皆源于后文注释所列的文献。

随着时间推移，不少文档副本已经在多个藏馆间流转，故而有些文档现已能在多个地方找见。凡是确认为文档最初的保存位置，笔者都尽可能予以指明；实在难以确认，也会指明笔者当初找到它们的地方。对本书频繁提及的文献专集，笔者使用以下缩略语予以标示：

Beinecke　康涅狄格州纽黑文市耶鲁大学贝内克珍本及手稿图书馆耶鲁美国文学专藏蕾切尔·卡森文存（Rachel Carson Papers, Yale Collection of American Literature, Beinecke Rare Book and Manuscript Library, Yale University, New Haven, Connecticut）

Chatham　宾夕法尼亚州匹兹堡市查塔姆大学珍妮·金·梅隆图书馆档案部蕾切尔·卡森专集（Rachel Carson Collection, archives of the Jennie King Mellon Library, Chatham University, Pittsburgh, Pennsylvania）

JFK Library　马萨诸塞州波士顿市肯尼迪总统图书馆和博物馆（John F. Kennedy Presidential Library and Museum, Boston, Massachusetts）

Lear Collection　康涅狄格州新伦敦市康涅狄格学院琳达·利尔特藏本及档案中心蕾切尔·卡森著述文献琳达·利尔藏品集（Linda Lear Collection of Rachel Carson Books and Papers, Linda Lear Center for Special Collections and Archives, Connecticut College, New London, Connecticut）

Muskie　缅因州刘易斯顿市贝茨学院埃德蒙·马斯基档案及特藏本图书馆（Edmund S. Muskie Archives and Special Collections Library, Bates College, Lewiston, Maine）

NARA　马里兰州马里兰大学帕克分校国家档案记录管理处（National Archives and Records Administration, College Park, Maryland）

NCTC　西弗吉尼亚州谢泼兹敦市美国鱼类及野生动植物管理局国家保护培训中心博物馆和档案馆（Fish and Wildlife Service National Conservation Training Center Museum and Archives, Shepherdstown, West Virginia）

Patuxent　马里兰州劳雷尔市美国地质调查局帕塔克森野生动物研究中心图书馆（Library of the U.S. Geological Survey, Patuxent Wildlife Research Center, Laurel, Maryland）

第一章　卡森小姐的书

003　1962年夏末：*Washington Post*, August 29, 1962.

003　当日下午4点，约翰·F·肯尼迪总统：News Conference 42, JFK Library.

004　虽然那时还未真正成书：Carson, “Silent Spring,” *New Yorker*, June 16, 23, and 30, 1962.

006　DDT于1874年首次合成：*New York Times*, October 29, 1948.

006　美军为100多万平民喷洒：同上。

006　在颁奖典礼上：The Nobel Prize in Physiology or Medicine 1948, Presentation Speech, http://www.nobelprize.org/.

007 1945年6月5日：Clarence Cottam and Elmer Higgins, "DDT: Its Effect on Fish and Wildlife," U.S. Fish and Wildlife Service Circular 11, 1946, Patuxent.

007 同一番调查后来又做了几次实验室研究：同上。

008 1945年8月22日：U.S. Fish and Wildlife Service press release, August 22, 1945, NCTC.

008 1947年，保护区选派一名生物学者：Patuxent Research Refuge Field Program and Economic Investigations Laboratory, Quarterly Report, March 1947, NARA. 这名生物学者是约瑟夫·P·林杜斯卡(Joseph P. Linduska)，不久，他就要以一名官方科学家和环保主义者的身份开始漫长而传奇的职业生涯。1950年，林杜斯卡发出警告：大范围航喷DDT，必然会对自然平衡造成"灾难性影响"。

008 同年：Patuxent Research Refuge Field Program and Economic Investigations Laboratory, Quarterly Report, June 1947, NARA.

008 1945年7月：Carson to Harold Lynch, July 15, 1945, Beinecke.

009 DDT好像怎么用都行："DDT: How to Use It," *Mechanix Illustrated*, December 1945, Beinecke.

009 1955年，世界卫生组织发起：Packard, *Making of a Tropical Disease*, pp. 151—152.

009 到1959年，仅美国一国："DDT Regulatory History: A Brief Survey (to 1975)," U.S. Environmental Protection Agency, September 10, 2009, http://www.epa.gov/.

009 1958年初，卡森：Carson to DeWitt Wallace, January 27, 1958, Beinecke.

010 差不多就在此时：Carson to E. B. White, February 3, 1958, Beinecke.

010 卡森不愿：同上。

010 春天，卡森和出版商：Carson to Paul Brooks, April 20, 1958, Beinecke. 布鲁克斯是霍顿·米夫林出版社的总编。

010 1945年，也就是在美国鱼类及野生动植物管理局：Miller, *Under the Cloud*, pp. 34—57.

010 1958年双方同意暂停：U.S. Department of Energy, Nevada Operations Office, "United States Nuclear Tests: July 1945 through September 1992," December 2000, p. vii.

010 接下来的3个月："JFK in History: Nuclear Test Ban Treaty," JFK Library.

010 1962年4月至11月：*New York Times*, June 1, 1963.

010 1963年8月：National Research Council, "Exposure of the American Population to Radioactive Fallout from Nuclear Weapons Tests: A Review of the CDC-NCI Draft Report on a Feasibility Study," 2003, pp. 9—11. 像核爆这样显见的事物看似很容易追踪，但实际对大气层核试验的计数并不准确，不同来源统计出的总次数常有出入。有些核试验一次试验多个装置，有些则使用低当量装置，只是测试安全性能

或新的触发机制，并没有造成大爆炸或产生放射性沉降物。即便如此，造成大爆炸、放射性沉降物的核试验次数和大范围放射性污染也是可怖骇人的。

010 大气层核试验的副产品：同上。

011 1957年，一群知名科学家：Mead and Hager, *Linus Pauling*, pp. 212—213.

011 卡森感到，杀虫剂和放射性沉降物：Carson, *Silent Spring*, p. 208.

011 有人把这本书和《汤姆叔叔的小屋》：*New York Times*, September 27, 1962.

012 一家大型农药生产企业：Louis A. McLean to Houghton Mifflin, August 2, 1962, Beinecke. 麦克莱恩(McLean)是维尔斯科尔化学公司的秘书兼法律总顾问。

012 而美国农业部则告诉：*New York Times*, July 22, 1962.

012 月读书友会宣布：Lovell Thompson to Carson, June 14, 1962, Beinecke.

012 伦敦一家报纸说：*London Evening Standard*, September 5, 1962.

012 人类有被核战争毁灭的可能：Carson, *Silent Spring*, p. 8.

013 1959年，离感恩节还剩几天：*New York Times*, November 10, 1959.

013 而后在1961年：Gilbert, *Developmental Biology*, pp. 18—19, 666—667.

013 美国制造萨立多胺的公司：Lear, *Rachel Carson*, p. 412.

013 记者向卡森询问：*New York Post*, September 14, 1962.

014 1962年10月，《寂静的春天》：Chief of Naval Operations, "The Naval Quarantine of Cuba, 1962," Naval Historical Center, http://www.history.navy.mil/.

014 新闻发布会后第二天：*New York Times*, August 31, 1962.

014 与此同时，联邦调查局：U.S. Department of Justice, FBI investigative report, December 11, 1962, NCTC. 令人遗憾的是，这两页文件的内容已散失在历史中。有一个被严重编改的版本，除了个别词语可见，其他全部涂黑。这个版本发布于1995年，它是应琳达·利尔依据《信息和隐私信息自由法案》提出的要求发布的。2010年5月，笔者根据该法案再度提出申请，要求发布该报告的未编辑版。2010年8月，联邦调查局通知笔者，这份档案已于1997年进行例行清理时被销毁了。2010年10月，笔者对联邦调查局的答复提出复议，要求联邦调查局在备份档案里查找。笔者还询问联邦调查局，是否能确定是谁要求进行调查，又是谁接收的报告。2011年3月，联邦调查局再次答复，重申之前的查找结果：该报告已被销毁；还说，无法应承笔者提出的要求，对其他档案进行"交叉互见"查找或提供该报告的其他信息，除非笔者能提供卡森和联邦调查局接触的日期、地点和"具体环境"——报告上的这部分信息都被涂黑了。于是，笔者放弃了。从那份编改版报告里零碎收集到的情况是：至少早在1962年8月30日，也就是肯尼迪总统召开新闻发布会后的第二天，调查就开始了，美国移民归化局似乎也参与其中，卡森的电话要么被窃听，要么是她打进的电话被收集了录音。报告上标为"机密"，所留日期"1962年12月11日"是打字机复打改过的，可能是12月14日。

014 《寂静的春天》在《纽约客》杂志连载后：Orville Freeman, USDA internal memo, July 16, 1962, JFK Library.

014 因为在他的家乡明尼苏达州：同上，July 18, 1962, JFK Library。

015　倒是有一事让她惊讶：Paul Brooks to Carson, October 16, 1962, Beinecke.

015　月读书友会的定制版：*Book-of-the-Month Club News*, September 1962, Beinecke.

015　美国最高法院大法官威廉·O·道格拉斯：同上。

015　抱怨说文章多得“能淹死人”：Carson to Anne Ford, October 22, 1962, Beinecke.

015　最初某次，她拒绝了大牌杂志：同上，September 17, 1962, Beinecke。

016　有一件事她跟谁都没讲过：Paul Brooks to Carson, March 18, 1960, and Carson to Paul Brooks, March 21, 1960, Beinecke.

016　10年前做小手术：Carson to Marie Rodell, September 10, 1950, Beinecke.

016　乳房必须切除：Carson to Marjorie Spock, April 12, 1960, Beinecke.

016　后来卡森才知道：Lear, *Rachel Carson*, pp. 378—379. 1960年12月初，卡森去克利夫兰诊所咨询巴尼·克赖尔大夫，这才了解到真相——虽然她在做了乳房切除术后怀疑自己被医生误导了。1960年12月末，她告诉保罗·布鲁克斯，手术后她“直接”询问了几个主治医生是不是恶性肿瘤(Carson to Paul Brooks, December 27, 1960, Beinecke)。琳达·利尔对当时的情况作了解释，她说20世纪五六十年代，如果患者是女性，医生通常是跟她的丈夫谈癌症诊断结果，不跟患者本人谈，这算是个惯例，但这个可恶的惯例却弄得未婚的卡森对自己的病情一无所知(Lear, Rachel Carson, p. 368)。多萝西·弗里曼一直为卡森的健康心焦担忧，她在1960年末说，克赖尔大夫澄清了病情，让她稍稍松了一口气(Dorothy Freeman to Carson, December 31, 1960, Muskie)。

016　1962年10月初，《生活》杂志刊发：*Life*, October 1962, pp. 105—110.

016　这年年初，哥伦比亚广播公司：Houghton Mifflin internal memo, April 27, 1962, Beinecke.

017　卡森和霍顿·米夫林出版社觉得：Anne Ford to Carson, November 9, 1962, Beinecke. 福特在霍顿·米夫林出版社广告部工作。

017　9月，一名制片兼摄影：Lear, *Rachel Carson*, p. 421. 利尔走访了《CBS报道》的制片人杰伊·麦克马伦，遂使CBS的拍摄经过更加丰满生动。

017　1962年11月下旬：同上，p. 425。

017　卡森形容憔悴：Personal observation. 为《CBS报道》节目拍摄“蕾切尔·卡森的寂静的春天”时，摄像机前的卡森面相衰老，一副病态，和《生活》杂志刊登的她那张照片很像(Beinecke)。

017　之后，塞瓦赖德跟制片人说：Lear, *Rachel Carson*, p. 425.

017　以前她跟多萝西说过：Carson to Dorothy Freeman, June 27, 1962, Muskie.

018　“我才发觉自己”：December 12, 1962, Muskie.

第二章　煌若中天之日

019　1929年股市崩盘之后：“Timelines of the Great Depression,” http://www.

huppi.com/.

019 破产者中：“The Legacy of the Bonus Army,” *Washington History* 19 and 20 (2007—2008): pp. 87—95.

019 退伍兵最后：同上。

020 伊克斯一上台就连做了几件大事：Look, *Interior Building*, pp. 11—17. 笔者于2010年夏天参观了内政部大楼。卡森的办公室还保留着，不巧的是当时正逢施工，禁止入内。

020 1942年5月：Department of the Interior personnel records, promotion and transfer form, April 18, 1942, NCTC.

021 同事大多是男性：Lear, *Rachel Carson*, p. 124. 利尔从她与鲍勃·海因斯的访谈中获知这一点。

021 和所有联邦政府雇员一样：Department of the Interior personnel records, signed oath, May 29, 1940, NCTC. 1939年8月2日《哈奇法案》被确立为法律。笼统地说，该法也禁止行政部门的联邦雇员参与党派政治活动，但总统和副总统除外。

021 1942年，她调入内政部：Department of the Interior personnel records, promotion and transfer form, April 18, 1942, NCTC.

021 卡森的就业档案里的确有一份：Department of the Interior personnel records, application for federal employment personal history form, April 20, 1943, NCTC.

021 1918年，11岁的她：Carson, “A Battle in the Clouds,” *St. Nicholas*, September 1918, p. 1048, Beinecke.

022 得奖的消息：Personal observation. 2010年春，笔者参观了卡森故居。故居保留了原貌。虽然周围现已完全开发，但卡森的屋舍、院落基本没变，还是她少女时的样子。

022 蕾切尔·路易丝·卡森来到了这个世界：Maria Carson account, Lear Collection. 卡森的母亲留有3页手写的未注明日期的笔记，记下了她对女儿的观察。

022 卡森家的房子有些嫌小：Lear, *Rachel Carson*, pp. 15—26.

023 卡森家经济上一直比较拮据：同上。

023 1910年，他为“那大片上好地段”做了广告：*Springdale Record*, February 5, 1910, Lear Collection.

023 蕾切尔继续写故事：Carson, *St. Nicholas*, January 1919, p. 280; *St. Nicholas*, August 1919, p. 951; *St. Nicholas*, July 1922, p. 999, NCTC.

023 斯普林代尔的学校最高只能：Gail Williams, “Rachel Carson: Marine Biologist,” November 3, 1995, Chatham. 盖尔·威廉斯(Gail Williams)和卡森一起上中学。威廉斯写出了这份长达8页的演讲稿《海洋生物学者蕾切尔·卡森》，并于1995年10月25日向亚利桑那州森城的德尔塔·卡帕·伽马协会(Delta Kappa Gamma Society)发表演讲。

023 蕾切尔君，正午之阳：同上。

023 她的中学毕业论文：Carson, “Intellectual Dissipation,” senior thesis, Par-

nassus High School, 1925, Beinecke.

024 宾夕法尼亚女子学院：Dysart, *Chatham College*, p. 1. 宾夕法尼亚女子学院(PCW)是卡森就读时的校名，该校成立后数次更名：最初叫宾夕法尼亚女性学院(Pennsylvania Female College)，后来叫女子学院(PCW)，再后来改名查塔姆学院(Chatham College)，现在叫查塔姆大学(Chatham University)。

024 宾夕女院所在山脊的根脚处：Personal observation. 笔者于2010年3月参观了查塔姆大学，先是去珍妮·金·梅隆图书馆卡森专藏馆研修，后又游览了魅力依旧的校园。

024 学院自有几幢建筑：Dysart, *Chatham College*, pp. 19, 86—87. 戴萨特(Dysart)的书还收录了学院和学生的照片。

024 1925年9月15日：Pennsylvania College for Women, "Handbook," 1925—1926, p. 9, Chatham.

025 坐着一辆借来的福特T型汽车：Lear, *Rachel Carson*, p. 26.

025 卡森曾在一次州级竞赛中获得100美元奖学金：同上，p. 25。

025 她是新生，一年学费是200美元：Pennsylvania College for Women, "Announcements," 1925—1926, p. 82, Chatham.

025 后来，学费上涨：同上，p. 78。

025 卡森家想方设法：卡森和宾夕女院签订法律协议，将她父亲的两块地作为抵押(1929年1月28日)，另有多份笔记、发票，还有卡森与宾夕女院的往来信件，这其中包括1931年2月27日和1932年8月26日她写给学院秘书兼助理财务主管玛格丽特·斯图尔特(Margaret Stuart)的两封恳请信。

025 有个同班女生去过她家：Dorothy Thompson Seif, "Letters from Rachel Carson," p. 13, Chatham. 多萝西·汤普森，即后来的多萝西·汤普森·西夫(Dorothy Thompson Seif)，和卡森一起上了宾夕女院。她写有100页的回忆录，讲述了卡森读本科和研究生的经历，其中有西夫对宾夕女院的详细回忆，另外还收录了卡森、西夫、玛丽·斯科特·斯金克以及另一名学生玛丽·弗赖伊(Mary Frye)的一些往来书信。西夫回忆录未正式出版，版权归蕾切尔·卡森理事会所有。西夫回忆录引用的卡森书信的版权归罗杰·克里斯蒂所有。西夫回忆录的副本好像在多家档案馆都有存档。

025 新生班有88个女生：*Arrow*, September 18, 1925, p. 2, Chatham.《箭》(*Arrow*)是宾夕女院的校园杂志，一个月出两期。

025 学校规定，学生不允许：Seif, "Letters from Rachel Carson," pp. 9—10, Chatham.

025 茶点和午餐都是按时按点吃：同上，p. 11。

025 每年的第二学期初：Pennsylvania College for Women, "Handbook," 1925—1926, p. 9, Chatham.

025 学生还要去自己选定的教堂：Pennsylvania College for Women, "Announcements," 1925—1926, p. 78, Chatham.

025 不过，在女院就读的年轻女性主要目标：Seif, "Letters from Rachel Carson," p. 10, Chatham.

025 女院学生要学：同上，p. 9; and Dysart, *Chatham College*, pp. 176—181。

025 卡森在一支曲棍球队当守门员：Seif, "Letters from Rachel Carson," p. 8, Chatham.

025 有一场比赛：*Arrow*, December 16, 1927, p. 6, Chatham.

026 卡森害痤疮：Linda Lear, interview with Helen Myers Knox, February 11, 1992, Lear Collection. 诺克斯(Knox)是卡森在宾夕女院的朋友，也参见 Lear, *Rachel Carson*, p. 30.

026 她和大多数女孩一样：Seif, "Letters from Rachel Carson," p. 17, Chatham.

026 卡森从不羞怯扭捏：Linda Lear, interview with Dorothy Thompson Seif, January 31, 1991, Lear Collection.

026 几个对她稍有了解的女孩发现：同上，p. 13。

026 母亲玛丽亚·卡森：同上，p. 12。

026 蕾切尔的一位朋友：Linda Lear, interview with Dorothy Thompson Seif, January 31, 1991, Lear Collection.

026 卡森夫人和蕾切尔一待就是很长时间：同上。

026 一年级英语课有一项作业是写自己：Carson, "Who I Am and Why I Came to PCW," Beinecke. 卡森保留了自己写的所有东西，包括读大学时的全部作业。

027 比较可能的是：Oxenham, *Vision Splendid*, p. 17.

028 她的下一篇作文：Carson, "Field Hockey," Beinecke.

028 卡森入学学的是英文专业：Seif, "Letters from Rachel Carson," p. 16, Chatham.

028 1925 年秋：Pennsylvania College for Women, "Announcements," 1925—1926, pp. 28—29, Chatham.

028 等卡森上最后一年时：Pennsylvania College for Women, "Announcements," 1928—1929, pp. 24—27, Chatham.

028 推动这场教学巨变的：Seif, "Letters from Rachel Carson," pp. 22—25, Chatham.

029 斯金克作为老师富有激情：同上，pp. 18, 22—25。

029 迪尔沃思楼顶层的那间：同上，p. 19。

031 1925 年，美国最顶尖的科学组织：Personal communication with Janice F. Goldblum, National Academy of Sciences Archivist.

031 斯金克小姐虽然天资不凡：Dysart, *Chatham College*, p. 179.

031 她为一份名叫《箭》的：*Arrow*, January 13, 1928, p. 11, Chatham.

031 1928 年，她在《箭》上发表：同上。

032 一天晚上，她在实验室：Seif, "Letters from Rachel Carson," p. 35, Chatham.

032 1928 年 2 月下旬：Carson to Mary Frye, February 22, 1928, in Seif, "Letters

from Rachel Carson," pp. 33—34, Chatham. 玩罢雪橇后，应该是在木兰楼的二楼公休室开的派对。木兰楼是学生宿舍楼，稍新一些，卡森大三时搬入。而今，木兰楼依旧耸立，只是比卡森在校时规模有所扩大。

032　卡森和一个学生物的女生：Carson to Mary Frye, March 6, 1928, in Seif, "Letters from Rachel Carson," pp. 37—38, Chatham.

032　解剖一条狗鲨令她快乐：同上。

032　1928年3月，几个朋友：同上，and Carson to Mary Frye, March 14, 1928, in Seif, "Letters from Rachel Carson," pp. 39—40, Chatham。

033　那年春天，卡森至少还见过鲍勃·弗赖伊一次：Carson to Mary Frye, March 14, 1928, in Seif, "Letters from Rachel Carson," p. 40, Chatham.

033　而后她就再没有跟男生约会过：起码这个推测的可信度最高。这份长篇文字记录中，没有一处透出些许线索，表明卡森离开宾夕女院之后跟什么人外出约会。雪莉·布里格斯倒是在一次录像采访中提到卡森可能有"几个绅士朋友"，常带她听音乐会、看戏；20世纪40年代，她们俩在华盛顿共事的时候，卡森的"社交生活是很正常的"。但布里格斯所言并不足为信，因为除了她说，再无实例佐证。卡森和多萝西·弗里曼的关系容在后文详述。

033　在卡森决定调换专业学生物之后不久：Carson to Mary Frye, March 14, 1928, in Seif, "Letters from Rachel Carson," p. 39, Chatham.

033　几个星期后卡森才知道：Carson to Mary Frye, April 23, 1928, in Seif, "Letters from Rachel Carson," p. 42, Chatham.

033　卡森颇感失落：同上, and Carson to Mary Frye, July 23, 1928, in Seif, "Letters from Rachel Carson," p. 43, Chatham。

033　她向约翰斯·霍普金斯大学：Carson to Mary Frye, April 23, 1928, in Seif, "Letters from Rachel Carson," p. 41, Chatham; and Lear, *Rachel Carson*, p. 46.

033　斯金克走了：Seif, "Letters from Rachel Carson," p. 45, Chatham.

033　怀廷是艾奥瓦州立大学：Dysart, *Chatham College*, p. 179.

034　可后来的情况证明：Lear, *Rachel Carson*, pp. 48—49.

034　为了振作精神：Carson to Mary Frye, July 23, 1928, in Seif, "Letters from Rachel Carson," p. 44, Chatham.

034　卡森对女院毕业后生活的想法：Carson to Dorothy Freeman, November 8, 1954, Muskie.

034　1842年该诗发表之际：笔者曾和明尼苏达大学英语系的布赖恩·戈德堡通过电子邮件交流。戈德堡向笔者讲解了《洛克斯利府》一诗中的阴暗、好战黩武的主题。他说，卡森很有可能是把这些诗句读成了一种召唤，召唤她去犯难冒险，她只是站在诗的整体语境之外来理解这几句诗。

第三章　生物世界漫游

036　马萨诸塞州的伍兹霍尔：Maienschein, *100 Years Exploring Life, 1888—*

1988, pp. 19—25, 51—71.

036　玛丽·斯金克在宾夕女院执教时：Mary Scott Skinker to Mary Frye, July 11, 1928, in Seif, "Letters from Rachel Carson," pp. 26—30, Chatham.

036　在伍兹霍尔，学生们可以收集到：Maienschein, *100 Years Exploring Life, 1888—1988*, p. 134.

036　在这里，斯金克全心沉浸在生物学中：Mary Scott Skinker to Mary Frye, July 11, 1928, in Seif, "Letters from Rachel Carson," p. 30, Chatham.

036　她从伍兹霍尔的一份：Carson to Mary Frye, August 6, 1928, in Seif, "Letters from Rachel Carson," p. 45, Chatham.

037　得力于斯金克小姐的推荐：Lear, *Rachel Carson*, p. 50.

037　这年6月，她以优异的成绩从宾夕女院毕业：Seif, "Letters from Rachel Carson," p. 55, Chatham.

037　卡森先赴巴尔的摩：Carson to Dorothy Thompson, August 4, 1929, in Seif, "Letters from Rachel Carson," pp. 56—58, Chatham. 卡森详细记述了这次旅行，包括她第一次与大海相遇，写得如梦如幻。试想，一个从未去过别处的年轻姑娘，霍然间被这个世界及其全部奇迹（不论是壮阔的海洋，还是女神般的斯金克小姐）所震撼，这样的经历怎会忘却！

038　卡森在致朋友的信里这样写道：Carson to Dorothy Thompson, August 25, 1929, in Seif, "Letters from Rachel Carson," pp. 58—62, Chatham.

038　卡森尤其喜欢在潮低水浅时：Seif, "Letters from Rachel Carson," p. 62, Chatham.

038　美国渔业局：同上。

038　卡森也很喜欢搭上海洋生物学实验室：琳达·利尔在《失去的丛林》（*Lost Woods: The Discovered Writing of Rachel Carson*）这部文集中收录了卡森写的关于《海风下》缘起的备忘录，共10页。利尔认为，这10页备忘录是卡森回答"标准作者问卷"的部分答语，问卷是西蒙-舒斯特出版社营销部的一位姓伊尔斯的夫人要她答的。其实不然，卡森在致西蒙-舒斯特出版社的一封信里向她的编辑作了解释：这位伊尔斯夫人是华盛顿特区一家电台的书评员，卡森曾上过她的节目，做过访谈。备忘录是她为那次访谈准备的背景材料（Carson to Maria Leiper, March 15, 1942, Beinecke）。

039　不过，卡森在海洋生物学实验室研修：Carson to Dorothy Thompson, August 25, 1929, in Seif, "Letters from Rachel Carson," pp. 58—62, Chatham. 在向海洋生物学实验室呈递申请时，她还亮明了自己要研究爬行动物末端神经的打算（NCTC）。

039　卡森谈到安娜·怀廷：同上。

040　1897年，胚胎学研修班有23名学生：Maienschein, *100 Years of Exploring Life, 1888—1988*, p. 91.

040　安·黑文·摩根：Morgan, *Field Book of Ponds and Streams.*

041　可是，卡森从来没有：Carson to Dorothy Thompson, November 10, 1929, in

Seif, "Letters from Rachel Carson," p. 70. 卡森在这封信里说,她在约翰斯·霍普金斯大学上学时,"正渐渐适应实验的节奏,和男生一样麻利地做各种实验"。笔者在此是往前推想,故有此言。因为,卡森几个月前才到海洋生物学实验室,这是她头一次和男士们在实验室里共事,想必刚开始男士们的实验技能给她留下的印象很深。

041 在约翰斯·霍普金斯大学,有段时间: Seif, "Letters from Rachel Carson," p. 83, Chatham.

041 每一天都过得既深且长: Carson to Dorothy Thompson, November 10, 1929, in Seif, "Letters from Rachel Carson," p. 70, Chatham.

042 她对一个朋友说,她喜欢在巴尔的摩生活:同上, p. 73。

042 在霍普金斯大学待到第二年: Carson to Dorothy Thompson, October 16, 1930, in Seif, "Letters from Rachel Carson," p. 81, Chatham. 卡森向汤普森承认,"一文不名"在她而言是一种"绵绵不断的痛"。

042 另外贴补家人: Seif, "Letters from Rachel Carson," p. 74.

042 1932年,在多次滞纳拖欠之后: Carson to Margaret Stuart, August 26, 1932, Chatham.

042 多年后,一位在斯泰莫斯兰的邻居: Personal communication. 笔者听蕾切尔·卡森理事会主席戴安娜·波斯特和她的丈夫克利福德·霍尔讲过这则轶事,它多少反映了大萧条时期的真实情况。波斯特和霍尔在去斯泰莫斯兰时,和文中提到的这位邻居交谈过。

043 她不研究蛇类了: Carson to Dorothy Thompson, August 23, 1931, in Seif, "Letters from Rachel Carson," p. 92, Chatham.

043 "我连思考的时间都没了": Carson to Dorothy Thompson, October 16, 1920, in Seif, "Letters from Rachel Carson," p. 82, Chatham.

043 最终还是她的学业导师: Carson to Dorothy Thompson, August 23, 1931, in Seif, "Letters from Rachel Carson," p. 92, Chatham.

043 前肾就是肾脏的雏形: Carson, "Development of the Pronephros During the Embryonic and Early Larval Life of the Catfish (Ictalurus punctatus)," master's thesis, Johns Hopkins University, 1932, Beinecke.

043 卡森随后收到了几封推荐信: Lear, *Rachel Carson*, p. 76.

043 她在约翰斯·霍普金斯大学的暑期班代课教生物: Carson to Dorothy Thompson, August 23, 1931, in Seif, "Letters from Rachel Carson," p. 91, Chatham.

043 要走好长一段路: Seif, "Letters from Rachel Carson," p. 93, Chatham.

043 但她头一次爱上了她研究的一种动物:同上, pp. 94—95。

044 在同一间实验室里:同上, p. 94。

044 卡森觉得,描绘变形虫:同上。

044 1935年7月的一个早晨: Lear, *Rachel Carson*, p. 77.

044 经她一番催促:同上, p. 78; and Department of the Interior personnel records, Application for Federal Employment, April 20, 1943, NCTC。

044 于当年10月，被美国渔业局：U.S. Department of the Interior personnel records, Personal History Statement, August 17, 1936, NCTC.

044 任务是：U.S. Department of the Interior personnel records, Application for Federal Employment, April 20, 1943, NCTC.

044 具体工作主要是：Carson, "The Real World Around Us," Beinecke. 这是1954年4月21日卡森在俄亥俄州哥伦布市举行的"西塔·西格马·斐矩阵表餐会"（Theta Sigma Phi Matrix Table Dinner）上发表的演讲，她讲述了个人职业生涯早期的几件事。

045 卡森后来回忆说，这份工作：U.S. Department of the Interior personnel records, Personal History Statement, August 17, 1936, NCTC.

045 设立渔业局："Historical Note," U.S. Bureau of Fisheries, records ca. 1877—1948, Smithsonian Institution Archives, http://siarchives.si.edu/.

045 一艘叫"鱼鹰"号：U.S. Department of the Navy, Naval Historical Center, http://www.history.navy.mil/.

045 另一艘叫"信天翁"号：National Oceanic and Atmospheric Administration, Northeast Fisheries Science Center, http://nefsc.noaa.gov/history/.

045 《海洋鱼类学》是1895年出版的："Historical Note," U.S. Bureau of Fisheries, records ca. 1877—1948, Smithsonian Institution Archives, http://siarchives.si.edu/.

046 委员会的摊子越铺越大："Administrative History," National Archives Finding Guide to Records Group 22, and "Records of the U.S. Fish and Wildlife Service, Record Group 22," NARA.

046 卡森的上司叫埃尔默·希金斯：U.S. Department of Commerce, Bureau of Fisheries, "Progress in Biological Inquiries," report of the U.S. commissioner of fisheries, 1936 and 1937, NARA.

047 这是卡森在报纸上投发的第一篇文字：*Baltimore Sun*, March 1, 1936, Beinecke. 跟这篇文章剪报归档在一起的是一张20美元的支票收据。

048 她还向《里士满时报·星期日杂志》投发了几个短篇：*Richmond Times-Dispatch*, March 20, 1938, Beinecke.

048 1936年7月，卡森被委派到：Department of Commerce, Appointment Division, personnel records appointment notice, July 13, 1936, NCTC.

第四章 英伦渊源

049 1914年圣诞节前夕：Weintraub, *Silent Night*. 这段压缩过的叙述，全部取自斯坦利·温特劳布（Stanley Weintraub）写的一本书，此书讲述了"圣诞停火"的情况，叙事详尽。

050 参与那天之后被称作：Anne Williamson, *Henry Williamson*, p. 42.

050 父亲是一名银行职员：同上，p. 17。

050 他来前线刚一个月出头：同上，p. 44。

050 他同德军士兵握了手:同上, p. 42。

050 前线的堑壕:同上。

050 圣诞停火刚过去几个星期:同上, pp. 46—48。

050 3月,他病况渐好:同上, p. 49。

050 当年春天,威廉森受训做军官:同上。

050 1917年3月:同上, p. 54。

050 他再次亲历了惨烈的战斗:同上, pp. 56—57。

050 康复之后,他于1918年春重返战场:同上, p. 58。

050 回家休整的某段时间,威廉森曾尝试:同上, p. 60。

050 一半骑着一辆诺顿摩托车在乡下东游西转:同上, p. 63。

051 1919年夏季的一天:同上, p. 65。

051 躺在草地上: Jefferies, *Story of My Heart*, pp. 3—4.

052 "人类的苦痛":同上, p. 119。

052 他的自然同伴:同上, p. 103。

052 "我燃烧生命":同上, p. 95。

052 读这本书即是经历一次转变: Anne Williamson, *Henry Williamson*, p. 65。

052 这一时期他读了一本自然小说:同上, p. 96。

052 威廉森花时间:同上, p. 94。

053 《水獭塔卡》对大自然作了生动: Henry Williamson, *Tarka the Otter*.

053 《塔卡》出版几个月后: Lawrence, *Correspondence with Henry Williamson*, pp. 11—33. 劳伦斯的信1928年写于卡拉奇,后由他们的共同友人、作家兼批评家爱德华·加尼特(Edward Garnett)转交给威廉森。

053 1935年5月13日,绵长情深的书信交流结束了:同上, pp. 179—181。

054 这本新书的灵感源自: Henry Williamson, *Clear Water Stream*, p. 189.

054 小楼名为"浅津居": Anne Williamson, *Henry Williamson*, p. 127. "鹿园"一般是私人狩猎园,园内养鹿。英格兰当年曾有数百个这样的狩猎园(*New York Times*, January 23, 1887)。

054 他看不出平凡的生活中: Henry Williamson, *Clear Water Stream*, pp. 20—21.

054 1929年秋,威廉森一家搬到了"浅津居": Anne Williamson, *Henry Williamson*, p. 129.

054 于是,我重新发现了水之乐: Henry Williamson, *Clear Water Stream*, p. 31.

055 1935年1月: Anne Williamson, *Henry Williamson*, p. 179.

055 威廉森后来回忆说: Henry Williamson, *Goodbye, West Country*, p. 18.

055 他在致劳伦斯的最后一封信里: Lawrence, *Correspondence with Henry Williamson*, p. 177.

055 1935年8月,书稿终于写完了: Henry Williamson, *Goodbye, West Country*, p. 19.

056 萨拉不知道渔夫是干啥的: Henry Williamson, *Salar the Salmon*, p. 154.

056 阿妮塔·莫菲特在《纽约时报》上撰写了一个长篇书评：*New York Times*, June 21, 1936.

056 一本《萨拉》把威廉森写得心身疲惫：Henry Williamson, *Goodbye, West Country*, pp. 225—257. 笔者写这次旅行，全部参考威廉森的长篇记述，其文字冷静平淡，而回味起来却令人难受。

057 "他头部动作极快"：同上, p. 244。

059 出访前，威廉森就对希特勒德国颇有好感：同上, p. 9。

059 他甚至想到：同上。

059 盛世明君：Jefferies, *Story of My Heart*, pp. 120—121. 杰弗里斯在一篇似与他本人孤独的个性相违的文字里说，如果"让一位仁爱开明者总领一切，且赋予其无限权力"，一切人间事定会管理得比较好。

059 德国焕然一新：Henry Williamson, *Goodbye, West Country*, p. 226. 威廉森说，在德国不管走到哪儿，他都会遇见似在呼吸"额外氧气"的人，他们坚信不会再爆发战争。

059 1936年春，《多塞特郡志》：Anne Williamson, *Henry Williamson*, pp. 190—191. 安妮·威廉森(Anne Williamson)是亨利·威廉森的儿媳。她在其所著传记《亨利·威廉森传》以及她为劳伦斯所著《与亨利·威廉森通信集》(*Correspondence with Henry Williamson*)写的结尾中指出，威廉森迷恋希特勒，欣赏两次大战之间那一时期的德国，主要是因为他在第一次世界大战的战壕里待过，经历过圣诞停火，他确信德国人不是天然的敌人。这一点比较令人信服。但不那么令人信服的是，她认为威廉森本质上决不是法西斯主义者，他只是相信德国法西斯能阻止再打一场战争。安妮承认，威廉森臆造同劳伦斯一起做广播节目是有些莫名其妙，不过她坚持认为，这个臆造并无"恶意"，威廉森可能是真心相信，劳伦斯要是活着，一定会赞成这个主意。

059 这个诡异事件也许给：Anne Williamson, *Henry Williamson*, p. 22.

060 1936年春：Carson, "The Real World Around Us," Beinecke.

060 卡森没有立刻照办：Carson, "Memo for Mrs. Eales on *Under the Sea-Wind*," Beinecke.

060 那年春天，卡森把《水世界》：Carson to *Reader's Digest* contest editor, April 30, 1936, Beinecke.

060 1937年初：Lear, *Rachel Carson*, p. 84.

060 6月，卡森将《水世界》：Edward Weeks to Carson, July 8, 1937, Beinecke.

060 8月，她收到了一张100美元的支票：Statement from the *Atlantic Monthly*, August 2, 1937, Beinecke.

060 卡森要求杂志：Carson to Edward Weeks, July 18, 1937, Beinecke.

061 海洋是个充满矛盾的地方：Carson, "Undersea," *Atlantic Monthly*, September 1937.

061 一双手再大：源自笔者和硅藻专家马克·埃德隆德的个人交流。埃德隆德在明尼苏达州圣克罗伊流域研究站科学博物馆就职,他提供了人的两手抓握硅藻数量的估值。

061 水下旅行者如果继续: Carson, "Undersea," *Atlantic Monthly*, September 1937.

062 早在1521年: Murray and Hjort, *Depths of the Ocean*, p. 2.

062 早在1840年,英国人在南极考察时:同上, p. 5。

062 但是,这个认识很快就被驳倒了:同上, pp. 9—10。

063 海洋幽深: Corfield, *Silent Landscape*, pp. 2—13.

063 1876年春天返回英国时:同上, p. xiii。

063 1875年3月23日:同上, p. 204。

064 "深海寂静,冰冷无限": Carson, "Undersea," *Atlantic Monthly*, September 1937.

064 单个元素不见了:同上。

064 房龙向西蒙-舒斯特出版社: Quincy Howe to Hendrik van Loon, September 9, 1937, Beinecke.

064 豪写信问卡森:同上。

065 房龙给卡森写信的时候: Hendrik van Loon to Carson, September 10, 1937, Beinecke.

065 卡森自感准备不足: Carson to Hendrik van Loon, October 14, 1937, Beinecke.

065 1937年12月,房龙对她说: Hendrik van Loon to Carson, December 18, 1937, Beinecke.

065 才于1月中旬北上康涅狄格: Mrs. Hendrik van Loon to Carson, January 7, 1938, Beinecke.

065 她方才晓得房龙是个大腕: Carson, "Real World Around Us," Beinecke.

066 卡森向房龙细讲了自己的计划: Carson to Hendrik van Loon, February 5, 1938, Beinecke.

066 房龙很高兴,回信说: Hendrik van Loon to Carson, February 6, 1938, Beinecke.

066 起初,月刊编辑部倾向于连载: Edward Weeks to Carson, June 7, 1938, Beinecke.

066 但当她寄了一篇样稿:同上, July 20, 1939, Beinecke。日期无误。自第一次提议把该书的部分章节卖给《大西洋月刊》,卡森已经辛苦劳作了一年有余。

066 卡森和编辑部商议:同上, August 9, 1939, Beinecke。

067 在此期间,她为《大西洋月刊》写了几篇书评: Statement from *Atlantic Monthly*, April 18, 1938, Beinecke.

067 1938年4月,卡森恳请《大西洋月刊》: Carson to A. G. Ogden, April 26, 1938, Beinecke.

067 被编辑部婉拒: A. G. Ogden to Carson, April 27, 1938, Beinecke.

067 可是过了一个月:同上, May 23, 1938, Beinecke。

067 我读过一些描述自然的作品：Carson to A. G. Ogden, April 26, 1938, Beinecke.

067 威廉森觉得德文郡的生活不怎么提气：Williamson, *Goodbye, West Country*, pp. 100—105.

068 大部分渔线拉出来的时候：同上。

068 书里有一张威廉森最终取胜的照片：Anne Williamson, *Henry Williamson*, p. 181.

068 卡森为《再见，西部》写的书评：Carson, "Nature through English Eyes," *Atlantic Monthly*, December 1938.

069 "'谈到鲑鱼和水獭时'"：Williamson, *Goodbye, West Country*, p. 10.

070 早在1933年：*New York Times*, October 11, 1933.

070 德国作家必须是：Evans, *Third Reich in Power*, p. 158.

070 国家社会主义规定，德意志文学：同上，p. 155。

071 1937年，希特勒下令：*New York Times*, July 19, 1937.

071 住在城里的现代派们：Williamson, *Goodbye, West Country*, p. 53.

071 她致信告诉房龙：Carson to Hendrik van Loon, February 5, 1938, Beinecke.

071 她让房龙为她引荐专家：同上。

072 他认为：Beebe, *Half Mile Down*, p. 3. 这本描写威廉·毕比水下探险经历的书很有趣，是一部引人入胜的经典。

072 他极目往悬崖深处看去：同上，p. 87。

072 1929年，毕比认识了一个：同上，pp. 87—137。

074 有一回进行无人深潜测试：同上，pp. 153—154。

074 大洋深处，压力极大：同上，pp. 134—135。

075 毕比和巴顿还利用深潜的间隙：同上，pp. 138—145。

075 但当她开始认真考虑：Carson to Hendrik van Loon, February 5, 1938, Beinecke.

076 出版商预付一部分稿费：同上，June 2 and June 3, 1939, Beinecke。

076 "我想最好的办法就是"：同上，June 2, 1939, Beinecke。

076 房龙对她说：Hendrik van Loon to Carson, June 25, 1939, Beinecke.

076 房龙自己的著述有些拖后：同上，June 21, 1939, Beinecke。

077 这期间，卡森配合第一章：Carson to Hendrik van Loon, June 20, 1939, Beinecke.

077 最终，卡森还是答应了：同上，April 5, 1940, Beinecke。卡森向房龙交了底，她给西蒙-舒斯特出版社寄去了两万多字的书稿之后没有收到回音，她很担心，希望房龙出面，弄清楚究竟是怎么回事。但这封信她没发出去，因为写信的当天，她竟收到了昆西·豪的来信，西蒙-舒斯特出版社读了书稿，甚是喜欢。第二天，卡森又给房龙写了一封信，把这个好消息告诉他，又委婉地提出一个小请求，让房龙跟昆西·豪提一提那笔说好的预支稿酬，卡森说她现在急需（同上，June 6, 1940, Beinecke）。

077　1939年夏: Department of the Interior personnel records, transfer Order, July 1, 1939, NCTC.

077　最近一次提高到每年2300美元: Department of Commerce personnel records, administrative promotion, June 16, 1939, NCTC.

077　一年后,渔业局: Department of the Interior personnel records, consolidation order, June 27, 1940, NCTC.

077　卡森从巴尔的摩调到: Department of the Interior personnel records, station change, July 19, 1940, NCTC.

077　1938年秋天,卡森: Carson, field notes, Beinecke. 卡森1938年在博福特做研究的情况尚有一些细节不确定。她留下的实地记录说明她当年9月中旬在那里。但是,琳达·利尔的文字记述说:卡森第一次来博福特是在那年7月,这样说来,那年她不止一次到过博福特(Lear, *Rachel Carson*, pp. 93—94)。渔业局在博福特的站点还在,现在是国家海洋与大气管理局沿海渔业及栖息地研究中心,没有卡森的到访记录,虽然当地素有她到过博福特的说法。让事情更加迷离复杂的是她关于春季迁徙的田野笔记里的"观察记录",显然她在仲夏或初秋不可能观察到春季的情况;而且,从这些记录看得出来,在这个阶段初期,卡森这本书的大纲已完全成形。倘若卡森能够想象此地某一季节的情形,那她的传记作者凭手头的零散资料推断出她哪年哪月、身在何处,岂不也是可取的吗?

077　博福特是个港口城市: Personal observation. 2011年夏,笔者在博福特和外班克斯列岛待了几日。沿海渔业实验室副主任格雷格·皮尼尔克准允笔者参观了实验室。格雷格和实验室主任戴维·约翰逊——也是一位博福特的老人儿,向笔者详细介绍了博福特及附近峡湾、岛礁的情况。

078　1899年,美国鱼类委员会: Wolfe, *A History of the Federal Biological Laboratory at Beaufort, North Carolina 1899—1999*, p. 1.

078　博福特站的研究人员:同上, pp. 18—58。

078　几十年来,该站:同上, pp. 65—68。

079　卡森和家人大概就住在: Carson, "Memo for Mrs. Eales," Beinecke. 卡森待在大西洋滩系笔者的猜测,一是因为她待在这个地方的可能性最大,二是因为她在这份备忘录里提到,来海岸游览的人们常"待在离一处度假村的码头和木板走道不远的地方",这个描述与大西洋滩的景象十分相符。

079　"野味十足的海滩让人感觉美好":同上。

079　现在,卡森决定:同上。

079　杰弗里斯的长篇散文诗: Jefferies, *Pageant of Summer*, p. 9.

080　卡森对诗结尾的一段情有独钟:同上, pp. 48—49。卡森在1954年为西塔·西格马·斐女子通信协会所作的演讲《我们周围的真实世界》(The Real World Around Us)里引用了这段话(Beinecke)。她说,杰弗里斯所言归结起来"表达了我的生活信念"。

080　她不停地做着笔记: Carson, field notes, Beinecke.

080 “波浪就要溃散时”：同上。

081 1940年春：Carson to Hendrik van Loon, April 6, 1940, Beinecke.

081 刚出版没多久：Mark S. Watson to Carson, October 31, 1941, Beinecke.

081 卡森后来承认：Carson, “Memo for Mrs. Eales,” Beinecke.

082 切萨皮克角和科德角：Carson, *Under the Sea-Wind*, p. 105.

083 听说这本书被科学书友会：Carson to Hazel Cole Shupp, September 17, 1941, Beinecke. 卡森毕业6年后，舒普（Shupp）来到宾夕女院，在英语系很有人缘（Dysart, *Chatham College*, p. 196）。她曾向西蒙-舒斯特出版社打听，能否为学校要一张卡森的照片。

083 《纽约时报》刊登了一篇热情洋溢的评论：*New York Times Sunday Book Review*, November 23, 1941.

083 有一篇略带批评之意：*Saturday Review of Literature*, December 27, 1941.

083 临近1月底：Maria Leiper to Carson, January 20, 1942, Beinecke. 利珀（Leiper）在西蒙-舒斯特出版社当编辑，专门编辑卡森的著作。

083 得知这本书要译成盲文版：Sonia Bleeker to Carson, March 10, 1942, and Carson to Sonia Bleeker, March 15, 1942, Beinecke. 布勒克尔（Bleeker）在西蒙-舒斯特出版社营销部工作，大家都叫她“桑尼”（Sunnie）。

083 西蒙-舒斯特出版社的伦敦代理：Marie Leiper to Carson, January 12, 1942, Beinecke. 看样子，利珀随信附上了伦敦代理措辞严厉的评估报告，报告的日期是1942年12月11日。

084 在日本偷袭珍珠港两天后：Mary Scott Skinker to Carson, December 9, 1941, Beinecke.

084 不过，卡森后来是这么说的：Carson, “The Real World Around Us,” Beinecke.

084 她一度怀揣着希望：Carson to Sonia Bleeker, February 8, 1942, Beinecke.

084 她给美国渔业学会的600名会员：Maria Leiper to Carson, September 21, 1942, Beinecke. 这是卡森的主意。为了推销这本书，她给西蒙-舒斯特出版社想了很多办法，出了不少主意。读卡森的建议，不难体会字里行间的沮丧和失望。

084 她还与西蒙-舒斯特：Maria Leiper to Carson, January 7, 1942, Beinecke.

084 大约在1942年3月初：Carson to Maria Leiper, March 15, 1942.

084 提供了一份10页的稿子：Carson, “Memo to Mrs. Eales,” Beinecke.

084 此后不久，西蒙-舒斯特：Maria Leiper to Carson, March 26, 1942, Beinecke.

085 销售量连1700册都不到：Carson, handwritten note, Beinecke. 卡森在一个信封的背面把该书发行后每年的销量计算了一遍。那信封是装1948年1月份的电话费账单的。

085 1948年春：Carson to Tom Torre Bevans, March 27, 1948, Beinecke. 贝文斯（Bevans）在西蒙-舒斯特出版社好像是负责经办著作者合同的。

085 她给西蒙-舒斯特写了一封信：Carson to Maria Leiper, March 27, 1948,

Beinecke.

第五章 壮美的世界

086 富兰克林·罗斯福手下的内政部部长：Ickes, *Secret Diary of Harold Ickes*, vol. 2, p. 8.

086 但是国会和美国农业部反对：同上, p. 257。

086 20世纪30年代初：Egan, *Worst Hard Time*, p. 5.

086 1935年4月14日：同上, p. 8。

087 5天后，尘暴抵达华盛顿特区：同上, pp. 227—228。

087 当月月底：同上, p. 228。

087 罗斯福总统十分赞赏：同上, pp. 270—271。

087 前后种了约2.2亿棵树：同上, p. 310。

087 生物调查局比渔业局："Administrative History," National Archives Finding Guide to Records Group 22, and "Records of the U.S. Fish and Wildlife Service, Record Group 22," NARA.

087 1896年，该机构更名为：Jenks Cameron, "The Bureau of Biological Survey: Its History, Activities and Organization," Service Monographs of the United States Government, No. 54, 1929, pp. 1—49.

088 生物调查局向农场主和牧场主们：Vernon Bailey, "Directions for the Destruction of Wolves and Coyotes," Bureau of Biological Survey Circular 55, April 17, 1907.

088 1907年，全国各地捕杀野狼1800只：Cameron, "Bureau of Biological Survey," p. 46.

088 1922年，调查局一位最富经验的：E. R. Kalmbach, Bureau of Biological Survey Special Report, No. 13, 1922, NARA.

089 谈到狼，调查局说：Cameron, "Bureau of Biological Survey," p. 51.

089 调查局尽管百般努力：同上, pp. 177—178。

090 调查局有一项工作受关注较少：同上, pp. 55—56。

090 美国还是殖民地的时候：同上, p. 7。

090 19世纪初：Souder, *Under a Wild Sky*.

090 奥杜邦在1820年：同上, p. 176。

091 布恩-克罗克特俱乐部自发组织：Nash, *Wilderness and the American Mind*, pp. 152—153. 布恩-克罗克特俱乐部的核心理念是：人的本性常在原始环境里绽现，并在其中完善。

091 1900年，国会通过了：Clepper, *Leaders of American Conservation*, pp. 194—195.

091 1903年，在美国鸟类学家联盟：U.S. Fish and Wildlife Service, Pelican Island National Wildlife Refuge, "History of Pelican Island," http://fws.gov/pelicanisland/

history.html.

091　欧洲人在北美落脚之前：Isenberg, *Destruction of the Bison*, p. 25.

091　19世纪30年代初：同上, p. 103。

091　野牛数量大减主要是：同上, pp. 104—109。

092　猎杀野牛也是半官方性的：Dary, *Buffalo Book*, p. 127. 达里(Dary)引用格兰特总统的内政部部长哥伦布·德拉诺(Columbus Delano)的话说：他"对野牛全部灭绝不会感到十分后悔"，因为消灭野牛会使西部游牧的印第安人加速向农民转变。

092　19世纪60年代后期：David D. Smits, "The Frontier Army and the Destruction of the Buffalo: 1865—1883," *Western Historical Quarterly* 25, no. 3 (Autumn 1994): pp. 313—338.

092　到19世纪70年代：Isenberg, *Destruction of the Bison*, p. 130.

092　早在1832年，艺术家乔治·卡特林：同上, p. 164。

092　不过，美国国会在1868年批准了：Records of the Secretary of the Treasury Relating to Alaska 1868—1903, Record Group 22, NARA.

092　而后在1872年，格兰特又签署了：Nash, *Wilderness and the American Mind*, p. 108, 112—113. 纳什(Nash)援引《1872年美国联邦法规汇编》(United States Statutes at Large 1872)中的授权法，指出国会似乎更倾向于为农业价值低的土地找到合适的用途，而不是维护其原始状态，需要维护"自然状态的"只有这些土地内的某些资源。

092　联邦政府也参与了：Worster, *Passion for Nature*, p. 403.

093　加利福尼亚大学有一帮师生：同上, pp. 328—329。

093　1905年，西奥多·罗斯福总统设立了：Meine, *Aldo Leopold*, p. 76.

093　短短4年时间：同上, p. 77。

093　1909年夏，利奥波德前往：同上, pp. 87—89。

093　虽然利奥波德是个新手：同上, pp. 91—94。

093　1915年，怀着对林区不断减少的：同上, p. 146。

093　最初，利奥波德和其他来林务局入职的新人一样：同上, p. 78。

094　1921年，他在《林业杂志》上发表了：同上, p. 194。

094　并且给出了释义：Quoted in Meine, *Aldo Leopold*, p. 196.

094　荒野的魅力早就是哲学研究的主题：Nash, *Wilderness and the American Mind*, pp. 44—46. 18世纪中叶，即在崇尚自然成为浪漫时期核心要义的阶段，哲学家伯克在其著作《论崇高与美丽概念起源的哲学探究及康德对美感和崇高感的观察》(*Philosophical Enquiry into the Origin of Our Ideas of the Sublime and Beautiful and Kant's Observations on the Feeling of the Beautiful and Sublime*)中探讨了一种理念：荒野宜欣赏、体验，勿惧怕、回避。

094　18世纪的原始主义者认为：Nash, *Wilderness and the American Mind*, p. 47.

094　而当他走进缅因北部的僻远森林时：同上, pp. 90—91。

094 美国需要蛮荒野地:同上, pp. 149—150。

095 乔治·巴比特就这么认为: Lewis, *Babbitt*.

095 于1924年协助建立了: Meine, *Aldo Leopold*, pp. 196, 200—201.

095 1929年,利奥波德在威斯康星大学开设系列讲座:同上, p. 266。

095 标志着保护生物学的真正发端: Lannoo, *Leopold's Shack and Ricketts's Lab*, p. 34.

095 凭借此书,利奥波德荣任威斯康星大学教授:同上, p. 47。

095 1934年初,他被指定为: Meine, *Aldo Leopold*, p. 315.

096 前边提到的"贝克委员会":同上, pp. 315—316。

096 越往后议,争论越多:同上, pp. 316—318。

097 又过了一个月:同上, p. 319。

097 1935年,利奥波德成为:同上, pp. 342—343。 1948年4月,利奥波德在威斯康星州巴拉布的乡村小屋附近的灌木丛着火,利奥波德赶去灭火,不幸心脏病发作去世。蕾切尔·卡森对他没有好印象。1953年,牛津大学出版社出版了《团河》(*Round River*),这是利奥波德的一部文集,辑录了他的日记中的散文和回忆文章。牛津社希望搞些东西,为这部文集做宣传推广,于是把书寄给了旗下最著名的作家卡森征求意见。卡森发现书里竟有猎捕动物的恶举,好些动物遭猎杀、遭折磨,于是事情发生了逆转。卡森告知牛津社,她的话可以引用,但估计他们不愿意引用,依她看,《团河》是"一本骇人听闻的书",读罢她"震怒难平"。她说,之前她对"奥尔多·利奥波德的传说一直信以为真",但是现在"被猛然浇醒了"。书中读到的所谓"对保护自然怀揣虔诚之情"只能让她认定利奥波德就是个伪君子;利奥波德是个"野蛮残忍的人"[见1953年9月牛津大学出版社广告宣传部主任丰·W·博德曼(Fon W. Boardman)与卡森的通信(Beinecke and NCTC)]。后来,鱼类及野生动植物管理局居然把西弗吉尼亚州国家自然保护培训中心的两个宿舍分别命名为"利奥波德"和"卡森",颇具反讽谐谑的意味。

097 她那一组人便被调派到: Department of the Interior personnel records, change of station notice, August 7, 1942, NCTC. 这次调动早有传闻,但推迟了数月。卡森不想走,她告诉玛丽亚·利珀:每延缓一周就算是赠她一份大礼。

097 好在搬出时间不长: Department of the Interior personnel records, intra-transfer and change in status, April 21, 1943, NCTC.

097 一年后,鱼类及野生动植物管理局新设了: Department of the Interior personnel records, transfer and promotion, June 1, 1944, NCTC.

097 毕比在一本自然散文选集里收录了《海风下》的两个章节: Beebe, *Book of Naturalists*, pp. 478—495. 毕比把卡森写鳗鱼迁徙的两章合并为一章。

097 毕比回信说:若此,他不胜欣喜: William Beebe to Carson, February 1, 1945, Beinecke. 此次通信,卡森给毕比的信件没有保存下来。

097 卡森再度致信毕比,谈论的却是另一件事: Carson to William Beebe, October 26, 1945, Beinecke.

098　毕比回信说：William Beebe to Carson, November 1, 1945, Beinecke.

098　奥斯本回复：Fairfield Osborn to William Beebe, November 5, 1945, and William Beebe to Carson, November 10, 1945, Beinecke.

098　1944年11月12日：FWS press release, November 12, 1945, NCTC. 鱼类及野生动植物管理局的新闻稿有时候会缀上多个作者和(或)联系人的名字。这种情况下，联系人留的是奥尔里奇(Allredge)或卡森。不论谁起草新闻稿，稿件内容两个人都熟悉。

098　随即她又向《读者文摘》：Merle Crowell to Carson, November 28, 1944, Beinecke. 克罗维尔(Crowell)是《读者文摘》的高级编辑。

098　当月，她在《科利尔氏》杂志刊发了：Carson, "The Bat Knew It First," *Collier's*, November 18, 1944.

098　1945年4月：Jack Goodman to Carson, June 6, 1944, and Carson to Jack Goodman, June 7, 1944, Beinecke. 古德曼(Goodman)是《大西洋两岸》(*Transatlantic*)编辑委员会委员。因为古德曼的办公处在纽约，所以卡森能在一天之内作出回应。

099　几个月后，卡森为那篇：Carson, "Ace of Nature's Aviators," *Coronet*, November 1944; and Merle Crowell to Carson, November 28, 1944, Beinecke.

099　1946年初，卡森为新创刊的：Carson to Maria Caporale, February 20, 1946, and March 10, 1946, Maria Caporale to Carson, February 22, 1946, and Edward M. Stode to Carson, March 24, 1946, Beinecke.

099　鱼类及野生动植物管理局要刊出：FWS press release, December 21, 1947, NCTC; J. A. Umhoefer to Carson, n.d., Carson to Oscar Dystal, September 23, 1947, and Carson to Merle Crowell, September 9, 1947, Beinecke.

099　3个人常聚在一起吃午饭：Transcript of Shirley Briggs's interview for "Rachel Carson's Silent Spring," an installment of the *American Experience* series on PBS, February 20, 1992, Lear Collection.

099　布里格斯觉得卡森外表：同上。

099　凯认为她好像：Linda Lear interview with Kay Howe Roberts, June 22, 1994, Lear Collection.

099　布里格斯在给她母亲的一封信里说：Shirley Briggs to her mother, December 13, 1945, Lear Collection.

100　1945年秋天，她和雪莉·布里格斯：同上, October 16, 1945, Lear Collection.

100　其中一篇报告：Oscar Elton Sette, "Biology of the Atlantic Mackerel (Scomber scombrus) of North America," U.S. Department of the Interior Fishery Bulletin 38, 1943, NCTC。

100　8月10日：FWS press release, August 10, 1945, NCTC.

100　过了几个星期：同上, August 22, 1945, NCTC。

101　9个月后：同上, May 18, 1946, NCTC。

101 1946年春: Transcript of Shirley Briggs's interview for "Rachel Carson's Silent Spring," an installment of the American Experience series on PBS, Lear Collection.

101 这套冠以标题"行动中的保护"的丛书: Lear, *Rachel Carson*, p. 132。

102 一连几天:同上, p. 133。

102 早在1942年,联邦政府就买下了这片土地: Carson, *Chincoteague: A National Wildlife Refuge*, Conservation in Action 1, 1947, NCTC.

102 阿萨蒂格是大西洋中段海岸特有的:同上。

103 钦科蒂格主要是为:同上。

104 1635年,英国移民来此落脚定居: Randall, *Newburyport and the Merrimack*, p. 7. 如果读者从文中觉察出笔者对纽伯里波特和普拉姆岛有些感情,且比较熟悉,那是因为笔者曾在那儿待过。

104 普拉姆岛很早就有人来定居: Weare, *Plum Island*, pp. 43—48.

104 1929年,沼泽附近建起了一片面积不大的:同上, pp. 89—91。

104 当地居民: Doyle, *Life in Newburyport 1900—1950*, p. 245.

105 卡森和豪登上火车北上: Kay Howe to Shirley Briggs, September 25, 1946, Beinecke.

105 海水漫过平阔的海底: Personal observation. 对普拉姆岛的描述源于笔者的经历:笔者曾在纽伯里波特住过;2010年夏,笔者又去该地做了一次探访调研。

105 卡森说,站立在水边: Carson, *Parker River: A National Wildlife Refuge*, Conservation in Action 2, 1947, NCTC.

105 卡森和豪同保护区经理: Carson to Shirley Briggs, September 28, 1946, Beinecke.

106 她们在纽伯里波特找到了一个餐馆:同上。

106 豪盼望着快快放晴: Kay Howe to Shirley Briggs, September 25, 1946, Beinecke.

106 镇里传言纷起: Carson to Shirley Briggs, September 28, 1946, Beinecke.

106 不过,卡森和豪在镇上: Kay Howe to Shirley Briggs, September 25, 1946, Beinecke.

106 卡森开始写"行动中的保护"系列的第二本小册子: Carson, *Parker River*.

107 关于大西洋边的这条飞行路线:同上。

107 帕克河是联邦政府设立的唯一一个:同上。

108 "从镇上驾车去普拉姆岛":同上。

108 卡森不仅了解:同上。

109 该系列的第五本书: Carson, *Guarding Our Wildlife Resources*, Conservation in Action 5, 1948, NCTC.

110 "对于所有人而言":同上。

110 这年春天: Meine, *Aldo Leopold*, p. 517.

110 已经有4家出版商婉拒了书稿:同上, pp. 509, 511, and 517; and Meine,

Correction Lines, pp. 152—153。退稿的机构有明尼苏达大学出版社、麦克米伦出版社(Macmillan)、克诺普夫出版社(Knopf)和威廉-斯隆联合图书社(William Sloan Associates)。威廉-斯隆联合图书社没有彻底拒绝出书,只是始终未采取行动,后来牛津大学出版社把书稿买走了。克诺普夫出版社传阅了几版书稿,兴趣未减,还反复讨论过怎样修改。

110　只可惜利奥波德: Meine, *Aldo Leopold*, p. 520.

110　牛津社不改决定:同上, p. 524。

110　利奥波德在该书收录的一篇文章里: Leopold, *Sand County Almanac*, p. 204.

110　他写道:同上, p. 210。

111　1966年《沙乡年鉴》重印: Meine, *Aldo Leopold*, pp. 525—526.

111　"有利于保持生物群落": Leopold, *A Sand County Almanac*, pp. 224—225.

111　"只有把土地看成是人类归依的群落":同上, p. viii。

111　"土地是一个群落":同上, pp. viii—ix。

112　卡森在第五本"行动中的保护"丛书里: Carson, *Guarding Our Wildlife Resources*, NCTC.

112　她想办法把年假凑到了一块: Carson to Maria Leiper, November 18, 1946, Beinecke.

112　她们在希普斯科特河: Carson to Shirley Briggs, July 14, 1946, Beinecke.

113　在巴尔的摩市普拉特图书馆的一个角落里: Carson to Henry Beston, May 14, 1954, Beinecke.

113　1888年,贝斯顿出生在: Wilding, *Henry Beston's Cape Cod*, p. 7.

113　曾经就读于哈佛:同上, pp. 9—10。

113　贝斯顿差点被一枚炮弹炸死:同上, p. 10。

113　他患上了战斗疲乏症,回到马萨诸塞:同上, p. 12。

113　1923年,贝斯顿写了一篇杂志稿:同上, p. 15。

113　1925年,他在伊斯特姆救生站附近:同上, pp. 1—2, 51—54, and 89。

114　一天夜里,波浪滔天:同上, pp. 21—22。

114　1925年秋天,贝斯顿住在福堡:同上, p. 18。

114　身高6英尺的贝斯顿:同上, p. 30。 Wilding quotes from an interview Beston gave to the *New York Times*.

114　悬崖偏远,丘岗孤独: Beston, *Outermost House*, pp. 5—6.

115　在这壮阔的海滩上,夜晚非常美丽:同上, p. 166。

115　1940年,她在伍兹霍尔市图书馆里写: Lear, *Rachel Carson*, pp. 101—102; and Dorothy Algire to Paul Brooks, February 15, 1970, Beinecke. 多萝西·阿尔吉尔(Dorothy Algire),曾用名"多萝西·汉密尔顿"(Dorothy Hamilton),是卡森在美国渔业局和伍兹霍尔工作时的同事。那一日,她和卡森一块寻访了贝斯顿的小屋。

116　不管在世界哪个海域: J. B. Hersey and H. B. Moore, "Progress Report on

Scattering Layer Observations in the Atlantic Ocean," *Transactions* 29, no. 3 (June 1948), Beinecke. 本文系卡森为写《我们周围的海洋》准备的研读资料。

116 研究人员最终确定: Tom Garrison, *Oceanography*, pp. 447 and 449.

116 她几次计划: U.S. Department of the Interior, records for the *Albatross Ⅲ*, "Instructions for Cruise No. 10," Lear Collection. 1948年10月1日至2日,因为要召开大西洋渔业生物学家年会,该船停泊在缅因州的布斯贝港。不知出于何种原因,卡森后来竟谎称她和玛丽·罗德尔翌年搭乘"信天翁Ⅲ"号出海巡游,系女界首次。1948年10月,乘船考察的"合作者"名单上有3人:约瑟夫·蓬乔哈日(Joseph Puncochar)、琼·哈茨霍恩(Jean Hartshorne)和蕾切尔·卡森。

116 船上配备声呐: U.S. Department of the Interior records, "Albatross Ⅲ," March 19, 1948, Lear Collection.

116 卡森着手联络一批专家: Carson to Henry Bigelow, August 22, 1948, Beinecke.

117 比奇洛没查,不过: Henry Bigelow to Carson, August 26, 1948, and March 14, 1950, Beinecke.

117 有一次,卡森联系一位大学教授: R. G. Hussey to Carson, March 18, 1950, Beinecke. 赫西(Hussey)当时在密歇根大学。卡森向他请教了海底地质学问题。

117 对此持绝对怀疑观点的卡森: Carson to Thor Heyerdahl, September 23, 1948. 卡森的信没有保存下来,但海尔达尔在1948年10月19日的回信中提到了此信(Beinecke)。

117 海尔达尔回信: Thor Heyerdahl to Carson, October 19, 1948, Beinecke.

117 等了一年多: Carson to Thor Heyerdahl, January 9, 1950, Beinecke.

118 海尔达尔客气却有些烦躁地提醒卡森: Thor Heyerdahl to Carson, February 2, 1950, Beinecke.

118 此时,卡森已经和一位代理签了约: Lear, *Rachel Carson*, p. 149.

118 卡森并不气馁,又给罗德尔寄去: Carson to Marie Rodell, December 5, 1948, Beinecke.

第六章 作者凯旋

119 1949年2月前,卡森: Carson to Marie Rodell, February 23, 1949, Beinecke.

119 一个月后,她告诉罗德尔:同上, March 26, 1949, Beinecke。

119 4月: Marie Rodell to Philip Vaudrin, April 12, 1949, Beinecke.

119 5月前,罗德尔又和牛津社深谈了几次: Marie Rodell, handwritten notes from telephone conversations with Philip Vaudrin on May 4 and May 5, 1950, Beinecke.

119 1949年6月3日: Philip Vaudrin to Marie Rodell, June 3, 1949, Beinecke.

119 卡森不同意: Carson to Marie Rodell, June 8, 1949, Beinecke.

119 这期间,卡森: Carson to William Beebe, April 5, 1949, and William Beebe to Carson, July 5, 1949, Beinecke.

119 卡森由雪莉·布里格斯陪着:关于卡森潜水的叙述记录于1940年至1951年手写的系列田野笔记中(Beinecke)。在这次旅行中雪莉·布里格斯也拍了一些照片,其中几张现存于康涅狄格学院的利尔藏品集。

120 还毫无拘束地提笔: Carson to William Beebe, August 26, 1949, Beinecke.

120 几星期后,卡森再次出行: U.S. Department of the Interior records for the *Albatross Ⅲ*, "Instructions for Cruise No. 26," Lear Collection; and *Frontiers*, October 1950. 罗德尔给杂志写过一篇记述本次乘船巡游的美文,其中一句表述得有些奇怪,称她和卡森是"首批在这条船上待了很长时间的女性"。卡森在为英国出版商撰写的有关《我们周围的海洋》缘起的备忘录里,也重提了这段不实的旧事。备忘录还提到她为了调研,"做了一点头盔潜水"。卡森常为把故事写精彩而舍弃准确性,她后来在"西塔·西格马·斐协会"餐会上发表演讲《我们周围的真实世界》时,再次跳过了自己第一次登上"信天翁Ⅲ"号的经历不提。

120 这天上午,天气炎热:同上。

121 乘坐"信天翁Ⅲ"号出海回来后没多久: Lear, *Rachel Carson*, pp. 172—73; Philip Vaudrin to Carson, October 4, 1949, and Carson to Philip Vaudrin, October 6, 1949, Beinecke. 利尔写道:7月,卡森在随"信天翁Ⅲ"号考察船巡航期间,和罗德尔讨论过富尔特斯项目(Fuertes project);这一点似乎可能性比较大。她在10月致信沃德林(Vaudrin)表示,她打算和罗德尔一起去看一看富尔特斯的画。

121 1950年夏: Paul Brooks to Carson, July 20, 1950, Carson to Paul Brooks, July 28, 1950, and Paul Brooks to Carson, September 1, 1950, Beinecke. 布鲁克斯在1950年9月1日的信里正式问卡森是否愿意做这本书。

122 卡森跟罗德尔说: Carson to Marie Rodell, September 5, 1950, Beinecke.

122 她向哈珀兄弟出版公司: Carson, application to the Eugene F. Saxton Memorial Trust, n.d., ca. November 1948, Beinecke.

122 1949年7月: Amy Flashner to Carson, July 14, 1949, Beinecke. 弗拉施纳(Flashner)是萨克斯顿信托基金会的秘书。

122 卡森喜不自胜,洋洋洒洒: Carson to Amy Flashner, July 24, 1949, Beinecke.

122 不料几周后她收到信托基金会的回信: Amy Flashner to Carson, August 4, 1949, Beinecke.

122 卡森十分生气,说自己: Carson to Amy Flashner, August 8, 1949, Beinecke.

123 并再次写信指责卡森: Amy Flashner to Carson, August 11, 1949, Beinecke.

123 后来,玛丽·罗德尔:同上, August 23, 1949, Beinecke。

123 卡森写信给信托基金会: Carson to Amy Flashner, August 30, 1949, Beinecke.

123 同时,还收到了一本: Philip Vaudrin to Carson, October 4, 1949, Beinecke.

123 她说,她就等着看呢: Carson to Philip Vaudrin, October 6, 1949, Beinecke.

123 她给《大西洋月刊》发去7章: Marie Rodell to Edward Weeks, January 6, 1950, Beinecke.

123 《大西洋月刊》研究了3个月，最后还是退稿了：Charles W. Morton to Marie Rodell, March 3, 1950, Beinecke. 莫顿(Morton)是《大西洋月刊》的副主编。

123 退稿的杂志一家接一家：Correspondence between Marie Rodell and various magazine editors, 1950, Beinecke.

124 大部分是婉言谢绝：Helen Grey to Marie Rodell, April 20, 1950, Beinecke. 格雷(Grey)是《城乡》杂志的文字编辑。

124 1950年4月：Carson to Philip Vaudrin, April 3, 1950, and Marie Rodell to Amy Flashner, April 14, 1950, Beinecke. 卡森说，他们起过很多标题，她都记不清这个标题是否早提过了。看样子应该是早提过了，因为牛津社广告宣传部在1月份给卡森的一封信里称这本书是《我们周围的海洋》(Catherine S. Scott to Carson, January 3, 1950, Beinecke)。

124 长河在我胸：Eliot, *The Four Quartets*.

125 "很久很久以前，我们不知"：Draft fragment, Beinecke. 卡森把这些记在了一个棕色螺旋订小笔记本里，这种小笔记本她有好多个。

125 1950年6月：Carson to Henry Bigelow, July 17, 1950, Beinecke.

125 《科学文摘》愿意出50美元：G. B. Clementson to Marie Rodell, June 5, 1950, Beinecke. 克莱芒松(Clementson)是《科学文摘》的主编。

125 她接到了《纽约客》杂志：Marie Rodell to G. B. Clementson, June 8, 1950, and Marie Rodell to Carson, June 13, 1950, Beinecke.

126 仲夏来临之际，奥利弗已经：Edith Oliver to Marie Rodell, July 11, 1950, Beinecke.

126 同时，她满心激赏，将这些文稿：Edith Oliver to Marie Rodell, July 17, 1950, Beinecke.

126 "《纽约客》真是的"：Carson to Marie Rodell, July 17, 1950, Beinecke.

126 奥利弗向罗德尔保证：Edith Oliver to Marie Rodell, July 17, 1950, Beinecke.

126 这期间，罗德尔还把：Paul Pickerel to Marie Rodell, August 18, 1950, Beinecke. 皮克雷尔(Pickerel)是《耶鲁评论》的主编。

126 把谈海盐的那章卖给了：Marie Rodell to G. B. Clementson, July 21, 1950, Beinecke.

126 《读者文摘》退掉了：Merle Crowell to Marie Rodell, July 27, 1950, Beinecke.

126 1950年8月中旬前后：Carson to Marie Rodell, August 17, 1950, Beinecke.

126 一个月后，她致信罗德尔：同上，September 10, 1950, Beinecke。

126 左乳房里有：同上。

127 "也许手术小得不能再小"：同上，September 13, 1950, Beinecke。

127 卡森一溜烟跑到：同上，n.d., ca. October 1950, Beinecke。

127 卡森对牛津社有些心急：同上，October 19, 1950, and December 9, 1950,

Beinecke。

127 罗德尔提醒她说：Marie Rodell to Carson, October 23, 1950, Beinecke.

127 她大大咧咧地对罗德尔说：Carson to Marie Rodell, October 2, 1950, Beinecke.

127 1950 年 10 月：Carson, Guggenheim Fellowship application, October 14, 1950, Beinecke.

127 她已经从霍顿·米夫林出版社收到了900美元的预付稿酬：James F. Mathias to Carson, March 29, 1951, and Guggenheim formal announcement, April 16, 1951, Beinecke.

127 毕比跟她说：William Beebe to Carson, November 7, 1950, Beinecke.

127 1950年12月初：Marie Rodell to Paul Pickerel, December 11, 1950, Beinecke.

128 卡森告诉罗德尔：Carson to Marie Rodell, January 30, 1951, Beinecke.

128 卡森已升任：U.S. Department of the Interior, personnel records, promotion, February 1, 1950, NCTC.

128 卡森对此十分不悦：Carson to Marie Rodell, January 7, 1951, Beinecke.

128 1951年3月传来消息：Lear, *Rachel Carson*, pp. 191 and 193.

128 这势头令人欣喜，孰料：Marie Rodell to Carson, March 21, 1951, Beinecke.

128 让人错愕的是：Carson to Allen Talmey, March 29, 1951, Beinecke. 塔尔梅(Talmey)是《时尚》杂志的专题编辑。

128 4月，卡森收到：Carson to Henry Z. Walck, April 6, 1951, Beinecke. 瓦尔克(Walck)是牛津大学出版社总裁。

128 5月，威廉·肖恩：William Shawn to Marie Rodell, May 9, 1951, Beinecke.

129 罗德尔拿了她应得的10%佣金：Marie Rodell to Carson, May 11, 1951, Beinecke.

129 6月，卡森：U.S. Department of the Interior personnel records, request for leave without pay, June 4, 1951, NCTC.

129 她跟罗德尔说：Carson to Marie Rodell, n.d., ca. July 1951, Beinecke.

129 《纽约客》杂志社报告说：*Washington Star*, July 8, 1951. 关于报纸杂志引文，笔者在此作一点补充：卡森写书出书，一般都订有剪报服务，剪报社定期把国内外发表的评论其著作的文章副本寄给她。笔者在注释中引用的大部分剪报资料，均见于耶鲁大学贝内克珍本及手稿图书馆的蕾切尔·卡森文存。但因这些剪报资料并不是卡森文存所独有，故而笔者未将文存列为主要资料来源。贝内克图书馆的数千件馆藏，以及笔者在其他地方找到的参考资料，都为笔者的研究提供了宝贵支持，仅作此言，想必足以表达笔者心意。

129 著名的报纸广播八卦记者沃尔特·温切尔：*New York Mirror*, June 6, 1951.

130 "海洋学入门"：Carson to Philip Vaudrin, December 16, 1950, Beinecke.

130 故事开头：Carson, *Sea Around Us*, epigraph, p. 3.

131 万物初创之际往往混沌不清：同上，pp. 3—4。

132 诸位可以想象一下：同上，pp. 8—9。

133 卡森说，写《我们周围的海洋》：Carson, "Origins of the book *The Sea Around Us*," 1952, Beinecke. 这是卡森为伦敦的出版商写的备忘录。

133 人类把异域的生物带上岛：Carson, *Sea Around Us*, pp. 95—96.

134 到何时、在何地海洋会停止：同上，pp. 99—100。

135 她在《纽约先驱论坛报》上撰文：*The New York Herald Tribune*, July 15, 1951.

135 他写道，诗人写海常犯错：*New York Times Sunday Book Review*, July 1, 1951.

136 而《印第安纳波利斯时报》的评论员：*Indianapolis Times*, July 7, 1951.

136 《新闻周刊》的书评人：*Newsweek*, July 16, 1951.

136 卡森上了《星期六文学评论》的封面：*Saturday Review of Literature*, July 7, 1951.

136 《布法罗晚报》认为：*Buffalo Evening News*, July 7, 1951.

136 《纽约时报·星期日书评》的书评刊出一周后：*New York Times Sunday Book Review*, July 8, 1951.

137 在为英国出版商写的宣传文章中：Carson, "Origins of the book *The Sea Around Us*," 1952, Beinecke.

137 《基督教科学箴言报》的图书编辑：*Christian Science Monitor*, January 3, 1952.

137 社会专栏作家玛丽·范·伦塞勒·塞耶：*San Francisco Argonaut*, June 29, 1951.

137 卡森为《纽约先驱论坛报》写了一篇短文：*New York Herald Tribune Book Review*, October 7, 1951.

138 "多多少少我让朋友们有些失望"：同上。

138 《克利夫兰诚报》说卡森：*Cleveland Plain Dealer*, July 1, 1951.

138 《波士顿邮报》称她：*Boston Post*, July 8, 1951.

138 她的追随者中有：Jane Barkley to Carson, June 22, 1951, Catherine Nimitz to Carson, n.d., ca. May 1951, and Thor Heyerdahl to Carson, May 3, 1951, Beinecke. 简·巴克利(Jane Barkley)是阿尔本·巴克利副总统之妻；凯瑟琳·尼米兹(Catherine Nimitz)是海军上将切斯特·尼米兹之妻。巴克利、尼米兹和海尔达尔都收到了《我们周围的海洋》的样书。

139 卡森从前的编辑昆西·豪也致信：Quincy Howe to Carson, July 30, 1951, Beinecke.

139 有一封信可能给卡森的印象很深刻：R. M. Much to Carson, October 20, 1951, Beinecke.

139 一位名叫艾尔弗雷德·格拉塞尔的人：Alfred C. Glassel, Jr., to Carson, June 11, 1952, Beinecke.

139 连玛丽·罗德尔也倏然间成了：*Washington Daily News*, July 4, 1951. 读者的反响持续了多年，绝大多数热情洋溢，少数奇奇怪怪。1957年，卡森收到密歇根大学安阿伯分校医学院病理系的一名年轻医生的来信。这名医生似乎对书的主题十分感兴趣，还想深入了解探海球和其他深潜设备。他问卡森，是否能弄到一般人无法弄到的此类设备的技术资料，这种技术细节如果没什么"限制"的话，可否分享一下。他还说非常喜欢看卡森写的书，倘若其要求无理，万请恕罪。信末署名是"您至真至诚的，杰克·凯沃尔基安(Jack Kevorkian)，医学博士"(Dr. Jack Kevorkian to Carson, December 4, 1957, Beinecke)。

140 卡森坚持要求弃用：Carson to Philip Vaudrin, December 16, 1950, Beinecke.

140 对牛津社决定限量首印非常生气：Marie Rodell to Henry Z. Walck, August 23, 1951, Beinecke.

140 牛津社辩解说：Henry Z. Walck to Carson, August 7, 1951, Beinecke.

140 尽管她辞令如刀：Carson to Henry Z. Walck, n.d., ca. fall 1951, and Marie Rodell to Henry Z. Walck, August 14, 1951, Beinecke.

140 《我们周围的海洋》在《纽约时报》：*New York Times*, July 22, 1951.

140 一周之后，它还是第五：同上，July 29, 1951。

141 8月中旬，它排第二：同上，August 19, 1951。

141 9月初：同上，September 2, 1951。

141 1951年11月：William M. Oman to Carson, November 9, 1951, Beinecke. 奥曼(Oman)是牛津大学出版社副总裁。

141 问题是：William M. Oman to Marie Rodell, November 30, 1951, Beinecke.

141 12月，罗德尔：A. B. C. Whipple to Marie Rodell, December 18, 1951, Beinecke. 惠普尔(Whipple)是《生活》杂志的编辑。

141 1952年4月20日：*New York Times*, April 20 and 27, 1952.

141 《我们周围的海洋》销量：*Chicago Tribune*, February 3, 1952.

141 一则传闻是：*Memphis Commercial Appeal*, March 18, 1952.

141 还有一个传说：同上。

141 她和罗德尔一致认为：Marie Rodell to William M. Oman, August 5, 1952, Beinecke. 卡森疑心《海风下》的销量不实，在当年夏天与罗德尔通信时表露过怀疑。

142 两人也有争执：Carson to Marie Rodell, n.d., ca. August 1952, Beinecke.

142 那年10月份，卡森在纽约度过了一个滋味怪异的：*New York Herald Tribune*, October 17, 1951.

143 卡森就主动运作：Carson to Philip Vaudrin, July 10, 1950, and Philip Vaudrin to Carson, July 14 and 26, 1950, Beinecke. 卡森的这封信没有保存下来，但沃德林在1950年7月14日的信里提到了此信。

143 1952年4月：Lear, *Rachel Carson*, pp. 220—221.

143 她得到消息：Fon W. Boardman, Jr., to Carson, January 8, 1952, Beinecke. 卡森之前接到了亨利·瓦尔克的报喜电话。

143 尽管她把牛津社报喜的信函原件放丢了：Carson to Fon W. Boardman, Jr., January 15, 1952, Beinecke.

143 访谈和接待日程会非常密集：Fon W. Boardman, Jr., to Carson, January 18, 1952, Beinecke.

143 颁奖典礼在：同上，January 8, 1952, Beinecke。

143 卡森坐在首桌，与她齐肩而坐的：*New York Herald Tribune*, January 30, 1952.

143 盛传琼斯得奖是属于：*Boston Herald*, February 10, 1952; and *Providence Journal*, February 17, 1952.

143 卡森在获奖致辞中说：Carson, acceptance speech, National Book Award for Nonfiction, January 29, 1952, Beinecke.

143 我们生活在科学的时代：同上。

144 "也许如果我们把望远镜倒过来"：同上。

144 RKO电影公司：*Publishers Weekly*, January 12, 1952; and Marie Rodell to William M. Oman, August 22, 1952, Beinecke.

144 1953年1月，卡森观看了初剪的影片：Carson to RKO, January 19, 1952, and Henry Z. Walck to RKO, January 21, 1952, Beinecke.

144 玛丽·罗德尔指责牛津社：Marie Rodell to Henry Z. Walck, January 29, 1952, Beinecke.

144 2月，艾伦和卡森：Carson to RKO, February 29, 1952, Beinecke.

144 影片制作完了：Personal observation. 这个影片有DVD可看。笔者要说一句，该片是一部不同凡响的老片子。

145 说那样会"降低书的档次，曲解书的本意"：Carson to Henry Z. Walck, April 12, 1953, Beinecke.

145 1952年3月：Marie Rodell to Carson, March 24, 1952, Beinecke.

145 1952年春，卡森去往：Carson to Fon W. Boardman, Jr., March 14, 1952, Beinecke.

145 辞职于6月份生效：U.S. Department of the Interior, personnel records, resignation, May 12, 1952, NCTC.

145 她在布斯贝港附近的绍斯波特岛：Carson to Marie Rodell, September 9, 1952, Beinecke.

146 别墅纵长而低矮：Personal observation. 2010年夏，笔者有幸在卡森的小屋待了一周。小屋现在的主人是罗杰·克里斯蒂和他的妻子温迪·西森。时光过去了半个世纪，而小屋内外几乎没什么变化。海岸线和岸上的潮池缓慢不停地演化，潮涨潮落，从大西洋闯进希普斯科特湾的涌浪从不重样，所有这些，也和卡森在世的时候一模一样。

146 "气象豪迈地喷水吐雾、滚翻游动"：Carson to Marie Rodell, September 9, 1952, Beinecke.

146 玛丽·罗德尔一回到纽约：Marie Rodell to Carson, November 17, 1952, Beinecke.

第七章 多萝西

149 1953年，绍斯波特岛有："Annual Report of the Town Officers of the Town of Southport," year ended January 31, 1953, Southport Memorial Library.

149 女演员玛格丽特·汉密尔顿：Personal communication with Ron Orchard of the Southport Historical Society and Hendricks Hill Museum.

149 19世纪80年代，一个参加过马萨诸塞内战：Personal communication with Stanley Freeman, Jr.

150 1939年，斯坦和多萝西：同上。

150 1951年7月15日，斯坦·弗里曼生日这天：同上; Dorothy Freeman's unpublished account of her early friendship with Rachel Carson, and Dorothy Freeman's "round robin" letter, February 17, 1953, Muskie.。"转圈"信是在多萝西·弗里曼和朋友们之间轮递交流的书信，定期续写更新，卡森常在信的开头称呼"亲爱的姑娘们"。

150 卡森真的回信了：Carson to Dorothy Freeman, December 15, 1952, Muskie. 这封信，和贝茨学院埃德蒙·马斯基档案及特藏本图书馆收藏的多萝西·弗里曼专集里的绝大多数信函一样，结集在《永远的蕾切尔——蕾切尔·卡森与多萝西·弗里曼书信集(1952—1964)》中出版。该书由多萝西的孙女马莎·弗里曼编辑并注释。

151 半年后，也就是1953年6月2日这天：Dorothy Freeman diary entry, Muskie.

151 登门拜访卡森：同上。

151 卡森建议他们穿上运动鞋：Carson to Dorothy Freeman, September 3, 1953, Muskie.

151 这是一件乐事：同上。

151 海洋生物之丰富多彩让多萝西十分惊讶：Dorothy Freeman's "round robin" letter, September 21, 1953, Muskie. 这段关于海边采撷的叙述也有多萝西对卡森的最初印象。

152 斯坦把一张他拍摄的海鸥照片送给卡森：Carson to Dorothy Freeman, September 10, 1953, Muskie.

152 弗里曼夫妇也是感同身受：同上, September 3, 1953, Muskie。

153 她给多萝西寄了一封告别信：同上, September 10, 1953, Muskie。

153 卡森在9月下旬寄了一封长信：September 28, 1953, Muskie. 多萝西(早期写给卡森的信件没有保存下来)看样子是提到过她和斯坦很想看看欧文·艾伦拍的电影版的《我们周围的海洋》。卡森表示不喜欢这部影片，还说《华盛顿邮报》有位评论员把电影剧本"连讽带刺地说了一通"，她心里倒挺高兴；不过，既是新朋友，要是多萝西看了电影，感觉不错，她也"准备原谅"她。

154 过了一周，卡森再次写信：Carson to Dorothy Freeman, October 5, 1953,

Muskie.

154 卡森去往南卡罗来纳州的默特尔比奇：同上，November 5 and 6, 1953, Muskie。信一天紧跟着一天写，天天不断，有时候是在一天的某个时间开始写，过几个时辰再继续写。这样写信，成了卡森和弗里曼往来传书的常态。

156 11月中，多萝西提议：Carson to Dorothy Freeman, November 19 and 20, 1953, Muskie.

156 她对多萝西说，她不由得要想象：同上，December 11, 1953, Muskie。

156 卡森承认：同上，November 19 and 20, 1953, Muskie。

156 "我的个人风格"：同上。

156 卡森还隐约提到：同上。

157 12月初，卡森又写信：同上，December 11, 1953, Muskie。

157 你给我的信里：同上。

157 卡森在美国科学促进会大会上的发言：Alfred C. Redfield to Carson, April 15, 1953, Beinecke. 这次会议的主题是"海疆"。

157 在此次讲演的会议议程上：From the printed text of her talk, December 29, 1953, Beinecke. 卡森演讲的题目是"海边"。

158 海边就是一个实验室：同上。

158 卡森讲完，正要离开会场：Dorothy Freeman to Carson, n.d., ca. Christmas 1954, Muskie. 这封信没有公开，且是草稿，简要记述了她们俩第一次单独相处的情形。卡森应该是把多萝西1953至1954年寄来的大部分信件都销毁了。马莎·弗里曼在《永远的蕾切尔》中写道，有一次，她俩在卡森家里烧了一部分多萝西给卡森的信。两人经常谈起她们的友情非同寻常，有些信件一定得保守私密。不过，给人的印象是，多萝西销毁卡森的信并不像卡森销毁多萝西的信那么勤。

158 那一夜，卡森坐在火车上时睡时醒：Carson to Dorothy Freeman, January 1, 1954, Muskie.

159 一件美事，欢悦永恒：同上。卡森引用的是约翰·济慈1818年写的史诗《恩底弥翁》(Endymion)开头的著名诗句。这几行诗句倒是经久不衰，但整首史诗甫一发表，就招来骂声一片。

159 卡森已经在设想：Carson to Dorothy Freeman, January 25, 1954, Muskie.

159 卡森想，隐瞒通信是很难办到的：同上。

159 后来，两人把私密信：Carson, *Always, Rachel*, p. xvii.

159 就在颇难想见：Carson to Dorothy Freeman, February 6, 1954, Muskie. 这封温柔的长信想必是她们写过的信中表达爱意最无保留的信之一。几乎可以肯定，它就是卡森和多萝西在可以跟朋友、家人分享的普通信件里夹带的所谓私密"苹果"之一，因为此信私密，卡森在同一天还发了一封消息流水账式的信。不过，多萝西好像特意把这封"风信子信"给丈夫斯坦看了，还向卡森报告说斯坦完全理解。白色风信子的寓言似是源起于一位13世纪的波斯诗人穆斯利赫·奥德-丁·萨迪(Mosleh od-Din Sa'di)。卡森可能在美国无名作家埃尔伯特·哈伯德(Elbert Hub-

bard)所著《小旅》(*Little Journeys*)描写意大利科雷焦村的文字中读到过它。

160 我以为,搞创作的作家: Carson to Dorothy Freeman, February 6, 1954, Muskie.

161 布鲁克斯想的是做一册实用读本: Paul Brooks to Carson, September 1, 1950, Beinecke.

161 布鲁克斯说没有:同上, September 22, 1950, Beinecke。

161 卡森不喜欢被人催着追着: Marie Rodell to Paul Brooks, October 4, 1950, Beinecke.

161 卡森和布鲁克斯一块: Paul Brooks to Carson, May 1, 1951, and Carson to Paul Brooks, May 14, 1951, Beinecke.

161 他对卡森说,她几度报告: Paul Brooks to Carson, December 12, 1951, Beinecke.

162 霍顿·米夫林出版社的出版商洛弗尔·汤普森: Carson to Paul Brooks, July 6, 1952, Beinecke. 这封信颇有凌人之气,但布鲁克斯并不惊讶,他见识了卡森过去一年一跃成为超级巨星的过程——卡森本人在写给他的信里指出了这一点,毫无腼腆之意。布鲁克斯料定,海滨指南一定会成为畅销书——不管卡森怎么写,何时交稿,所以他才一直耐心地等着、耗着。

162 此事让霍顿·米夫林出版社上下哗然生疑: Memo from Paul Brooks to Lovell Thompson, July 8, 1952, Beinecke.

162 汤普森对布鲁克斯的劝慰并不十分满意: Thompson jotted this response on the memo Brooks had sent to him on July 8, 1952, Beinecke.

162 1952年圣诞节前后: Note from Carson to Paul Brooks, n.d., Beinecke.

162 新年时,她把部分书稿:同上。

163 她还提出,书名改为: Paul Brooks to Carson, January 7, 1953, Beinecke.

163 布鲁克斯对书稿和新的书名很满意:同上。

163 罗德尔要求霍顿·米夫林出版社: Marie Rodell to Paul Brooks, February 5, 1953, Beinecke.

163 3月,卡森和布鲁克斯: Carson to Paul Brooks, March 3, 1953, Beinecke.

163 布鲁克斯想缓解: Paul Brooks to Bob Hines, March 10, 1953, Beinecke.

163 卡森松了一口气,她感谢布鲁克斯: Carson to Paul Brooks, March 11, 1953, Beinecke.

164 讨论完海因斯的事不久: Marie Rodell to Paul Brooks, March 13, 1953, Beinecke.

164 没过几天: Carson to Paul Brooks, March 17, 1953, Beinecke.

164 布鲁克斯耍了点圆滑: Paul Brooks to Carson, March 27, 1953, Beinecke.

164 卡森回信说: Carson to Paul Brooks, April 1, 1953, Beinecke.

164 1953年5月,卡森患呼吸道感染: Telegram from Carson to Paul Brooks, May 26, 1953, and Carson to Paul Brooks, May 28, 1953, Beinecke.

164 她的母亲血压一直高: Carson to Paul Brooks, July 29, 1953, Beinecke.

164 6月下旬:同上, June 24, 1953, Beinecke。

165 7月,海因斯马上就要画完: Bob Hines to Paul Brooks, July 5, 1953, Beinecke.

165 卡森承诺9月份再提交: Carson to Paul Brooks, July 29, 1953, Beinecke.

165 他甚至去卡森的小屋: Paul Brooks to Bob Hines, September 21, 1953, Beinecke.

165 10月,卡森对他说: Carson to Paul Brooks, October 13, 1953, Beinecke.

165 她和布鲁克斯商定:同上, March 5, 1954, Beinecke。

165 3月到了:同上。

165 因为她对多萝西说了: Carson to Dorothy Freeman, January 25, 1954, Muskie.

165 有一天,她和多萝西通了电话:同上。

165 可是,就在她对布鲁克斯说完: Carson to Paul Brooks, March 20, 1954, Beinecke.

166 这一次,布鲁克斯顶了回去: Memo from Paul Brooks to Lovell Thompson, April 4, 1954, Beinecke.

166 而后他写信给卡森: Paul Brooks to Carson, April 6, 1954, Beinecke.

166 一位编辑对布鲁克斯说: Memo to Paul Brooks from "ACW," April 15, 1954, Beinecke. ACW显然是霍顿·米夫林出版社的编辑安·怀曼(Ann Wyman)。

166 布鲁克斯把这个点评记在心里: Paul Brooks to Carson, April 20, 1954, Beinecke.

166 令布鲁克斯欣慰的是: Carson to Paul Brooks, April 27, 1954, Beinecke.

166 但同时她也向对方说明: Carson to Paul Brooks, May 4, 1954, Beinecke.

166 他称赞卡森: Paul Brooks to Carson, May 4, 1954, Beinecke.

166 称赞卡森最新写出的稿子文笔"绝佳": Memo to Paul Brooks from "ACW," May 4, 1954, Beinecke.

166 当初跟布鲁克斯发牢骚的那位编辑:同上。

167 卡森听说后很高兴: Carson to Paul Brooks, May 5, 1954, Beinecke.

167 但她恳请布鲁克斯:同上, May 16, 1954, Beinecke。

167 这时,玛丽·罗德尔又得到消息: Paul Brooks to Carson, August 25, 1954, Beinecke.

167 1954年8月,布鲁克斯再度去:同上。

167 可是,等11月回到马里兰: Carson to Paul Brooks, November 2, 1954, Beinecke.

167 布鲁克斯回信: Paul Brooks to Carson, November 4, 1954, Beinecke.

167 但是1月初: Carson to Paul Brooks, January 10, 1955, Beinecke.

167 1月底,她又函告布鲁克斯:同上, January 30, 1955, Beinecke。

167 一个月后,她又说:同上, February 8, 1955, Beinecke。

167 3月15日这天，书稿终于交寄了：Paul Brooks to Carson, March 17, 1955, Beinecke.

167 布鲁克斯写信称赞卡森：同上。布鲁克斯殷勤有加，补充说：手稿已于“承诺过的日期”3月15日寄达。

168 多萝西称之为“启示”：Carson to Dorothy Freeman, February 20, 1954, Muskie.

168 卡森唯有一点悔恨：同上，February 13, 1954, Muskie。

168 多萝西则说她们俩陷入了：同上。

168 卡森说这是一个“发现”过程：同上，February 20, 1954, Muskie。

168 1954年3月底：同上，March 20, 1954, Muskie。

168 她和布鲁克斯见了面：同上，and Carson to Dorothy Freeman, April 3, 1954, Muskie。

168 多萝西早就答应：Carson to Dorothy Freeman, March 20, 1954, Muskie.

169 她还向多萝西坦言：同上，March 1, 1954, Muskie。卡森很早就跟多萝西说过，写《海边》最困难的是自己不知道能否有机会“重做”。她说——气象高远、庄严——著文写书乃是“宿命”之事，她有一种难以名状的感觉：自己只是“工具”，美好的东西借此工具创造出来，但整个过程跟她自己“没什么关系”（Carson to Dorothy Freeman, February 20, 1954, Muskie）。

169 4月，卡森作了两场演讲：Carson to Dorothy Freeman, February 21, 1954, Muskie.

169 令卡森不解的是：同上，May 3—4, 1954, Muskie。

169 卡森对多萝西说，她不喜欢：同上，May 1, 1954, Muskie。

169 1954年5月，卡森一连5天：Carson, *Always, Rachel*, p. 41. 编者马莎·弗里曼给出了这段休闲时光的具体日期：1954年5月17—21日。

169 大部分时间她俩就待在卡森的小屋里：Carson to Dorothy Freeman, May 3—4, 1954, Muskie.

169 她们一边懒洋洋地吃着早餐：Dorothy Freeman to Carson, n.d., ca. Christmas 1954, Muskie.

169 见多萝西也喜欢汤姆林森：Carson to Dorothy Freeman, April 11—12, 1954, Muskie.

170 有一天，她们听见：Dorothy Freeman to Carson, n.d., ca. Christmas 1954, Muskie.

170 又有一天，多萝西用了一个词：Carson to Dorothy Freeman, May 23, 1954, Muskie.

170 卡森返回银泉一趟：同上。

170 卡森买了一辆“造型特运动的”：同上，June 22, 1954, Muskie。

170 卡森对多萝西说，她就是喜欢：同上，May 27, 1954, Muskie。

170 多萝西很喜欢和卡森一起顺海岸探查：Dorothy Freeman to Carson, n.d.,

ca. Christmas 1954, Muskie.

170 有一次，卡森带多萝西去到一个特别的地方：Dorothy Freeman to Paul Brooks, June 21, 1971, Muskie. 布鲁克斯曾请弗里曼审读并评论他写卡森生平的手稿《生命之屋》(*The House of Life*)。

171 透过清澈的海水：Carson, *Edge of the Sea*, p. 3.

171 多萝西似乎记得一切：Dorothy Freeman to Carson, n.d., ca. Christmas 1954, Muskie.

171 数月前，这位百万人心目中的：Carson to Dorothy Freeman, February 6, 1954, Muskie.

171 出游当天：同上, July 28, 1955, and Dorothy Freeman to Carson, n.d., ca. Christmas 1954, Muskie。

171 卡森和多萝西一致认为：Carson to Dorothy Freeman, May 30, 1954, Muskie.

172 在一封真挚的、充满感伤的信里：Dorothy Freeman to Carson, April 15, 1956, Muskie.

172 高潮出现前：同上。

173 有一次，卡森和多萝西躺在：Dorothy Freeman to Carson, n.d., ca. Christmas 1954, Muskie.

173 "达令，"她给卡森写信道：同上。

173 卡森终于给亨利·贝斯顿写了一封自荐信：Carson to Henry Beston, May 14, 1954, Beinecke.

173 贝斯顿邀请她去：Elizabeth Beston to Carson, May 30 and September 25, 1952, Beinecke.

173 夏末之际：Carson to Dorothy Freeman, November 8, 1954, Muskie.

174 于是，就这样结缘了：同上。

174 卡森近时读到艾略特的诗：同上, November 27, 1954, Muskie。

174 她们讨论哪家酒店最好：同上, December 2, 1954, Muskie。

174 届时，两人能否：同上, December 26, 1954, Muskie。两人纽约幽会前后的书信里都有一种难抑的兴奋，但没有证据说明纽约赴会是为了耳鬓厮磨、肌肤相亲。卡森和多萝西谈起彼此思念甚殷，但鲜有机会像这样在一起独处。所以，半个世纪后被有些人当作所谓性紧张的情绪，也许只是幸福的期待而已。

175 卡森和多萝西在巴比松广厦酒店待了两个晚上：Dorothy Freeman to Carson, January 6, 1955, Muskie.

175 一天后，她再次写信给卡森：同上, January 7, 1955, Muskie。

175 "亲爱的，容我再对你说一句"：同上。

175 还说，她们俩有了：Carson to Dorothy Freeman, January 6, 1955, Muskie.

176 多萝西会做饭：Personal communication. 马德琳·弗里曼是这样回忆的。

176 古典主义者艾伦·布卢姆称之为：Bloom, "Commentary" in *Plato's Symposium*, p. 55. Bloom first published this essay as "Love and Friendship" in 1993. 卡森和

多萝西是否有性关系？这个问题是绕不开的，却又无法回答。大量的间接资料说明她们没有。笔者个人认为，两人的爱很像是马丁·埃米斯(Martin Amis)和已作古的克里斯托弗·希钦斯(Christopher Hitchens)这两位作家间的感情。埃米斯在一次采访中说过，他们的关系像是一场“未成的同性恋婚姻”，情感的纽带不是性，而是他俩灵犀相通、心心相印。笔者和马莎·弗里曼曾就这个问题谈过很长时间，马莎·弗里曼认为要另辟角度思考：女性有一种男性没有的能力，能够形成深情爱恋的关系，这种关系包含身与心的亲近，但不掺杂性。

176　纽约相聚后又过了几个星期：Dorothy Freeman to Carson, January 31, 1955, Muskie.

176　哦，亲爱的人，隔时重温一下：同上。

177　亲爱的，我确信：同上。

177　卡森写完《海边》：Carson to Dorothy Freeman, April 12, 1955, Muskie.

第八章　永恒的海洋

179　1951年春：Carson to T. A. Stephenson, April 5, 1951, Beinecke.

179　我在写一本：同上。

180　里基茨是芝加哥人：Lannoo, *Leopold's Shack and Ricketts's Lab*, pp. 8—13.

180　深受一位名叫W·C·阿利的教授的影响：同上, pp. 22—23。

181　里基茨结婚后：同上, pp. 13和22。

181　他开办了一家名为：同上, p. 22—24。

181　里基茨做生意是在一幢破旧的房子里：同上, pp. 59—73。

181　他笃信，知识另有：同上, pp. 29—31。

181　他的思想信马由缰：同上, pp. 24—31和59—73。

182　不幸的是：同上, pp. 1—2。

182　他们租来一条76英尺长的捕鱼船：Steinbeck, *Log from the Sea of Cortez*, p. 8.

182　我们仔细观察潮池：同上, p. 15。

184　许多年前：Ricketts and Calvin, *Between Pacific Tides*, p. 196.

185　她最喜欢的是佐治亚州的圣西蒙斯岛：Carson, field notes, and Carson to Marie Rodell, October 26, 1957, Beinecke.

185　最近一次满月后：Carson to Dorothy Algire, n.d., Beinecke.

186　写卧在圣西蒙斯岛的沙土下面：Carson, *Edge of the Sea*, p. 140.

187　徒步穿过佐治亚海滩：同上。

187　卡森称海边是：同上, p. 1。

187　在《海边》的一版草稿里：Carson, manuscript draft, Beinecke.

187　而后我想：Carson, *Edge of the Sea*, pp. 249—250. 这是卡森的所有作品里最浓情的一段文字，写出了内心深处的情感体验以及对宇宙意义的感悟。

188　1955年5月：Carson to Paul Brooks, May 8, 1955, Beinecke.

188 7月4日前夕：Carson to Sanderson Vanderbilt, July 3, 1955, Beinecke.

188 她跟范德比尔特提起的演讲：Undated newspaper clipping, Beinecke.

189 其实交稿期限早过了：Carson to Henry Laughlin, July 19, 1955, Beinecke. 劳克林是霍顿·米夫林出版社的总裁。

189 当时劳克林在国外：Lovell Thompson to Carson, July 21, 1955, Beinecke.

189 一周后，他又给卡森写了一封信：同上，July 29, 1955, Beinecke。

189 这封信寄出几天后：Henry Laughlin to Carson, August 2, 1955, Beinecke.

190 他注意到大部分评语：*New York Times*, October 26, 1955.

190 看来，卡森小姐：同上。

190 厄尔·班纳在《波士顿环球报》发文：*Boston Globe*, October 30, 1955.

190 《时代》杂志刊登了一篇无名氏的简评：*Time*, November 7, 1955.

191 雅克塔·霍克斯说：*New Republic*, December 23, 1955.

191 还有法利·莫厄特：*Toronto Telegram*, December 3, 1955.

191 他说，好文好书：*Books and Bookmen*, February 1956.

191 吉尔伯特·怀特和查尔斯·达尔文：同上。

191 《海边》发行四周后：*New York Times Sunday Book Review*, November 20, 1955.

192 12月中旬：同上，December 11, 1955。

192 她对多萝西说：Carson to Dorothy Freeman, October 29, 1955, Muskie.

192 "占据那个位置的是"：同上，November 20, 1955, Muskie。

192 她说，她和安妮·林白：同上，January 10, 1956, Muskie。

192 "很多瑕疵"：同上，November 27, 1955, Muskie。

193 多萝西的感受自然有所不同：Dorothy Freeman to Carson, November 24, 1955, Muskie.

193 不久前，福特基金会：Carson to Dorothy Freeman, December 2, 1955, Muskie. 卡森说，她的确应该稍稍看看电视，这样可以多少了解一下这类节目是什么样的。

193 她跟罗德尔说：Carson to Marie Rodell, November 29, 1955, Beinecke.

193 但是，等她和《知识荟萃》：Carson to Dorothy Freeman, February 6, 1956, Muskie.

193 这让她觉得难受：同上，February 4, 1956, Muskie。

193 多萝西想平抚卡森：同上，February 9, 1956, Muskie。

193 卡森将信将疑，回信说：同上。

193 她想通了：同上，February 25, 1956, Muskie。

193 卡森把大气看作：Draft outline of Carson's script, n.d., Beinecke.

193 过后，卡森在银泉的一位邻居：Carson to Dorothy Freeman, March 15, 1956, Muskie.

193 卡森给《知识荟萃》的一名：Carson to Sally Cist, April 14, 1956, Beinecke.

194　1955年8月，罗德尔：Marie Rodell to J. Robert Moskin, August 29, 1955, Beinecke.

195　记得一个夏夜：Carson, "Help Your Child to Wonder," *Woman's Home Companion*, July 1956.

195　多萝西读了文章的草稿：Dorothy Freeman to Carson, April 11, 1956, Muskie.

195　这年圣诞节：Carson to Dorothy Freeman, n.d., ca. December 1956, Muskie.

195　现在好了，牛津大学出版社：同上, December 8, 1956, Muskie。

196　多萝西一直为卡森：Dorothy Freeman to Carson, n.d., ca. Christmas 1956, Muskie.

196　一个月后，玛乔丽死了：Carson, *Always, Rachel*, p. 216.

第九章　地球在燃烧

197　1954年1月22日上午：Lapp, *Voyage of the Lucky Dragon*, pp. 1—54. 除了下文引文中专门提到，这部分叙述均参考拉尔夫·E·拉普的这本神作。

200　早在1922年: Hansen, *U.S. Nuclear Weapons*, p. 43.

200　这其中包含的不确定情况比较多：同上。

201　第二次世界大战期间：同上, pp. 43—44。

201　第一个氢爆炸装置：同上, pp. 58—60。

201　"迈克常春藤行动"是令人震撼：同上, pp. 60—61。

202　一年半后：同上, pp. 61—66。

202　"欢乐城堡"的引爆中心：同上。一份测试后的报告称，"马绍尔群岛北部的所有人和物都遭受了放射性污染"。

203　回港后：Lapp, *Voyage of the Lucky Dragon*, pp. 55—171.

204　据《纽约时报》报道：*New York Times*, March 17, 1954.

204　"福龙丸"满身披着放射性沉降物：同上。

205　1954年3月24日：同上, March 25, 1954。

205　美国很快采取了行动：同上, March 28, 1954。

205　3月28日：同上。

205　1954年3月27日：Hansen, *U.S. Nuclear Weapons*, p. 64.

205　4月初：*New York Times*, April 1, 1954.

205　美国官员就经济赔偿：同上。

205　1954年7月，一队：同上, July 5, 1954。

206　这个结论和1947年：同上, September 28, 1947。

206　尽管如此，日本的科学家：同上, July 5, 1954。

206　3个月后：同上, October 14, 1954。

206　多数人认为：Miller, *Under the Cloud*, pp. 33—34.

207　1951年至1955年："United States Nuclear Tests: July 1945 through September 1992," U.S. Department of Energy, Nevada Operations Office.

208 “曼哈顿工程”的军方负责人：Williams and Cantelon, *American Atom*, pp. 47—55.

208 这团云先是呈球状升得很高：同上。

209 核试验几个月之后：Miller, *Under the Cloud*, pp. 58—59.

209 1951年1月末、2月初：同上, pp. 84—106。

210 爱因斯坦博士解释说：Williams and Cantelon, *American Atom*, pp. 12—14.

211 处决埃塞尔的过程：Philipson, *Ethel Rosenberg*, pp. 351—352.

211 第二次世界大战临近结束时：Wayne Blanchard, “American Civil Defense 1945—1984: The Evolution of Programs and Policies,” National Emergency Center, Monograph Series 2. no. 2, 1985.

211 比基尼环礁上的“欢乐城堡”试验过后一个月：*New York Times*, April 1, 1954.

211 一年后：同上, June 10, 1955。

212 20世纪50年代初：“Survival Under Atomic Attack,” Office of Civil Defense, October 1950.

213 1955年，民防管理局：Garrison, *Bracing for Armageddon*, p. 60.

213 1958年，一个民防高级官员：*New York Times*, September 25, 1958.

214 但是，建设这样一个防护体系：Blanchard, “American Civil Defense 1945—1984.”

214 1957年，有人提出：Garrison, *Bracing for Armageddon*, pp. 86—87.

214 20世纪60年代：This quote is generally attributed to Soviet premier Nikita Khrushchev, *Pravda*, July 20, 1963. 其他人肯定也有同感。

214 美国的孩子们也在劫难逃：Personal recollection. 笔者不会忘记当年操演的“闪光”训练（那种训练就像在演闹剧），也不会忘记自己从小学升入初中，离家远了，怕万一遇到核袭击，跑不回去。一想到导弹纷纷如雨，学校疏散时一片混乱，两个弟弟也找不到，我就难受得不行，都不敢想下去。

216 1943年，6磅DDT样品：William B. Deichmann, “The Debate on DDT,” *Archives of Toxicology 29*, no. 1 (1972), Patuxent.

216 1950年，美国生产的DDT有12%：“DDT Regulatory History: A Brief Survey (to 1975),” U.S. Environmental Protection Agency, July 1975.

216 1959年，美国国内的DDT使用量创下新高：同上。

216 林丹、氯丹、七氯：Deichmann, “ Debate on DDT.”

217 1952年: James B. DeWitt, and John L. George, “Pesticide-Wildlife Review,” U.S. Fish and Wildlife Circular 84, 1959, Beinecke.

219 那几次检测并无定论：Clarence Cottam and Elmer Higgins, “DDT: Its Effect on Fish and Wildlife,” U.S. Department of the Interior Circular 11, 1948, Patuxent.

219 “一旦在户外使用DDT”：Arnold L. Nelson and Eugene W. Surber, “DDT Investigations by the Fish and Wildlife Service in 1946,” U.S. Department of the Interior

Special Scientific Report No. 41, Patuxent.

220 户外广泛使用 DDT 后：Joseph P. Linduska, "The Effects of DDT on Wildlife," *Shade Tree 20*, no. 12 (December 1947), Patuxent.

220 喷洒 DDT 造成的某些影响：Joseph P. Linduska, and Eugene W. Surber, "Effects of DDT and Other Insecticides on Fish and Wildlife: Summary of Investigations During 1947," U.S. Department of the Interior Circular 15, 1948, Patuxent.

221 在马里兰州阿勒格尼县的一个果园里：同上。

221 "DDT 用作杀虫剂"：C. H. Hoffman, and Joseph P. Linduska, "Some Considerations of the Biological Effects of DDT," *Scientific Monthly* 69, no. 2 (August 1949), Patuxent.

222 一年后：Joseph P. Linduska, "DDT and the Balance of Nature," Proceedings and Papers, International Technical Conference on the Protection of Nature, 1950, Patuxent.

222 许多防控虫害的项目：同上。

222 1951 年，帕塔克森的杀虫剂研究项目：Chandler S. Robbins, et al., "Effects of Five-Year DDT Application on Breeding Bird Population," *Journal of Wildlife Management* 15, no. 2 (April 1951), Patuxent.

223 这期间，一场覆盖范围不断扩大：Allen H. Benton, "Effects on Wildlife of DDT Used for Control of Dutch Elm Disease," *Journal of Wildlife Management* 15, no. 1 (January 1951), Patuxent.

223 1948 年喷药后：同上。

223 已死或垂死的鸟是不多：同上。

224 一次检测中：Robert T. Mitchell et al., "The Effects of DDT upon the Survival and Growth of Nestling Songbirds," *Journal of Wildlife Management*, no. 1 (January 1953), Patuxent.

224 帕塔克森的多次实验证明：James B. DeWitt et al., "DDT vs. Wildlife: Relationships Between Quantities Ingested, Toxic Effects and Tissue Storage," *Journal of the American Pharmaceutical Association* 44, no. 1 (January 1955), Patuxent.

225 DDT 另有一个已知的"细微"效应：John L. George, "Effects on Fish and Wildlife of Chemical Treatments of Large Areas," *Journal of Forestry* 57, no. 4 (April 1959), Patuxent.

225 到 1956 年时：Paul F. Springer, "DDT: Its Effects on Wildlife," *Passenger Pigeon* 19, no. 4 (winter 1957), Patuxent.

225 他们对"安全"浓度的最佳估测值：John L. George, "Effects on Fish and Wildlife of Chemical Treatments of Large Areas," *Journal of Forestry* 57, no. 4 (April 1959), Patuxent.

225 一连串鱼类被大量灭杀的案例：同上。

226 1957 年，美国发起行动：同上。

226 个体即时死亡:同上。

226 1950年,美国医学协会:"Report to the Council," *Journal of the American Medical Association* 142, no. 13 (April 1, 1950).

227 报告说:"Report to the Council," *Journal of the American Medical Association* 144, no. 2 (September 9, 1950).

227 在喷洒有机磷杀虫剂的农场工人:同上。

228 美国医学协会不光是担心:"Insecticide Storage in Adipose Tissue," *Journal of the American Medical Association* 145, no. 10 (March 10, 1951).

228 美国医学协会四处向医生建议:"Aldrin and Dieldrin Poisoning," *Journal of the American Medical Association* 146, no. 4 (May 26, 1951).

228 1952年,农药委员会:"Report to the Council: Health Hazards of Electric Vaporizing Devices for Insecticides," *Journal of the American Medical Association* 149, no. 4 (May 24, 1952).

229 间或有消息说:同上。

229 明确反对家居使用杀虫剂熏蒸器:"Report to the Council: Abuse of Insecticide Fumigating Devices," *Journal of the American Medical Association* 156, no. 6 (October 9, 1954).

229 早在两年前,该协会:"Report to the Council: Toxic Effects of Technical Benzene Hexachloride and Its Principal Isomers," *Journal of the American Medical Association* 147, no. 6 (October 6, 1952).

229 有一个案例:"Report to the Council: Abuse of Insecticide Fumigating Devices."

230 "杀虫毒剂之所以有效":同上。

230 1957年春天:Thompson Chemicals Corporation press release, May 1, 1957, Beinecke.

230 1954年,美国公共卫生署毒理部主任:"Present Status of Our Knowledge of DDT Intoxication," *American Journal of Public Health* 45, April 1955.

231 DDT安全也是美国农业部的官方定论:USDA press release, May 10, 1957, Beinecke.

232 1956年,卡森在:Committee roster, August 23, 1956, Beinecke.

232 她还是一如既往地留意:Carson to Paul Brooks, February 25, 1956, Beinecke.

233 布鲁克斯回信,不失风度地作了辩解:Paul Brooks to Carson, February 29, 1956, Beinecke.

233 《生活》杂志邀请她:Carson to Marie Rodell, April 14, 1956, Beinecke.

233 正在得克萨斯州:Marie Rodell to Carson, July 25, 1956, Beinecke.

233 她曾向多萝西吐露过:Carson to Dorothy Freeman, March 27, 1957, Muskie.

233 "有时我觉得坚持不下去了":同上, May 18, 1957, Muskie。

234 卡森告诉多萝西,从她认定自己:同上, November 5, 1957, Muskie。

234 最大的难题是：Carson to Marie Rodell, October 26, 1957, Beinecke.

234 不曾被惊扰的海岸：同上。

234 1956年初，卡森跟：Carson to Leon Powers, February 15, 1956, Beinecke. 鲍尔斯(Powers)是音乐杰作协会的审计长。

235 倘若贵公司还不熟悉本人的名字：同上。勿把美国艺术与文学院(National Institute of Arts and Letters)和更负盛名的美国艺术文学院(American Academy of Arts and Letters)相混淆，卡森后来入选了后者。

235 她想，大家现在面对的是：Carson to Dorothy Freeman, November 7, 1957, Muskie.

237 医生说，你说说看：Matheson, *Incredible Shrinking Man*, p. 118.

238 称科学节目是：Carson to Dorothy Freeman, December 2, 1957, Muskie.

238 有一次，她碰巧遇到：同上, December 31, 1957—January 1, 1958, Muskie。

239 火蚁不是本地原生害虫：I. B. Bird, "What Are the Side Effects of the Imported Fire Ant Control Program?" Presented to Second Seminar on Biological Problems in Water Pollution, 1959, Beinecke.

239 1958年，不断有田野报告：同上。

240 亚拉巴马渔猎部发布了一份报告：同上。

240 禁止对粮食作物使用七氯：FDA press release, October 27, 1959, Beinecke.

240 美国国会授权FDA：Winton B. Rankin, "Control of Pesticides on Food," *Public Health Reports* 71, no. 6 (June 1956), Beinecke. 该法律常被称作《米勒修正案》。

240 研究发现，七氯喷施后：FDA press release, October 27, 1959, Beinecke.

240 政府在未仔细了解：*New York Times*, January 8, 1958.

241 当年年底，哈佛大学的3位生物学家：Edward O. Wilson et al. to Ezra Taft Benson, n.d., ca. 1958, Beinecke.

241 广泛使用杀虫剂：同上。

241 1957年秋：*New York Times*, December 3, 1957.

242 几天前，她收到：Marjorie Spock to Carson, February 5, 1958, Beinecke.

242 罗德尔联系上了斯波克：同上。

242 她把长岛诉讼的事跟怀特讲了：Carson to E. B. White, February 3, 1958, Beinecke.

243 怀特很快回信了：E. B. White to Carson, February 7, 1958, Beinecke.

第十章 附带损害

244 她分别致信布鲁克斯：Carson to Paul Brooks, February 21, 1958, Beinecke.

244 "17只蟋蟀加在一起"：Carson to Dorothy Freeman, January 24, 1957, Muskie.

244 多萝西曾提出让罗杰：同上, March 23, 1957, Muskie。

245 但我心理上有障碍：Carson to Dorothy Freeman, February 1, 1958, Muskie.

245 "关闭了思想之门"：同上。

245 "空间时代的宇宙"：同上。

245 1958年4月愚人节这一天：同上, April 2, 1958, Muskie。

246 1945年春：*New Yorker*, May 26, 1945.

246 4月，她同意：Carson to Paul Brooks, April 20, 1958, Beinecke.

246 她一直以为书的篇幅：From Paul Brooks's internal Houghton Mifflin memo, "Report to the Executive Committee," April 1, 1958, and Marie Rodell to Lovell Thompson, March 21, 1958, Beinecke.

247 5月3日，戴蒙德在一封信上签名：Marie Rodell to Edwin Diamond, April 18, 1958, Beinecke.

247 但是两天后：Marie Rodell to Edwin Diamond, May 5, 1958, Beinecke.

247 过了几天，他收到回信：Joan Daves to Edwin Diamond, May 9, 1958, Beinecke. 戴夫斯(Daves)是罗德尔在该机构的合作伙伴。

247 5月中旬，布鲁克斯介入：Paul Brooks to Edwin Diamond, May 26, 1958, Beinecke.

247 过了几周：Joan Daves to Miss Minahan, June 11, 1958, Beinecke. 米纳汉(Minahan)是保罗·布鲁克斯的秘书。

247 戴蒙德一连几星期没理会：Edwin Diamond to Paul Brooks, June 24, 1958, Beinecke.

247 布鲁克斯正在休假：Paul Brooks to Edwin Diamond, July 21, 1958, Beinecke.

247 6月，卡森去纽约和肖恩见了面：Carson to Dorothy Freeman, June 12, 1958, Muskie.

248 "快乐又兴奋"：Carson to Dorothy Freeman, October 20, 1958, Muskie.

248 1958年11月22日：Carson to Marjorie Spock, December 4, 1958, Beinecke.

248 11月30日傍晚：Carson to Dorothy Freeman, December 4, 1958, Muskie.

248 "半成品"：Carson to Paul Brooks, February 14, 1959, Beinecke.

249 她告诉布鲁克斯，她对最新发明：同上。

249 "不会那么草率地预测"：同上。

249 案子审理了16天：*New York Times*, March 5, April 26, and June 24, 1958.

250 有人出庭为居民作证：同上, February 14, 1958。

250 政府方的关键证人：同上, February 22 and 25, 1958。

250 法官还没宣布判决：同上, April 26, 1958。

251 6月，法官公布了一份：同上, June 24, 1958。

251 原告辩称：同上。

252 他和他带的研究生：George J. Wallace and Richard F. Bernard, "Tests Show 40 Species of Birds Poisoned by DDT," *Audubon*, July—August 1963.

253 确定有病树木的位置：*New York Times*, November 10, 1957.

253 斯波克还操练一种舞蹈：Spock, *Eurythmy.*

254 同住的女伴玛丽·理查兹：Spock wrote to Carson on stationery engraved "Marjorie Spock—Mary T. Richards, Whitney Lane and Norgate Road, Glen Head Post Office, L.I., NY."

254 过后，斯波克写信给卡森：Marjorie Spock to Carson, June 6, 1958, Beinecke.

254 顺道去西绍斯波特村面见了卡森：同上, August 16, 1958, Beinecke。

254 便直呼其名了：Carson to Marjorie Spock, September 29, 1958, Beinecke.

254 "我简直等不及了"：Marjorie Spock to Carson, May 11, 1959, Beinecke.

254 她提到她采访过：Carson to Marjorie Spock, June 30, 1958, Beinecke.

255 施奈德曼说，尚不知：Howard Schneiderman to Carson, October 13, 1958, Beinecke.

255 卡森对斯波克说：Carson to Marjorie Spock, October 17, 1958, Beinecke.

256 1942年，青霉素首次在美国使用：Henry Welch, "Problems of Antibiotics in Food as the Food and Drug Administration Sees Them," *American Journal of Public Health* 47, no. 6 (June 1957).

256 应该强调一点：同上。

256 《时代》杂志报道说：*Time*, September 26, 1960.

257 她马上给编辑写了一封长信：Carson to DeWitt Wallace, January 27, 1958, Beinecke. 德威特·华莱士(DeWitt Wallace)是《读者文摘》杂志的编辑。

257 卡森很快收到了《读者文摘》的回信：Walter B. Mahoney to Carson, January 30, 1958, Beinecke. 马奥尼(Mahoney)是《读者文摘》杂志的资深编辑，华莱士不在办公室的时候，逢有卡森来信，都是马奥尼应接作答。

257 她给作者罗伯特·斯特罗瑟写信：Carson to Robert Strother, June 19, 1959, Beinecke.

257 斯特罗瑟慷慨应允：Robert Strother to Carson, June 24, 1959, Beinecke.

257 1959年春：*New York Times*, August 24, 1959.

258 1958年，一个名叫：Williams and Cantelon, *American Atom*, pp. 197—202.

258 半个世纪过去：*New York Times*, December 13, 2010.

259 "基本可以肯定"："Estimates and Evaluation of Fallout in the United States from Nuclear Weapons Testing Conducted Through 1962," Report of the Federal Radiation Council, Report No. 4, May 1963 (JFK Library).

259 向联合国呈递了一份：Mead and Hager, *Linus Pauling*, p. 213.

259 "每试验一次核弹"：同上。

259 蒂尔和他夫人曾去：Edwin Way Teale to Carson, September 12, 1954, Beinecke.

260 夫妇俩和卡森一样：同上, March 18, 1956, Beinecke。蒂尔和卡森往来的许多信件都谈论过猫。

260 卡森催促蒂尔赶紧想办法：Carson to Edwin Way Teale, March 25, 1956, Beinecke.

260 蒂尔写信，鼓动她：Edwin Way Teale to Carson, May 26, 1958, Beinecke.

260 布鲁克斯赞同这个看法：From Paul Brooks's internal Houghton Mifflin memo, "Report to the Executive Committee," April 1, 1958, Beinecke.

261 布鲁克斯就波士顿城外：Paul Brooks to Carson, February 13, 1959, Beinecke.

261 "关于直升机定点洒药"：Carson to Paul Brooks, February 14, 1959, Beinecke.

261 1959年初的某个时候：Paul Brooks to Carson, May 25, 1959, Beinecke. 该标题是何时提出、谁出的主意，现已无法确定。

261 卡森对新标题的态度还是不冷不热：Carson to Paul Brooks, June 3, 1959, Beinecke. 布鲁克斯提起这个新书名，令卡森有些措手不及。她说这个书名"好像挺合适"，她考虑它也好几个星期了，不过语气中似乎少了些热情，只说她自己最初的疑虑"好像"消除了。

261 5月，布鲁克斯对卡森说：Paul Brooks to Carson, May 25, 1959, Beinecke.

261 卡森回信说，书稿：Carson to Paul Brooks, June 3, 1959, Beinecke.

261 令卡森和罗德尔吃了一惊：Marie Rodell to Paul Brooks, June 24, 1959, Beinecke.

261 卡森写信提醒霍顿·米夫林出版社广告部：Carson to Anne Ford, July 6, 1959, Beinecke. 福特在霍顿·米夫林出版社广告部工作。

262 其实，卡森做了大量查考研究后：Carson's undated handwritten notes for the book, Beinecke.

262 她和罗杰都病倒了：Carson to Anne Ford, August 7, 1959, Beinecke.

262 卡森特地抽时间：同上, August 27, 1959, Beinecke。

262 被一辆卡车撞了：Carson to Paul Brooks, September 17, 1959, Beinecke.

262 1959年12月，卡森给：同上, December 3, 1959, Beinecke。

263 卡森还为自己零敲碎打式：同上。

263 布鲁克斯在新年假期前夕给卡森回信：Paul Brooks to Carson, December 21, 1959, Beinecke.

264 铅是砷酸铅喷雾剂的金属残留：Kallet and Schlink, *100,000,000 Guinea Pigs*, p. 56.

265 "给孩子喝牛奶"：Longgood, *Poisons in Your Food*, p. 2.

265 让DDT成为有效杀虫剂的一个因素：同上, p. 79。

265 他指责朗古德：*New York Times*, May 1, 1960.

266 卡森明知《你吃的东西有毒》：Carson to Marjorie Spock, March 14, 1960, Beinecke.

266 有些事情是令人不快的：同上。

266　1959年11月初：*New York Times*, November 10, 1959.

266　全国各地的杂货店：同上, November 11, 1959。

267　1957年，有人开始试用：同上, November 12, 1959。

267　在马萨诸塞州：同上, November 16, 1959。

267　在威斯康星州：同上, November 15, 1959。

268　一位资深化工经理发牢骚说：同上, November 22, 1959。

268　"野生生物和环境保护团体"：同上。

269　卡森的著书进度有所放缓：Carson to Paul Brooks, March 16, 1960, Beinecke.

269　布鲁克斯对她的健康状况表示同情：Paul Brooks to Carson, March 18, 1960, Beinecke.

269　说她要做个手术：Carson to Paul Brooks, March 21, 1960, Beinecke.

269　他对卡森说，历史学家：Paul Brooks to Carson, March 18, 1960, Beinecke.

270　卡森回信说：Carson to Paul Brooks, March 23, 1960, Beinecke.

270　另外她告诉布鲁克斯：同上。

270　我在苦思中不断问自己：同上。

270　卡森说，她还想考虑一下：同上。

271　过了一两个星期：Carson to Marjorie Spock, April 12, 1960, Beinecke.

271　卡森操心罗杰：同上。

271　斯波克极想帮卡森一把：Marjorie Spock to Carson, July 20, 1960; and September 29, 1960, Beinecke.

271　卡森委婉作答：Carson to Marjorie Spock, July 11, 1960; and January 4, 1961, Beinecke.

272　布鲁克斯看来是不知道：Paul Brooks to Carson, March 29, 1960, Beinecke.

272　1960年6月：Carson to Marjorie Spock, July 1, 1960, and Carson to Paul Brooks, June 1, 1960, Beinecke. 卡森告诉布鲁克斯，她的身体正在恢复，但负责她的医生跟她说，完全恢复体力得等到仲夏。

272　她和布鲁克斯商量好：Paul Brooks to Carson, July 27, 1960, Beinecke.

272　9月，她提出了：Carson to Paul Brooks, September 5, 1960, Beinecke.

272　布鲁克斯回信说：Paul Brooks to Carson, September 13, 1960, Beinecke.

272　玛丽·罗德尔得知此事后：Marie Rodell to Carson, December 2, 1960, Beinecke.

272　他在提出异议时："Dissenting Opinion, March 28, 1960, of Mr. Justice Douglas, Upon the Denial of Petition for Writ of Certiorari to the United States Court of Appeals, Second Circuit," Supreme Court of the United States, October Term, 662; *Robert Cushman Murphy et al. v. Butler et al.*, Beinecke.

273　过去15年：同上。

273　根据她最近：Paul Brooks to Carson, November 10, 1960, Beinecke.

273　卡森表示愿意去：Carson to Paul Brooks, November 27, 1960, Beinecke.

273 可是临了,她取消了约会: Paul Brooks to Carson, December 6, 1960, Beinecke.

274 她的胸骨附近发现了一个肿块: Lear, *Rachel Carson*, p. 378.

274 她对多萝西说: Carson to Dorothy Freeman, November 25, 1960, Muskie.

274 "尽管我问得很直接": Carson to Paul Brooks, December 27, 1960, quoted in Brooks, *House of Life*, p. 265.

274 她就去找克利夫兰诊所的:同上, and Lear, *Rachel Carson*, pp. 378—379。

274 她给多萝西写了一封信: Carson to Dorothy Freeman, December 14, 1960, Muskie.

274 卡森把这个消息发给了: Dorothy Freeman to Carson, December 16, 1960, Muskie.

275 她对卡森说,退缩其实很容易: Dorothy Freeman to Carson, December 16, 1960, Muskie.

275 1961年1月,多次放疗: Carson to Dorothy Freeman, January 4, 1960, Muskie.

275 她胸部的肿块好像:同上, January 3, 1960, Muskie。

275 1月底的一个寒冷傍晚: Dorothy Freeman to Carson, January 31, 1961, Muskie.

275 1961年1月中旬: Carson to Paul Brooks, February 10, 1961, and March 25, 1961, Beinecke.

276 卡森表现得勇气满满: Carson to Dorothy Freeman, February 12, 1961, Muskie.

276 她致信布鲁克斯,说她极不情愿: Carson to Paul Brooks, March 25, 1961, Beinecke.

276 1961年5月,玛丽·罗德尔去银泉看望卡森: Marie Rodell to Paul Brooks, May 23, 1961, Beinecke.

276 她现在计划写9章:同上。

276 布鲁克斯收到这个消息十分高兴: Paul Brooks to Carson, May 25, 1961, Beinecke.

276 卡森表示,也特别希望: Carson to Paul Brooks, June 5, 1961, Beinecke.

277 见过卡森后: Memo from Paul Brooks to Lovell Thompson, June 23, 1961, Beinecke.

277 7月,出版社把他们的一份作品: Katharine Bernard to Carson, July 6, 1961, Beinecke. 伯纳德(Bernard)在霍顿·米夫林出版社工作。

277 她认为达林的画: Carson to Katharine Bernard, July 14, 1961, Beinecke.

277 布鲁克斯和汤普森一致认为: Memo from Paul Brooks to Lovell Thompson, September 15, 1961, Beinecke. 布鲁克斯对汤普森说,他认为卡森对达林夫妇的看法有偏颇。汤普森在布鲁克斯备忘录的最下面草草批上同意,将它送回。

277 其中一位叫奥劳斯·米里: Olaus Murie to Carson, January 11, 1962,

Beinecke.

278 但是在1961年秋：Carson to Frank Egler, September 14, 1961, Beinecke.

278 埃格勒自感内疚，回信说：Frank Egler to Carson, September 20, 1961, Beinecke.

278 尽管如此，卡森对埃格勒：Carson to Frank Egler, January 17, 1962, Beinecke.

278 8天后，埃格勒寄回：Frank Egler to Carson, January 25, 1962, Beinecke.

278 她致信埃格勒，表示：Carson to Frank Egler, January 29, 1962, Beinecke.

279 他认为，卡森所提论点：George Crile to Carson, January 30, 1962, Beinecke.

279 1961年春天：Carson to Malcolm Hargraves, March 31, 1961, Beinecke.

279 哈格雷夫斯同意：Malcolm Hargraves to Carson, April 7, 1961, Beinecke.

279 10月，卡森写信给布鲁克斯：Carson to Paul Brooks, October 6, 1961, Beinecke.

279 布鲁克斯耐心劝她：Paul Brooks to Carson, October 9, 1961, Beinecke.

279 10月下旬，罗德尔又通知布鲁克斯：Marie Rodell to Paul Brooks, October 24, 1961, Beinecke.

279 又过了几天：Paul Brooks to Carson, October 27, 1961, Beinecke.

279 布鲁克斯私下跟罗德尔说：Paul Brooks to Marie Rodell, October 30, 1961, Beinecke.

280 临近月底，有天晚上：Carson to Dorothy Freeman, January 23, 1962, Muskie.

第十一章 潮张潮落

281 把农药使用问题变成了"文学"：Carson to Dorothy Freeman, January 23, 1962, Muskie. 肖恩用一份合同证明他的评估是可靠的，这份合同拟向卡森支付25 000美元，让她写一部关于杀虫剂的"多章节纪实长篇"。后来，《纽约客》连载此书，而且比预计的连载量多，所以，支付给卡森的稿酬最后增加到28 000美元（internal memos from the records of the *New Yorker*, February 12 and August 13, 1962, Manuscripts and Archives Division, New York Public Library）.

281 她对布鲁克斯说，点儿太背：Brooks, *House of Life*, p. 270.

281 4月3日，布鲁克斯写来一封信：Paul Brooks to Carson, April 3, 1962, Beinecke.

282 玛丽·罗德尔直接问布鲁克斯：Marie Rodell to Paul Brooks, February 16, 1962, Beinecke.

282 布鲁克斯难得一时犯浑：Memo from Anne Ford to Paul Brooks, February 23, 1962, Beinecke. 布鲁克斯建议给戴蒙德寄一册，他把这条建议手写在备忘录的底部，并返给了福特。

282 4月初，卡森把自己的担忧：Carson to Paul Brooks, April 6, 1962, Beinecke.

282 具有"广谱杀伤力"的化学杀虫剂：Carson, *Silent Spring*, p. 162.

282 霍顿·米夫林出版社担心两件事：Anne Ford to Marie Rodell, April 13, 1962, Beinecke.

282 玛丽·罗德尔对上述担忧视若粪土：Marie Rodell to Anne Ford, April 20, 1962, Beinecke.

283 玛丽·罗德尔提醒：Marie Rodell to Anne Ford, April 6, 1962, Beinecke.

283 1962年4月下旬，布鲁克斯问遍：Memo from Diane Davin to Anne Ford, April 27, 1962, Beinecke. 达文(Davin)在霍顿·米夫林出版社工作。

283 她说，她还能早起工作：Carson to Dorothy Freeman, March 28, 1962, Muskie.

283 新长了一个肿块：同上, April 10, 1962, Muskie。

284 道格拉斯大法官也在来宾之列：同上, May 20, 1962, Muskie。

284 当时，不少人在议论：同上。

285 这里静得出奇：Carson, *Silent Spring*, p. 2. 为简便起见，笔者援引了这本书，因为《纽约客》杂志刊出的所有内容书中都有，而书中有的，该杂志未必有。

286 阿尔伯特·施魏策尔博士曾写信：John F. Kennedy to Dr. Albert Schweitzer, June 6, 1962, JFK Library.

287 最近一轮核试验：*New York Times*, June 1, 1963.

287 但是苏联的核试验就不一样了：Draft Presidential Statement, n.d., JFK Library.

287 "核试验产生的沉降物"：同上。

288 肯尼迪总统的科学顾问：Memo from Jerome Wiesner to the President, June 26, 1962, JFK Library. 科学顾问威斯纳不久便被任命为肯尼迪特别委员会的负责人，专门调查杀虫剂使用问题，在环境遭遇双重威胁之际，威斯纳自然成了官方的焦点人物。

288 同时，政府要求：Memo from Jerome Wiesner to the President, August 9, 1962, JFK Library.

288 1962年7月中旬：Memo from Orville Freeman to Bob Lewis, July 18, 1962, JFK Library. 弗里曼和威斯纳一样，当年夏天也卷入了关于放射性沉降物和杀虫剂的争论。

288 一个月后，弗里曼被任命为：Memo from Orville Freeman to the President, August 21, 1962, JFK Library. 牛奶污染问题只是这份呈给肯尼迪总统的例行报告谈到的几个问题之一。

289 明尼苏达州检察长：Memo from Walter Mondale et al. to Orville Freeman, August 18, 1962, JFK Library.

289 1962年11月前：Memo from Samuel Botsford to Pierre Salinger, November 23, 1962, JFK Library. 塞缪尔·博茨福德(Samuel Botsford)时任美国公共卫生署公共资讯处代主任；皮埃尔·塞林格(Pierre Salinger)时任肯尼迪总统的新闻秘书。

290 在人类对环境的所有侵害中：Carson, *Silent Spring*, p. 6.

290 密歇根州农业部对卡森评论：C. A. Boyer to Carson, July 11, 1962, records

of the *New Yorker*, Manuscripts and Archives Division, New York Public Library. 博耶(Boyer)在密歇根农业部的植物产业处(Plant Industry Division)工作。

291 密歇根州农业部的一位官员:同上。

291 旧金山的一位市民言辞犀利:Henry J. Davidson to the editor of the *New Yorker*, n.d., ca. 1962, Beinecke. 所刊的文章招来大批读者来函,为从信函中估量读者的整体反应,《纽约客》编辑部对正反两方的信函数量作了统计,结果赞成和反对卡森的信函为14比1稍强(editorial department tracking memo, 1962, records of the *New Yorker*, Manuscripts and Archives Division, New York Public Library).

291 另一封信怒气冲冲:Austin W. Merrill, Jr., to the editor of the *New Yorker*, July 17, 1962, Beinecke.

292 "谁愿意生活在":Carson, *Silent Spring*, p. 12.

292 "可是,这样的世界":同上。

292 "本人并非主张绝对禁止":同上。

293 1958年,美国国会通过了:Shah, *Fever*, p. 207.

293 世卫组织消灭疟疾计划实施的头几年:同上, pp. 207—208。

293 一位读者激愤之下写信给:P. Rothberg to the editor of the *New Yorker*, June 18, 1962, records of the *New Yorker*, Manuscripts and Archives Division, New York Public Library.

294 在同疾病及携带疾病的昆虫:Carson, *Silent Spring*, p. 266.

295 "让我们一起探索星星":John F. Kennedy Presidential Statement on the Malaria Eradication Program and related postage stamps, n.d. Manuscripts and Archives Division of the New York Public Library.

295 1963年,鉴于:Shah, *Fever*, p. 212.

295 6年后:同上, p. 216。

296 她对多萝西·弗里曼说:Carson to Dorothy Freeman, June 11, 1962, Muskie.

296 卡森首先对同学们说:Carson, "Of Man and the Stream of Time," Scripps College, Claremont, California, June 12, 1962. 斯克里普斯将卡森的演讲装订成一册,说它满足了一个"怀揣了10年的愿望"。

297 曾经润泽土地的雨水:同上。

297 我们要在辐射下生存:同上。

298 第二天休息放松时:Carson to Dorothy Freeman, June 13, 1962, Muskie.

298 卡森自然高兴:同上。

298 1962年6月底,卡森带罗杰:Carson to Dorothy Freeman, June 27, 1962, Muskie.

298 最早发表评论的:*New York Times*, July 2, 1962.

299 7月初,倒是有:Irving Goldman to John F. Kennedy, July 9 1962, JFK Library.

299 没过几天,肯尼迪总统的特别助理:Draft response to Judge Irving Goldman from Orville Freeman's office, July 20, 1962, JFK Library.

300 雪莉·布里格斯提醒卡森：Shirley Briggs to Carson, July 26, 1962, Beinecke.

300 弗里曼对手下的资深幕僚说：Memo from Orville Freeman to senior staff, July 16, 1962, JFK Library.

301 这顶盖子马上要揭开了：*Newsday*, August 20, 1962.

301 卡罗说，农药制造商：同上。

301 卡罗提到了使用农药：同上。而且，卡罗在一个小边栏里报告说，喷药灭蚊和秃鹰几近灭绝存在明显关联。

302 他在随后4天的报道里：*Newsday*, August 21, 22, 23, and 24, 1962.

302 令人感到好笑的是，他竟对卡罗说：*Newsday*, August 24, 1962.

302 "高度重视"：同上。

303 FBI已经调查了卡森：参见第一章注释"与此同时，联邦调查局"，p. 355。

303 奈特告诉卡森，他比较感兴趣的是：Paul Knight to Carson, May 29, 1962, Beinecke.

303 1962年7月，也就是《纽约客》：同上，July 5, 1962, Beinecke。

304 10月，《每日新闻》记者罗伯特·卡罗：*Newsday*, October 10, 1962.

304 但卡森心思机敏：Carson to Paul Brooks, September 11, 1958, Beinecke.

304 杜邦公司提出：Lovell Thompson to Marie Rodell, July 26, 1962, Beinecke.

305 8月初，维尔斯科尔：Louis A. McLean to Houghton Mifflin, August 2, 1962, Beinecke. 麦克莱恩是维尔斯科尔化学公司的秘书兼法律总顾问。

305 无奈的是，本国和西欧：同上。

306 卡森给布鲁克斯回了封短信：Carson to Paul Brooks, August 8, 1962, Beinecke.

306 维尔斯科尔公司不甘心：Louis A. McLean to William E. Spaulding, August 14, 1962. 斯波尔丁(Spaulding)是霍顿·米夫林出版社总裁。他最初对化学公司的回应(William E. Spaulding to Louis A. McLean, August 10, 1962, Beinecke)说得很清楚，出版社支持作者，《寂静的春天》即将出版。他表示，霍顿·米夫林出版社并不相信《寂静的春天》存在所谓的不准确之处，同时又说，如果维尔斯科尔公司想提供证据，出版社将给予这些证据适当的考虑。保罗·布鲁克斯看过维尔斯科尔公司的第二封信后，致信麦克莱恩表示，经认真考虑，霍顿·米夫林出版社仍坚信《寂静的春天》表述准确，未失公允(Paul Brooks to Louis A. McLean, August 22, 1961, Beinecke)。

306 田纳西州孟菲斯市有20人：*New York Times*, January 17, 1965.

306 1964年4月：同上，April 23, 1964。

306 一个更令人惊骇的情况：同上，January 17, 1965。

307 1962年9月，卫生、教育和福利部：Public Statement, U.S. Department of Health, Education, and Welfare, September 1962, JFK Library.

307 [农药]是毒剂：同上。

307 该部说，它还对：同上。

307 但是刚过一个月：Memo from Jerome Wiesner to John F. Kennedy, Novem-

ber 13, 1962, JFK Library. 威斯纳附上了批评报告。

308 在美国化学学会: *New York Times*, September 13, 1962.

308 现在,农场、果园、菜园: Carson, *Silent Spring*, pp. 7—8.

309 "现在,每一个人":同上, p. 15。

309 "如果我们要亲密无间地":同上, p. 17。

310 一个瑞典农夫:同上, pp. 229—230。

311 "农夫曾经和久保山一样":同上。

311 化学毒剂构成的弹幕:同上, p. 297。

311 卡森的结论是:同上。

311 1962年9月25日: Printed invitation, Beinecke.

311 《寂静的春天》面世几天后: Carson to Dorothy Freeman, October 4, 1962, Muskie.

312 "蕾切尔·卡森,和完美无缺": *Life*, October 12, 1962.

312 离书出版还有半个月,布鲁克斯·阿特金森: *New York Times*, September 11, 1962.

313 "这个根本性谬误——或者说原罪":同上。

313 一篇是《星期日书评》的: *New York Times Sunday Book Review*, September 23, 1962.

313 沙利文开篇: *New York Times*, September 27, 1962.

313 "在这本新书里":同上。

314 这期杂志在商业领袖: Paul Brooks, Houghton Mifflin internal document, October 17, 1962, Beinecke.

314 昆虫出现了: "The Desolate Year," *Monsanto Magazine*, October 1962, Beinecke.

315 问题被夸大了: Letter to the public from C. G. King, president of the Nutrition Foundation, Inc., January 1963, Beinecke.

315 营养基金会董事会: From a "counter" letter to the public from a Mrs. W. F. Hadley, February 19, 1963, Beinecke.

315 威斯康星大学农学教授: I. L. Baldwin, "Chemicals and Pests," *Science* 137, September 28, 1962.

316 现代农业生产高质量的粮食:同上。

316 《化学周刊》编辑部: *Chemical Week*, October 6, 1962.

316 保罗·布鲁克斯听说这场宣传攻势: Brooks, *House of Life*, p. 294.

317 《经济学人》杂志发表一篇剖析长文,认为: *Economist*, October 20, 1962.

317 《金融世界》也发表一篇评论: *Financial World*, October 10, 1962.

317 所以,当一个名叫: *Ann Arbor News*, December 12, 1962, Beinecke. 该报报道了怀特-史蒂文斯在明尼阿波利斯和大急流城两地驻足的消息。

318 《时代》杂志刊发了一篇值得注意的批评文章: *Time*, September 28, 1962.

318 《寂静的春天》带来的冲击:同上。

319 戴蒙德认为批《寂静的春天》的人批得对:*Saturday Evening Post*, September 28, 1963. 戴蒙德最初对杀虫剂这个题材是比较感兴趣的,所以,若不把他对《寂静的春天》的批判当泄私愤,就读不大懂他究竟批了什么。他差点成了一本重要的畅销力作的合著人——这本书后来被评为20世纪最重要的著作之一。虽然最终被舍弃不用,他坎坷的职业生涯却并未止步。1961年,他被提拔为《新闻周刊》主编。1964年,他出版了一本超薄的专著《太空时代的兴衰》(*The Rise and Fall of the Space Age*),书中预言:20世纪60年代,"阿波罗计划"不可能把人送到月球上。

319 无论男女:同上。

320 最后一点,《寂静的春天》追求的是什么:同上。

320 英文版出版几个月后:House of Lords, Official Report 247, no. 58 (March 20, 1963), Beinecke. 大西洋两岸对沙克尔顿的评论作了广泛报道。虽然评论像是在半真半假地开玩笑,不过痛斥杀虫剂的危害还是饱含了激越之情。

321 同月,卡森收到了:Elsie Baier to Carson, December 21, 1962, Beinecke.

321 有一件事令我特别感兴趣:Carson to Elsie Baier, December 27, 1962, Beinecke.

321 1962年10月下旬:Carson to Dorothy Freeman, October 25, 1962, Muskie; and Carson to William E. Scheele, September 17, 1962, Beinecke. 舍勒(Scheele)是克利夫兰自然历史博物馆馆长。随后几个月,卡森写信给舍勒表示接受邀请,出席专为她举行的招待会。要是卡森没打算去克利夫兰见见巴尼·克赖尔,很难想象她会接受这个邀请。

321 她说,她可以专心写信:Carson to Dorothy Freeman, October 25, 1962.

322 她在全国女性新闻俱乐部演讲:Speech to the Women's National Press Club, December 4, 1962, Muskie. 琳达·利尔还在《失去的丛林》一书中刊发了这篇文字。

322 演讲那天,卡森的声音:Personal observation. 笔者在马斯基档案馆听过这次演讲的录音。

322 不料刚过去几天,她就:Carson to Dorothy Freeman, December 19, 1962, Muskie.

323 一年将尽:同上, Christmas 1962, Muskie。

323 1963年新年这天:同上, January 1, 1963, Muskie。

323 卡森说,离圣诞节还差一个星期:同上。

324 可是,等4个星期后:同上, January 29, 1963, Muskie。

324 1963年2月初,卡森致信多萝西说:同上, *February* 4, 1963, Muskie。

324 多萝西回信:Dorothy Freeman to Carson, February 6, 1963, Muskie. 该日期标明是"风信子信"9周年。多萝西对卡森说:她就是"我存在的中心",若是卡森体验不到这一点,一切均无意义。多萝西担心的是卡森忙着和她鸿雁尺素,太消耗精力。她估计,她们已经互写了近1500封信;她想:这要是写书,能写好多本呢!

324 卡森答：Carson to Dorothy Freeman, n.d. "Hyacinth Time," Muskie.

324 她对多萝西说，过去这10年：同上。

324 她的身上又长了两个肿瘤：同上，February 14, 1963, Muskie。

325 仅仅过了几天：同上，February 18—19, 1963, Muskie。

325 "亲爱的，我的主要意思是说"：同上。

325 拍摄角度不能：Anne Ford to Carson, August 7, 1962, Beinecke.

325 可是，CBS在采访卡森过去数月后：同上，November 9, 1962, Beinecke。霍顿·米夫林出版社有些紧张可以理解，但没必要。麦克马伦终将证明卡森是对的。再说，当初联系布鲁克斯做这档节目的弗雷德·弗兰德利，过后不久担任了哥伦比亚广播公司(CBS)新闻部的主任。

326 塞瓦赖德认为：Carson read this in a newspaper account dated April 6, 1958, possibly from the *New York Times*, Beinecke.

326 "想必每一代都会有这么一个时刻"：同上。

326 不过，她向保罗·布鲁克斯吐露过心迹：Internal Houghton Mifflin document, Beinecke.

326 她既想让多萝西：Carson to Dorothy Freeman, March 2, 1963, Muskie.

327 "我们的友情之所以奇丽"：同上。

327 "我很快会好起来的"：同上。

327 《弗吉尼亚导报》对此举作了报道：*Virginia-Pilot*, December 10, 1962, and January 4 and 5, 1963.

328 "大概可以肯定的是"：Conservation Foundation, "Implications of Rising Carbon Dioxide Content of the Atmosphere," March 1963.

328 "大气的二氧化碳含量增加"：同上。

329 肯尼迪总统也是观众：Memo from Jerome Wiesner to John F. Kennedy, April 3, 1963, JFK Library.

329 她对多萝西说，希望自己不要像：Carson to Dorothy Freeman, April 1, 1963, Muskie.

329 卡森看上去体弱气虚：Personal observation. 关于这段电视节目的叙述，是基于笔者本人多次观看贝内克图书馆提供的一张DVD上的相关内容。

334 霍顿·米夫林出版社特意为：Anne Ford to Jack Woolner, May 23, 1963, Beinecke. 伍尔纳(Woolner)在该部门工作。

334 鞋油公司美国分公司的老板：Lawrence Emley to Carson, May 24, 1963, Beinecke.

334 《寂静的春天》让卡森备受鼓舞：U.S. Department of the Interior press release, April 25, 1963, Beinecke.

334 实验室关注的是人：同上。

335 其实，内政部委托：U.S. Department of the Interior press release, August 12, 1963. 该报告就长达109页。

335 塞瓦赖德报道说："The Verdict on the Silent Spring of Rachel Carson," *CBS Reports*, May 15, 1963, Beinecke.

336 这篇报告发布两天后,《纽约时报》: *New York Times*, May 17, 1963.

336 这期《纽约时报》:同上。

336 多萝西写信给卡森说: Dorothy Freeman to Carson, May 15, 1963, Muskie.

336 农药委员会的报告就农药："Use of Pesticides: A Report of the President's Science Advisory Committee," May 15, 1963, JFK Library.

337 "如果蕾切尔·卡森是对的": *New York Herald Tribune*, May 24, 1963.

337 卡森把买新车的事告诉了多萝西: Carson to Dorothy Freeman, April 23, 1963, Muskie.

337 1963年5月初,她说很想:同上, May 2, 1963, Muskie。

338 多萝西说她不知道: Dorothy Freeman to Carson, May 8, 1963, Muskie.

338 不过在5月末: Carson, *Always, Rachel*, p. 464.

338 1963年6月4日,卡森出场了: U.S. Senate, Subcommittee on Reorganizations and International Organizations of the Committee on Government Operations," Coordination of Activities Relating to Use of Pesticides," 88th Cong., 1st sess., May 16, 22, 23, and June 4, 25, 1963.

338 卡森将一份很长的、事先准备好的声明："Statement of Rachel Carson Before the Subcommittee on Reorganization and International Organizations of the Committee on Government Operations," June 4, 1963, Muskie.

339 1963年6月25日,卡森和罗杰: Lear, *Rachel Carson*, p. 456.

339 卡森对多萝西说,她之所以: Carson to Dorothy Freeman, June 13, 1963, Muskie.

339 1963年9月初的一天:同上, September 10, 1963, Muskie。

339 几天后,卡森回到银泉的家:同上。

340 "对我们自己而言":同上。

340 她在医院捱过了漫长的一天: Carson to Dorothy Freeman, September 18, 1963, Muskie.

340 多萝西记得: Dorothy Freeman to Carson, October 2, 1963, Muskie.

340 1963年10月,医生们开始: Carson to Dorothy Freeman, October 3, 1963, Muskie.

340 多萝西深为怜惜,她说: Dorothy Freeman to Carson, October 11, 1963, Muskie.

340 当地一家报纸刊登: *San Francisco News-Call Bulletin*, October 19, 1963.

340 卡森对多萝西说,飞越大峡谷: Carson to Dorothy Freeman, October 17, 1963, Muskie.

340 她喜欢旧金山:同上, October 21, 1963, Muskie。

341 回到家:同上, October 23, 1963, Muskie。

341 她说,她并不是:同上, October 31, 1963, Muskie。

341 不过，她在一封信里：同上，October 23, 1963, Muskie。

341 她说，这是一种特别的体验：同上，November 14, 1963, Muskie。

341 "对国内生活的积弊"：同上，November 27, 1963, Muskie。

341 她不放心把部分文档寄到：同上。

341 事后，多萝西写信给卡森：Dorothy Freeman to Carson, December 9, 1963, Muskie.

342 1963年离圣诞节还有一个星期：Carson to Dorothy Freeman, December 18—19, 1963, Muskie.

342 几天后：同上，December 21, 1963, Muskie。尽管她乐观，希望在绍斯波特岛再留一季，但这封令人心碎的信说明，她已自知大限将至。她写道，把罗杰哄睡了，她坐在书房壁炉前写信。现在，她多希望多萝西在身旁，那样她们就能一起回想那最珍贵的时时刻刻。她说，虽然相隔数里，多萝西依然是她"最大的安慰和支撑"。

342 多萝西来银泉待了4天：Carson to Dorothy Freeman, January 2, 1964, Muskie.

342 一位医生最近才告诉她：同上，January 9, 1964, Muskie。

342 就在卡森把这话告诉多萝西后没几天：Carson, *Always, Rachel*, p. 515.

342 她后悔：Carson to Dorothy Freeman, January 14, 1964, Muskie.

342 她对多萝西说，小斯坦利：同上，January 18, 1964, Muskie。

342 又过两个月，马里兰州：同上，March 10, 1964, Muskie。

343 她对多萝西说起：Dorothy Freeman to Carson, April 12, 1964, Muskie.

343 4月初，她体力有所恢复：同上，March 31, 1964, Muskie。

343 回到家几天后：同上，April 14, 1964, Muskie。

343 当天傍晚：Lear, *Rachel Carson*, p. 480. 玛丽·罗德尔打电话通告多萝西：卡森已于晚6时30分去世(Dorothy Freeman diary, April 14, 1964, Muskie.)。

343 卡森的遗物里：Carson to Dorothy Freeman, January 24, 1963, and April 11 and 30, 1963, Muskie.

343 她的哥哥罗伯特坚持：Lear, *Rachel Carson*, p. 482.

343 1964年5月4日，凌晨5点："Notes on My Experience in Scattering the Ashes of Rachel," Dorothy Freeman's written account of that day, Muskie.

345 平肖研究所1963年开张的第一年：U.S. Department of the Interior press release, August 12, 1963.

345 1964年春：同上，April 8, 1964。

345 尤德尔对大部分国有土地行使权力：同上，September 4, 1964。

346 两个月后：同上，November 15, 1964。

348 罗杰·克里斯蒂随布鲁克斯夫妇：Freeman, *Always, Rachel*, Epilogue.

348 1975年，她在南缅因大学：Audio recording, Muskie.

图书在版编目(CIP)数据

更遥远的海岸:卡森传/(美)威廉·苏德著;张大川译.
—上海:上海科技教育出版社,2019.7
(哲人石丛书.当代科技名家传记系列)
书名原文:On a Farther Shore: The Life and Legacy of Rachel Carson
ISBN 978-7-5428-6977-7

Ⅰ.①更… Ⅱ.①威… ②张… Ⅲ.①卡森(Carson,Rachel 1907-1964)—传记 Ⅳ.①K837.126.1

中国版本图书馆CIP数据核字(2019)第061410号

责任编辑 殷晓岚
装帧设计 李梦雪

更遥远的海岸——卡森传
威廉·苏德 著
张大川 译

出版发行 上海科技教育出版社有限公司
(上海市柳州路218号 邮政编码200235)
网 址 www.sste.com www.ewen.co
经 销 各地新华书店
印 刷 常熟市文化印刷有限公司
开 本 720×1000 1/16
印 张 28
版 次 2019年7月第1版
印 次 2019年7月第1次印刷
书 号 ISBN 978-7-5428-6977-7/N·1055
图 字 09-2017-491号
定 价 75.00元

哲人石丛书

当代科普名著系列　当代科技名家传记系列
当代科学思潮系列　科学史与科学文化系列

第一辑

确定性的终结——时间、混沌与新自然法则　13.50元
伊利亚·普利高津著　湛敏译
PCR传奇——一个生物技术的故事　15.50元
保罗·拉比诺著　朱玉贤译
虚实世界——计算机仿真如何改变科学的疆域　18.50元
约翰·L·卡斯蒂著　王千祥等译
完美的对称——富勒烯的意外发现　27.50元
吉姆·巴戈特著　李涛等译
超越时空——通过平行宇宙、时间卷曲和第十维度的科学之旅　28.50元
加来道雄著　刘玉玺等译
欺骗时间——科学、性与衰老　23.30元
罗杰·戈斯登著　刘学礼等译
失败的逻辑——事情因何出错，世间有无妙策　15.00元
迪特里希·德尔纳著　王志刚译
技术的报复——墨菲法则和事与愿违　29.40元
爱德华·特纳著　徐俊培等译
地外文明探秘——寻觅人类的太空之友　15.30元
迈克尔·怀特著　黄群等译
生机勃勃的尘埃——地球生命的起源和进化　29.00元
克里斯蒂安·德迪夫著　王玉山等译
大爆炸探秘——量子物理与宇宙学　25.00元
约翰·格里宾著　卢炬甫译
暗淡蓝点——展望人类的太空家园　22.90元
卡尔·萨根著　叶式辉等译
探求万物之理——混沌、夸克与拉普拉斯妖　20.20元
罗杰·G·牛顿著　李香莲译

亚原子世界探秘——物质微观结构巡礼 18.40 元

艾萨克·阿西莫夫著　朱子延等译

终极抉择——威胁人类的灾难 29.00 元

艾萨克·阿西莫夫著　王鸣阳译

卡尔·萨根的宇宙——从行星探索到科学教育 28.40 元

耶范特·特齐安等主编　周惠民等译

激情澎湃——科学家的内心世界 22.50 元

刘易斯·沃尔珀特等著　柯欣瑞译

霸王龙和陨星坑——天体撞击如何导致物种灭绝 16.90 元

沃尔特·阿尔瓦雷斯著　马星垣等译

双螺旋探秘——量子物理学与生命 22.90 元

约翰·格里宾著　方玉珍等译

师从天才——一个科学王朝的崛起 19.80 元

罗伯特·卡尼格尔著　江载芬等译

分子探秘——影响日常生活的奇妙物质 22.50 元

约翰·埃姆斯利著　刘晓峰译

迷人的科学风采——费恩曼传 23.30 元

约翰·格里宾等著　江向东译

推销银河系的人——博克传 22.90 元

戴维·H·利维著　何妙福译

一只会思想的萝卜——梅达沃自传 15.60 元

彼得·梅达沃著　袁开文等译

无与伦比的手——弗尔迈伊自传 18.70 元

海尔特·弗尔迈伊著　朱进宁等译

无尽的前沿——布什传 37.70 元

G·帕斯卡尔·扎卡里著　周惠民等译

数字情种——埃尔德什传 21.00 元

保罗·霍夫曼著　米绪军等译

星云世界的水手——哈勃传 32.00 元

盖尔·E·克里斯琴森著　何妙福等译

美丽心灵——纳什传 38.80 元

西尔维娅·娜萨著　王尔山译

乱世学人——维格纳自传 24.00 元

尤金·P·维格纳等著　关洪译

大脑工作原理——脑活动、行为和认知的协同学研究 28.50 元

赫尔曼·哈肯著　郭治安等译

生物技术世纪——用基因重塑世界 21.90元
杰里米·里夫金著 付立杰等译
从界面到网络空间——虚拟实在的形而上学 16.40元
迈克尔·海姆著 金吾伦等译
隐秩序——适应性造就复杂性 14.60元
约翰·H·霍兰著 周晓牧等译
何为科学真理——月亮在无人看它时是否在那儿 19.00元
罗杰·G·牛顿著 武际可译
混沌与秩序——生物系统的复杂结构 22.90元
弗里德里希·克拉默著 柯志阳等译
混沌七鉴——来自易学的永恒智慧 16.40元
约翰·布里格斯等著 陈忠等译
病因何在——科学家如何解释疾病 23.50元
保罗·萨加德著 刘学礼译
伊托邦——数字时代的城市生活 13.90元
威廉·J·米切尔著 吴启迪等译
爱因斯坦奇迹年——改变物理学面貌的五篇论文 13.90元
约翰·施塔赫尔主编 范岱年等译

第二辑

人生舞台——阿西莫夫自传 48.80元
艾萨克·阿西莫夫著 黄群等译
人之书——人类基因组计划透视 23.00元
沃尔特·博德默尔等著 顾鸣敏译
知无涯者——拉马努金传 33.30元
罗伯特·卡尼格尔著 胡乐士等译
逻辑人生——哥德尔传 12.30元
约翰·卡斯蒂等著 刘晓力等译
突破维数障碍——斯梅尔传 26.00元
史蒂夫·巴特森著 邝仲平译
真科学——它是什么,它指什么 32.40元
约翰·齐曼著 曾国屏等译
我思故我笑——哲学的幽默一面 14.40元
约翰·艾伦·保罗斯著 徐向东译

共创未来——打造自由软件神话 25.60 元
彼得·韦纳著 王克迪等译

反物质——世界的终极镜像 16.60 元
戈登·弗雷泽著 江向东等译

奇异之美——盖尔曼传 29.80 元
乔治·约翰逊著 朱允伦等译

技术时代的人类心灵——工业社会的社会心理问题 14.80 元
阿诺德·盖伦著 何兆武等译

物理与人理——对高能物理学家社区的人类学考察 17.50 元
沙伦·特拉维克著 刘珺珺等译

无之书——万物由何而生 24.00 元
约翰·D·巴罗著 何妙福等译

恋爱中的爱因斯坦——科学罗曼史 37.00 元
丹尼斯·奥弗比著 冯承天等译

展演科学的艺术家——萨根传 51.00 元
凯伊·戴维森著 暴永宁译

科学哲学——当代进阶教程 20.00 元
亚历克斯·罗森堡著 刘华杰译

为世界而生——霍奇金传 30.00 元
乔治娜·费里著 王艳红等译

数学大师——从芝诺到庞加莱 46.50 元
E·T·贝尔著 徐源译

避孕药的是是非非——杰拉西自传 31.00 元
卡尔·杰拉西著 姚宁译

改变世界的方程——牛顿、爱因斯坦和相对论 21.00 元
哈拉尔德·弗里奇著 邢志忠等译

“深蓝”揭秘——追寻人工智能圣杯之旅 25.00 元
许峰雄著 黄军英等译

新生态经济——使环境保护有利可图的探索 19.50 元
格蕾琴·C·戴利等著 郑晓光等译

脆弱的领地——复杂性与公有域 21.00 元
西蒙·莱文著 吴彤等译

孤独的科学之路——钱德拉塞卡传 36.00 元
卡迈什瓦尔·C·瓦利著 何妙福等译

科学的统治——开放社会的意识形态与未来 20.00 元
史蒂夫·富勒著 刘钝译

千年难题——七个悬赏 1000000 美元的数学问题 20.00 元

基思·德夫林著 沈崇圣译

爱因斯坦恩怨史——德国科学的兴衰 26.50 元

弗里茨·斯特恩著 方在庆等译

科学革命——批判性的综合 16.00 元

史蒂文·夏平著 徐国强等译

早期希腊科学——从泰勒斯到亚里士多德 14.00 元

G·E·R·劳埃德著 孙小淳译

整体性与隐缠序——卷展中的宇宙与意识 21.00 元

戴维·玻姆著 洪定国等译

一种文化？——关于科学的对话 28.50 元

杰伊·A·拉宾格尔等主编 张增一等译

寻求哲人石——炼金术文化史 44.50 元

汉斯-魏尔纳·舒特著 李文潮等译

第三辑

哲人石——探寻金丹术的秘密 49.50 元

彼得·马歇尔著 赵万里等译

旷世奇才——巴丁传 39.50 元

莉莲·霍德森等著 文慧静等译

黄钟大吕——中国古代和十六世纪声学成就 19.00 元

程贞一著 王翼勋译

精神病学史——从收容院到百忧解 47.00 元

爱德华·肖特著 韩健平等译

认识方式——一种新的科学、技术和医学史 24.50 元

约翰·V·皮克斯通著 陈朝勇译

爱因斯坦年谱 20.50 元

艾丽斯·卡拉普赖斯编著 范岱年译

心灵的嵌齿轮——维恩图的故事 19.50 元

A·W·F·爱德华兹著 吴俊译

工程学——无尽的前沿 34.00 元

欧阳莹之著 李啸虎等译

古代世界的现代思考——透视希腊、中国的科学与文化 25.00 元

G·E·R·劳埃德著 钮卫星译

天才的拓荒者——冯·诺伊曼传 32.00 元

诺曼·麦克雷著 范秀华等译

素数之恋——黎曼和数学中最大的未解之谜 34.00元
约翰·德比希尔著 陈为蓬译
大流感——最致命瘟疫的史诗 49.80元
约翰·M·巴里著 钟扬等译
原子弹秘史——历史上最致命武器的孕育 88.00元
理查德·罗兹著 江向东等译
宇宙秘密——阿西莫夫谈科学 38.00元
艾萨克·阿西莫夫著 吴虹桥等译
谁动了爱因斯坦的大脑——巡视名人脑博物馆 33.00元
布赖恩·伯勒尔著 吴冰青等译
穿越歧路花园——司马贺传 35.00元
亨特·克劳瑟-海克著 黄军英等译
不羁的思绪——阿西莫夫谈世事 40.00元
艾萨克·阿西莫夫著 江向东等译
星光璀璨——美国中学生描摹大科学家 28.00元
利昂·莱德曼等编 涂泓等译 冯承天译校
解码宇宙——新信息科学看天地万物 26.00元
查尔斯·塞费著 隋竹梅译
阿尔法与奥米伽——寻找宇宙的始与终 24.00元
查尔斯·塞费著 隋竹梅译
盛装猿——人类的自然史 35.00元
汉娜·霍姆斯著 朱方译
大众科学指南——宇宙、生命与万物 25.00元
约翰·格里宾等著 戴吾三等译
传播,以思想的速度——爱因斯坦与引力波 29.00元
丹尼尔·肯尼菲克著 黄艳华译
超负荷的大脑——信息过载与工作记忆的极限 17.00元
托克尔·克林贝里著 周建国等译
谁得到了爱因斯坦的办公室——普林斯顿高等研究院的大师们 30.00元
埃德·里吉斯著 张大川译
瓶中的太阳——核聚变的怪异历史 28.00元
查尔斯·塞费著 隋竹梅译
生命的季节——生生不息背后的生物节律 26.00元
罗素·福斯特等著 严军等译
你错了,爱因斯坦先生!——牛顿、爱因斯坦、海森伯和费恩曼探讨量子力学的故事 19.00元
哈拉尔德·弗里奇著 S·L·格拉肖作序 邢志忠等译

第四辑

达尔文爱你——自然选择与世界的返魅 42.00元

乔治·莱文著　熊姣等译

造就适者——DNA和进化的有力证据 39.00元

肖恩·卡罗尔著　杨佳蓉译　钟扬校

发现空气的人——普里斯特利传 26.00元

史蒂文·约翰逊著　闫鲜宁译

饥饿的地球村——新食物短缺地缘政治学 22.00元

莱斯特·R·布朗著　林自新等译

再探大爆炸——宇宙的生与死 50.00元

约翰·格里宾著　卢炬甫译

希格斯——"上帝粒子"的发明与发现 38.00元

吉姆·巴戈特著　邢志忠译

夏日的世界——恩赐的季节 40.00元

贝恩德·海因里希著　朱方等译

量子、猫与罗曼史——薛定谔传 40.00元

约翰·格里宾著　匡志强译

物质神话——挑战人类宇宙观的大发现 38.00元

保罗·戴维斯等著　李泳译

软物质——构筑梦幻的材料 56.00元

罗伯托·皮亚扎著　田珂珂等译

物理学巨匠——从伽利略到汤川秀树 61.00元

约安·詹姆斯著　戴吾三等译

从阿基米德到霍金——科学定律及其背后的伟大智者 87.00元

克利福德·A·皮克奥弗著　何玉静等译

致命伴侣——在细菌的世界里求生 41.00元

杰西卡·斯奈德·萨克斯著　刘学礼等译

生物学巨匠——从雷到汉密尔顿 37.00元

约安·詹姆斯著　张钫译

科学简史——从文艺复兴到星际探索 90.00元

约翰·格里宾著　陈志辉等译

目睹创世——欧洲核子研究中心及大型强子对撞机史话 42.00元

阿米尔·D·阿克塞尔著　乔从丰等译

我的美丽基因组——探索我们和我们基因的未来 48.00元

隆娜·弗兰克著　黄韵之等译　李辉校　杨焕明作序

冬日的世界——动物的生存智慧 52.00元

贝恩德·海因里希著 赵欣蓓等译

中微子猎手——如何追寻“鬼魅粒子” 32.00元

雷·贾亚瓦哈纳著 李学潜等译 王贻芳等作序

数学巨匠——从欧拉到冯·诺伊曼 68.00元

约安·詹姆斯著 潘澍原 林开亮等译

波行天下——从神经脉冲到登月计划 48.00元

加文·普雷托尔-平尼著 张大川等译

放射性秘史——从新发现到新科学 37.00元

玛乔丽·C·马利著 乔从丰等译

爱因斯坦在路上——科学偶像的旅行日记 45.00元

约瑟夫·艾辛格著 杨建邺译

古怪的科学——如何解释幽灵、巫术、UFO和其他超自然现象 60.00元

迈克尔·怀特著 高天羽译

她们开启了核时代——不该被遗忘的伊雷娜·居里和莉泽·迈特纳 30.00元

威妮弗雷德·康克林著 王尔山译

创世138亿年——宇宙的年龄与万物之理 38.00元

约翰·格里宾著 林清译

生命的引擎——微生物如何创造宜居的地球 34.00元

保罗·G·法尔科夫斯基著 肖湘等译

发现天王星——开创现代天文学的赫歇尔兄妹 30.00元

迈克尔·D·勒莫尼克著 王乔琦译

我是我认识的最聪明的人——一位诺贝尔奖得主的艰辛旅程 45.00元

伊瓦尔·贾埃弗著 邢紫烟等译

点亮21世纪——天野浩的蓝光LED世界 30.00元

天野浩等著 方祖鸿等译

技术哲学——从埃及金字塔到虚拟现实 58.00元

B·M·罗津著 张艺芳译 姜振寰校

第五辑

更遥远的海岸——卡森传 75.00元

威廉·苏德著 张大川译